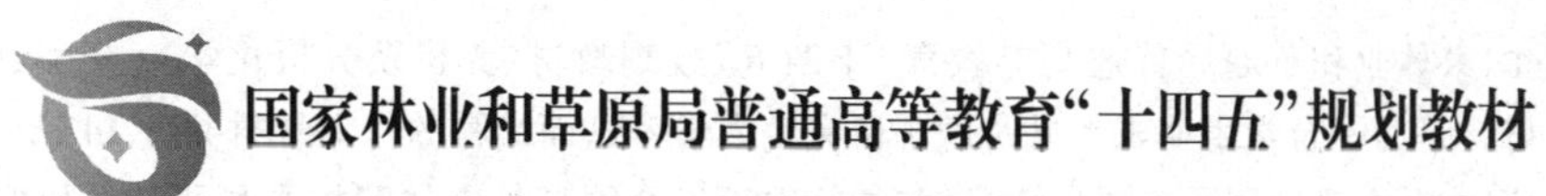

无机及分析化学学习指导

芦晓芳　武　鑫　主编

中国林業出版社
CFPH China Forestry Publishing House

内容简介

本教材是国家林业和草原局普通高等教育“十四五”规划教材《无机及分析化学》(杨美红、张建刚主编)的配套教材，是为配合学生期末考试及硕士研究生入学考试而编写的。本教材共分14章，每章均设有基本要求、知识体系、典型例题、同步练习(包括精选历年全国高等农林院校及科研院所研究生入学考试试题)及答案。在同步练习中又设有选择题、填空题、判断题、简答题及计算题。为响应党的二十大报告中提出的要“加强基础学科”的号召，本教材内容符合无机及分析化学教学的规律，旨在通过同步练习帮助学生理解每章的基本概念和基本原理，掌握解题的方法和技巧，力求培养学生自学能力和创新能力。

本教材既可作为学习无机及分析化学课程的本科、专科学生的复习参考书和教师的教学辅导书，也可供高等农林院校学生考研复习使用。

图书在版编目(CIP)数据

无机及分析化学学习指导 / 芦晓芳，武鑫主编.
—北京：中国林业出版社，2024.6
国家林业和草原局普通高等教育“十四五”规划教材
ISBN 978-7-5219-2725-2

Ⅰ.①无… Ⅱ.①芦… ②武… Ⅲ.①无机化学-高等学校-教学参考资料 ②分析化学-高等学校-教学参考资料 Ⅳ.①O61②O65

中国国家版本馆CIP数据核字(2024)第104560号

策划编辑：高红岩 李树梅
责任编辑：李树梅
责任校对：苏 梅
封面设计：睿思视界视觉设计

出版发行 中国林业出版社
(100009，北京市西城区刘海胡同7号，电话83223120)
电子邮箱 cfphzbs@163.com
网 址 https://www.cfph.net
印 刷 北京中科印刷有限公司
版 次 2024年6月第1版
印 次 2024年6月第1次印刷
开 本 787mm×1092mm 1/16
印 张 15.75
字 数 385千字
定 价 42.00元

《无机及分析化学学习指导》编写人员

主　编　芦晓芳　武　鑫

副主编　杨美红　张建刚　杜慧玲　刘金龙　张海峰

编　者　（按姓氏拼音排序）

杜慧玲（山西农业大学）
段慧娟（山西农业大学）
高文梅（山西农业大学）
郭俊兰（山西工学院）
郭晓迪（山西农业大学）
李婧婧（山西农业大学）
刘金龙（山西农业大学）
刘俊芳（山西农业大学）
刘晓霞（山西农业大学）
芦晓芳（山西农业大学）
武　鑫（山西农业大学）
杨美红（山西农业大学）
张海峰（山西农业大学）
张国娟（山西农业大学）
张建刚（山西农业大学）
张天开（山西农业大学）

主　审　赵晋忠（山西农业大学）
高建华（杭州师范大学）

前　言

“无机及分析化学”是全国高等农林院校重要的基础课程，包含了许多基本概念和基础知识，因而所学的概念、名词和计算公式较多，为了便于学生掌握和巩固本课程涉及的知识点，编者组织编写了这本学习指导书。本教材是国家林业和草原局普通高等教育“十四五”规划教材《无机及分析化学》(杨美红、张建刚主编)的配套学习指导，希望能够帮助学生更好地学好这门课程，为今后课程的学习打下坚实基础。

本教材的宗旨：帮助学生牢固掌握化学基础知识和基本原理，深刻理解教学内容的重点和难点；掌握解题思路和技巧，培养学生独立学习和思考能力；解决教学过程中例题数量少，学生对课程重点难以掌握、解题困难的难题。

本教材各章主要分为四部分内容：

(1)基本要求　依据课程教学大纲基本要求，总结了各章重点、难点。

(2)知识体系　概述了各章的基本概念和基本公式，引导学生记忆和巩固复习，具有指导性和启发性。

(3)典型例题　列举典型例题并加以精解，是课堂教学的继续和深入，以利于引导学生学习和指导学生复习。本部分内容有各章基本概念和基本公式相对应的例题，并做了详细解析，帮助学生初步掌握解题思路、方法和技巧。

(4)同步练习及答案　同步练习是在完成教材习题的基础上，为学生进一步深入学习提供了大量的练习题，主要由选择题、填空题、判断题、简答题、计算题五部分组成，涉及面广，具有代表性，有助于加深学生对所学内容的消化理解，力求起到举一反三的效果。

全书共14章，参与本教材编写的有杜慧玲(第1章)、郭俊兰(第2章)、刘俊芳(第3章)、张国娟(第4章)、刘晓霞(第5章)、段慧娟(第6章)、张海峰(第7章)、刘金龙(第8章)、武鑫(第9章)、芦晓芳(第10章)、张天开(第11章)、李婧婧(第12章)、高文梅(第13章)、郭晓迪(第14章)、张建刚和杨美红(附录)。全书由主编芦晓芳、武鑫统筹定稿，中国林业出版社和山西农业大学教材科对本教材的出版给予了大力支持，在此表示由衷的感谢。

本教材在编写过程中参考了其他兄弟院校的无机及分析化学方面的习题集、学习指导等相关教材，在此对这些参考书的作者表示感谢。

在编写过程中，我们尽了自己最大的努力，但由于编者水平有限，书中不当之处在所难免，恳请广大读者和同行们批评指正。

编 者

2024 年 1 月

目　录

第1章 气体、溶液和胶体

1.1 基本要求

(1)了解气体的基本特征和理想气体模型。

(2)熟悉理想气体状态方程及理想气体道尔顿分压定律。

(3)了解液体的特征。

(4)了解溶液的基本知识，并能熟练进行溶液浓度的有关计算。

(5)熟练掌握稀溶液的依数性、相关计算及一些重要的应用。

(6)了解胶体溶液的基本性质，胶团的组成、结构，溶胶的稳定性，准确理解聚沉值的概念。

(7)了解高分子溶液、乳浊液、表面活性剂等概念。

重点：理想气体状态方程与道尔顿(Dalton)分压定律；稀溶液的依数性及应用；胶体的结构与性质。

难点：分压的概念以及道尔顿分压定律的应用；稀溶液依数性的计算；胶团结构的书写。

1.2 知识体系

在物质的各种存在状态中，人们对气体的了解最为清楚。关于气体宏观性质的规律，主要是理想气体状态方程和混合气体的分压定律。

1.2.1 理想气体状态方程

理想气体是人为假设的气体模型，指假设气体分子为质点、体积为零、分子间相互作用力忽略不计的气体。

理想气体状态方程为

$$pV = nRT$$

式中，R 为摩尔气体常数，$R = 8.314\ \text{kPa} \cdot \text{L} \cdot \text{K}^{-1} \cdot \text{mol}^{-1} = 8.314\ \text{J} \cdot \text{K}^{-1} \cdot \text{mol}^{-1}$。

理想气体状态方程还可以表示为

$$pV=\frac{m}{M}RT \text{ 或 } p=\frac{\rho}{M}RT$$

此二式可用于计算气体的各个物理量 p、V、T、n，还可以计算气体的摩尔质量 M 和密度 ρ。

原则上理想气体状态方程只适用于高温和低压下的气体。实际上在常温常压下大多数气体近似地遵守此方程。理想气体状态方程可以描写单一气体或混合气体的整体行为，它不能用于与固液共存的蒸气。

1.2.2 分压定律

混合理想气体的总压力等于各组分气体分压力之和，即道尔顿分压定律。分压是指在与混合气体相同的温度下，该组分气体单独占有与混合气体相同体积时所具有的压力。

$$p = p_1 + p_2 + p_3 + \cdots + p_i = \sum p_i \tag{1-1}$$

还可以表述为：某组分气体的分压，等于相同温度下总压力与该组分气体物质的量分数(摩尔分数)的乘积 $p_i=px_i$，用于计算气体的分压 p_i 以及总压 p。道尔顿分压定律可用于任何混合气体，包括与固液共存的蒸气，所以它常用来计算水面上收集的气体的量。

1.2.3 溶液的依数性

1.2.3.1 液体的蒸发

分子脱离液体表面变成气体分子的过程称为蒸发，气体分子进入液体的过程称为冷凝(凝聚)。当蒸发和冷凝的速率相等时达到了蒸发-冷凝的动态平衡，此时蒸气分子产生的压力称为该温度下液体的饱和蒸气压，简称蒸气压。蒸气压是液体的属性，是温度的函数。

1.2.3.2 相变和相平衡

相是指体系中物理性质和化学性质均匀的部分，相和相之间有明显的分界面。

物质从一相转变成另一相称为相变。如果保持外界条件不变，相变维持一种平衡状态，称为相平衡。

1.2.3.3 溶液

溶液是一种高度分散的单相体系，常见的有固态溶液(如金属合金)、液态溶液(如盐水、糖水)和气态溶液(如空气)。化学中研究的体系通常为液态溶液。

1.2.3.4 稀溶液的依数性

稀溶液是指溶液中溶质和溶剂之间没有相互作用力，且溶质相对含量极少的溶液，是理想的溶液模型。稀溶液的依数性是指溶液的性质只与溶质的粒子数有关，而与溶质的本质无关的一类性质，主要有溶液的蒸气压下降、沸点升高、凝固点降低和渗透压。

(1)溶液的蒸气压下降　在一定温度下，当纯溶剂中溶解一定质量的难挥发非电解质溶质后，溶液的蒸气压总是低于纯溶剂的蒸气压。1887 年，法国物理学家拉乌尔(Raoult)总结指出：在一定温度下，难挥发非电解质稀溶液的蒸气压(p)等于纯溶剂的饱和蒸气压(p^*)与溶液中溶剂的摩尔分数(x_A)的乘积。数学表达式为

$$p=p^* x_A \tag{1-2}$$

对于二组分体系，$x_A+x_B=1$，即 $x_A=1-x_B$。

所以
$$p = p^* x_A = p^*(1-x_B)$$
$$\Delta p = p^* - p = p^* x_B \quad (1\text{-}3)$$
式中，Δp 为溶液的蒸气压下降值；x_B 为溶质的摩尔分数。

拉乌尔定律也可表述为：在一定温度下，难挥发非电解质稀溶液的蒸气压下降值与溶液中溶质的摩尔分数成正比。

在稀溶液中，可得
$$\Delta p = \frac{n_B}{n_A} p^* = p^* b_B M_A = K \cdot b_B \quad (1\text{-}4)$$
即溶液的蒸气压下降值只与溶液的质量摩尔浓度成正比，与溶质的本性无关。由于溶液的蒸气压下降，必然导致与蒸气压相关的物理性质发生变化。

(2)溶液的沸点升高　液体的蒸气压和外界大气压相等，且外界大气压为 101.325 kPa 时对应的温度为液体的正常沸点，简称沸点，用 T_b 表示。

难挥发非电解质稀溶液的沸点 T_b 高于纯溶剂的沸点 $T_b{}^*$，升高值 ΔT_b，则有
$$\Delta T_b = T_b - T_b{}^*$$
$$\Delta T_b = K_b \cdot b_B \quad (1\text{-}5)$$
式中，K_b 为摩尔沸点升高常数，单位为 $K \cdot kg \cdot mol^{-1}$，为溶剂的特性常数。常见溶剂的 K_b 可以查有关数据表。式(1-5)表明，难挥发非电解质稀溶液沸点升高值只与溶质的质量摩尔浓度成正比。利用溶液的沸点升高可以求算溶液的沸点或溶质的摩尔质量 M。

(3)溶液的凝固点下降　在一定的外压下，固态纯溶剂的蒸气压与液态蒸气压相等，即固液共存时所对应的温度为该液体的凝固点。

难挥发非电解质稀溶液的凝固点 T_f 低于纯溶剂的凝固点 $T_f{}^*$，降低值 ΔT_f，则有
$$\Delta T_f = T_f{}^* - T_f$$
$$\Delta T_f = K_f \cdot b_B \quad (1\text{-}6)$$
式中，K_f 为摩尔凝固点降低常数，单位为 $K \cdot kg \cdot mol^{-1}$，只取决于溶剂的性质，而与溶质的性质无关，常见溶剂的 K_f 可以查有关数据表。

由式(1-6)可见，难挥发非电解质稀溶液凝固点降低值只与溶质的质量摩尔浓度成正比。利用溶液的凝固点降低可以求算溶液的凝固点或溶质的摩尔质量 M。

(4)溶液的渗透压　不同浓度的溶液用半透膜隔开，低浓度一侧的溶剂分子进入高浓度一侧，直到半透膜两侧浓度相等为止。这种现象称为渗透现象。为了阻止渗透现象发生而施加于溶液的最小额外压力称为渗透压，用 Π 表示。荷兰化学家范特霍夫(Van't Hoff)总结了渗透压与浓度的关系如下
$$\Pi = cRT \quad (1\text{-}7)$$

说明：①渗透现象产生的条件是具有半透膜，且膜两侧溶液的浓度不同。②$\Pi = cRT$ 同理想气体状态方程相似但含义不同。渗透压与气体的压力毫无共同之处。气体压力是由于分子碰撞容器壁造成的，而渗透压并不是溶质分子直接运动的结果。渗透压是与溶剂分子的移动趋势有关的性质。③Π 只同溶质的数量有关，而与溶质的本性无关。④利用测量渗透压的办法可以求得溶质的摩尔质量，但不如凝固点降低法方便，对于大分子物质的稀溶液，此

法还是有独特之处的。

稀溶液的依数性规律在植物、动物有机体的许多生理过程中有着很重要的作用，如植物耐寒性、抗旱性的化学变化，庄稼施肥过多会出现“浓肥烧苗”的现象，动物输液时为什么要输等渗溶液等。

1.2.3.5 电解质溶液的依数性

电解质在水溶液中发生电离作用，从而溶液中的粒子(分子+离子)数增加，所表现出的依数性与相同浓度的难挥发非电解质稀溶液的依数性完全不同。因此，利用稀溶液依数性关系式进行计算时，浓度均需做校正。例如，某电解质 M_aX_b 在水溶液中电离分数(即电离度)为 α，开始时 M_aX_b 的量为 n mol，则

$$\begin{array}{ccc} M_aX_b & \rightleftharpoons & aM \quad + \quad bX \\ n-n\alpha & & an\alpha \quad\quad b n\alpha \end{array}$$

物质粒子的总量为

$$(n-n\alpha)+an\alpha+bn\alpha=n\left[1+(a+b-1)\alpha\right]=n\left[1+(\nu-1)\alpha\right]$$
$$\nu=a+b$$

对强电解质，将其近似看成完全电离，即 $\alpha=1$，此时物质粒子总量为 νn，例如，NaCl 溶液中粒子的总量为 $2n$，$CaCl_2$ 溶液中粒子的总量为 $3n$。对弱电解质，要用已知的 α 求物质粒子的总量。

1.2.4 溶胶的性质与胶团结构

1.2.4.1 分散系

一种或几种物质(分散质)以极小的微粒分散于另一种物质(分散剂)中所形成的体系。

分散系：
- 粗分散系：粒子直径>100 nm，如泥浆、牛奶。
  特点：不能透过滤纸，不扩散，多相体系。
- 溶胶：粒子直径=1~100 nm，如 $Fe(OH)_3$ 溶胶。
  特点：能透过滤纸，但不能透过半透膜，扩散慢，高度分散的多相体系。
- 溶液：粒子直径<1 nm，如 NaCl、蔗糖溶液。
  特点：能透过滤纸和半透膜，扩散快，透明，稳定的单相体系。
- 高分子溶液：粒子直径>1 nm，如蛋白质水溶液。
  特点：其性质类似于溶胶，单相体系。

1.2.4.2 溶胶的性质

溶胶是分散质颗粒直径在 1~100 nm (10^{-9}~10^{-7} m)的分散系，是一个高度分散、不稳定的多相体系，具有 3 种主要性质：光学性质(丁达尔效应——光的散射)、动力学性质(布朗运动——颗粒不停地做无规则的运动)、电学性质(电泳和电渗——在外电场作用下，胶粒在分散剂中定向移动的现象称为电泳，胶体溶液中液相的移动现象称为电渗)。

电泳和电渗是溶胶带电的结果。带电是由分散质颗粒吸附或电离作用引起的。分散系为了降低表面能，就会产生表面吸附作用。一种物质(吸附质)的分子、离子自动聚集到另一种物质(吸附剂)表面上的现象，称为吸附作用。吸附作用分为选择性吸附和离子交换吸附。选择性吸附遵守“相似相吸”原理。离子交换吸附的特点是等电荷交换和同号离子交换。

1.2.4.3 胶团结构

胶团具有扩散双电层结构，由胶粒和扩散层组成，胶粒由胶核和吸附层组成，吸附层中有电位离子和反离子。使胶粒带电的离子称为“电位离子”，溶液中同电位离子电性相反的离子则称为“反离子”。

将 KI 溶液逐滴加入 $AgNO_3$ 溶液中，形成 AgI 沉淀，大量 AgI 聚集在一起形成 1～100 nm 的胶核，以 $(AgI)_m$ 表示。胶核选择性地吸附与其组成相同或相似的离子。当 KI 过量时，胶核选择性地吸附 I^- 离子形成带负电荷的粒子，被吸附的称为电位离子，胶核表面部分吸附溶液中过量的 K^+ 离子作为反离子，与电位离子组成吸附层。在吸附层外，反离子还松散地分散在胶粒周围，形成扩散层，胶粒和扩散层一起构成胶团。胶团结构为

$$[(AgI)_m \cdot n\,I^- \cdot (n-x)\,K^+]^{x-} \cdot x\,K^+$$

胶核 电位离子 反离子 反离子

吸附层 扩散层

胶粒

胶团

氢氧化铁、硫化砷、硅酸溶胶的胶团结构为

$$\{[Fe(OH)_3]_m \cdot n\,FeO^+ \cdot (n-x)Cl^-\}^{x+} \cdot x\,Cl^-$$

$$[(H_2SiO_3)_m \cdot nHSiO_3^- \cdot (n-x)H^+]^{x-} \cdot xH^+$$

$$[(As_2S_3)_m \cdot nHS^- \cdot (n-x)H^+]^{x-} \cdot xH^+$$

1.2.4.4 溶胶的稳定性和聚沉

胶粒带电、水化作用和不停地做布朗运动，使得溶胶具有一定的稳定性。但它是热力学不稳定的多相体系，长时间放置或条件改变时会发生聚沉。促使溶胶聚沉的方法主要有：向溶胶中加入电解质；加热；带相反电荷的两种溶胶按一定比例混合。其中，加入电解质的方法是常用的，不同电解质有不同的聚沉能力，常用聚沉值表示。聚沉值是指使一定量的溶胶在一定的时间内完全聚沉所需电解质的最低浓度。对于带正电荷的溶胶，电解质的负离子起主要作用，负离子所带的负电荷越多，聚沉能力越强，聚沉值越小；对于带负电荷的溶胶，电解质的正离子起主要作用，正离子所带的正电荷越多，聚沉能力越强，聚沉值越小。同价离子聚沉能力随离子水化半径的增大而减小。例如，碱金属离子聚沉能力顺序为 $Cs^+>Rb^+>K^+>Na^+>Li^+$，碱土金属离子聚沉能力顺序为 $Ba^{2+}>Sr^{2+}>Ca^{2+}>Mg^{2+}$。

1.2.4.5 表面活性物质和乳浊液

凡是溶于水后能显著降低水的表面能的物质称为表面活性物质，它的分子都包含极性基团(亲水基)和非极性基团(疏水基)。

乳浊液是一种或几种液体以微小液滴的形式分散在另一种不互溶的液体中所形成的多相分散体系。根据分散相和分散介质不同可将乳浊液分为两种：一种是油分散在水中，称为水包油型(O/W)，能被水稀释而不影响稳定性；另一种是水分散在油中，称为油包水型(W/O)，可被油稀释。牛奶是奶油分散在水中，为 O/W 型乳浊液，石油原油是 W/O 型乳浊液。当使用亲水性乳化剂(钾肥皂、钠肥皂、蛋白质、动物胶、白土等)时，易形成 O/W 型乳浊液；而使用亲油性乳化剂(钙肥皂、镁肥皂、高级脂类等)时，易形成 W/O 型乳浊液。

1.3 典型例题

【例 1.1】某种气体在密闭容器中，20 ℃时压力为 79.98 kPa，当升温至 200 ℃时压力多大?

解：由于是密闭容器，V 和 n 不变，则

$$\frac{p_1}{T_1}=\frac{p_2}{T_2}=\frac{nR}{V}=\text{常数}$$

$$p_2=\frac{p_1T_2}{T_1}=\frac{79.98\ \text{kPa}\times 473\ \text{K}}{293\ \text{K}}=129.1\ \text{kPa}$$

【例 1.2】$NH_3(g)$ 在 67 ℃，106.64 kPa 下密度为多少？已知 $M(NH_3)=17.0\ g\cdot mol^{-1}$。

解：

$$\rho=\frac{m}{V}=\frac{nM}{V}$$

由理想气体状态方程变形得

$$\frac{n}{V}=\frac{p}{RT}$$

所以有

$$\rho=\frac{pM}{RT}$$

则

$$\rho=\frac{106.64\ \text{kPa}\times 17.0\ \text{g}\cdot\text{mol}^{-1}}{8.314\ \text{kPa}\cdot\text{L}\cdot\text{K}^{-1}\cdot\text{mol}^{-1}\times 340\ \text{K}}=0.641\ \text{g}\cdot\text{L}^{-1}$$

【例 1.3】测得空气中各组分的体积分数为 N_2 78%，O_2 21%，Ar 1%。求空气的表观相对分子质量。

解：理想气体状态方程不能对混合气体中各组分进行区别，适用于混合气体的整体。如

$$V(N_2)=n(N_2)\left(\frac{RT}{p}\right)$$

$$V_{\text{总}}=[n(N_2)+n(O_2)+n(Ar)]\left(\frac{RT}{p}\right)$$

$$\frac{V(N_2)}{V_{\text{总}}}=\frac{n(N_2)}{n(N_2)+n(O_2)+n(Ar)}=\frac{n(N_2)}{n_{\text{总}}}$$

此式称为摩尔分数。可见在一定温度和压力下，混合气体中各组分所占的体积分数正好等于摩尔分数。如此，1 mol 空气中含

0.78 mol N_2，$m(N_2)=0.78\ \text{mol}\times 28.0\ \text{g}\cdot\text{mol}^{-1}=21.84\ \text{g}$

0.21 mol O_2，$m(O_2)=0.21\ \text{mol}\times 32.0\ \text{g}\cdot\text{mol}^{-1}=6.72\ \text{g}$

0.01 mol Ar，$m(Ar)=0.01\ \text{mol}\times 40.0\ \text{g}\cdot\text{mol}^{-1}=0.40\ \text{g}$

总计 28.96 $g\cdot mol^{-1}$，即为空气的表观相对分子质量。

【例 1.4】在水面上收集一瓶 250 mL O_2，25 ℃时测得压力为 94.1 kPa。求标准状况下干

燥 O_2 的体积。已知 25 ℃水的饱和蒸气压为 3.17 kPa。

解：气体的温度和压力改变时只影响体积，而 n 不变。由理想气体状态方程得

$$\frac{p_1V_1}{T_1}=\frac{p_2V_2}{T_2}=nR$$

在此所测得压力并不是纯 O_2 的压力，而是与水蒸气的混合压力。减去 25 ℃水的饱和蒸气压 3.17 kPa，得

$$p(O_2)=94.1\ \text{kPa}-3.17\ \text{kPa}=90.93\ \text{kPa}$$

所以
$$V(O_2)=\frac{90.93\ \text{kPa}\times 0.250\ \text{L}\times 273\ \text{K}}{101.3\ \text{kPa}\times 298\ \text{K}}=0.206\ \text{L}$$

【例 1.5】两个玻璃球由活塞相连接。A 球体积 500 mL，B 球体积 200 mL。在同一温度下，A 球内充入 N_2 压力为 50 kPa，B 球内充入 O_2 压力为 100 kPa。打开活塞后总压力为多少？

解：分压定律的应用必须是同温度、同体积的条件。当两球相通以后体积为 700 mL。其分压力即为

$$p(N_2)=\frac{50\ \text{kPa}\times 0.500\ \text{mL}}{0.700\ \text{mL}}=35.7\ \text{kPa}$$

$$p(O_2)=\frac{100\ \text{kPa}\times 0.200\ \text{L}}{0.700\ \text{L}}=28.6\ \text{kPa}$$

$$p=p(N_2)+p(O_2)=64.3\ \text{kPa}$$

【例 1.6】2.00 g $C_6H_4Br_2$ 溶于 25.0 g 苯中，求此溶液的凝固点。已知苯的凝固点 $T_f^*=278.59$ K，$K_f=5.12\ \text{K}\cdot\text{kg}\cdot\text{mol}^{-1}$。

解：
$$n(C_6H_4Br_2)=\frac{2.00\ \text{g}}{236\ \text{g}\cdot\text{mol}^{-1}}=8.47\times10^{-3}\ \text{mol}$$

则质量摩尔浓度 $b_B=\dfrac{8.47\times10^{-3}\text{mol}}{0.025\ \text{kg}}=0.339\ \text{mol}\cdot\text{kg}^{-1}$

代入 $\Delta T_f=K_f\cdot b_B$ 得

$$\Delta T_f=5.12\ \text{K}\cdot\text{kg}\cdot\text{mol}^{-1}\times 0.339\ \text{mol}\cdot\text{kg}^{-1}=1.74\ \text{K}$$

已知苯的凝固点 $T_f^*=278.59$ K，则此溶液凝固点为

$$T_f=278.59\ \text{K}-1.74\ \text{K}=276.85\ \text{K}$$

注意 ΔT_f 同溶液的凝固点 T_f 的区别。由于热力学温标和摄氏度温标的间隔是一样大小的，上例中 ΔT_f 也可写成 1.74 K。但 T_f 是 273.15+3.70=276.85 K。

【例 1.7】0.97 g 某化合物溶于 10.0 g 苯中，测得凝固点为 2.07 ℃，求此化合物的相对分子质量。已知此物质质量组成为 49.0% C，2.7% H 和 48.3% Cl，求其分子式。

解：$\Delta T_f=(5.44+273.15)\text{K}-(2.07+273.15)\text{K}=3.37\ \text{K}$

由 $\Delta T_f=K_f\cdot b_B$ 得

质量摩尔浓度 $b_B=\dfrac{3.37\ \text{K}}{5.12\ \text{K}\cdot\text{kg}\cdot\text{mol}^{-1}}=0.658\ \text{mol}\cdot\text{kg}^{-1}$

在 10.0 g 苯中含有量为 $0.658\ \text{mol}\cdot\text{kg}^{-1}\times 0.010\ \text{kg}=6.58\times10^{-3}\ \text{mol}$

摩尔质量 $M=\dfrac{0.97\ \text{g}}{6.58\times10^{-3}\text{mol}}=147.41\ \text{g}\cdot\text{mol}^{-1}$

按化合物的质量组成计算得

$$\text{C}:\text{H}:\text{Cl}=\frac{0.49}{12.0}:\frac{0.027}{1.01}:\frac{0.483}{35.5}\approx3:2:1$$

可得实验式 C_3H_2Cl，式量即为 73.5。如此$(C_3H_2Cl)_n$ 中 $n=2$ 时相对分子质量为 147，$n=3$ 时相对分子质量为 220.5。所以，凝固点测得的相对分子质量接近 $n=2$ 时的，即此化合物分子式是 $C_6H_4Cl_2$。

溶液沸点升高的有关计算与凝固点降低的方法一样，只是要用 K_b 代替 K_f，同时也要注意 ΔT_b 与 T_b 的区别。

【例 1.8】25.0 ℃时 0.145 g 某蛋白质溶于 10.0 mL 水中，测得渗透压为 1.002 kPa，求此蛋白质的相对分子质量。

解：由 $\Pi=cRT$ 得

$$1.002\ \text{kPa}=c\times8.314\ \text{kPa}\cdot\text{L}\cdot\text{K}^{-1}\ \text{mol}^{-1}\times298\ \text{K}$$

$$c=4.04\times10^{-4}\ \text{mol}\cdot\text{L}^{-1}$$

$$4.04\times10^{-4}\ \text{mol}\cdot\text{L}^{-1}=\frac{0.145\ \text{g}}{M}\times\frac{1\,000\ \text{mL}}{10\ \text{mL}}$$

$$M\approx35\,900\ \text{g}\cdot\text{mol}^{-1}$$

此蛋白质的相对分子质量为 35 900。

【例 1.9】0.010 0 $\text{mol}\cdot\text{kg}^{-1}$ 氨水溶液有 4.15%电离，求此溶液的凝固点。已知水的 $K_f=1.86\ \text{K}\cdot\text{kg}\cdot\text{mol}^{-1}$。

解：$b_B=0.010\,0\ \text{mol}\cdot\text{kg}^{-1}\times(1+0.041\,5)=0.010\,415\ \text{mol}\cdot\text{kg}^{-1}$

$$\Delta T_f=1.86\ \text{K}\cdot\text{kg}\cdot\text{mol}^{-1}\times0.010\,415\ \text{mol}\cdot\text{kg}^{-1}=0.019\,4\ \text{K}$$

$$T_f=273.15\ \text{K}-0.019\,4\ \text{K}=-273.130\,6\ \text{K}$$

用凝固点降低方法也能测定电解质的电离度 α。

1.4 同步练习及答案

1.4.1 同步练习

一、选择题

1. 300 K 和 101.3 kPa 压力下，欲用铝和足够量的 HCl 反应产生 36.9 L H_2，所用铝的物质的量为(　　)。

A. 0.5 mol　　B. 0.25 mol　　C. 2 mol　　D. 1 mol

2. 27 ℃、3 039.75 kPa 时一桶 O_2 480 g，若将此桶加热至 100 ℃，维持此温度开启活门一直到气体压力降至 101.325 kPa 为止，共放出 O_2 质量(　　)。

A. 934.2 g　　B. 98.42 g　　C. 467.1 g　　D. 4.671 g

3. 在 40 ℃和 97.33 kPa 时 $SO_2(M_r=64.1)$气体的密度为(　　)。

A. 2.86　　B. 2.40　　C. 2.74　　D. 0.024

4. 已知 23 ℃饱和水蒸气压为 2 813.1 Pa，由 $NH_4NO_3(s)$ 分解制 N_2，23 ℃、95 549.5 Pa 条件下用排水法收集到 57.5 mL N_2，计算干燥后 N_2 的体积为(　　)。

A. 55.8mL　　B. 27.9 mL　　C. 46.5 mL　　D. 18.6 mL

5. 25 ℃总压为 101.3 kPa 时，下面几种气体的混合物中分压最大的是(　　)。

A. 0.1 g H_2　　B. 1.0 g He　　C. 1.0 g N_2　　D. 1.0 g CO_2

6. 10 ℃时一密闭容器中有水及平衡的水蒸气，当充入稀有气体后则水蒸气压将(　　)。

A. 增大

B. 减小

C. 不变

D. 稀有气体压力小于 101.3 kPa 时水蒸气压才增加

7. 已知 $K_f = 1.86\ K \cdot kg \cdot mol^{-1}$，测得人体血液凝固点降低值为 0.56 ℃，则在体温 37 ℃时渗透压为(　　)。

A. 1 775.97 kPa　　B. 387.98 kPa　　C. 775.97 kPa　　D. 193.99 kPa

8. 10.0 g 萘中溶解 0.60 g 尿素($M_r = 60$)，测出凝固点为 73.3 ℃(萘熔点为 80.2 ℃)。若用 12.8 g 硫黄溶于 100 g 萘中测出凝固点为 76.8 ℃。可知萘中硫黄分子相当于(　　)。

A. S_2　　B. S_4　　C. S_6　　D. S_8

9. 已知 $K_f = 1.86\ K \cdot kg \cdot mol^{-1}$，1 000 g 水中溶解 3 g KI，冷却产生 500 g 冰时的温度与哪个数值相接近？(　　)

A. −0.067 ℃　　B. −0.033 ℃　　C. −0.12 ℃　　D. −0.134 ℃

10. 下列溶液中凝固点最低的是(　　)。

A. 0.01 $mol \cdot kg^{-1}$ K_2SO_4　　B. 0.02 $mol \cdot kg^{-1}$ NaCl

C. 0.03 $mol \cdot kg^{-1}$ 蔗糖　　D. 0.01 $mol \cdot kg^{-1}$ HAc

11. 将 0.001 0 $mol \cdot L^{-1}$ KI 溶液与 0.010 0 $mol \cdot L^{-1}$ $AgNO_3$ 溶液等体积混合制成 AgI 溶胶，下列电解质中使此溶胶聚沉，聚沉能力最大的是(　　)。

A. $MgSO_4$　　B. $MgCl_2$　　C. $K_3[Fe(CN)_6]$　　D. NaCl

12. 下列水溶液，蒸气压最高的是(　　)。

A. 0.10 $mol \cdot L^{-1}$ HAc　　B. 0.10 $mol \cdot L^{-1}$ $CaCl_2$

C. 0.10 $mol \cdot L^{-1}$ $C_{12}H_{22}O_{11}$　　D. 0.10 $mol \cdot L^{-1}$ NaCl

13. 以下关于溶胶的叙述，正确的是(　　)。

A. 均相，稳定，粒子能通过半透膜　　B. 均相，比较稳定，粒子不能通过半透膜

C. 均相，比较稳定，粒子能通过半透膜　　D. 非均相，稳定，粒子不能通过半透膜

14. 乙醇、丙酮能使高分子溶液聚沉，原因是(　　)。

A. 它们有强烈的亲水性　　B. 它们不溶解高分子化合物

C. 它们使高分子化合物失去电荷　　D. 它们本身可以电离

15. 盐碱地的农作物长势不良，甚至枯萎；施了过高浓度肥料的植物也会被“烧死”。能用来说明此现象部分原因的溶液的性质是(　　)。

A. 渗透压　　B. 蒸气压下降　　C. 沸点升高　　D. 凝固点降低

16. 下列方法，最适合于摩尔质量测定的是(　　)。

A. 沸点升高　　B. 凝固点降低　　C. 凝固点升高　　D. 蒸气压下降

17. 稀溶液刚开始凝固时，析出的固体是(　　)。

A. 纯溶质　　B. 溶质与溶剂的混合物

C. 纯溶剂　　　　　　　　　　　　　　D. 要根据具体条件分析

18. $Fe(OH)_3$ 溶胶粒子电泳时向负极方向移动，不能使 $Fe(OH)_3$ 溶胶聚沉的方法是(　　)。

A. 加 K_2SO_4　　B. 加氧化锆　　C. 加热　　D. 加 As_2S_3 溶胶

19. 下列物质中(　　)的蒸气压最大。

A. $CuSO_4 \cdot 5H_2O$ 固体　　B. CH_4　　C. H_2SO_4　　D. I_2

20. 3% NaCl 溶液产生的渗透压接近于(　　)。

A. 3%蔗糖溶液　　　　　　　　　　B. 6%葡萄糖溶液

C. 0.5 $mol \cdot kg^{-1}$ 蔗糖溶液　　　　D. 1.0 $mol \cdot kg^{-1}$ 葡萄糖溶液

21. 下列 4 种溶液浓度都是 0.05 $mol \cdot kg^{-1}$，(1)蔗糖的水溶液，(2)蔗糖的乙醇溶液，(3)甘油的水溶液，(4)甘油的乙醇溶液，4 种溶液中凝固点相同的是(　　)。

A. (1)=(2)=(3)=(4)　　　　　　B. (1)=(2)，(3)=(4)

C. (1)=(4)，(2)=(3)　　　　　　D. (1)=(3)，(2)=(4)

二、填空题

1. 淡水鱼在海水中不能生存，是由于________________________。

2. 将 20 mL 0.01 $mol \cdot L^{-1}$ $AgNO_3$ 溶液与 50 mL 0.006 $mol \cdot L^{-1}$ KI 溶液混合，制备 AgI 溶胶，电渗时，分散剂向____________方向移动。

3. 等压下加热相同浓度的 $MgSO_4$、$Al_2(SO_4)_3$、CH_3COOH 和 K_2SO_4 稀水溶液，最先沸腾的是________。

4. 某葡萄糖溶液的凝固点为-0.55 ℃(K_f=1.86 $K \cdot kg \cdot mol^{-1}$)，该溶液在 298 K 时的渗透压是________。

5. 苯和水混合后加入钾皂摇动，得到________型乳浊液，加入镁皂得到________型乳浊液。

6. 表面活性物质具有表面活性的原因是其在结构上既有________基团，又有________基团。

7. 土壤胶体带______电，故土壤对 NH_4^+、NO_3^-、Cl^- 中______的吸附能力较强。

8. 根据稀溶液依数性可以测定化合物的相对分子质量，对于大分子化合物应当采取__________方法。

三、简答题

1. 于新鲜的 $Al(OH)_3$ 沉淀上，加清水和少许 $AlCl_3$ 溶液后，$Al(OH)_3$ 沉淀会转化为溶胶。此时 $Al(OH)_3$ 溶胶带什么电荷？写出胶团结构。

2. 在密闭容器罩内有 A、B 两个烧杯，A 杯为纯水，B 杯为溶液。甲同学认为若干时间后，纯水会自动地全部转移到 B 杯中，乙同学认为 A 杯中的纯水有一部分转移到 B 杯中，当两溶液面差所产生的压力刚好等于溶液的渗透压时达到平衡，问哪位同学的结论正确？

3. 水和 CCl_4 混合，加钠皂液和锌皂液振荡所得乳浊液分别是哪一类型？

4. 解释难挥发非电解质稀溶液依数性的根本原因和内在联系。

5. 以 $FeCl_3$ 水解制得 $Fe(OH)_3$ 溶胶为例说明胶体溶液的形成原理，写出 $Fe(OH)_3$ 的胶团结构，并指出使这种胶体溶液凝结的方法。

6. 为什么临床常用 0.9%生理盐水和 5%葡萄糖溶液输液？

7. 配制农药乳浊液时，为什么要加入乳化剂？

8. 冷冻海鱼放入凉水中浸泡一段时间后，在其表面会结一层冰，而鱼已经解冻了，这是什么道理？

9. 稀溶液的沸点是否一定比纯溶剂的高？为什么？

10. 为什么乳化剂能使乳浊液稳定？

四、计算题

1. 用气泵将 25 ℃、101.3 kPa 体积为 250 mL 的 N_2 充入装有 35 ℃、压力为 101.3 kPa 的 O_2 的 150 mL 容器内，问 32 ℃时容器内压力多大？

2. 人的平均肺容量为 4.5 L，若在 101.3 kPa、37.0 ℃时可充满多少摩尔的气体？

3. 一个人在休息时一次呼吸量为 0.5 L。若吸入 101.3 kPa、25℃含 20% O_2 的空气，而且这些 O_2 完全用于氧化葡萄糖($C_6H_{12}O_6$)生成 CO_2 和 $H_2O(g)$。计算呼出 CO_2 的分压(最后温度为 37 ℃)。

4. 15 ℃、101 kPa 下，将 2.00 L 干燥空气徐徐通入 CS_2 液体中，通气前后称量 CS_2 液体，得知失重 3.01 g，求 CS_2 液体在此温度下的饱和蒸气压。

5. 红色焰火主要原料是 $Sr(NO_3)_2$ 和 $KClO_3$。点燃时反应为

$$2Sr(NO_3)_2(s)+4KClO_3(s)+6S(s)+5C(s) \longrightarrow 4KCl(s)+2SrCO_3(s)+6SO_2(g)+2N_2(g)+3CO_2(g)$$

求：(1)在 40 ℃、101.3 kPa 下，4.0 g $Sr(NO_3)_2$ 在其他反应物过量下产生 SO_2 的体积为多少？(2)4.0 g $Sr(NO_3)_2$ 在其他反应物过量时产生标准状态下的气体总体积是多少？

6. 1 mol $N_2O_4(g)$在容器中分解，反应为 $N_2O_4(g) = 2NO_2(g)$，总压力为 101.3 kPa、45 ℃时总体积为 36.0 L。求：(1)混合气体的总物质的量。(2)当 $N_2O_4(g)$ 离解 x mol 时，剩下的 N_2O_4 的量是多少？(3)N_2O_4 和 NO_2 的摩尔分数。(4)N_2O_4 和 NO_2 的分压力。

7. 20.0 g 葡萄糖($C_6H_{12}O_6$)和 30.0 g 蔗糖($C_{12}H_{22}O_{11}$)溶于 225 g 水，在 225 g 水中溶有多少克 NaCl 才能与糖溶液有相同的沸点？假定 NaCl 完全电离。

8. 苯的凝固点为 5.44 ℃，K_f 为 5.12 K · kg · mol^{-1}，若 0.669 g 砷溶于 86.0 g 苯中，测得凝固点是 5.31 ℃，则砷在苯中化学式是什么？

9. 为防止水在仪器中结冰，可加入甘油($C_3H_8O_3$)以降低凝固点。若需结冰温度降至-2 ℃，在 100 g 水中应加入多少克甘油？

10. 正常人体温 37 ℃时血液渗透压为 774.95 kPa。若要输入等渗的葡萄糖溶液，浓度应为多少？

11. 在 50 g CCl_4 中溶入 0.05 g $C_{10}H_8$，测得溶液沸点升高了 0.04 K，若在等量 CCl_4 中溶入 0.05 g 未知物，测得其沸点升高了 0.06 K，计算此未知物的摩尔质量。

12. 求 5%蔗糖($C_{12}H_{22}O_{11}$)水溶液的凝固点和在 25 ℃的渗透压。

13. 孕甾酮是一种雌性激素，它含有 9.5% H，10.2% O 和 80.3% C。5.00 g 苯中含有 0.100 g 的孕甾酮的溶液在 5.18 ℃时凝固，孕甾酮的相对分子质量是多少？分子式是什么？(已知苯的 K_f 为 5.12 K · kg · mol^{-1}，苯的凝固点为 278.66 K)

14. 水溶性海洛因药剂的相对分子质量为 423，若将这种药剂与糖(相对分子质量 342)混合成试样 0.100 g 加入 1.00 g 水中，该溶液的凝固点为-0.500 ℃，此试样中海洛因的质量分数是多少？(水的 K_f 为 1.86 K · kg · mol^{-1})

15. 1946 年 George Scatchard 用溶液的渗透压测定了牛血清蛋白的相对分子质量。他用 9.63 g 蛋白质配成 1.00 L 水溶液，测得该溶液在 25 ℃时的渗透压为 0.353 kPa，请计算牛血清蛋白质的相对分子质量。如果该溶液的密度近似为 1.00 g · L^{-1}，能否用凝固点降低法测定蛋白质的相对分子质量？为什么？(K_f = 1.86 K · kg · mol^{-1}，R=8.314 kPa · L · mol^{-1} · K^{-1})

1.4.2 同步练习答案

一、选择题

1. D　2. C　3. B　4. A　5. B　6. C　7. C　8. D　9. D　10. B　11. C　12. C　13. D　14. A　15. A　16. B　17. C　18. B　19. B　20. D　21. D

二、填空题

1. 海水渗透压高于体液渗透压，鱼体中水分向外渗出

2. 负极

3. CH_3COOH

4. 732.6 kPa

5. 水包油(或 O/W)；油包水(或 W/O)

6. 极性(或亲水)；非极性(或疏水)

7. 负电；NH_4^+

8. 渗透压

三、简答题

1. $Al(OH)_3$ 溶胶带正电，其胶团结构为$\{[Al(OH)_3]_m \cdot n\,AlO^+ \cdot (n-x)Cl^-\}^{x+} \cdot x\,Cl^-$

2. 甲同学的结论是正确的。设纯水 A 的饱和蒸气压为 p^*，溶液 B 的饱和蒸气压为 p^{**}，容器内的水蒸气压为 p，则系统内始终会有 $p^*>p>p^{**}$ 成立。对于 A 中的纯水来讲总是达不到饱和蒸气压，在不断地蒸发，而对于 B 中的水溶液蒸气压总是过饱和的，水蒸气不断地凝结，最终的结果是 A 中的水全部蒸发，使系统内 $p=p^*$。在平衡之前 p^* 是不断上升，最后达到平衡。

3. 水和 CCl_4 混合，加钠皂液得到的是水包油型乳浊液，加锌皂液得到的是油包水型乳浊液。

4. 稀溶液的依数性说明溶液的性质与溶质粒子数有关，与溶剂本性无关。溶液的蒸气压下降是沸点升高和凝固点降低的基础，而渗透压与蒸气压下降无直接关系。

5. 以 $FeCl_3$ 加热水解法制 $Fe(OH)_3$ 胶体溶液时，制备过程如下：

$$Fe^{3+}+H_2O = Fe(OH)^{2+}+H^+ \qquad Fe(OH)^{2+}+H_2O = Fe(OH)_2^+ +H^+$$

$$Fe(OH)_2^+ +H_2O = Fe(OH)_3+H^+ \qquad Fe(OH)_2^+ = FeO^+ +H_2O$$

水解生成的许多 $Fe(OH)_3$ 分子聚集在一起形成胶核，胶核由于巨大的表面能而选择性地吸附 FeO^+ 离子带上正电荷，然后吸附溶液中 Cl^- 形成双电层，部分 Cl^- 和胶核紧密结合形成胶粒的吸附层，部分 Cl^- 和胶核疏松结合形成胶粒的扩散层。$Fe(OH)_3$ 胶团结构的示意图为

$$\{[Fe(OH)_3]_m \cdot n\,FeO^+ \cdot (n-x)Cl^-\}^{x+} \cdot x\,Cl^-$$

可向胶体溶液中加入带相反电荷的另一种胶体，或加入强电解质，或加热胶体溶液，使之凝结。

6. 因为 0.9%生理盐水和 5%葡萄糖溶液与人体具有相同的渗透压。

7. 农药多为不溶于水的有机油状物，将它们与亲水性乳化剂配合后，即能很好地分散在水中成为乳状液，这样用来喷洒时，可以使农药均匀地分布在作物上，既能充分发挥药效，又能防止农药集中在某一部位而伤害作物。

8. 因为鱼体内有大量体液和细胞液，根据凝固点降低规律，冻鱼的温度要低于零度。当把冻鱼浸入凉水时，冻鱼就要从凉水中吸热，从而使鱼体表面的水因散热而结冰，鱼体因吸收了热量而解冻了。

9. 不一定。难挥发的或挥发性比纯溶剂低的溶质形成的稀溶液的沸点比纯溶剂的高，而挥发性比纯溶剂大的溶质形成的溶液的蒸气压则比纯溶剂的高，此时溶液的沸点比纯溶剂的低。

10. 乳化剂的作用是使由机械分散所得的液滴不能相互聚结。当乳化剂加到乳浊液中时，亲水基向着水而疏水基向着油，定向地排列起来，降低了表面能，使体系更加稳定。同时，也在油珠外面形成了具有一定强度的膜，当分散开的油珠再相遇时，阻止了它们之间的合并，所以乳化剂能使乳浊液稳定。

四、计算题

1. 解：氧气的物质的量 $n=\dfrac{pV}{RT}=\dfrac{101.3\times150\times10^{-3}}{8.314\times308}=5.93\times10^{-3}$ mol

氮气的物质的量 $n=\dfrac{pV}{RT}=\dfrac{101.3\times250\times10^{-3}}{8.314\times298}=1.02\times10^{-2}$ mol

$n_{总}=1.62\times10^{-2}$ mol

$p_{总}=\dfrac{n_{总}RT}{V}=\dfrac{1.61\times10^{-2}\times8.314\times305}{150\times10^{-3}}=273.2$ kPa

2. 解：$n=\dfrac{pV}{RT}=\dfrac{101.3\times4.5}{8.314\times310}=0.18$ mol

3. 解：$n(O_2)=\dfrac{p(O_2)V(O_2)}{RT(O_2)}=\dfrac{101.3\times0.5\times0.2}{8.314\times298}=4.09\times10^{-3}$ mol

由 $C_6H_{12}O_6+6O_2 = 6CO_2+6H_2O$

得 $n(CO_2)=n(O_2)$

所以 $p(CO_2)=\dfrac{n(CO_2)RT(CO_2)}{V(CO_2)}=\dfrac{4.09\times10^{-3}\times8.314\times310}{0.5}=21.08$ kPa

4. 解：失去的 CS_2 的物质的量为 $\dfrac{3.01}{76.0}=0.0396$ mol

干燥的空气的物质的量为 $\dfrac{101\times2.00}{8.314\times288}=0.0844$ mol

则 CS_2 在混合气体中的分压即为它的饱和蒸气压

$p(CS_2)=101\times\dfrac{0.0396}{0.0396+0.0844}=32.3$ kPa

5. 解：(1) $n(SO_2)=3n[Sr(NO_3)_2]=3\times\dfrac{4.0}{210.7}=5.7\times10^{-2}$ mol

$V(SO_2)=\dfrac{5.7\times10^{-2}\times8.314\times313}{101.3}=1.46$ L

(2) $n_{总}=\dfrac{11}{2}n[Sr(NO_3)_2]=\dfrac{11}{2}\times\dfrac{4.0}{210.7}=0.104$ mol

$V_{总}=\dfrac{0.104\times8.314\times273}{101.3}=2.33$ L

6. 解：(1) $n=\dfrac{pV}{RT}=\dfrac{101.3\times36.0}{8.314\times318}=1.38$ mol

(2) 当 N_2O_4 离解 x mol 时

$n_{总}=1-x+2x=1+x=1.38$ mol

$x=0.38$ mol

所以，剩余的 N_2O_4 的量为 $1-0.38=0.62$ mol

(3) $n(NO_2)=2\times0.38=0.76$ mol

$x(N_2O_4)=\dfrac{0.62}{1.38}=0.45$

$x(NO_2)=\dfrac{0.76}{1.38}=0.55$

(4) $p(N_2O_4)=p_{总}\cdot x(N_2O_4)=101.3\times0.45=45.6$ kPa

$p(NO_2)=p_{总}\cdot x(NO_2)=101.3\times0.55=55.7$ kPa

7. 解：由 $\Delta T_b=K_b b_B$ 可知两溶液的 b_B 值相同，并且溶剂质量相等，

所以 $n(NaCl)=\left(\dfrac{20.0}{180}+\dfrac{30.0}{342}\right)\times\dfrac{1}{2}=0.10$ mol

$m(NaCl)=58.5\times0.10=5.85$ g

8. 解：$\Delta T_f=K_f b_B$

$5.44-5.31=5.12\times\dfrac{0.699}{M\times86.0\times10^{-3}}$

$M=306.4\ g\cdot mol^{-1}$

由 As 的摩尔质量为 $74.9\ g\cdot mol^{-1}$，$306.4\div74.9\approx4$

所以为 As_4。

9. 解：$\Delta T_f = K_f b_B$

$2 = 1.86 \times \frac{m}{92 \times 100 \times 10^{-3}}$

$m = 9.89$ g

10. 解：$\Pi = cRT$

$c = \frac{774.95}{8.314 \times 310} = 0.30\ \text{mol} \cdot \text{L}^{-1}$

11. 解：$\Delta T_b = K_b b_B$

$0.04 = K_b \cdot \frac{0.05}{128 \times 50 \times 10^{-3}}$

$0.06 = K_b \cdot \frac{0.05}{M \times 50 \times 10^{-3}}$

$M = 85.3\ \text{g} \cdot \text{mol}^{-1}$

12. 解：$\Delta T_f = K_f b_B = 1.86 \times \frac{5}{342 \times 95 \times 10^{-3}} = 0.29$ K

$T_f = 273.15 - 0.29 = 272.86$ K

$\Pi = cRT = \frac{5}{342 \times 95 \times 10^{-3}} \times 8.314 \times 298.15 = 381.5$ kPa

13. 解：$\Delta T_f = K_f b_B$

$278.66 - 273.15 - 5.18 = 5.12 \times \frac{0.100}{M \times 5.00 \times 10^{-3}}$

$M = 310.3\ \text{g} \cdot \text{mol}^{-1}$

$C : H : O = \frac{310.3 \times 0.803}{12} : \frac{310.3 \times 0.095}{1} : \frac{310.3 \times 0.102}{16} = 21 : 29 : 2$

分子式为 $C_{21}H_{29}O_2$。

14. 解：$\Delta T_b = K_b b_B$

$0.500 = 1.86 \times \frac{0.100}{M \times 1.00 \times 10^{-3}}$

$M = 372\ \text{g} \cdot \text{mol}^{-1}$

$\frac{0.100\ m_{海}}{423} + \frac{0.100 \times (1 - m_{海})}{342} = \frac{0.100}{372}$

$m_{海} = 0.4211 = 42.11\%$

15. 解：$\Pi = cRT$

$0.353 = \frac{9.63}{M \times 1.00 \times 10^{-3}} \times 8.314 \times 298$

$M = 67\ 589\ 287.14\ \text{g} \cdot \text{mol}^{-1}$

由于蛋白质的相对分子质量很大，当溶液的密度近似为 1.0 g · mL^{-1} 时，溶液的质量摩尔浓度很小，ΔT_f 也比较小，测准很困难，所以用渗透压法测定相对分子质量更好。

第2章 化学热力学基础

2.1 基本要求

(1)正确理解和掌握体系、环境、状态函数、过程、途径、反应进度、标准状态、功、热、内能、焓、焓变、标准摩尔生成焓、自发过程、熵、熵变、吉布斯自由能、自由能变、标准摩尔生成自由能等概念。

(2)能熟练掌握和运用热力学第一定律解决热力学有关计算。

(3)正确书写热化学方程式，熟练地运用盖斯定律计算有关化学反应的热效应。

(4)了解自发过程的特征，熟悉混乱度与熵的联系，掌握熵的基本性质。

(5)掌握应用热力学数据计算化学反应的标准摩尔焓变 $\Delta_r H_m^{\ominus}$、标准摩尔熵变 $\Delta_r S_m^{\ominus}$ 及标准摩尔吉布斯自由能变 $\Delta_r G_m^{\ominus}$ 的方法。

(6)掌握用 $\Delta_r G$ 判断化学反应方向的方法，熟练掌握吉布斯-亥姆霍兹公式。

重点：掌握状态函数的特点、盖斯定律及其应用；计算标准状态下反应的焓变、熵变和自由能变；用吉布斯自由能变判断等温等压下化学反应方向；利用吉布斯-亥姆霍兹公式分析温度对化学反应自发性的影响并进行有关计算。

难点：状态函数及其特征；内能、焓、熵及吉布斯自由能等概念的物理意义；等温过程吉布斯自由能变的计算。

2.2 知识体系

2.2.1 基本概念

2.2.1.1 体系和环境

体系(系统)：热力学中常把所要研究的对象、物质或空间划出一个范围和界限(界限可以实际存在也可以不存在)，界限以内的部分称为体系。

环境：体系以外与体系有密切关系的部分称为环境。

按体系与环境之间有无物质、能量交换，体系可以分为三类：

(1)敞开体系　体系与环境之间既有能量交换，也有物质的交换。

(2)封闭体系　体系与环境之间只有能量交换，而无物质的交换。

(3)孤立体系　体系与环境之间既无能量交换，也无物质的交换。

化学热力学研究中以封闭体系最常见。

注意：①真正的孤立体系是不存在的，它只是为研究问题的方便，人为地抽象而已。热力学中常常把体系与有关的环境部分合并在一起视为孤立体系。②体系是根据研究解决问题的需要而人为划分的，在讨论化学变化时，一般都把反应物和产物作为研究对象，研究一定量的物质在变化过程中的能量变化情况，所以是封闭体系。

2.2.1.2　状态和状态函数

状态：表征体系性质的物理量所确定的体系存在形式。

状态函数：确定体系状态的一系列物理量，如温度、压力、体积、浓度、密度、黏度等。

状态函数的特征：①体系的状态确定后，任意一个状态函数只有唯一确定的数值，体系的一个或几个状态函数发生了变化，则体系的状态也要发生变化。②状态函数的改变量与变化经历的途径无关。③体系的所有状态函数是相互联系的。所以，描述体系的状态时只需要实验测定体系的若干个状态函数，另一些即可通过它们之间的联系来确定。

状态函数的分类：①广度性质(容量性质)，具有加和性，如质量、物质的量、能量等。②强度性质，不具有加和性，如温度、密度、浓度等。

2.2.1.3　过程和途径

过程：体系从一种状态变成另一种状态所经历的各种具体路线和步骤的总和。

在热力学体系中，常见的过程有以下几种：

(1)等温过程　在整个过程中体系的始态温度 T_1 与终态温度 T_2 相同，并等于环境的温度 T_e，即 $T_1=T_2=T_e$。

(2)等压过程　在整个过程中体系的始态压力 p_1 与终态压力 p_2 相同，并等于环境的压力 p_e，即 $p_1=p_2=p_e$。

(3)等容过程　在整个过程中体系的体积不发生变化，即 $V_1=V_2$。

(4)绝热过程　在整个过程中，体系与环境之间没有热的传递，即 $Q=0$。

(5)循环过程　体系从一状态出发经一系列的变化后又回到原来的状态的过程。

途径：完成一个过程，所经历的具体路线和步骤。

2.2.1.4　内能、功和热

(1) 内能、功和热

内能(U)：体系内部所有能量之和，是体系的一个性质，属于状态函数。

热(Q)：由于体系和环境之间有温度差存在而引起的能量传递。体系从环境中吸热，Q 为正值($Q>0$)；体系放热给环境，Q 为负值($Q<0$)。

功(W)：除热以外，在体系和环境之间交换的能量形式。习惯上把体系对环境做功定为负值($W<0$)，环境对体系做功定为正值($W>0$)。

功 { 膨胀功(体积功)：体系反抗外压做功，$W=-p_e\Delta V$。
　　非膨胀功(非体积功)：除膨胀功以外的所有的功，如电功、表面功等。

(2)热力学第一定律　自然界一切物质都具有能量，能量能够从一种形式转化为另一种形式，从一个物体传递给另一个物体，而在转化和传递中能量的总和不变，这就是能量守恒原理。把这一原理运用于宏观的热力学体系，就称为热力学第一定律。

热力学第一定律的数学表达式为

$$\Delta U = U_2 - U_1 = Q + W \tag{2-1}$$

绝热过程 $Q=0$，$\Delta U=W$，体系内能的变化量正好是体系所接受的功或对外所做的功。

等容过程 $\Delta V=0$，即 $W=-p_e\Delta V=0$，则 $\Delta U=Q_V$。此时内能的变化量正好等于等容热，其值可以由实验求得。

(3)焓与化学反应热　等压过程，将体系的($U+pV$)定义为一个新的状态函数，称为焓。

$$H \equiv U+pV,\ \Delta H=\Delta U+p\Delta V \tag{2-2}$$

①因为内能 U 的绝对值无法测得，则焓 H 也是相对值。热力学体系中我们通常考察的是焓的变化量。

②焓是状态函数，ΔH 的值只与体系的始末状态有关而与过程无关，但在等压条件下，$\Delta H=Q_p$。

③对于只有固体或液体参与的化学反应，$\Delta V\approx 0$，所以 $\Delta H\approx\Delta U$；对于理想气体

$$\Delta H=\Delta U+\Delta n(\mathrm{g})RT$$

因为

$$\Delta U=Q_V \text{ 和 } \Delta H=Q_p \tag{2-3}$$

所以

$$\Delta H=\Delta U+\Delta n(\mathrm{g})RTQ_p=Q_V+\Delta n(\mathrm{g})RT \tag{2-4}$$

显然固体反应 $Q_p\approx Q_V$。

2.2.1.5　热力学标准态

规定：气体物质的标准状态是在指定温度 T、压力为标准压力 $p^\ominus$(101.325 kPa)下的气体状态；纯液体或纯固体的标准状态是指在指定温度 T、处于标准压力 $p^\ominus$ 下的纯液体或纯固体的状态；溶液中溶质 B 的标准态是指在指定温度 T、压力为标准压力 $p^\ominus$、溶质的物质的量浓度为标准浓度 $c^\ominus(1\ \mathrm{mol\cdot L^{-1}})$的状态。若在指定温度下各物种(包括反应物和产物)均处于标准状态，则称反应在标准状态下进行。

2.2.1.6　化学反应的热效应、热化学反应方程式

定义：任一化学反应体系，反应过程中除体积功外不做其他功，产物与反应物温度相同，体系所吸收或放出的热，称为该反应的热效应。在等压和等容条件下完成的化学反应其热效应分别称为等压反应热(Q_p)和等容反应热(Q_V)。

定义：表示化学反应和热效应关系的方程式叫作热化学方程式。

$$H_2(\mathrm{g})+\frac{1}{2}O_2(\mathrm{g}) = H_2O(\mathrm{g}) \qquad \Delta_r H_m^\ominus=-241.8\ \mathrm{kJ\cdot mol^{-1}}$$

(1)书写热化学方程式时，应注明反应温度和压力，如果反应发生在 298 K 和 101.325 kPa 下，习惯上不注明。

(2)在热化学方程式中必须标出有关物质的聚集状态(包括晶型)。通常用 g、l 和 s 分别表示气态、液态和固态，aq 表示水溶液。

(3)同一反应，计量系数不同，其热效应的数值也不同。例如：

$$2H_2(\mathrm{g})+O_2(\mathrm{g}) = 2H_2O(\mathrm{g}) \qquad \Delta_r H_m^\ominus=-483.64\ \mathrm{kJ\cdot mol^{-1}}$$

$$H_2(\mathrm{g})+\frac{1}{2}O_2(\mathrm{g}) = H_2O(\mathrm{g}) \qquad \Delta_r H_m^\ominus=-241.82\ \mathrm{kJ\cdot mol^{-1}}$$

(4)正、逆反应的热效应的绝对值相同，符号相反。例如：

$$H_2(g)+\frac{1}{2}O_2(g) \xlongequal{} H_2O(l) \qquad \Delta_r H_m^\ominus=-285.84\ kJ\cdot mol^{-1}$$

$$H_2O(l) \xlongequal{} H_2(g)+\frac{1}{2}O_2(g) \qquad \Delta_r H_m^\ominus=285.84\ kJ\cdot mol^{-1}$$

一般规定：$\Delta_r H_m^\ominus>0$，为吸热反应；$\Delta_r H_m^\ominus<0$，为放热反应。

2.2.1.7 盖斯定律

一个化学反应，不管是一步完成的还是分几步完成的，其热效应是相同的。

盖斯定律的重要意义：

(1)可根据已经准确测定的化学反应热效应来计算难以测量的化学反应热效应。

(2)利用盖斯定律，从一些已知反应的热效应可求算未知反应的热效应。

2.2.2 化合物的标准摩尔生成焓[$\Delta_f H_m^\ominus(T)$]

把在指定温度下，由标准状态的稳定单质合成 1 mol 标准状态的化合物的反应热，叫作该化合物在该指定温度下的标准摩尔生成焓，用符号 $\Delta_f H_m^\ominus(T)$ 表示。

例如，$C(s，石墨)+O_2(g) \xlongequal{} CO_2(g) \qquad \Delta_r H_m^\ominus=-393\ kJ\cdot mol^{-1}$

$$\Delta_f H_m^\ominus(CO_2)=\Delta_r H_m^\ominus=-393\ kJ\cdot mol^{-1}$$

规定在指定温度下，最稳定单质标准摩尔生成焓为零。最稳定单质，是指该元素在反应温度和标准压力 $p^\ominus$ 下最稳定状态。例如，在该条件下，氢元素的最稳定单质是 $H_2(g)$，碳元素的最稳定单质是石墨，氟、氯、溴、碘 4 种元素的最稳定单质分别是 $F_2(g)$、$Cl_2(g)$、$Br_2(l)$、$I_2(s)$。

2.2.3 反应热 $\Delta_r H_m^\ominus$ 的几种计算方法

2.2.3.1 由标准摩尔生成焓求算

$$\Delta_r H_m^\ominus(T) \approx \Delta_r H_m^\ominus(298\ K)$$

$$=\sum_j \nu_j \Delta_f H_m^\ominus(298\ K，产物\ j)-\sum_i \nu_i \Delta_f H_m^\ominus(298\ K，反应物\ i) \tag{2-5}$$

2.2.3.2 由盖斯定律求算

将一个总反应分解成若干个步骤，设计成一个热力学循环过程来间接求算。

2.2.4 熵和熵变

玻尔兹曼(L. Boltzmann)提出：$S=k\ln\Omega$，其中 S 为熵的符号，Ω 表示热力学概率(混乱度或无序度)；k 为 Boltzmann 常数，其值为 $1.38\times10^{-23}\ J\cdot mol^{-1}\cdot K^{-1}$。

在 0 K 时任何纯物质的完美晶体，其熵值 $S^\ominus(0\ K)=0$，这就是热力学第三定律。当一物质的理想晶体从热力学温度 0 K 升温至 T 时，体系熵的增加即为体系在 T 时的熵 S。

1 mol 某纯物质在标准态下的绝对熵叫作该物质的标准摩尔熵(简称标准熵)。表示符号为 $S_m^\ominus(T)$，单位为 $J\cdot mol^{-1}\cdot K^{-1}$。通常使用的是 298 K 标准摩尔熵，简写为 $S_m^\ominus$。

$$\Delta S_m^\ominus=S_m^\ominus(298\ K)-S_m^\ominus(0\ K)=S_m^\ominus(298\ K)-0=S_m^\ominus(298\ K) \tag{2-6}$$

物质的熵有如下变化规律：

(1)物质的熵值随温度的升高而增大。

(2)同一物质，气态 $S_m^{\ominus}$ 大于液态 $S_m^{\ominus}$，液态 $S_m^{\ominus}$ 大于固态 $S_m^{\ominus}$。

(3)物质的摩尔质量越大，$S_m^{\ominus}$ 越大。

(4)摩尔质量相同的物质，结构越复杂，$S_m^{\ominus}$ 越大。

度量：克劳修斯(Clausius)提出熵的概念时所定义的关系式，即可逆过程。

$$\Delta S=\frac{Q}{T} \tag{2-7}$$

应用：熵变的最大功用是可用于判断一个过程的自发性。自发过程是混乱度 Ω 增大的过程，于是得出：在孤立体系中自发变化的发生，其熵值必然增加，这就是热力学第二定律，也称熵增加原理。按热力学第二定律必须是总熵变为正值时，才表明一个过程能够自发地进行。而总熵变为

$$\Delta S_{总}=\Delta S_{环境}+\Delta S_{体系}=\Delta S_{体系}-\frac{\Delta H}{T} \tag{2-8}$$

则化学反应自发变化的判据为

$$\Delta S_{体系}-\frac{\Delta H}{T}>0 \tag{2-9}$$

2.2.5　化学反应的标准摩尔熵变的计算

熵与焓一样是体系的状态函数，且具有广度性质。所以，化学反应的熵变只取决于反应体系的始、终状态，而与体系状态变化的途径无关。故反应的标准摩尔熵变 $\Delta_r S_m^{\ominus}(T)$ 的计算方法与反应的标准摩尔焓变 $\Delta_r H_m^{\ominus}(T)$ 类似。

$$\begin{aligned}\Delta_r S_m^{\ominus}(T) &\approx \Delta_r S_m^{\ominus}(298\ \text{K}) \\ &= \sum_j \nu_j S_m^{\ominus}(298\ \text{K}，产物\ j)-\sum_i \nu_i S_m^{\ominus}(298\ \text{K}，反应物\ i)\end{aligned} \tag{2-10}$$

2.2.6　吉布斯自由能和吉布斯-亥姆霍兹(Gibbs-Helmhltz)公式

吉布斯(Gibbs)自由能(G)：

$$G\equiv H-TS$$

故　$$\Delta G=\Delta H-T\Delta S \qquad \Delta G=G_2-G_1$$

(1)一般：$\Delta G<0$　自发过程；

$\Delta G=0$　平衡过程；

$\Delta G>0$　非自发过程。

(2)在一般情况下，由于温度对反应的 ΔH 与 ΔS 数值影响不大，所以可近似地用 $\Delta_r H_m^{\ominus}(298\ \text{K})$ 和 $\Delta_r S_m^{\ominus}(298\ \text{K})$ 的数值来代替在任一温度 T 时的 $\Delta_r H_m^{\ominus}(T)$ 与 $\Delta_r S_m^{\ominus}(T)$。这样，上面公式可写成

$$\Delta_r G_m^{\ominus}(T)=\Delta_r H_m^{\ominus}(298\ \text{K})-T\Delta_r S_m^{\ominus}(298\ \text{K}) \tag{2-11}$$

(3)利用式(2-11)可以求算使化学反应在标准状态下自发进行的温度。

因为自发进行的条件是 $\Delta_r G_m^\ominus(T) \leqslant 0$，所以，等压条件下 $\Delta_r H_m^\ominus$、$\Delta_r S_m^\ominus$ 及 T 对 $\Delta_r G_m^\ominus$ 的影响见表 2-1 所列。

表 2-1　等压条件下 $\Delta_r H_m^\ominus$、$\Delta_r S_m^\ominus$ 及 T 对 $\Delta_r G_m^\ominus$ 的影响

$\Delta_r H_m^\ominus$	$\Delta_r S_m^\ominus$	$\Delta_r G_m^\ominus = \Delta_r H_m^\ominus - T\Delta_r S_m^\ominus$	反应情况
+	−	+	任何温度下都不能自发进行
−	+	−	任何温度下都能自发进行
−	−	+（高温时） −（低温时）	高温下不能自发进行 低温下能自发进行
+	+	+（低温时） −（高温时）	低温下不能自发进行 高温下能自发进行

反应的转折温度为

$$T_{转} = \Delta_r H_m^\ominus(298\ K) / \Delta_r S_m^\ominus(298\ K) \tag{2-12}$$

2.2.7　化合物的标准生成自由能和反应的标准自由能变

2.2.7.1　化合物的标准摩尔生成自由能

规定：在标准状态下，元素的最稳定单质的标准摩尔生成自由能等于零。由最稳定的单质生成单位物质的量某物质的反应的自由能变称为该物质的标准摩尔生成自由能变，以符号 $\Delta_f G_m^\ominus(T)$ 表示。单位为 $J \cdot mol^{-1}$ 或 $kJ \cdot mol^{-1}$。例如：

$$H_2(g) + \frac{1}{2}O_2(g) = H_2O(g) \quad \Delta_r G_m^\ominus(298\ K) = -228.6\ kJ \cdot mol^{-1}$$

所以

$$\Delta_f G_m^\ominus(H_2O,\ g,\ 298\ K) = -228.6\ kJ \cdot mol^{-1}$$

2.2.7.2　化学反应的标准自由能变 $\Delta_r G_m^\ominus$

等温等压条件下，当反应体系中反应物和产物均处于标准状态，完成 1 mol 反应（反应进度为 1 mol）时，伴随的自由能变化量称为反应的标准自由能变，符号记为 $\Delta_r G_m^\ominus$。

$$\Delta_r G_m^\ominus = \sum_j \nu_j \Delta_f G_m^\ominus(产物\ j) - \sum_i \nu_i \Delta_f G_m^\ominus(反应物\ i) \tag{2-13}$$

2.3　典型例题

【例 2.1】求下列等压过程的体积功：（1）10 mol 理想气体由 298 K 等压膨胀到 398 K。（2）在 373 K、0.1 MPa 下 5 mol 水变成水蒸气（水蒸气可视为理想气体，水的体积与水蒸气的体积比较，可以忽略）。

解：（1）$W_1 = -p_e \Delta V = -nR\Delta T = -10\ mol \times 8.314\ J \cdot mol^{-1} \cdot K^{-1} \times (398-298)\ K$

$= -8.314\ kJ$

（2）$W_2 = -p_e \Delta V = -p_e(V_g - V_l) \approx -p_e V_g = -n_g RT$

$= -5\ mol \times 8.314\ J \cdot mol^{-1} \cdot K^{-1} \times 373\ K = -15.51\ kJ$

【例 2.2】101.3 kPa、100 ℃时 1.0 mol 水沸腾全部变成水蒸气，内能变化多少？已知水的摩尔体积为 19.8 mL，水蒸气摩尔体积为 30.16 L，蒸发热为 40.67 $kJ \cdot mol^{-1}$（373.2 K）。

解：$W=-p_e\Delta V=-(101.3\ \text{kPa})\times(30.16\ \text{L}-1.98\times10^{-2}\ \text{L})=-3\ 053\ \text{J}=-3.05\ \text{kJ}$

$$Q=40.67\ \text{kJ}$$

$$\Delta U=40.67\ \text{kJ}-3.05\ \text{kJ}=37.62\ \text{kJ}$$

可见液体蒸发所吸的热不仅提供液体气化时所需内能，还要有一部分用以推开空气而做膨胀功。

【例 2.3】已知在 298 K 时反应 $2N_2O(g) = 2N_2(g) + O_2(g)$ 的 $\Delta_r H_m^\ominus$ 为 $-164\ \text{kJ}\cdot\text{mol}^{-1}$，求该反应的 $\Delta_r U_m^\ominus$。

解：$\Delta_r U_m^\ominus=\Delta_r H_m^\ominus-\Delta\nu(g)\ RT$

$=-164\ \text{kJ}\cdot\text{mol}^{-1}-(2+1-2)\times8.314\times10^{-3}\ \text{kJ}\cdot\text{mol}^{-1}\cdot\text{K}^{-1}\times298\ \text{K}$

$=-166.5\ \text{kJ}\cdot\text{mol}^{-1}$

【例 2.4】已知在 298 K、101.3 kPa 条件下反应 $2KClO_3(s) = 2KCl(s)+3O_2(g)$ 放出热量为 $89.5\ \text{kJ}\cdot\text{mol}^{-1}$，计算这一过程的 $\Delta_r H_m$、$\Delta_r U_m$、W。

解：$\Delta_r H_m=-89.5\ \text{kJ}\cdot\text{mol}^{-1}$

$W=-p_e\Delta V=-\Delta n(g)\ RT=-3\times8.314\times10^{-3}\ \text{kJ}\cdot\text{mol}^{-1}\cdot\text{K}^{-1}\times298\ \text{K}=-7.4\ \text{kJ}\cdot\text{mol}^{-1}$

$\Delta_r U_m=\Delta_r H_m-\Delta\nu(g)\ RT=-89.5\ \text{kJ}\cdot\text{mol}^{-1}-7.4\ \text{kJ}\cdot\text{mol}^{-1}=-96.9\ \text{kJ}\cdot\text{mol}^{-1}$

【例 2.5】在 101.3 kPa 条件下，苯在其正常沸点(80.1 ℃)的气化热 $Q=30.50\ \text{kJ}\cdot\text{mol}^{-1}$，计算该条件下苯气化过程的 $\Delta_r U_m$、$\Delta_r H_m$、$\Delta_r G_m$、$\Delta_r S_m$。

解：题中苯气化过程的相变可表示为

C_6H_6(l, 101.3 kPa, 80.1 ℃) $\rightleftharpoons$ C_6H_6(g, 101.3 kPa, 80.1 ℃)

对于等温等压的相变过程：$\Delta_r G_m=0\ \text{kJ}\cdot\text{mol}^{-1}$，$\Delta_r H_m=Q_p=30.50\ \text{kJ}\cdot\text{mol}^{-1}$

根据 $\Delta_r G_m=\Delta_r H_m-T\Delta_r S_m$ 和上述数据得 $\Delta_r S_m=8.64\times10^{-2}\ \text{kJ}\cdot\text{mol}^{-1}\cdot\text{K}^{-1}$

根据 $\Delta_r H_m=\Delta_r U_m+\Delta\nu(g)\ RT$

$$30.50\ \text{kJ}\cdot\text{mol}^{-1}=\Delta_r U_m+1\times8.314\times10^{-3}\ \text{kJ}\cdot\text{mol}^{-1}\cdot\text{K}^{-1}\times353.1\ \text{K}$$

$$\Delta_r U_m=27.56\ \text{kJ}\cdot\text{mol}^{-1}$$

【例 2.6】已知如下反应

$$H_2O_2(l) = H_2O(l)+\frac{1}{2}O_2(g)\qquad \Delta_r H_m^\ominus=-98.0\ \text{kJ}\cdot\text{mol}^{-1}$$

试求：(1) 100 g H_2O_2(l)分解时放热多少？

(2) $2H_2O_2(l) = 2H_2O(l)+O_2(g)\qquad \Delta_r H_{m_2}^\ominus=?$

(3) $H_2O(l)+\frac{1}{2}O_2(g) = H_2O_2(l)\qquad \Delta_r H_{m_3}^\ominus=?$

解：(1) $\Delta_r H_m^\ominus=-98.0\ \text{kJ}\cdot\text{mol}^{-1}$ 即 1 mol H_2O_2(l) 分解放热 98.0 kJ，那么 100 g H_2O_2(l) 分解放热为

$$Q=\frac{100\ \text{g}}{34.0\ \text{g}\cdot\text{mol}^{-1}}\times(-98.0\ \text{kJ}\cdot\text{mol}^{-1})=-288.2\ \text{kJ}$$

(2) 所求反应是已知反应的 2 倍，所以有

$$\Delta_r H_{m_2}^\ominus=2\Delta_r H_m^\ominus=2\times(-98.0)\ \text{kJ}\cdot\text{mol}^{-1}=-196.0\ \text{kJ}\cdot\text{mol}^{-1}$$

(3)所求反应是已知反应的逆反应，所以有

$$\Delta_r H^{\ominus}_{m_3}=-(\Delta_r H^{\ominus}_m)=98.0\ \text{kJ}\cdot\text{mol}^{-1}$$

【例 2.7】已知下面两个反应的 $\Delta_r H^{\ominus}_m$ 分别如下：

(1) $4NH_3(g)+5O_2(g) = 4NO(g)+6H_2O(l)$　　$\Delta_r H^{\ominus}_m=-1\ 170\ \text{kJ}\cdot\text{mol}^{-1}$

(2) $4NH_3(g)+3O_2(g) = 2N_2(g)+6H_2O(l)$　　$\Delta_r H^{\ominus}_m=-1\ 530\ \text{kJ}\cdot\text{mol}^{-1}$

求 NO(g)的标准摩尔生成焓 $\Delta_f H^{\ominus}_m$。

解：求 NO (g)的标准摩尔生成焓 $\Delta_f H^{\ominus}_m$ 即是求(3) $\frac{1}{2}N_2(g)+\frac{1}{2}O_2(g) = NO(g)$ 的标准摩尔焓变 $\Delta_r H^{\ominus}_m$。根据盖斯定律可得 $(3)=\frac{(1)-(2)}{4}$

$$\Delta_r H^{\ominus}_m(3)=\frac{[\Delta_r H^{\ominus}_m(1)-\Delta_r H^{\ominus}_m(2)]}{4}=\frac{-1\ 170-(-1\ 530)}{4}\ \text{kJ}\cdot\text{mol}^{-1}=90\ \text{kJ}\cdot\text{mol}^{-1}$$

【例 2.8】已知下列热化学方程式

(1) $Fe_2O_3(s)+3CO(g) = 2Fe(s)+3CO_2(g)$　　$\Delta_r H^{\ominus}_m=-25\ \text{kJ}\cdot\text{mol}^{-1}$

(2) $3Fe_2O_3(s)+CO(g) = 2Fe_3O_4(s)+CO_2(g)$　　$\Delta_r H^{\ominus}_m=-47\ \text{kJ}\cdot\text{mol}^{-1}$

(3) $Fe_3O_4(s)+CO(g) = 3FeO(s)+CO_2(g)$　　$\Delta_r H^{\ominus}_m=19\ \text{kJ}\cdot\text{mol}^{-1}$

不用查表，计算下列反应的 $\Delta_r H^{\ominus}_m$。

$$FeO(s)+CO(g) = Fe(s)+CO_2(g)$$

解：(3)×2+(2)得(4) $3Fe_2O_3(s)+3CO(g) = 6FeO(s)+3CO_2(g)$

(1)×3 −(4)得 $6FeO(s)+6CO(g) = 6Fe(s)+6CO_2(g)$

即 $\frac{1}{6}\{(1)\times3-[(3)\times2+(2)]\}$ 得 $FeO(s)+CO(g) = Fe(s)+CO_2(g)$

$$\Delta_r H^{\ominus}_m=\frac{1}{6}\{(-25)\times3-[19\times2+(-47)]\}\ \text{kJ}\cdot\text{mol}^{-1}=-11\ \text{kJ}\cdot\text{mol}^{-1}$$

【例 2.9】通过 $\Delta_f H^{\ominus}_m$ 数据计算反应的 $\Delta_r H^{\ominus}_m$，说明金属钠着火时，为什么不能用水或二氧化碳灭火来扑救?

解：金属钠着火时发生

$$4Na(s)+O_2(g) = 2Na_2O(s)$$

$\Delta_f H^{\ominus}_m/(\text{kJ}\cdot\text{mol}^{-1})$　　0　　0　　−414.2

$$\Delta_r H^{\ominus}_m=[2\times(-414.2)-0-0]\ \text{kJ}\cdot\text{mol}^{-1}=-828.4\ \text{kJ}\cdot\text{mol}^{-1}$$

若用水或二氧化碳来灭火时，会发生如下反应

$$2Na(s)+2H_2O(l) = 2NaOH(aq)+H_2(g)$$

$\Delta_f H^{\ominus}_m/(\text{kJ}\cdot\text{mol}^{-1})$　　0　　−285.84　　−470.11　　0

$\Delta_r H^{\ominus}_m=[2\times(-470.11)+0-0-2\times(-285.84)]\ \text{kJ}\cdot\text{mol}^{-1}=-368.54\ \text{kJ}\cdot\text{mol}^{-1}$

$$2Na(s)+CO_2(g) = Na_2O(s)+CO(g)$$

$\Delta_f H^{\ominus}_m/(\text{kJ}\cdot\text{mol}^{-1})$　　0　　−393.5　　−414.2　−110.52

$\Delta_r H^{\ominus}_m=[(-414.2)+(-110.52)-0-(-393.5)]\ \text{kJ}\cdot\text{mol}^{-1}=-131.22\ \text{kJ}\cdot\text{mol}^{-1}$

以上反应均为放热反应，用水或二氧化碳来扑救，火势将更猛，尤其是反应产物中的 $H_2(g)$ 和 $CO(g)$ 遇空气易爆炸。因此，金属钠着火时切忌用水或二氧化碳灭火剂扑救，宜用黄沙土等来灭火。

【例 2.10】从以下各对物质中选出熵值较大的物质。除已注明条件者外，每对物质都处于相同的温度和压强。

(1) $Cl_2(g)$，$Cl_2(l)$　　(2) H_2(g，100 kPa)，H_2(g，10 kPa)

(3) H_2O(298 K)，H_2O(350 K)　　(4) $C_6H_6(l)$，$C_6H_5Cl(l)$

解：(1) $Cl_2(g)$ 的熵值大于 $Cl_2(l)$ 的熵值，气态物质的熵值大于液态物质的熵值。

(2) H_2(g，10 kPa) 的熵值大于 H_2(g，100 kPa) 的熵值，因为气体物质在低压下受到的限制要小，故混乱度大，熵值就大。

(3) H_2O(350 K) 的熵值大于 H_2O(298 K) 的熵值，温度升高，混乱度变大，熵值变大。

(4) $C_6H_5Cl(l)$ 的熵值大于 $C_6H_6(l)$ 的熵值，相对分子质量越大，混乱度越大，熵值越大。

【例 2.11】不查表估计下列过程的 ΔS 符号。

(1) $2SO_3(g) = 2SO_2(g) + O_2(g)$

(2) C(s，石墨) + $2H_2(g) = CH_4(g)$

(3) $O_2(g) = 2O(g)$

(4) $NH_3(g) + HCl(g) = NH_4Cl(s)$

(5) C(s，石墨) = C(s，金刚石)

(6) 氧气溶于水中

解：(1) 由于 $\Delta\nu(g) = (2+1)-2 = 1 > 0$，所以 $\Delta S > 0$，故为熵增反应。

(2) 由于 $\Delta\nu(g) = 1-2 = -1 < 0$，所以 $\Delta S < 0$，故为熵减反应。

(3) 由于 $\Delta\nu(g) = 2-1 = 1 > 0$，所以 $\Delta S > 0$，故为熵增反应。

(4) 由于 $\Delta\nu(g) = 0-2 = -2 < 0$，所以 $\Delta S < 0$，故为熵减反应。

(5) 由于金刚石为坚硬的固体，其中碳原子的运动受到更大的限制，所以 $\Delta S < 0$，故为熵减反应。

(6) 由于在水中溶解的氧气比在空气中时混乱度要小得多，所以 $\Delta S < 0$，故为熵减过程。

【例 2.12】298 K 时，CCl_4 蒸发热为 43 kJ·mol^{-1}，$CCl_4(l)$ 的标准熵为 214 J·mol^{-1}·K^{-1}，求 298 K 平衡时气态 CCl_4 的 $S_m^\ominus$。

解：298 K 时，CCl_4 蒸发处于平衡时，可视为恒温下气液平衡的可逆过程，故 $CCl_4(l)$ 变为 $CCl_4(g)$ 的熵变为

$$\Delta_r S_m^\ominus = \frac{Q_r}{T} = \frac{43\times10^3\ \text{kJ}\cdot\text{mol}^{-1}}{298\ \text{K}} = 144.3\ \text{J}\cdot\text{mol}^{-1}\cdot\text{K}^{-1}$$

熵 S 为状态函数，具有加和性，所以，

$$S(CCl_4, g) = S(CCl_4, l) + \Delta_r S_m^\ominus = (214+144.3)\ \text{J}\cdot\text{mol}^{-1}\cdot\text{K}^{-1} = 358.3\ \text{J}\cdot\text{mol}^{-1}\cdot\text{K}^{-1}$$

【例 2.13】不查表，指出下列化学反应自发进行的条件。

(1) $2N_2(g) + O_2(g) = 2N_2O(g)$　　$\Delta_r H_m^\ominus > 0$

(2) $CaCO_3(s) \longrightarrow CaO(s) + CO_2(g)$　　$\Delta_r H_m^\ominus > 0$

(3) $H_2(g) + \frac{1}{2}O_2(g) \longrightarrow H_2O(g)$　　$\Delta_r H_m^\ominus < 0$

(4) $2C$（石墨）$+ O_2(g) \longrightarrow 2CO(g)$　　$\Delta_r H_m^\ominus < 0$

解：根据 $\Delta_r G_m^\ominus(T) = \Delta_r H_m^\ominus(298\ K) - T\Delta_r S_m^\ominus(298\ K)$

(1) 反应后气体分子数减少，即 $\Delta_r S_m^\ominus < 0$，而 $\Delta_r H_m^\ominus > 0$，故此反应在任何温度下都不能实现 $\Delta_r G_m^\ominus(T) < 0$，故此反应在任何温度下都不能自发进行。

(2) 反应后气体分子数增加，即 $\Delta_r S_m^\ominus > 0$，而 $\Delta_r H_m^\ominus > 0$，所以要使该反应的 $\Delta_r G_m^\ominus(T) < 0$，只有高温时才能实现，故反应在高温下才能自发进行。

(3) 反应后气体分子数减少，即 $\Delta_r S_m^\ominus < 0$，而 $\Delta_r H_m^\ominus < 0$，要使该反应的 $\Delta_r G_m^\ominus(T) < 0$，只有低温时才能实现，故此反应在低温时才能自发进行。

(4) 反应后气体分子数增加，即 $\Delta_r S_m^\ominus > 0$，而 $\Delta_r H_m^\ominus < 0$，故此反应在任何温度下都能实现 $\Delta_r G_m^\ominus(T) < 0$，故此反应在任何温度下都能自发进行。

【例 2.14】已知下列反应的 $\Delta_r G_m^\ominus$，求 $\Delta_f G_m^\ominus(Fe_3O_4, s)$。

(1) $2Fe(s) + \frac{3}{2}O_2(g) \longrightarrow Fe_2O_3(s)$　　$\Delta_r G_{m_1}^\ominus = -742.2\ kJ \cdot mol^{-1}$

(2) $4Fe_2O_3(s) + Fe(s) \longrightarrow 3Fe_3O_4(s)$　　$\Delta_r G_{m_2}^\ominus = -79\ kJ \cdot mol^{-1}$

解：分析上述反应，只要 4×(1)+(2) 再除以 3 即得

$$3Fe(s) + 2O_2(g) \longrightarrow Fe_3O_4(s)$$

$$\frac{[4\times(-742.2) + (-79)]\ kJ \cdot mol^{-1}}{3} = -1\ 015.9\ kJ \cdot mol^{-1}$$

$$\Delta_f G_m^\ominus(Fe_3O_4, s) = -1\ 015.9\ kJ \cdot mol^{-1}$$

【例 2.15】试计算反应 $CH_4(g) + 2O_2(g) \longrightarrow CO_2(g) + 2H_2O(g)$ 在 298 K 及标准状态下的最大有用功。

已知	$CH_4(g)$	$+2O_2(g)$	$\longrightarrow CO_2(g)$	$+ 2H_2O(g)$
$\Delta_f G_m^\ominus(298\ K)/(kJ \cdot mol^{-1})$	−50.75	0	−394.36	−228.59

解：对外可做最大有用功，是 $\Delta_r G_m^\ominus$ 的重要特征之一。因此，只要算出 $\Delta_r G_m^\ominus$ 即可得到体系所做的最大有用功 $W'_{max} = \Delta_r G_m^\ominus$

$$\Delta_r G_m^\ominus = [(-394.36) + 2\times(-228.59) - (-50.75)]\ kJ \cdot mol^{-1} = -800.79\ kJ \cdot mol^{-1}$$

$$W'_{max} = -800.79\ kJ \cdot mol^{-1}$$

即该反应在 298 K 及标准状态下对外做的最大有用功是 $-800.79\ kJ \cdot mol^{-1}$。

【例 2.16】指定 $NH_4Cl(s)$ 分解产物都处于标准状态，在 298 K 时 $NH_4Cl(s)$ 分解可否自发进行？试求 $NH_4Cl(s)$ 分解的最低温度。

已知	$NH_4Cl(s) \longrightarrow$	$NH_3(g)$	$+ HCl(g)$
$\Delta_f H_m^\ominus(298\ K)/(kJ \cdot mol^{-1})$	−314.4	−46.11	−92.31
$S_m^\ominus(298\ K)/(J \cdot mol^{-1} \cdot K^{-1})$	94.56	192.3	186.8

解： $\Delta_r H_m^{\ominus}(298\ K)=\sum_j \nu_j \Delta_f H_m^{\ominus}(产物\ j,\ 298\ K)-\sum_i \nu_i \Delta_f H_m^{\ominus}(反应物\ i,\ 298\ K)$

$=-92.31\ kJ\cdot mol^{-1}-46.11\ kJ\cdot mol^{-1}+314.4\ kJ\cdot mol^{-1}$

$=175.98\ kJ\cdot mol^{-1}$

$\Delta_r S_m^{\ominus}(298\ K)=\sum_j \nu_j S_m^{\ominus}(产物\ j,\ 298\ K)-\sum_i \nu_i S_m^{\ominus}(反应物\ i,\ 298\ K)$

$=186.80\ J\cdot mol^{-1}\cdot K^{-1}+192.3\ J\cdot mol^{-1}\cdot K^{-1}-94.56\ J\cdot mol^{-1}\cdot K^{-1}$

$=284.54\ J\cdot mol^{-1}\cdot K^{-1}$

$\Delta_r G_m^{\ominus}(298\ K)=\Delta_r H_m^{\ominus}(298\ K)-T\Delta_r S_m^{\ominus}(298\ K)$

$=175.98\ kJ\cdot mol^{-1}-298\ K\times 0.2845\ kJ\cdot mol^{-1}\cdot K^{-1}$

$=91.20\ kJ\cdot mol^{-1}>0$

故 $NH_4Cl(s)$ 分解不能自发进行。

$\Delta_r G_m^{\ominus}<0$ 则

$$T>\Delta_r H_m^{\ominus}(298\ K)/\Delta_r S_m^{\ominus}(298\ K)=\frac{175.98\times 10^3\ J\cdot mol^{-1}}{284.54\ J\cdot mol^{-1}\cdot K^{-1}}=618.5\ K$$

所以，$NH_4Cl(s)$ 分解的最低温度为 618.5 K。

【例 2.17】下列反应是否可用作固氮？如果可能的话，应如何控制温度？

	$N_2(g)$	+	$3H_2(g)$	$=\!=\!=$	$2NH_3(g)$
$\Delta_f H_m^{\ominus}(298\ K)/(kJ\cdot mol^{-1})$	0		0		−46.11
$S_m^{\ominus}(298\ K)/(J\cdot mol^{-1}\cdot K^{-1})$	191.5		130.57		192.3

解： $\Delta_r H_m^{\ominus}=[2\times(-46.11)-0]\ kJ\cdot mol^{-1}=-92.22\ kJ\cdot mol^{-1}$

$\Delta_r S_m^{\ominus}=[2\times 192.3-(3\times 130.57+191.5)]\ J\cdot mol^{-1}\cdot K^{-1}=-198.6\ J\cdot mol^{-1}\cdot K^{-1}$

由于 $\Delta_r H_m^{\ominus}<0$，$\Delta_r S_m^{\ominus}<0$，所以在低温下反应才能自发进行。

由 $\Delta_r G_m^{\ominus}(298\ K)=\Delta_r H_m^{\ominus}(298\ K)-T\Delta_r S_m^{\ominus}(298\ K)$

$$T<\Delta_r H_m^{\ominus}(298\ K)/\Delta_r S_m^{\ominus}(298\ K)=\frac{-92.22\times 10^3\ J\cdot mol^{-1}}{-198.6\ J\cdot mol^{-1}\cdot K^{-1}}=464\ K$$

说明只有当 $T<464$ K 时，该反应才能自发进行。

【例 2.18】已知反应及 298 K 时热力学数据如下

	$Ag_2CO_3(s) \rightleftharpoons$	$Ag_2O(s)$	+	$CO_2(g)$
$\Delta_f H_m^{\ominus}/(kJ\cdot mol^{-1})$	−505.8	−31.1		−393.51
$\Delta_f G_m^{\ominus}/(kJ\cdot mol^{-1})$	−436.5	−11.2		−394.36

请问：(1)上述反应在标准状态下，298 K 可否自发进行？(2)标准状态下，反应自发进行的温度条件如何？

解： (1) $\Delta_r G_m^{\ominus}(298\ K)=(-394.36)\ kJ\cdot mol^{-1}+(-11.2)\ kJ\cdot mol^{-1}-(-436.5)\ kJ\cdot mol^{-1}$

$=30.94\ kJ\cdot mol^{-1}>0$

所以反应正向非自发，逆向自发进行。

(2) $\Delta_r H_m^{\ominus}=(-393.51)\ kJ\cdot mol^{-1}-31.1\ kJ\cdot mol^{-1}-(-505.8)\ kJ\cdot mol^{-1}=81.19\ kJ\cdot mol^{-1}$

$$\Delta_r S_m^\ominus = \frac{\Delta_r H_m^\ominus - \Delta_r G_m^\ominus}{T} = \frac{(81.19-30.94)\ \text{kJ}\cdot\text{mol}^{-1}}{298\ \text{K}} = 0.168\ 6\ \text{kJ}\cdot\text{mol}^{-1}\cdot\text{K}^{-1}$$

$$T \geqslant \frac{\Delta_r H_m^\ominus}{\Delta_r S_m^\ominus} = \frac{81.19\ \text{kJ}\cdot\text{mol}^{-1}}{0.168\ 6\ \text{kJ}\cdot\text{mol}^{-1}\cdot\text{K}^{-1}} = 481.6\ \text{K}$$

标准状态下，反应自发进行的温度为 481.6 K 以上。

【例 2.19】已知反应及 298 K 时热力学数据如下

	$H_2O\ (l) \rightleftharpoons$	$H_2O\ (g)$
$\Delta_f H_m^\ominus/(\text{kJ}\cdot\text{mol}^{-1})$	-285.84	-241.82
$S_m^\ominus/(\text{J}\cdot\text{mol}^{-1}\cdot\text{K}^{-1})$	69.94	188.72

试计算：(1)相平衡的转变温度是多少？(2)计算 $\Delta_r G_m^\ominus(300\ \text{K})$ 和 $\Delta_r G_m^\ominus(400\ \text{K})$，判定在 300 K 和 400 K 时相变的方向。

解：(1) $\Delta_r H_m^\ominus(298\ \text{K}) = [-241.82-(-285.84)]\ \text{kJ}\cdot\text{mol}^{-1} = 44.02\ \text{kJ}\cdot\text{mol}^{-1}$

$\Delta_r S_m^\ominus(298\ \text{K}) = (188.72-69.94)\ \text{J}\cdot\text{mol}^{-1}\cdot\text{K}^{-1} = 118.78\ \text{J}\cdot\text{mol}^{-1}\cdot\text{K}^{-1}$

$$T_{转} = \Delta_r H_m^\ominus(298\ \text{K})/\Delta_r S_m^\ominus(298\ \text{K}) = \frac{44.02\times10^3\ \text{J}\cdot\text{mol}^{-1}}{118.78\ \text{J}\cdot\text{mol}^{-1}\cdot\text{K}^{-1}} = 370.60\ \text{K}$$

(2) $\Delta_r G_m^\ominus(300\ \text{K}) = \Delta_r H_m^\ominus(298\ \text{K}) - T\Delta_r S_m^\ominus(298\ \text{K})$

$= 44.02\ \text{kJ}\cdot\text{mol}^{-1} - 300\ \text{K}\times118.78\times10^{-3}\ \text{kJ}\cdot\text{mol}^{-1}\cdot\text{K}^{-1}$

$= 8.39\ \text{kJ}\cdot\text{mol}^{-1} > 0$

所以在 300 K 时，反应逆向自发，相变方向为：$H_2O(g) \rightleftharpoons H_2O(l)$。

同理　$\Delta_r G_m^\ominus(400\ \text{K}) = 44.02\ \text{kJ}\cdot\text{mol}^{-1} - 400\ \text{K}\times118.78\times10^{-3}\ \text{kJ}\cdot\text{mol}^{-1}\cdot\text{K}^{-1}$

$= -3.49\ \text{kJ}\cdot\text{mol}^{-1} < 0$

所以在 400 K 时，反应正向自发，相变方向为：$H_2O(l) \rightleftharpoons H_2O(g)$。

【例 2.20】根据熵判据(热力学第二定律)判断在 298 K 时，金属铁被氧气氧化的反应能否自发进行。

已知	$4Fe\ (s)$	$+3O_2(g) =$	$2Fe_2O_3(s)$
$\Delta_f H_m^\ominus(298\ \text{K})/(\text{kJ}\cdot\text{mol}^{-1})$	0	0	-824.2
$S_m^\ominus(298\ \text{K})/(\text{J}\cdot\text{mol}^{-1}\cdot\text{K}^{-1})$	27.3	205.03	87.40

解：$\Delta_r S_{m,体系}^\ominus = (2\times87.40-4\times27.3-3\times205.03)\ \text{J}\cdot\text{mol}^{-1}\cdot\text{K}^{-1}$

$= -549.49\ \text{J}\cdot\text{mol}^{-1}\cdot\text{K}^{-1}$

因为　$\Delta_r S_{m,环境}^\ominus = -\Delta_r H_{m,体系}^\ominus/T$

$\Delta_r H_m^\ominus = 2\times(-824.2)\ \text{kJ}\cdot\text{mol}^{-1} = -1\ 648.4\ \text{kJ}\cdot\text{mol}^{-1}$

$$\Delta_r S_{m,环境}^\ominus = \frac{1\ 648.4\times10^3}{298}\ \text{J}\cdot\text{mol}^{-1}\cdot\text{K}^{-1} = 5\ 531.5\ \text{J}\cdot\text{mol}^{-1}\cdot\text{K}^{-1}$$

$\Delta_r S_{m,总}^\ominus = \Delta_r S_{m,体系}^\ominus + \Delta_r S_{m,环境}^\ominus = -549.49\ \text{J}\cdot\text{mol}^{-1}\cdot\text{K}^{-1} + 5\ 531.5\ \text{J}\cdot\text{mol}^{-1}\cdot\text{K}^{-1}$

$= 4\ 982.01\ \text{J}\cdot\text{mol}^{-1}\cdot\text{K}^{-1} > 0$

根据熵判据 $\Delta_r S_{m,总}^\ominus > 0$，反应可正向自发进行，所以铁的氧化反应在 298 K、标准状态下能自发进行。

【例2.21】已知298 K、标准状态下，$S_m^\ominus$(单斜硫)= 32.6 J·mol^{-1}·K^{-1}，$S_m^\ominus$(正交硫)= 31.8 J·mol^{-1}·K^{-1}。

(1)S(单斜硫)+O_2(g) ══ SO_2(g)　　$\Delta_r H_m^\ominus = -297.2$ kJ·mol^{-1}

(2)S(正交硫)+O_2(g) ══ SO_2(g)　　$\Delta_r H_m^\ominus = -296.9$ kJ·mol^{-1}

计算说明在标准状态下，温度分别为25 ℃和95 ℃时两种晶型硫的稳定性。

解：根据题意，可以通过计算过程(3)S(单斜) ══ S(正交)在温度分别为25 ℃和95 ℃是否为自发过程来判断两种晶型硫的稳定性。

由题中所给的条件知，反应(1)(2)(3)间的关系为(1)-(2)=(3)

则对于(3)：$\Delta_r H_m^\ominus = -297.2\ \text{kJ}\cdot\text{mol}^{-1} - (-296.9\ \text{kJ}\cdot\text{mol}^{-1}) = -0.3\ \text{kJ}\cdot\text{mol}^{-1}$

$\Delta_r S_m^\ominus = 31.8\ \text{J}\cdot\text{mol}^{-1}\cdot\text{K}^{-1} - 32.6\ \text{J}\cdot\text{mol}^{-1}\cdot\text{K}^{-1} = -0.8\ \text{J}\cdot\text{mol}^{-1}\cdot\text{K}^{-1}$

根据$\Delta_r G_m^\ominus(T) = \Delta_r H_m^\ominus(298\ \text{K}) - T\Delta_r S_m^\ominus(298\ \text{K})$和上述数据25 ℃时：

$\Delta_r G_m^\ominus = -0.3\times10^3\ \text{J}\cdot\text{mol}^{-1} - 298\ \text{K}\times(-0.8\ \text{J}\cdot\text{mol}^{-1}\cdot\text{K}^{-1}) = -61.6\ \text{J}\cdot\text{mol}^{-1}$

在温度为95 ℃时：

$\Delta_r G_m^\ominus = -0.3\times10^3\ \text{J}\cdot\text{mol}^{-1} - 368\ \text{K}\times(-0.8\ \text{J}\cdot\text{mol}^{-1}\cdot\text{K}^{-1}) = -5.6\ \text{J}\cdot\text{mol}^{-1}$

由计算可知，温度分别为25 ℃和95 ℃时反应(3)的$\Delta_r G_m^\ominus$均小于零，说明温度分别为25 ℃和95 ℃时正交硫均比单斜硫稳定。

【例2.22】已知$S_m^\ominus$(石墨)= 5.740 J·mol^{-1}·K^{-1}，$\Delta_f H_m^\ominus$(金刚石)= 1.897 kJ·mol^{-1}，$\Delta_f G_m^\ominus$(金刚石)= 2.900 kJ·mol^{-1}。根据计算结果说明石墨和金刚石的相对有序度。

解：对于反应C(石墨) ══ C(金刚石)

$$\Delta_r H_m^\ominus = \Delta_f H_m^\ominus(\text{金刚石})$$

$$\Delta_r G_m^\ominus = \Delta_f G_m^\ominus(\text{金刚石})$$

$$\Delta_r G_m^\ominus = \Delta_r H_m^\ominus - T\Delta_r S_m^\ominus$$

$$\Delta_r S_m^\ominus = \frac{\Delta_r H_m^\ominus - \Delta_r G_m^\ominus}{T} = \frac{1\,897 - 2\,900\ \text{J}\cdot\text{mol}^{-1}}{298\ \text{K}} = -3.366\ \text{J}\cdot\text{mol}^{-1}\cdot\text{K}^{-1}$$

$$\Delta_r S_m^\ominus = S_m^\ominus(\text{金刚石}) - S_m^\ominus(\text{石墨})$$

$$\begin{aligned}S_m^\ominus(\text{金刚石}) &= \Delta_r S_m^\ominus + S_m^\ominus(\text{石墨}) = -3.366\ \text{J}\cdot\text{mol}^{-1}\cdot\text{K}^{-1} + 5.740\ \text{J}\cdot\text{mol}^{-1}\cdot\text{K}^{-1}\\ &= 2.374\ \text{J}\cdot\text{mol}^{-1}\cdot\text{K}^{-1}\end{aligned}$$

由于$S_m^\ominus$(石墨)>$S_m^\ominus$(金刚石)，说明金刚石中碳原子排列更有序。

2.4　同步练习及答案

2.4.1　同步练习

一、选择题

1. 下列各组都为状态函数的是(　　)。

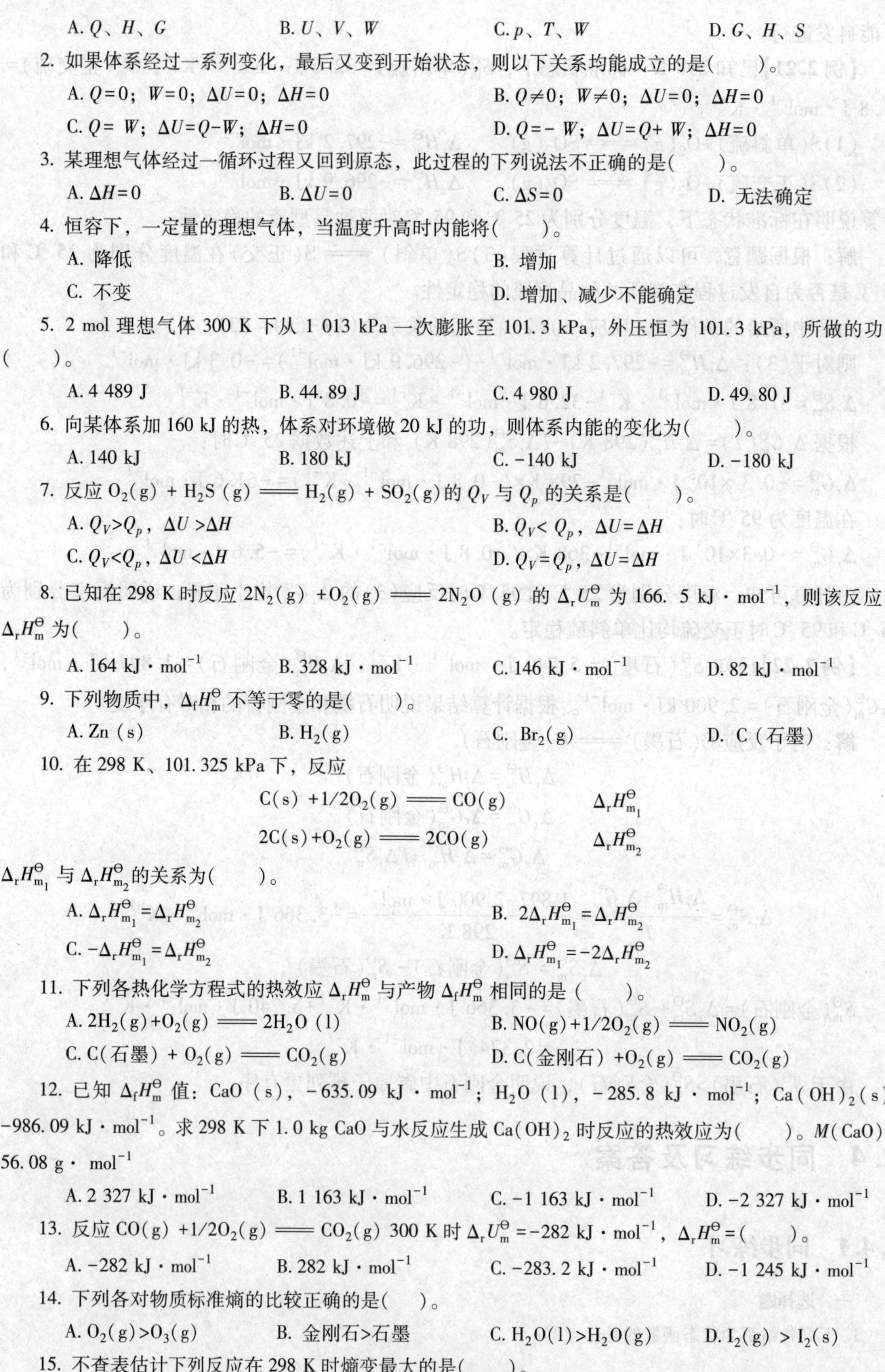

A. Q、H、G　　B. U、V、W　　C. p、T、W　　D. G、H、S

2. 如果体系经过一系列变化，最后又变到开始状态，则以下关系均能成立的是(　　)。

A. $Q=0$；$W=0$；$\Delta U=0$；$\Delta H=0$　　B. $Q\neq 0$；$W\neq 0$；$\Delta U=0$；$\Delta H=0$

C. $Q=W$；$\Delta U=Q-W$；$\Delta H=0$　　D. $Q=-W$；$\Delta U=Q+W$；$\Delta H=0$

3. 某理想气体经过一循环过程又回到原态，此过程的下列说法不正确的是(　　)。

A. $\Delta H=0$　　B. $\Delta U=0$　　C. $\Delta S=0$　　D. 无法确定

4. 恒容下，一定量的理想气体，当温度升高时内能将(　　)。

A. 降低　　B. 增加

C. 不变　　D. 增加、减少不能确定

5. 2 mol 理想气体 300 K 下从 1 013 kPa 一次膨胀至 101.3 kPa，外压恒为 101.3 kPa，所做的功为(　　)。

A. 4 489 J　　B. 44.89 J　　C. 4 980 J　　D. 49.80 J

6. 向某体系加 160 kJ 的热，体系对环境做 20 kJ 的功，则体系内能的变化为(　　)。

A. 140 kJ　　B. 180 kJ　　C. −140 kJ　　D. −180 kJ

7. 反应 $O_2(g) + H_2S(g) \longrightarrow H_2(g) + SO_2(g)$ 的 Q_V 与 Q_p 的关系是(　　)。

A. $Q_V>Q_p$，$\Delta U>\Delta H$　　B. $Q_V<Q_p$，$\Delta U=\Delta H$

C. $Q_V<Q_p$，$\Delta U<\Delta H$　　D. $Q_V=Q_p$，$\Delta U=\Delta H$

8. 已知在 298 K 时反应 $2N_2(g) + O_2(g) \longrightarrow 2N_2O(g)$ 的 $\Delta_r U_m^\ominus$ 为 166.5 kJ · mol^{-1}，则该反应的 $\Delta_r H_m^\ominus$ 为(　　)。

A. 164 kJ · mol^{-1}　　B. 328 kJ · mol^{-1}　　C. 146 kJ · mol^{-1}　　D. 82 kJ · mol^{-1}

9. 下列物质中，$\Delta_f H_m^\ominus$ 不等于零的是(　　)。

A. Zn (s)　　B. $H_2(g)$　　C. $Br_2(g)$　　D. C（石墨）

10. 在 298 K、101.325 kPa 下，反应

$$C(s) + 1/2O_2(g) \longrightarrow CO(g) \qquad \Delta_r H_{m_1}^\ominus$$

$$2C(s) + O_2(g) \longrightarrow 2CO(g) \qquad \Delta_r H_{m_2}^\ominus$$

$\Delta_r H_{m_1}^\ominus$ 与 $\Delta_r H_{m_2}^\ominus$ 的关系为(　　)。

A. $\Delta_r H_{m_1}^\ominus = \Delta_r H_{m_2}^\ominus$　　B. $2\Delta_r H_{m_1}^\ominus = \Delta_r H_{m_2}^\ominus$

C. $-\Delta_r H_{m_1}^\ominus = \Delta_r H_{m_2}^\ominus$　　D. $\Delta_r H_{m_1}^\ominus = -2\Delta_r H_{m_2}^\ominus$

11. 下列各热化学方程式的热效应 $\Delta_r H_m^\ominus$ 与产物 $\Delta_f H_m^\ominus$ 相同的是 (　　)。

A. $2H_2(g) + O_2(g) \longrightarrow 2H_2O(l)$　　B. $NO(g) + 1/2O_2(g) \longrightarrow NO_2(g)$

C. C(石墨) + $O_2(g) \longrightarrow CO_2(g)$　　D. C(金刚石) + $O_2(g) \longrightarrow CO_2(g)$

12. 已知 $\Delta_f H_m^\ominus$ 值：CaO (s)，−635.09 kJ · mol^{-1}；H_2O (l)，−285.8 kJ · mol^{-1}；$Ca(OH)_2$(s)，−986.09 kJ · mol^{-1}。求 298 K 下 1.0 kg CaO 与水反应生成 $Ca(OH)_2$ 时反应的热效应为(　　)。M(CaO)= 56.08 g · mol^{-1}

A. 2 327 kJ · mol^{-1}　　B. 1 163 kJ · mol^{-1}　　C. −1 163 kJ · mol^{-1}　　D. −2 327 kJ · mol^{-1}

13. 反应 $CO(g) + 1/2O_2(g) \longrightarrow CO_2(g)$ 300 K 时 $\Delta_r U_m^\ominus = -282$ kJ · mol^{-1}，$\Delta_r H_m^\ominus =$(　　)。

A. −282 kJ · mol^{-1}　　B. 282 kJ · mol^{-1}　　C. −283.2 kJ · mol^{-1}　　D. −1 245 kJ · mol^{-1}

14. 下列各对物质标准熵的比较正确的是(　　)。

A. $O_2(g) > O_3(g)$　　B. 金刚石>石墨　　C. $H_2O(l) > H_2O(g)$　　D. $I_2(g) > I_2(s)$

15. 不查表估计下列反应在 298 K 时熵变最大的是(　　)。

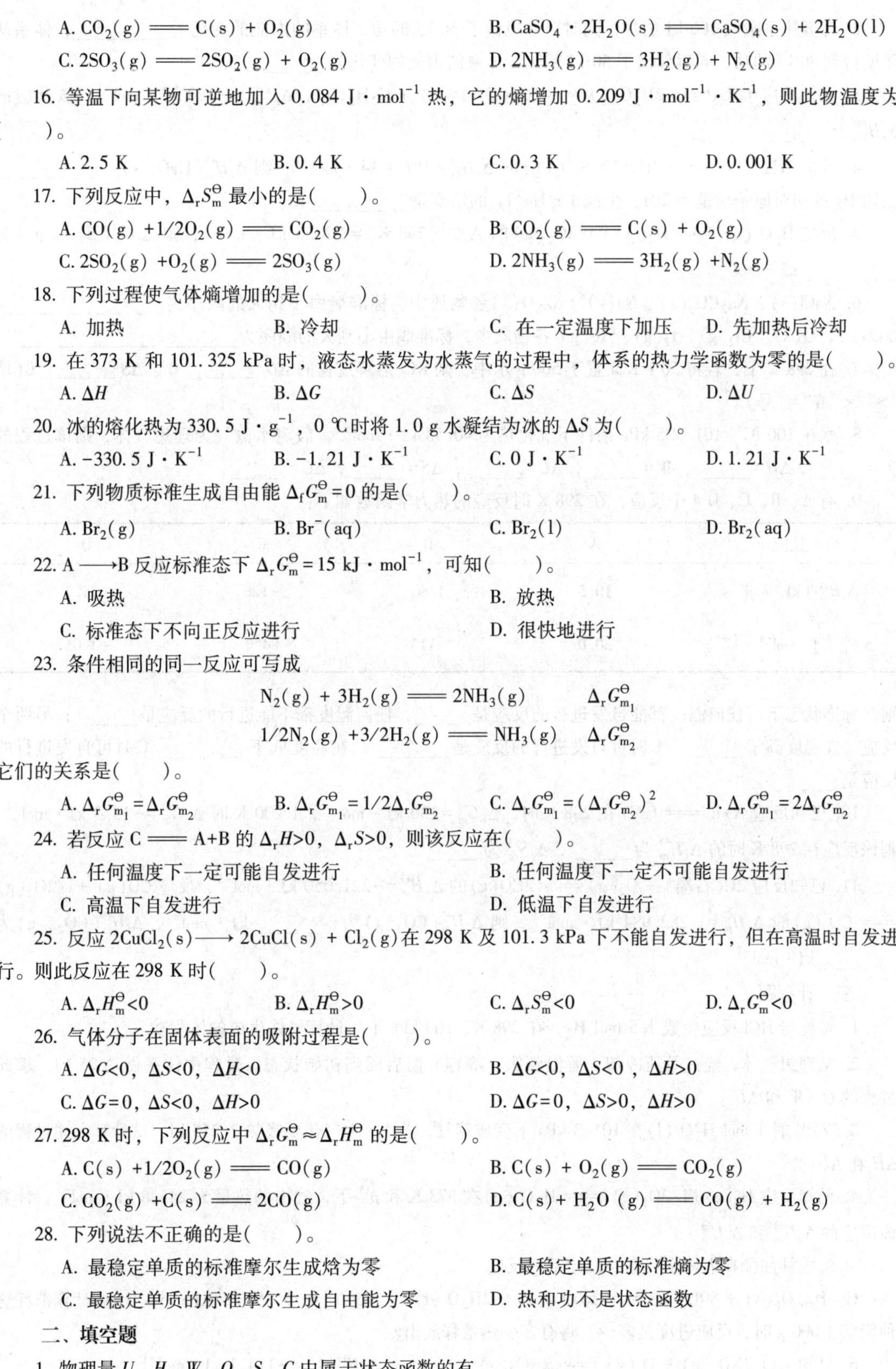

A. $CO_2(g) = C(s) + O_2(g)$　　B. $CaSO_4 \cdot 2H_2O(s) = CaSO_4(s) + 2H_2O(l)$

C. $2SO_3(g) = 2SO_2(g) + O_2(g)$　　D. $2NH_3(g) = 3H_2(g) + N_2(g)$

16. 等温下向某物可逆地加入 0.084 $J \cdot mol^{-1}$ 热，它的熵增加 0.209 $J \cdot mol^{-1} \cdot K^{-1}$，则此物温度为(　　)。

A. 2.5 K　　B. 0.4 K　　C. 0.3 K　　D. 0.001 K

17. 下列反应中，$\Delta_r S_m^\ominus$ 最小的是(　　)。

A. $CO(g) + 1/2O_2(g) = CO_2(g)$　　B. $CO_2(g) = C(s) + O_2(g)$

C. $2SO_2(g) + O_2(g) = 2SO_3(g)$　　D. $2NH_3(g) = 3H_2(g) + N_2(g)$

18. 下列过程使气体熵增加的是(　　)。

A. 加热　　B. 冷却　　C. 在一定温度下加压　　D. 先加热后冷却

19. 在 373 K 和 101.325 kPa 时，液态水蒸发为水蒸气的过程中，体系的热力学函数为零的是(　　)。

A. ΔH　　B. ΔG　　C. ΔS　　D. ΔU

20. 冰的熔化热为 330.5 $J \cdot g^{-1}$，0 ℃时将 1.0 g 水凝结为冰的 ΔS 为(　　)。

A. $-330.5\ J \cdot K^{-1}$　　B. $-1.21\ J \cdot K^{-1}$　　C. $0\ J \cdot K^{-1}$　　D. $1.21\ J \cdot K^{-1}$

21. 下列物质标准生成自由能 $\Delta_f G_m^\ominus = 0$ 的是(　　)。

A. $Br_2(g)$　　B. $Br^-(aq)$　　C. $Br_2(l)$　　D. $Br_2(aq)$

22. A ⟶ B 反应标准态下 $\Delta_r G_m^\ominus = 15\ kJ \cdot mol^{-1}$，可知(　　)。

A. 吸热　　B. 放热

C. 标准态下不向正反应进行　　D. 很快地进行

23. 条件相同的同一反应可写成

$$N_2(g) + 3H_2(g) = 2NH_3(g) \qquad \Delta_r G_{m_1}^\ominus$$

$$1/2N_2(g) + 3/2H_2(g) = NH_3(g) \qquad \Delta_r G_{m_2}^\ominus$$

它们的关系是(　　)。

A. $\Delta_r G_{m_1}^\ominus = \Delta_r G_{m_2}^\ominus$　　B. $\Delta_r G_{m_1}^\ominus = 1/2\Delta_r G_{m_2}^\ominus$　　C. $\Delta_r G_{m_1}^\ominus = (\Delta_r G_{m_2}^\ominus)^2$　　D. $\Delta_r G_{m_1}^\ominus = 2\Delta_r G_{m_2}^\ominus$

24. 若反应 C = A+B 的 $\Delta_r H>0$，$\Delta_r S>0$，则该反应在(　　)。

A. 任何温度下一定可能自发进行　　B. 任何温度下一定不可能自发进行

C. 高温下自发进行　　D. 低温下自发进行

25. 反应 $2CuCl_2(s) \longrightarrow 2CuCl(s) + Cl_2(g)$ 在 298 K 及 101.3 kPa 下不能自发进行，但在高温时自发进行。则此反应在 298 K 时(　　)。

A. $\Delta_r H_m^\ominus<0$　　B. $\Delta_r H_m^\ominus>0$　　C. $\Delta_r S_m^\ominus<0$　　D. $\Delta_r G_m^\ominus<0$

26. 气体分子在固体表面的吸附过程是(　　)。

A. $\Delta G<0$，$\Delta S<0$，$\Delta H<0$　　B. $\Delta G<0$，$\Delta S<0$，$\Delta H>0$

C. $\Delta G=0$，$\Delta S<0$，$\Delta H>0$　　D. $\Delta G=0$，$\Delta S>0$，$\Delta H>0$

27. 298 K 时，下列反应中 $\Delta_r G_m^\ominus \approx \Delta_r H_m^\ominus$ 的是(　　)。

A. $C(s) + 1/2O_2(g) = CO(g)$　　B. $C(s) + O_2(g) = CO_2(g)$

C. $CO_2(g) + C(s) = 2CO(g)$　　D. $C(s) + H_2O(g) = CO(g) + H_2(g)$

28. 下列说法不正确的是(　　)。

A. 最稳定单质的标准摩尔生成焓为零　　B. 最稳定单质的标准熵为零

C. 最稳定单质的标准摩尔生成自由能为零　　D. 热和功不是状态函数

二、填空题

1. 物理量 U、H、W、Q、S、G 中属于状态函数的有＿＿＿＿＿＿。

2. 计算体系吸收 100 kJ 的热，同时对环境做了 60 kJ 的功，体系的内能的变化为________；体系从环境得到 80 kJ 的功，同时放出了 50 kJ 的热，体系的内能的变化为________。

3. 已知反应 $CaC_2(s)+2H_2O(l) \longrightarrow Ca(OH)_2(s) + C_2H_2(g)$，$\Delta_r U_m^\ominus = -128\ kJ \cdot mol^{-1}$，该反应的 $\Delta_r H_m^\ominus$ 为____________。

4. 反应 $2HgO(s) \longrightarrow 2Hg(l) + O_2(g)$ 的 $\Delta_r H_m^\ominus = 181.4\ kJ \cdot mol^{-1}$，则 $\Delta_f H_m^\ominus(HgO, s)=$ ________。已知 Hg 的相对原子质量为 201，生成 1 g Hg(l) 的焓变是________ kJ。

5. 反应 $H_2O(g) \longrightarrow H_2(g)+1/2O_2(g)$ 的 $\Delta_r G_m^\ominus(298\ K) = 228.6\ kJ \cdot mol^{-1}$，则 $\Delta_f G_m^\ominus(H_2O, g)$ 为________ $kJ \cdot mol^{-1}$。

6. $NaCl(s)$、$Na_2CO_3(s)$、$Na(s)$、$Na_2O(s)$各物质中，标准熵由小到大的顺序为____________；$LiCl(s)$、$Li(s)$、$Cl_2(g)$、$I_2(g)$、$Ne(g)$ 各物质中，标准熵由小到大的顺序为____________。

7. 在 298 K 下，若将 50 g KCl 置于 500 g 水中，则 KCl 溶解过程的 ΔG ________ 0，ΔS ________ 0(填“>”“<”或“=”号)。

8. 水在 100 ℃、101.325 kPa 条件下气化热为 40.58 $kJ \cdot mol^{-1}$，假定水蒸气为理想气体，则该过程的 $Q=$______，$\Delta H=$______，$W=$______，$\Delta U=$______，$\Delta S=$______，$\Delta G=$______。

9. 有 A、B、C、D 4 个反应，在 298 K 时反应的热力学函数如下：

反应	A	B	C	D
$\Delta_r H_m^\ominus/(kJ \cdot mol^{-1})$	10.5	1.80	-126	-11.7
$\Delta_r S_m^\ominus/(J \cdot mol^{-1} \cdot K^{-1})$	30.0	-113	84.0	-1.05

则在标准状态下，任何温度都能自发进行的反应是______，任何温度都不能进行的反应是______；另两个反应，在温度高于________℃时可自发进行的反应是________，在温度低于________℃时可自发进行的反应是________。

10. 已知反应 $A+B \longrightarrow C+D$ 在 298 K 时，$\Delta_r G_m^\ominus = 130\ kJ \cdot mol^{-1}$，1 200 K 时 $\Delta_r G_m^\ominus = -15.3\ kJ \cdot mol^{-1}$，则该反应在 298 K 时的 $\Delta_r H_m^\ominus$ 为______，$\Delta_r S_m^\ominus$ 为______。

11. 已知反应 2C(石墨) + $O_2(g) \longrightarrow 2CO(g)$ 的 $\Delta_r H_m^\ominus = -221.050\ kJ \cdot mol^{-1}$，反应 $CO(g)+1/2O_2(g) \longrightarrow CO_2(g)$ 的 $\Delta_r H_m^\ominus = -282.984\ kJ \cdot mol^{-1}$，则 $\Delta_f H_m^\ominus(CO, g)$ 为________ $kJ \cdot mol^{-1}$，$\Delta_f H_m^\ominus(CO_2, g)$ 为________ $kJ \cdot mol^{-1}$。

三、计算题

1. 锌粒与 HCl 反应生成 1.5 mol H_2，在 298 K、100 kPa 下，计算气体生成的体积功。

2. 某理想气体，经过等压冷却、等温膨胀、等容升温后回到初始状态。过程中体系做功 25 kJ，求此过程的 Q、W 和 ΔU。

3. 373 K 时 1 mol H_2O (l) 在 101.3 kPa 下变成蒸气，若 1 g 水气化要吸热 2.255 kJ，试计算上述过程的 ΔH 和 ΔU。

4. 已知反应 $H_2(g)+1/2O_2(g) \longrightarrow H_2O(g)$ 在 373 K 和 $p^\ominus$ 下，放出的热量为 241.8 $kJ \cdot mol^{-1}$。计算该反应的 $\Delta_r H_m^\ominus$ 和 $\Delta_r U_m^\ominus$。

5. 油酸甘油酯在人体中代谢时发生下列反应：

$C_{57}H_{104}O_6(s) + 80O_2(g) \longrightarrow 57CO_2(g)+52H_2O(l)$　　$\Delta_r H_m^\ominus = -3.35\times10^4\ kJ \cdot mol^{-1}$，试计算消耗这种脂肪 1 000 g 时，反应进度是多少？将有多少热量释放出？

6. 已知 (1) $2NO(g) + O_2(g) \longrightarrow 2NO_2(g)$　　$\Delta_r H_m^\ominus(1) = -114.1\ kJ \cdot mol^{-1}$

(2) $4NO_2(g) + O_2(g) \rightleftharpoons 2N_2O_5(g)$ $\Delta_r H_m^\ominus(2) = -110.2\ kJ \cdot mol^{-1}$

(3) $N_2(g) + O_2(g) \rightleftharpoons 2NO(g)$ $\Delta_r H_m^\ominus(3) - 180\ kJ \cdot mol^{-1}$

求 $N_2O_5(g)$ 的 $\Delta_f H_m^\ominus$。

7. 估计下列反应在 298 K 时熵变的符号。

(1) $Ba(s) + \frac{1}{2}O_2(g) \rightleftharpoons BaO(g)$

(2) $BaCO_3(s) \rightleftharpoons BaO(s) + CO_2(g)$

(3) $Br_2(g) \rightleftharpoons 2Br(g)$

(4) $H_2(g) + Br_2(g) \rightleftharpoons 2HBr(l)$

8. 查表计算 25 ℃时 C(石墨) + $O_2(g) \rightleftharpoons CO_2(g)$的总熵变，估计反应能否自发进行。

9. 在相变温度(291 K)下，Sn(白) ⇌ Sn(灰)，$\Delta_r H_m^\ominus = -2.1\ kJ \cdot mol^{-1}$，求：(1)相变过程的熵变。(2)已知 $S_m^\ominus$(Sn，白)= 51.51 $J \cdot mol^{-1} \cdot K^{-1}$，且设 $\Delta_r S_m^\ominus$ 不随温度变化，计算灰锡的标准熵。

10. 已知 $A(g) + B(g) \rightleftharpoons C(g) + D(g)$的 $\Delta_r H_m^\ominus = -52.99\ kJ \cdot mol^{-1}$，298 K、101.3 kPa 下发生反应，体系做了最大功并放热 1.49 kJ。求 Q、W、$\Delta_r U_m^\ominus$、$\Delta_r S_m^\ominus$ 和 $\Delta_r G_m^\ominus$。

11. 在 25 ℃、101.3 kPa 下，$CaSO_4(s) \rightleftharpoons CaO(s) + SO_3(g)$，已知该反应的 $\Delta_r H_m^\ominus = 402\ kJ \cdot mol^{-1}$，$\Delta_r S_m^\ominus = 189.6\ J \cdot mol^{-1} \cdot K^{-1}$。问：(1)在 25 ℃时，上述反应能否自发进行？(2)对上述反应是升温还是降温有利于反应自发进行？(3)上述反应逆向进行的最高温度。

12. 已知 $2A(g) + B(g) \rightleftharpoons 2C(g)$ $\Delta_r U_m^\ominus = -10.46\ kJ \cdot mol^{-1}$，$\Delta_r S_m^\ominus = -44.0\ J \cdot mol^{-1} \cdot K^{-1}$。预计该反应在标准状态、298 K 时能否自发进行？

13. 已知下列反应在 298 K 时

	$MgCO_3(s) \rightleftharpoons$	$MgO(s)$ +	$CO_2(g)$
$\Delta_f H_m^\ominus/(kJ \cdot mol^{-1})$	-1 096	-601.7	-393.51
$S_m^\ominus/(J \cdot mol^{-1} \cdot K^{-1})$	65.7	26.9	213.6
$\Delta_f G_m^\ominus/(kJ \cdot mol^{-1})$	-1 012	-569.44	-394.36

试根据热力学数据计算 $\Delta_r H_m^\ominus$、$\Delta_r S_m^\ominus$、$\Delta_r G_m^\ominus$(298 K)及 $\Delta_r G_m^\ominus$(500 K)。

14. 已知下列反应在 298 K 时

	$SiO_2(s)$ +	$2C(s) \rightleftharpoons$	$Si(s)$ +	$2CO(g)$
$\Delta_f H_m^\ominus/(kJ \cdot mol^{-1})$	-910.94	0	0	-110.52
$\Delta_f G_m^\ominus/(kJ \cdot mol^{-1})$	-856.67	0	0	-137.15

求：(1)标准状态下，该反应的等压热效应为多少？是放热反应还是吸热反应？(2) 上述反应在 298 K、标准状态下可否自发进行？(3) 标准状态下，反应自发进行的温度是多少？

15. 糖在人体中的新陈代谢过程如下：

$$C_{12}H_{22}O_{11}(s) + 12O_2(g) \rightleftharpoons 12CO_2(g) + 11H_2O(l)$$

若只有 30%的自由能转化为非体积功，则一食匙糖(约 3.8 g)在体温 37 ℃时进行新陈代谢，可以得到多少有用功？[$\Delta_f H_m^\ominus(C_{12}H_{22}O_{11}, s) = -2\ 221.7\ kJ \cdot mol^{-1}$，$S_m^\ominus(C_{12}H_{22}O_{11}, s) = 360.2\ J \cdot mol^{-1} \cdot K^{-1}$，其余数据自行查表]

2.4.2 同步练习答案

一、选择题

1. D 2. D 3. D 4. B 5. A 6. A 7. D 8. A 9. C 10. B 11. C 12. C 13. C 14. D 15. D 16. B

17. B　18. A　19. B　20. B　21. C　22. C　23. D　24. C　25. B　26. A　27. B　28. B

二、填空题

1. U；H；S；G

2. 40 kJ，30 kJ

3. $-125.5\ kJ \cdot mol^{-1}$

4. $-90.7\ kJ \cdot mol^{-1}$；0.451

5. -228.6

6. $S_m^\ominus(Na, s)<S_m^\ominus(NaCl, s)<S_m^\ominus(Na_2O, s)<S_m^\ominus(Na_2CO_3, s)$；$S_m^\ominus(Li, s)<S_m^\ominus(LiCl, s)<S_m^\ominus(Ne, g)<S_m^\ominus(Cl_2, g)<S_m^\ominus(I_2, g)$

7. <；>

8. $40.58\ kJ \cdot mol^{-1}$；$40.58\ kJ \cdot mol^{-1}$；$3.10\ kJ \cdot mol^{-1}$；$37.48\ kJ \cdot mol^{-1}$；$109\ J \cdot mol^{-1} \cdot K^{-1}$；$0\ kJ \cdot mol^{-1}$

9. C；B；77；A；10 869.9；D

10. $178\ kJ \cdot mol^{-1}$；$161\ J \cdot mol^{-1} \cdot K^{-1}$

11. $-110.53\ kJ \cdot mol^{-1}$；$-393.51\ kJ \cdot mol^{-1}$

三、计算题

1. 解：$W=-p_e\Delta V=-nRT=-1.5\times8.314\times298\times10^{-3}=-3.72\ kJ$

2. 解：$W=-Q=-25\ kJ$　$\Delta U=0$

3. 解：$Q_p=2.255\times18=40.59\ kJ$

$\Delta H=Q_p=40.59\ kJ$

$\Delta U=\Delta H-\Delta\nu(g)RT=40.59-1\times8.314\times373\times10^{-3}=37.49\ kJ$

4. 解：$\Delta_r H_m^\ominus=Q_p=-241.8\ kJ \cdot mol^{-1}$

$\Delta_r U_m^\ominus=\Delta_r H_m^\ominus-\Delta\nu(g)RT$

$=-241.8-\left(-\frac{1}{2}\right)\times8.314\times373\times10^{-3}=-240.2\ kJ \cdot mol^{-1}$

5. 解：$\xi=\frac{1\ 000}{884}=1.13\ mol$

$Q=1.13\times(-3.35\times10^4)=-3.79\times10^4\ kJ$

所以将有 3.79×10^4 kJ 热量放出。

6. 解：[(1)+(3)]×2+(2)得 $2N_2(g)+5O_2(g) \xlongequal{\quad} 2N_2O_5(g)$

$\Delta_r H_m^\ominus=(-114.1+180)\times2+(-110.2)=21.6\ kJ \cdot mol^{-1}$

所以 $\Delta_f H_m^\ominus(N_2O_5, g)=\frac{21.6}{2}=10.8\ kJ \cdot mol^{-1}$

7. 解：(1)因为 $\Delta\nu(g)=1-\frac{1}{2}=\frac{1}{2}>0$，所以 $\Delta S>0$

(2)因为 $\Delta\nu(g)=1>0$，所以 $\Delta S>0$

(3)因为 $\Delta\nu(g)=2-1=1>0$，所以 $\Delta S>0$

(4)因为 $\Delta\nu(g)=0-2=-2<0$，所以 $\Delta S<0$

8. 解：

	C(石墨, s) +	$O_2(g)$ ══	$CO_2(g)$
$\Delta_f H_m^\ominus/(kJ \cdot mol^{-1})$	0	0	-393.51
$S_m^\ominus/(J \cdot mol^{-1} \cdot K^{-1})$	5.74	205.03	213.6

$\Delta_r H^{\ominus}_{m,体} = -393.51\ kJ \cdot mol^{-1}$

$\Delta_r S^{\ominus}_{m,体} = 213.6 - 205.03 - 5.74 = 2.83\ J \cdot mol^{-1} \cdot K^{-1}$

$\Delta_r S^{\ominus}_{m,环境} = \dfrac{-\Delta_r H^{\ominus}_{m,体系}}{T} = \dfrac{393.51 \times 10^3}{298} = 1\ 320.5\ J \cdot mol^{-1} \cdot K^{-1}$

$\Delta_r S^{\ominus}_{m,总} = 2.83 + 1\ 320.5 = 1\ 323.33\ J \cdot mol^{-1} \cdot K^{-1} > 0$

所以反应可正向自发进行。

9. 解：(1) $\Delta_r S^{\ominus}_m = \dfrac{\Delta_r H^{\ominus}_m}{T} = -\dfrac{-2.1 \times 10^3}{291} = -7.22\ J \cdot mol^{-1} \cdot K^{-1}$

(2) $S^{\ominus}_m(Sn，灰) = \Delta_r S^{\ominus}_m + S^{\ominus}_m(Sn，白) = -7.22 + 51.51 = 44.29\ J \cdot mol^{-1} \cdot K^{-1}$

10. 解：$Q = -1.49\ kJ$

$\Delta_r U^{\ominus}_m = \Delta_r H^{\ominus}_m + \Delta\nu(g) RT = \Delta_r H^{\ominus}_m + 0 = -52.99\ kJ \cdot mol^{-1}$

$W = \Delta U - Q = -52.99 + 1.49 = -51.5\ kJ$

因为体系做了最大功，则过程为可逆过程

所以 $\Delta_r S^{\ominus}_m = \dfrac{Q}{T} = \dfrac{-1.49 \times 10^3}{298} = -5\ J \cdot mol^{-1} \cdot K^{-1}$

$\Delta_r G^{\ominus}_m = \Delta_r H^{\ominus}_m - T\Delta_r S^{\ominus}_m = -52.99 - 298 \times (-5) \times 10^{-3} = -51.5\ kJ \cdot mol^{-1}$

11. 解：(1) $\Delta_r G^{\ominus}_m = \Delta_r H^{\ominus}_m - T\Delta_r S^{\ominus}_m = 402 - 298 \times 189.6 \times 10^{-3} = 345.5\ kJ \cdot mol^{-1} > 0$

所以在 25 ℃时，反应不能自发进行。

(2) 因为 $\Delta_r H^{\ominus}_m > 0$，$\Delta_r S^{\ominus}_m > 0$，所以升温有利于反应自发进行。

(3) $T = \dfrac{\Delta_r H^{\ominus}_m}{\Delta_r S^{\ominus}_m} = \dfrac{402 \times 10^3}{189.6} = 2\ 120\ K$

12. 解：$\Delta_r H^{\ominus}_m = \Delta_r U^{\ominus}_m + \Delta\nu(g) RT = -10.46 + (-1) \times 8.314 \times 298 \times 10^{-3} = -12.94\ kJ \cdot mol^{-1}$

$\Delta_r G^{\ominus}_m = \Delta_r H^{\ominus}_m - T\Delta_r S^{\ominus}_m = -12.94 - 298 \times (-44.0) \times 10^{-3} = 0.172\ kJ \cdot mol^{-1} > 0$

所以该反应在标准状态、298 K 时不能自发进行。

13. 解：$\Delta_r H^{\ominus}_m = -393.51 - [601.7 - (-1\ 096)] = 100.79\ kJ \cdot mol^{-1}$

$\Delta_r S^{\ominus}_m = 213.6 + 26.9 - 65.7 = 174.8\ J \cdot mol^{-1} \cdot K^{-1}$

$\Delta_r G^{\ominus}_m(298\ K) = [(-394.36) + (-569.44)] - (-1\ 012) = 48.2\ kJ \cdot mol^{-1}$

$\Delta_r G^{\ominus}_m(500\ K) = 100.79 - 500 \times 174.8 \times 10^{-3} = 13.39\ kJ \cdot mol^{-1}$

14. 解：(1) $Q_p = \Delta_r H^{\ominus}_m = 2 \times (-110.52) - (-910.94) = 689.9\ kJ \cdot mol^{-1} > 0$

所以是吸热反应。

(2) $\Delta_r G^{\ominus}_m = 2 \times (-137.15) - (-856.67) = 582.37\ kJ \cdot mol^{-1} > 0$

所以上述反应在 298 K、标准状态下不能自发进行。

(3) $\Delta_r S^{\ominus}_m = \dfrac{\Delta_r H^{\ominus}_m - \Delta_r G^{\ominus}_m}{T} = \dfrac{689.9 - 582.4}{298} = 0.36\ kJ \cdot mol^{-1} \cdot K^{-1}$

$T = \dfrac{\Delta_r H^{\ominus}_m}{\Delta_r S^{\ominus}_m} = \dfrac{689.9}{0.36} \geqslant 1\ 912\ K$

15. 解：

	$C_{12}H_{22}O_{11}(s)$ +	$12O_2(g)$ ═══	$12CO_2(g)$ +	$11H_2O(l)$
$\Delta_f H^{\ominus}_m/(kJ \cdot mol^{-1})$	−2 221.7	0	−393.51	−285.84
$S^{\ominus}_m/(J \cdot mol^{-1} \cdot K^{-1})$	360.2	205.03	213.6	69.94

$\Delta_r H^{\ominus}_m = 11 \times (-285.84) + 12 \times (-393.51) - (-2\ 221.7) = -5\ 644.66\ kJ \cdot mol^{-1}$

$\Delta_r S_m^{\ominus} = 11\times69.94+12\times213.6-12\times205.03-360.2 = 511.98\ J\cdot mol^{-1}\cdot K^{-1}$

$\Delta_r G_m^{\ominus} = \Delta_r H_m^{\ominus} - T\Delta_r S_m^{\ominus} = -5\,644.66-310\times511.98\times10^{-3} = -\ 5\,803.4\ kJ\cdot mol^{-1}$

$W_{有} = 0.3\times(-5\,803.4)\times\frac{3.8}{342} = -19.34\ kJ$

即可以得到 19.34 kJ 有用功。

第3章 化学反应速率

3.1 基本要求

(1)明确化学反应速率的意义和表示方法，掌握基元反应、非基元反应、活化能、反应级数和反应分子数等基本概念。

(2)了解碰撞理论及浓度对反应速率的影响，能运用质量作用定律对基元反应的反应速率进行有关计算。

(3)了解温度对反应速率的影响，能利用阿伦尼乌斯公式进行有关计算。

(4)了解一级反应的特征，能进行半衰期的有关计算。

(5)了解催化剂对反应速率的影响。

重点：质量作用定律和阿伦尼乌斯公式的有关计算。

难点：根据实验数据写出速率方程；根据阿伦尼乌斯公式求算反应的活化能及不同温度下的速率常数。

3.2 知识体系

3.2.1 基本概念

3.2.1.1 化学反应速率表示法

对于任一化学反应

$$aA + bB \longrightarrow dD + eE$$

平均速率表达式为

$$\bar{v} = -\frac{1}{a}\frac{\Delta c_A}{\Delta t} = -\frac{1}{b}\frac{\Delta c_B}{\Delta t} = \frac{1}{d}\frac{\Delta c_D}{\Delta t} = \frac{1}{e}\frac{\Delta c_E}{\Delta t} \quad (3\text{-}1)$$

瞬时速率表达式为

$$v = -\frac{1}{a}\frac{dc_A}{dt} = -\frac{1}{b}\frac{dc_B}{dt} = \frac{1}{d}\frac{dc_D}{dt} = \frac{1}{e}\frac{dc_E}{dt} \quad (3\text{-}2)$$

3.2.1.2 基元反应与非基元反应、简单反应与复杂反应

反应机理：反应物变为产物所经历的途径，又叫反应历程。

基元反应：在化学反应历程中，反应物粒子(分子、原子、离子、自由基等)直接作用生成新产物，称为基元反应，由一个基元反应构成的反应叫作简单反应。

非基元反应：由两个或两个以上基元反应构成的反应叫作复杂反应。最慢的一步基元反应的速率决定了整个复杂反应的速率，称为速率决定步骤。

3.2.2 影响化学反应速率的因素

化学反应速率主要取决于参加反应的物质的本性，此外还受到外界因素的影响，主要影响因素有浓度、温度和催化剂。

3.2.2.1 浓度对反应速率的影响

增大反应物浓度，单位体积内活化分子数增多，导致反应速率增大。

(1)质量作用定律　在一定温度下，对于简单反应(或复杂反应中的任一基元反应)，化学反应速率与以反应式中化学计量数为指数的反应物浓度的乘积成正比。

对于基元反应：

$$aA+bB = gG+hH$$

$$v=kc^{a}(A)c^{b}(B) \tag{3-3}$$

式中，k 为速率常数，它的大小与反应体系的本性、温度和催化剂有关，而和浓度无关。

其物理意义是：当反应物的浓度均是 $1\ mol \cdot L^{-1}$时的反应速率。

(2)反应级数　指数 a、b 分别是 A、B 的级数，$n=(a+b)$是这个基元反应的反应级数。反应级数可以取零、正整数或分数，对于复杂反应，其速率方程为

$$v=kc^{x}(A)c^{y}(B) \tag{3-4}$$

$n=(x+y)$，其中 x，y 的数值要由实验来确定。k 单位是$(mol \cdot L^{-1})^{1-n} \cdot s^{-1}$。

(3)半衰期　指一给定量(c_0)的反应物反应了一半$\left(\frac{1}{2}c_0\right)$所需要的时间($t_{1/2}$)。

对于一级反应，其反应速率与反应物浓度的关系为

$$v=-\frac{dc}{dt}=kc \tag{3-5}$$

式中，t 为反应时间，$t=0$ 时，反应物浓度为 c_0，过 t 时间后，反应物浓度为 c，即有

$$\ln\frac{c_0}{c}=kt \tag{3-6}$$

当 $c=\frac{1}{2}c_0$ 时，$t_{1/2}=0.693/k$

3.2.2.2 温度对化学反应速率的影响

温度升高，活化分子百分率增大，反应速率加快。一般的经验是温度每升高 10 ℃，化学反应速率要增大到原来的2~4 倍。阿伦尼乌斯(S. Arrhenius)于 1889 年提出了著名的反应速率与温度的关系式，即阿伦尼乌斯公式，其数学表达式为

$$k=Ae^{-\frac{E_a}{RT}} \tag{3-7}$$

或

$$\lg k=-\frac{E_a}{2.303RT}+\lg A \tag{3-8}$$

或
$$\lg\frac{k_2}{k_1}=\frac{E_a}{2.303R}\left(\frac{T_2-T_1}{T_1T_2}\right) \tag{3-9}$$

式中，A 为比例常数，称为频率因子，其单位与 k 的单位相同；E_a 为活化能，可以理解为活化分子具有的最低能量，计算时即是活化分子具有的平均能量与反应物的平均能量之差，单位为 $J \cdot mol^{-1}$；在一般的实验温度范围内，A 和 E_a 均不随温度的变化而变化；R 为气体常数($8.314\ J \cdot mol^{-1} \cdot K^{-1}$)。式(3-8)是一个直线方程，由此可以通过实验求出 E_a 和 A 的值。

如果某反应在不同温度下的初始浓度和反应程度都相同，则式(3-9)还可以写成

$$\lg\frac{t_1}{t_2}=\lg\frac{k_2}{k_1}=\frac{E_a}{2.303R}\left(\frac{T_2-T_1}{T_1T_2}\right) \tag{3-10}$$

式中，t_1 为某温度下反应所需时间；t_2 为另一温度下反应所需时间。

反应热与正、逆反应活化能的关系为

$$\Delta_r H_m = E_{af} - E_{ar} \tag{3-11}$$

式中，E_{af} 为正反应的活化能；E_{ar} 为逆反应的活化能。

3.2.2.3　催化剂对化学反应速率的影响

催化剂是参与化学反应且能改变化学反应速率，而本身的组成、质量和化学性质在反应前后保持不变的物质。使用催化剂能改变反应途径，降低反应的活化能，从而使活化分子的百分率增加，反应速率加快。催化剂的特征如下：

(1)通过改变反应机理改变反应速率，具有特殊的选择性。

(2)对于可逆反应，同等程度改变正、逆反应速率，只缩短达到平衡的时间，不改变平衡状态。

(3)只改变反应途径，不改变反应方向，热力学上非自发的反应，催化剂不能使之变成自发反应。

3.3　典型例题

【例 3.1】540 K 时反应 $CO(g) + NO_2(g) \longrightarrow CO_2(g) + NO(g)$ 的实验数据如下：

实验序号	初始浓度		初始速率
	$c(CO)/(mol \cdot L^{-1})$	$c(NO_2)/(mol \cdot L^{-1})$	$v/(mol \cdot L^{-1} \cdot h^{-1})$
1	5.1×10^{-4}	0.35×10^{-4}	3.4×10^{-8}
2	5.1×10^{-4}	0.70×10^{-4}	6.8×10^{-8}
3	15.3×10^{-4}	0.35×10^{-4}	10.2×10^{-8}

试求：(1)该反应的速率方程。(2)反应级数。(3)速率常数。(4)CO 及 NO_2 均为 2.8×10^{-4} $mol \cdot L^{-1}$ 时的反应速率。

解：(1)速率方程写为 $v=k\,c^x(CO)c^y(NO_2)$

代入实验数据得

$$3.4\times10^{-8}=k\ (5.1\times10^{-4})^{x}(0.35\times10^{-4})^{y} \qquad ①$$
$$6.8\times10^{-8}=k\ (5.1\times10^{-4})^{x}(0.70\times10^{-4})^{y} \qquad ②$$
$$10.2\times10^{-8}=k\ (15.3\times10^{-4})^{x}(0.35\times10^{-4})^{y} \qquad ③$$

由于温度恒定，k不变。由式①除以式②得

$$1/2=(1/2)^{y}$$

故 $$y=1$$

由式①除以式③得

$$1/3=(1/3)^{x}$$

故 $$x=1$$

得到速率方程： $$v=kc(CO)c(NO_2)$$

(2)对 CO 为一级，对 NO_2 为一级，总反应级数为二级。

(3)代入第一组数据得

$$k=\frac{v}{c(CO)c(NO_2)}=\frac{3.4\times10^{-8}\ mol\cdot L^{-1}\cdot h^{-1}}{(5.1\times10^{-4}\ mol\cdot L^{-1})\times(0.35\times10^{-4}\ mol\cdot L^{-1})}$$
$$=1.9\ mol^{-1}\cdot L^{-1}\cdot h^{-1}$$

(4) $v=k\,c(CO)c(NO_2)$

$$=1.9\ mol^{-1}\cdot L^{-1}\cdot h^{-1}\times2.8\times10^{-4}\ mol\cdot L^{-1}\times2.8\times10^{-4}\ mol\cdot L^{-1}$$
$$=1.5\times10^{-7}\ mol\cdot L^{-1}\cdot h^{-1}$$

有时在气体反应中也能用分压力来代替浓度，此时反应速率的单位是 $kPa^{-1}\cdot h^{-1}$。

【例 3.2】已知反应 1 的活化能 $E_{a_1}=50\ kJ\cdot mol^{-1}$，反应 2 的活化能 $E_{a_2}=100\ kJ\cdot mol^{-1}$。试求：(1)由 10 ℃升高到 20 ℃。(2)由 60 ℃升高到 70 ℃时，反应速率常数分别增大了多少倍？从中可以得出什么结论？

解：(1)由 10 ℃升高到 20 ℃时

$$\lg\frac{k_2}{k_1}=\frac{E_a}{2.303R}\left(\frac{T_2-T_1}{T_1T_2}\right)$$

对于反应 1，$T_2=293$ K，$T_1=283$ K，代入得

$$\lg\frac{k_2}{k_1}=\frac{50\times10^{3}\ J\cdot mol^{-1}}{2.303\times8.314\ J\cdot mol^{-1}\cdot K^{-1}}\times\frac{10\ K}{293\ K\times283\ K}=0.315$$

$\frac{k_2}{k_1}=2.07$，增大了 $2.07-1=1.07$ 倍。

对于反应 2，$T_2=293$ K，$T_1=283$ K，代入得

$$\lg\frac{k_2}{k_1}=\frac{100\times10^{3}\ J\cdot mol^{-1}}{2.303\times8.314\ J\cdot mol^{-1}\cdot K^{-1}}\times\frac{10\ K}{293\ K\times283\ K}=0.630$$

$\frac{k_2}{k_1}=4.27$，增大了 $4.27-1=3.27$ 倍。

(2)由 60 ℃升高到 70 ℃时

$$\lg\frac{k_2}{k_1}=\frac{E_a}{2.303R}\left(\frac{T_2-T_1}{T_1T_2}\right)$$

对于反应1，$T_2=343\ \text{K}$，$T_1=333\ \text{K}$，代入得

$$\lg\frac{k_2}{k_1}=\frac{50\times10^3\ \text{J}\cdot\text{mol}^{-1}}{2.303\times8.314\ \text{J}\cdot\text{mol}^{-1}\cdot\text{K}^{-1}}\times\frac{10\ \text{K}}{343\ \text{K}\times333\ \text{K}}=0.229$$

$\frac{k_2}{k_1}=1.69$，增大了$1.69-1=0.69$倍。

对于反应2，$T_2=343\ \text{K}$，$T_1=333\ \text{K}$，代入得

$$\lg\frac{k_2}{k_1}=\frac{100\times10^3\ \text{J}\cdot\text{mol}^{-1}}{2.303\times8.314\ \text{J}\cdot\text{mol}^{-1}\cdot\text{K}^{-1}}\times\frac{10\ \text{K}}{343\ \text{K}\times333\ \text{K}}=0.457$$

$\frac{k_2}{k_1}=2.86$，增大了$2.86-1=1.86$倍。

分析：对于反应1，从10 ℃升高到20 ℃和从60 ℃升高到70 ℃时反应速率分别增大了1.07和0.69倍；对于反应2，分别增大了3.27和1.86倍。从上述计算结果可以发现，对于同一个反应，在低温时反应速率随温度的变化更为显著；对于活化能不同的反应，升高温度时活化能大的反应其反应速率增加倍数大，即升高温度对活化能大的反应更有利。

【例3.3】过氧化氢是一种重要的氧化剂，在医药上3% H_2O_2用作消毒杀菌剂，在工业上用于漂白丝、毛等，纯H_2O_2是一种火箭燃料的高能氧化剂，但它很不稳定，极易分解。已知H_2O_2分解反应是一级反应，其反应速率常数为$0.041\,0\ \text{min}^{-1}$。

$$2H_2O_2(l)\longrightarrow 2H_2O(l)+O_2(g)$$

求：(1)若从$0.5\ \text{mol}\cdot\text{L}^{-1}$ H_2O_2溶液开始，15 min后H_2O_2的浓度是多少？(2)H_2O_2在溶液中分解一半需要多长时间？

解：(1)根据公式$\ln\frac{c_0}{c}=kt$

将有关数据代入得　$\ln\frac{0.5\ \text{mol}\cdot\text{L}^{-1}}{c}=0.041\,0\ \text{min}^{-1}\times15\ \text{min}$

解得　$c=0.270\ \text{mol}\cdot\text{L}^{-1}$

(2)根据公式$t_{1/2}=0.693/k$，代入数据得

$$t_{1/2}=\frac{0.693}{0.041\,0}\ \text{min}=16.9\ \text{min}$$

【例3.4】一氧化碳与氯气在高温下作用得到光气的反应如下：

$$CO(g)+Cl_2(g)=\!=\!=COCl_2(g)$$

实验测得反应速率方程为$v=\!=\!=kc(CO)c(Cl_2)^{3/2}$，有人提出其反应机理为

$$Cl_2\underset{k_1}{\overset{k_1}{\rightleftharpoons}}2Cl\cdot\ \text{（快速平衡）}\qquad①$$

$$CO+Cl\cdot\underset{k_2}{\overset{k_2}{\rightleftharpoons}}COCl\cdot\ \text{（快速平衡）}\qquad②$$

$$COCl\cdot+Cl_2\xrightarrow{k_3}COCl_2+Cl\cdot\ \text{（慢反应）}\qquad③$$

(1)试说明这一机理与速率方程相符合。(2)指出反应速率方程中的k与反应机理中的速率

常数 k_1、k_1'、k_2、k_2'、k_3 间的关系。

解：(1)机理中只有③为慢反应，因此整个反应速率取决于反应③，故有

$$v=k_3c(\mathrm{COCl\cdot})c(\mathrm{Cl_2}) \qquad (a)$$

速率方程中出现了自由基 COCl· 的浓度，为了在方程中消去它，使速率方程中只包含反应物的浓度，必须找出自由基浓度与反应物浓度之间的关系。由于①②的反应速率很快，几乎一直处于平衡状态，由①②得知 $v_+=v_-$，即

$$k_1c(\mathrm{Cl_2})=k_1'c^2(\mathrm{Cl\cdot})$$

$$c(\mathrm{Cl\cdot})=\left[\frac{k_1}{k_1'}c(\mathrm{Cl_2})\right]^{1/2} \qquad (b)$$

$$k_2c(\mathrm{CO})c(\mathrm{Cl\cdot})=k_2'c(\mathrm{COCl\cdot})$$

$$c(\mathrm{COCl\cdot})=\frac{k_2}{k_2'}c(\mathrm{CO})c(\mathrm{Cl\cdot}) \qquad (c)$$

将式(b)、式(c)代入式(a)得 $v=k_3\dfrac{k_2}{k_2'}\left(\dfrac{k_1}{k_1'}\right)^{1/2}c(\mathrm{CO})c^{3/2}(\mathrm{Cl_2})$

令 $k=k_3\dfrac{k_2}{k_2'}\left(\dfrac{k_1}{k_1'}\right)^{1/2}$，得到 $v=kc(\mathrm{CO})c(\mathrm{Cl_2})^{3/2}$，可见这一机理与速率方程相符合。

(2) $k=k_3$。

3.4 同步练习及答案

3.4.1 同步练习

一、选择题

1. 当速率常数的单位为 $mol^{-2}\cdot L^{-2}\cdot s^{-1}$，反应级数为(　　)。

A. 一级　　B. 二级　　C. 零级　　D. 三级

2. 某化学反应的速率常数的单位是 $mol\cdot L^{-1}\cdot s^{-1}$ 时，则该化学反应的级数是(　　)。

A. $\frac{3}{2}$　　B. 1　　C. $\frac{1}{2}$　　D. 0

3. 某基元反应 A(g) +2B(g)══C(g)，将 1 mol A 和 2 mol B 置于 1 L 容器中混合，则 A 和 B 开始反应的速率是 A 和 B 都消耗一半时速率的(　　)。

A. 0.25 倍　　B. 1 倍　　C. 4 倍　　D. 8 倍

4. 已知基元反应 A+2B ⟶C，当加入催化剂后其反应级数为(　　)。

A. 四级　　B. 一级　　C. 二级　　D. 三级

5. 反应 A(g) + B(g)══AB(g) 的速率常数单位为(　　)。

A. s^{-1}　　B. $mol\cdot L^{-1}\cdot s^{-1}$　　C. $mol^{-1}\cdot L^{-1}\cdot s^{-1}$　　D. 不能确定

6. 反应 $H_2(g) + Cl_2(g)$══2HCl(g) 的速率方程为 $v=kc^x(H_2)c^y(Cl_2)$，在 $c(H_2)$一定时，当 $c(Cl_2)$增加至原来的 3 倍后，反应速率增加了 1 倍，则 y 为(　　)。

A. lg2/lg3　　B. lg3−lg2　　C. lg3×lg2　　D. 不能确定

7. 对反应 2X + 3Y ⟶2Z，下列速率表达式正确的是(　　)。

A. $\frac{dc(X)}{dt}=\frac{3}{2}\cdot\frac{dc(Y)}{dt}$　　B. $\frac{dc(Z)}{dt}=\frac{2}{3}\cdot\frac{dc(X)}{dt}$

C. $\frac{dc(Z)}{dt}=\frac{2}{3}\cdot\frac{dc(Y)}{dt}$　　D. $\frac{dc(Y)}{dt}=\frac{3}{2}\cdot\frac{dc(X)}{dt}$

8. 对 $2SO_2(g)+O_2(g)\longrightarrow 2SO_3(g)$，它的化学反应速率可以表示为(　　)。

A. $-\frac{dc(O_2)}{dt}=-\frac{dc(SO_2)}{dt}=-\frac{dc(SO_3)}{dt}$　　B. $-\frac{dc(O_2)}{dt}=-\frac{2dc(SO_2)}{dt}=-\frac{2dc(SO_3)}{dt}$

C. $-\frac{dc(O_2)}{dt}=-\frac{dc(SO_2)}{2dt}=\frac{dc(SO_3)}{2dt}$　　D. $\frac{dc(O_2)}{dt}=\frac{dc(SO_2)}{dt}=\frac{dc(SO_3)}{dt}$

9. 催化剂是通过改变反应进行的历程来加速反应速率的，这一影响是(　　)。

A. 增大碰撞频率　　B. 降低活化能

C. 减小速率常数　　D. 增大平衡常数的值

10. 下列叙述中正确的是(　　)。

A. 化学反应动力学是研究反应快慢和限度的

B. 反应速率常数的大小即是反应速率的大小

C. 反应级数越大，反应速率越大

D. 活化能的大小不一定总能表示一个反应的快慢，但可表示反应速率常数受温度影响的大小

11. 某化学反应进行 20 min 时反应完成 50%，进行 40 min 时反应完成 100%，则此反应是(　　)。

A. 三级反应　　B. 二级反应　　C. 一级反应　　D. 零级反应

12. 某一级反应的速率常数为 7.5×10^{-2} min^{-1}，则此反应的半衰期为(　　)。

A. 3.75 min　　B. 9.24 min　　C. 4.62 min　　D. 0.55 min

13. 放射性衰变过程为一级反应。某同位素的半衰期为 10^3 年，问此同位素试样由 100 g 减少到 1 g 约需(　　)。

A. 4.6×10^3 年　　B. 5.2×10^3 年　　C. 6.6×10^3 年　　D. 7.6×10^3 年

14. 反应 $Pb+4C_2H_5\longrightarrow Pb(C_2H_5)_4$(　　)。

A. 是基元反应　　B. 不是基元反应

C. 不能确定是否为基元反应　　D. 以上说法都不正确

15. 已知反应 $2NO(g)+Br_2(g)\longrightarrow 2NOBr(g)$ 的反应历程是：

(1) $NO(g)+Br_2(g)\rightleftharpoons NOBr_2(g)$ (快)

(2) $NOBr_2(g)+NO(g)\longrightarrow 2NOBr(g)$ (慢)

此反应的速率方程可能是(　　)。

A. $v=kc(NO)$　　B. $v=kc^2(NO)$

C. $v=kc^2(NO)c(Br_2)$　　D. $v=kc(NO)c(NOBr)$

16. 下列说法正确的是(　　)。

A. 一个化学反应的 $\Delta_rG^\ominus(T)$ 越负，在温度 T 下，反应速率就越快

B. 一个化学反应的 $\Delta_rG^\ominus(T)$ 越负，在温度 T 下，反应速率就越慢

C. 恒温下，一个气相反应的总压强增大，其反应速率随之增大

D. 恒温下，一个气相反应的总压强增大，其反应速率常数随之增大

17. 实验测得反应 $H_2(g)+I_2(g)\longrightarrow 2HI(g)$ 为二级反应，速率方程是 $v=kc(H_2)c(I_2)$，由此可知(　　)。

A. 此反应一定是基元反应　　B. 此反应可自发向右进行

C. 此反应是非基元反应　　D. 无法断定是否为基元反应

18. 有两个反应，测定它们的速率常数分别如下：

(1) $H_2PO_2^-(aq)+OH^-(aq) \longrightarrow HPO_3^{2-}(aq)+H_2(g)$ $k_A=3.2\times10^{-4}\ mol^{-2}\cdot L^2\cdot min^{-1}$

(2) $N_2O_5(g) \longrightarrow 2NO_2(g)+\frac{1}{2}O_2(g)$ $k_B=7\times10^{-5}\ min^{-1}$

下列说法中正确的是(　　)。

A. 起始浓度相同时，反应速率 $v_A>v_B$

B. $c(H_2PO_2^-)$和 $c(OH^-)$等于$\frac{1}{5}c(N_2O_5)$，反应速率 $v_A\approx v_B$

C. 两个反应的反应物浓度都是 1 mol · L^{-1} 时，$v_A>v_B$

D. 两个反应的反应物浓度都是 1 mol · L^{-1} 时，$v_A<v_B$

19. 25 ℃时某反应 A+2B ⟶3C，实验数据如下：

$c(A)/(mol\cdot L^{-1})$	$c(B)/(mol\cdot L^{-1})$	t/s
0.10	0.10	72
0.20	0.10	18
0.20	0.05	36

t 为产物 C 增加 0.05 mol · L^{-1} 所需时间，下列说法中正确的是(　　)。

A. 对 A 和 B 都是一级　　B. 对 A 是二级，B 是一级

C. 对 A 是一级，B 是零级　　D. 对 A 是 1/4 级，B 是二级

20. 下列几种情况，能引起反应速率常数改变的是(　　)。

A. 压力改变　　B. 温度改变

C. 反应容器体积改变　　D. 反应物质浓度改变

21. 在恒温下，反应物浓度增大改变化学反应速率的原因是(　　)。

A. 升高了反应的活化能　　B. 降低了反应的活化能

C. 增加了单位体积内的活化分子总数　　D. 增加了单位体积内活化分子的百分数

22. 下列叙述中正确的是(　　)。

A. 非基元反应是由多个基元反应组成的

B. 凡符合质量作用定律的反应一定是基元反应

C. 反应级数等于反应物系数之和

D. 反应速率和反应物浓度的乘积成正比

23. 对于一个给定条件下的反应，随着反应的进行(　　)。

A. 速率常数 k 变小　　B. 平衡常数 K 变大

C. 正反应速率降低　　D. 逆反应速率降低

24. 硫代乙酰胺(TA)水解反应如下

$$H_3C\text{—}\overset{\overset{\displaystyle S}{\|}}{C}\text{—}NH_2 + H_2O \longrightarrow H_2S + H_3C\text{—}\overset{\overset{\displaystyle O}{\|}}{C}\text{—}NH_2$$

其速率方程为 $v=kc(H^+)c(TA)$，在 25 ℃时，水解速率最慢的水溶液是(　　)。

A. 0.10 mol · L^{-1} TA，0.20 mol · L^{-1} HNO_3

B. 0.15 mol · L^{-1} TA，0.15 mol · L^{-1} HCl

C. 0.10 mol · L^{-1} TA，0.080 mol · L^{-1} HCl

D. 0.15 mol · L^{-1} TA，0.10 mol · L^{-1} CH_3COOH

25. 对基元反应而言，下列叙述中正确的是(　　)。

A. 反应级数和反应分子数总是一致的　　B. 反应级数总是大于反应分子数

C. 反应级数总是小于反应分子数　　D. 反应级数不一定与反应分子数相一致

26. 零级反应的速率(　　)。

A. 为零　　B. 与反应物浓度成正比

C. 与反应物浓度无关　　D. 与反应物浓度成反比

27. 下列说法中不正确是(　　)。

A. 活化能大的反应其反应速率慢

B. 加入正催化剂可降低反应的活化能

C. 升高温度，活化能大的反应其反应速率增加的倍数反而比活化能小的反应其反应速率增加的倍数更多

D. 对于一个化学反应，逆反应的活化能 E_{ar} 与正反应的活化能 E_{af} 之差即为化学反应的热效应 $\Delta_r H$，即 $\Delta_r H = E_{ar} - E_{af}$

28. 对于一个化学反应，下列说法中错误的是(　　)。

A. 速率常数的大小不随浓度的改变而改变　　B. 零级反应的速率是不变的

C. 加入催化剂能使反应自发进行　　D. 升高温度有利于提高反应速率

29. 对于给定的化学反应，下面说法中正确的是(　　)。

A. ΔG 越负，反应速率越快　　B. 活化能越小，反应速率越快

C. ΔH 越负，反应速率越快　　D. ΔG 越正，反应速率越快

30. 能改变化学反应速率常数数值的因素是(　　)。

A. 催化剂　　B. 反应物浓度　　C. 压力　　D. 生成物浓度

31. 下列叙述中正确的是(　　)。

A. 活化能的大小可反映某一反应速率受温度影响的显著程度

B. 任意两个反应相比，速率常数大的反应速率必大

C. 反应级数越大，反应速率越快

D. 任意给定的化学反应速率都与反应物浓度的乘积成正比

32. 已知 A ══ B+C 是一吸热的可逆基元反应，正反应的活化能为 E_a，逆反应的活化能为 E_b，则(　　)。

A. $E_a < E_b$　　B. $E_a > E_b$　　C. $E_a = E_b$　　D. 三种都可能

33. 对 $\Delta G = 0$ 的反应，加入正催化剂后，则(　　)。

A. $v_{正} > v_{逆}$　　B. $v_{正} < v_{逆}$　　C. $v_{正} = v_{逆}$　　D. 不能确定

34. 对于催化剂特性的描述，下列说法中不正确的是(　　)。

A. 催化剂只能缩短反应达到平衡的时间而不能改变平衡状态

B. 催化剂在反应前后化学性质和物理性质皆不变

C. 催化剂不能改变平衡常数

D. 加入催化剂不能实现热力学上不可能进行的反应

35. 在 CCl_4 溶液中，N_2O_5 分解反应的速率常数在 45 ℃时为 $6.2\times10^{-4}\ s^{-1}$，在 55 ℃时为 $2.1\times10^{-3}\ s^{-1}$，则该反应的活化能为(　　)。

A. 23 $kJ \cdot mol^{-1}$　　B. $1.1\times10^{2}\ kJ \cdot mol^{-1}$

C. $2.2\times10^{2}\ kJ \cdot mol^{-1}$　　D. $3.3\times10^{4}\ kJ \cdot mol^{-1}$

36. 某一反应的活化能为 100 $kJ \cdot mol^{-1}$，则其逆反应的活化能为(　　)。

A. 100 $kJ \cdot mol^{-1}$　　B. −100 $kJ \cdot mol^{-1}$　　C. 0.693 $kJ \cdot mol^{-1}$　　D. 无法确定

37. 某一反应 A ⟶ B，不论 A 的起始浓度如何，在同一温度下反应完成 60% 所需时间都相同，那么

该反应的级数为(　　)。

A. 零级　　B. 一级　　C. 二级　　D. 三级

38. 化学反应 $CO(g) + Cl_2(g) \longrightarrow COCl_2(g)$，实验测得速率方程为 $v=kc(Cl_2)^n c(CO)$，当维持温度和CO的浓度不变时，Cl_2浓度增大到3倍，反应速率是原来的5.2倍，则反应对Cl_2的级数是(　　)。

A. 一级　　B. 1.5级　　C. 二级　　D. 三级

39. 下列关于基元反应的论述，正确的是(　　)。

A. 基元反应的逆反应也是基元反应

B. 基元反应的级数等于反应的分子数

C. 分子数大于3的反应不可能是基元反应

D. 以上都不正确

40. 对于一个化学反应，在下列情况下反应速率越大的是(　　)。

A. $\Delta_r H_m^\ominus$ 越负　　B. $\Delta_r S_m^\ominus$ 越正　　C. $\Delta_r G_m^\ominus$ 越负　　D. 活化能越小

41. 用锌粒与 6 $mol \cdot L^{-1}$ H_2SO_4 在试管里反应制取 H_2 时，产生 H_2 的速率是(　　)。

A. 越来越快　　B. 越来越慢

C. 先逐渐加快，然后又逐渐减慢　　D. 先逐渐加快，然后维持不变

42. 对 $\Delta_r G_m^\ominus>0$ 的反应，使用正催化剂可以(　　)。

A. 正反应速率大大加快　　B. 正反应速率减慢

C. 正反应和逆反应速率皆加快　　D. 无影响

43. 催化剂能加快反应速率，其的作用机理是(　　)。

A. 增大碰撞频率　　B. 改变反应途径，降低活化能

C. 减小速率常数　　D. 增大平衡常数的数值

44. 下列关于活化能的叙述中不正确的是(　　)。

A. 不同反应有不同的活化能

B. 同一条件下同一类型反应的活化能越大，其反应速率越小

C. 同一反应活化能越小，其反应速率越小

D. 活化能可通过实验来测定

45. 某反应的速率常数在 298 K 时为 $3.46\times10^{-5}\ s^{-1}$，308 K 时为 $1.35\times10^{-4}\ s^{-1}$，则频率因子的值是(　　)。

A. $5.7\times10^{13}\ s^{-1}$　　B. $3.46\times10^{-5}\ s^{-1}$　　C. $13.5\times10^{-5}\ s^{-1}$　　D. $31.67\ s^{-1}$

46. 反应 $HIO_3+3H_2SO_3 = HI+3H_2SO_4$的速率方程为(　　)。

A. $v=kc(HIO_3)c^3(H_2SO_3)$　　B. $v=kc(HIO_3)c^2(H_2SO_3)$

C. $v=kc(HIO_3)c(H_2SO_3)$　　D. 无法确定

47. 某反应在一定条件下的最大转化率为25.3%，当有催化剂存在时，其最大转化率为(　　)。

A. 大于25.3%　　B. 等于25.3%　　C. 小于25.3%　　D. 无法确定

二、判断题

1. 某反应的速率常数的单位是 $mol^{-1} \cdot L \cdot s^{-1}$，该反应是一级反应。(　　)

2. 两个反应在相同温度下，活化能大的反应速率也大。(　　)

3. 在一定温度下，浓度发生变化时，速率常数保持不变。(　　)

4. 升高温度可使吸热反应速率增大，放热反应速率减小。(　　)

5. 复杂反应的反应速率取决于反应速率最慢的基元反应。(　　)

6. 催化剂之所以能改变化学反应速率，是因为催化剂能改变反应途径，而使活化能发生了变化。(　　)

7. 催化剂同等程度地降低了正、逆反应的活化能，因此同等程度地加快了正、逆反应速率。（　　）

8. 反应历程中的速控步骤决定了反应速率，因此在速控步骤前发生的反应和在速控步骤后发生的反应对反应速率都毫无影响。（　　）

9. 反应速率常数是温度的函数，也是浓度的函数。（　　）

10. 活化能大的反应受温度的影响大。（　　）

三、填空题

1. 能够增加反应速率的催化剂叫________。减小反应速率的催化剂叫________。使催化剂活性增大的物质叫________。降低甚至完全破坏催化剂催化活性的物质叫________。

2. 催化剂改变了__________，降低了__________，从而增加了________，使反应速率加快。

3. 已知各基元反应的活化能如下：

序号	A	B	C	D	E
正反应的活化能/($kJ \cdot mol^{-1}$)	70	16	40	20	20
逆反应的活化能/($kJ \cdot mol^{-1}$)	20	35	45	80	30

在相同温度时：

(1)正反应是吸热反应的是__________。

(2)放热最多的反应是______________。

(3)反应可逆程度最大的反应是________。

(4)正反应速率常数随温度变化最大的是__________。

4. 若基元反应 $A \longrightarrow 2B$ 的活化能为 E_{af}，而 $2B \longrightarrow A$ 的活化能为 E_{ar}。问：

(1)加入催化剂后，E_{af} 和 E_{ar} 各有何变化？______________。

(2)加不同的催化剂后对 E_{af} 的影响是否相同？______________。

(3)提高反应温度，E_{af} 和 E_{ar} 各有何变化？______________。

(4)改变起始温度，E_{af} 有何变化？______________。

5. 基元反应 $2NO + Cl_2 \longrightarrow 2NOCl$ 是__________级反应，其速率方程为__________________。

6. 已知反应 $2NO(g)+O_2(g) = 2NO_2(g)$ 为基元反应，则该反应的速率方程为________，反应总级数为______；若将 NO 的浓度增大为原来的 2 倍而 O_2 的浓度保持不变，则反应的速率将为原来的______倍。

7. 反应 $NO_2(g) + CO(g) = CO_2(g) + NO(g)$ 为一简单反应，则其反应速率方程式的正确表达式为______________，反应级数为________级，其速率常数的单位为________。

8. CO 被 NO_2 氧化反应的推荐机理是：

步骤①$NO_2 + NO_2 \longrightarrow NO_3 + NO$　（慢反应）

步骤②$NO_3 + CO \rightleftharpoons NO_2 + CO_2$　（快反应）

则(1)此反应的总的方程式为__________________；

(2)反应的速率方程式为__________________。

9. 若浓度的单位用 $mol \cdot L^{-1}$，时间的单位是 s，一个服从质量作用定律且反应速率为 $v = kc(A)c^{\frac{1}{2}}(B)$ 的反应，其反应速率的单位是________；速率常数的单位是______________。

10. 已知 HCl(g) 的 $\Delta_f H_m^{\ominus}(298\ K) = -92.3\ kJ \cdot mol^{-1}$，生成反应的活化能为 $113\ kJ \cdot mol^{-1}$，则其逆反应的活化能为______________ $kJ \cdot mol^{-1}$。

11. 293 K 时，甲醇的蒸气压为 11.83 kPa，则甲醇气化过程的 $\Delta_r G_m^{\ominus}$ 为__________ $kJ \cdot mol^{-1}$。在正常沸点时的 $\Delta_r G_m^{\ominus}$ 为________ $kJ \cdot mol^{-1}$。

12. 某反应在温度由 20 ℃升高到 30 ℃时，反应速率恰好增加 1 倍，则该反应的活化能为______ $kJ \cdot mol^{-1}$。

13. 由阿伦尼乌斯公式 $\ln k=-\frac{E_a}{RT}+\ln A$ 可以看出，升高温度，反应速率常数 k 将________；使用催化剂时，反应速率常数 k 将__________；而改变反应物或生成物的浓度时，反应速率常数 k 将________。

14. 实验测得反应 A ⟶B 在 27 ℃时反应速率常数为 $1.0\times10^{-2}\ mol^{-1}\cdot L\cdot s^{-1}$，在 127 ℃时反应速率常数为 $1.0\times10^{-1}\ mol^{-1}\cdot L\cdot s^{-1}$，则该反应的活化能为____________。

四、计算题

1. $HgCl_2$ 和 $C_2O_4^{2-}$ 在室温下发生下列沉淀反应

$$2HgCl_2+C_2O_4^{2-}\longrightarrow 2Cl^-+2CO_2+Hg_2Cl_2$$

由 Hg_2Cl_2 的沉淀量可计算反应速率，3 次实验的数据如下：

实验序号	1	2	3
初始 $c(HgCl_2)/(mol\cdot L^{-1})$	0.105	0.105	0.052
初始 $c(C_2O_4^{2-})/(mol\cdot L^{-1})$	0.150	0.300	0.300
起始速率 $v/(mol\cdot L^{-1}\cdot s^{-1})$	1.8×10^{-5}	7.1×10^{-5}	1.8×10^{-5}

试求：(1) $HgCl_2$、$C_2O_4^{2-}$ 和总反应级数各是多少？写出该反应的速率方程。(2)求反应的速率常数。

2. 将 $0.1\ mol\cdot L^{-1}$ 的 Na_3AsO_3 溶液和 $0.1\ mol\cdot L^{-1}$ 的 $Na_2S_2O_3$ 溶液各 0.1 L 混合，再加入过量稀硫酸混合均匀，发生如下反应

$$2H_3AsO_3+9H_2S_2O_3\longrightarrow As_2S_3+3SO_2+9H_2O+3H_2S_4O_6$$

现由实验测得 17 ℃时，从混合开始至溶液出现黄色 As_2S_3 沉淀共需 25 min 15 s；若将上述溶液温度升高 10 ℃，重复同样的实验，需时 8 min 20 s，试求该反应的活化能。

3. 某反应的速率常数 k 为 $2.0\times10^{-2}\ min^{-1}$，若反应的初始浓度为 $0.5\ mol\cdot L^{-1}$，求反应的半衰期。

4. 气体 A 的反应为 A(g)⟶产物，当 A 的浓度为 $1.0\ mol\cdot L^{-1}$ 时，反应速率为 $0.028\ mol\cdot L^{-1}\cdot s^{-1}$，如该反应为：(1)零级反应。(2)一级反应。(3)二级反应，若 A 的浓度均为 $2.0\ mol\cdot L^{-1}$，则速率常数和反应速率分别为多少？

5. 放射性同位素 ^{201}Pb 的半衰期为 9.0 h，100 mg ^{201}Pb 在 36 h 后还剩多少？

6. 400 K 时，CH_3NO_2 的分解反应是一级反应，82.4 min 后，样品分解 20.0%。问样品分解 40.0% 需多少时间？

7. 反应 $C_2H_5I+OH^-$ ══ $C_2H_5OH+I^-$ 在 289 K 时的 $k_1=5.03\times10^{-2}\ L\cdot mol^{-1}\cdot s^{-1}$，而在 333 K 时的 $k_2=6.71\ L\cdot mol^{-1}\cdot s^{-1}$，该反应的活化能是多少？在 305 K 时的速率常数 k_3 是多少？

8. 一般在 3 000 m 的高山上测得的大气压力为 69.9 kPa，纯水在 90 ℃沸腾，而且人们发现在正常情况下 3 min 可煮熟的鸡蛋，在这样的高山上需 300 min，试问鸡蛋煮熟反应的活化能是多少？

9. 高温时焦炭与 CO_2 的反应为 $C(s)+CO_2(g)$ ══ $2CO(g)$ 反应的活化能为 $167\ 360\ J\cdot mol^{-1}$，计算从 900 K 升高到 1 000 K 时，反应速率之比。

10. 周口店山顶洞遗址出土的斑鹿骨化石的 $^{14}_{6}C/^{12}_{6}C$ 比值是现存动植物的 0.109 倍，试估算此化石的年龄。已知 $^{14}_{6}C$ 的半衰期为 5 700 年。

11. 某反应在 298 K 时速率常数 k_1 为 $3.4\times10^{-5}\ s^{-1}$，在 328 K 时速率常数 k_2 为 $1.5\times10^{-3}\ s^{-1}$，求反应的活化能 E_a 和指前因子 A。

12. 某反应的活化能 $E_a=1.14\times10^2\ kJ\cdot mol^{-1}$，在 600 K 时，$k=0.750\ mol^{-1}\cdot dm^3\cdot s^{-1}$，分别计算 500 K 和 700 K 时的速率常数 k 的值。

13. 在没有催化剂存在时，H_2O_2 的分解反应 $H_2O_2(l)$ ══ $H_2O(g)+\frac{1}{2}O_2(g)$ 的活化能为 $75\ kJ\cdot mol^{-1}$，

当有铁催化剂存在时，该反应的活化能就降低到 54 kJ · mol^{-1}。计算在 298.15 K 时，此两种反应速率的比值。

14. 在 301 K 时，鲜牛奶大约 4 h 变酸，但在 278 K 冰箱内可保持 48 h。假定反应速率与变酸时间成反比，试估算牛奶变酸反应的活化能。若室温从 288 K（15 ℃）升高到 298 K（25 ℃），则牛奶变酸反应速率将发生怎样的变化？

15. 人体中的某种酶的催化反应的活化能为 50 kJ · mol^{-1}，正常人的体温为 310 K(37 ℃)，问发烧到 313 K(40 ℃)的病人体内，该反应的反应速率增加了多少倍？

16. 蔗糖催化水解 $C_{12}H_{22}O_{12}+H_2O \xlongequal{} 2C_6H_{12}O_6$ 是一级反应，在 25 ℃时，其速率常数为 $5.7\times10^{-5}\ s^{-1}$。求：(1)浓度为 1 mol · L^{-1} 的蔗糖溶液分解 10%，需多长时间？(2)若反应的活化能为 110 kJ · mol^{-1}，那么在什么温度时反应速率是 25 ℃时的 1/10？

17. 就反应 $N_2O_5 \xlongequal{} N_2O_4+\frac{1}{2}O_2$，由下表回答问题

t/℃	0	25	35	45	55	65
k/s^{-1}	$0.078\ 7\times10^5$	3.46×10^5	13.5×10^5	49.8×10^5	150×10^5	487×10^5

该温度范围内反应的平均活化能是多少？该反应为几级反应？

18. 温度相同时，3 个基元反应的正逆反应的活化能如下：

基元反应	E_{af}/(kJ · mol^{-1})	E_{ar}/(kJ · mol^{-1})
Ⅰ	30	55
Ⅱ	70	20
Ⅲ	16	35

求：(1)哪个反应正反应速率最大？(2)反应Ⅰ的反应焓多大？(3)哪个反应的正反应是吸热反应？

19. 若有人告诉你：同一反应，温度越高，温度升高引起反应速率增高的倍数越高。你对此持肯定意见还是否定意见？在回答上问后，做如下估算：设反应甲、乙两个反应的活化能分别为 20 kJ · mol^{-1} 和 50 kJ · mol^{-1}，试对比反应甲、乙温度从 300 K 升高到 310 K 和从 500 K 升高到 510 K 反应速率增长的倍数。并做出归纳如下：速率快的反应与速率小的反应对比，在相同的温度范围内，哪一反应速率增长的倍数高？同一反应，在温度低时和温度高时，温度升高范围相同时，哪个温度范围反应速率增长的倍数高？试对归纳的结论做出定性的解释。(此题的假定是：温度改变没有改变反应历程和活化能)

3.4.2 同步练习答案

一、选择题

1. D　2. D　3. D　4. D　5. D　6. A　7. D　8. C　9. B　10. D　11. D　12. B　13. C　14. C　15. C　16. C　17. D　18. C　19. B　20. B　21. C　22. A　23. C　24. D　25. A　26. C　27. D　28. C　29. B　30. A　31. A　32. B　33. C　34. B　35. B　36. D　37. B　38. B　39. C　40. D　41. C　42. C　43. B　44. C　45. A　46. D　47. B

二、判断题

1. √　2. ×　3. √　4. ×　5. √　6. √　7. √　8. ×　9. √　10. √

三、填空题

1. 正催化剂；负催化剂；助催化剂；催化剂毒物

2. 反应的历程；E_a；活化分子百分数(活化分子数目)

3. A；D；C；A

4. 同时降低；不同；基本不变；无变化

5. 三；$v=kc^2(NO)c(Cl_2)$

6. $v=kc^2(NO)c(O_2)$；三级；4

7. $v=kc(NO_2)c(CO)$；2；$mol^{-1}\cdot L\cdot s^{-1}$

8. $NO_2+CO \xlongequal{} NO + CO_2$；$v=kc^2(NO_2)$

9. $mol\cdot L^{-1}\cdot s^{-1}$；$mol^{-1/2}\cdot L^{1/2}\cdot s^{-1}$

10. 205.3

11. 5.23；0

12. 51

13. 增大；增大；不变

14. 23 kJ · mol^{-1}

四、计算题

1. 解：(1)设速率方程为 $v=kc^x(HgCl_2)c^y(C_2O_4^{2-})$

代入数据得 $v_1=k\times(0.105)^x\times(0.150)^y=1.8\times10^{-5}$

$v_2=k\times(0.105)^x\times(0.300)^y=7.1\times10^{-5}$

$v_3=k\times(0.052)^x\times(0.300)^y=1.8\times10^{-5}$

解得 $x=2$，$y=2$

所以 $HgCl_2$ 为二级，$C_2O_4^{2-}$ 为二级，反应总级数为四。

速率方程为 $v=kc^2(HgCl_2)c^2(C_2O_4^{2-})$

(2)代入第一组数据得 $k\times0.105^2\times0.150^2=1.8\times10^{-5}$

$k=7.3\times10^{-2}mol^{-3}\cdot L^3\cdot s^{-1}$

2. 解：$\dfrac{k_2}{k_1}=\dfrac{t_1}{t_2}=\dfrac{25\times60+15}{8\times60+20}=3.03$

$\ln\dfrac{k_2}{k_1}=\dfrac{E_a}{R}\left(\dfrac{T_2-T_1}{T_2T_1}\right)$

$\ln3.03=\dfrac{E_a}{8.314}\times\dfrac{10}{290\times300}$

$E_a=80.2\ kJ\cdot mol^{-1}$

3. 解：$t_{1/2}=\dfrac{0.693}{k}=\dfrac{0.693}{2.0\times10^{-2}}=34.65\ min$

4. 解：(1)零级反应，反应速率与浓度无关，$v=k=0.028\ mol\cdot L^{-1}\cdot s^{-1}$

(2)一级反应 $v=kc_A$

代入数据 $c(A)=1.0\ mol\cdot L^{-1}$ 时，$0.028\ mol\cdot L^{-1}\cdot s^{-1}=k\times1$

所以 $k=0.028\ s^{-1}$

$c(A)=2.0\ mol\cdot L^{-1}$ 时，$v=0.028\ s^{-1}\times2=0.056\ mol\cdot L^{-1}\cdot s^{-1}$

(3)二级反应 $v=kc_A^2$

代入数据 $c(A)=1.0\ mol\cdot L^{-1}$ 时，$0.028\ mol\cdot L^{-1}\cdot s^{-1}=k\times(1\ mol\cdot L^{-1})^2$

所以 $k=0.028\ mol^{-1}\cdot L^{-1}\cdot s^{-1}$

$c(A)=2.0\ mol\cdot L^{-1}$ 时，$v=0.028\times2^2=0.112\ mol\cdot L^{-1}\cdot s^{-1}$

5. 解：$k=\dfrac{0.693}{t_{1/2}}=\dfrac{0.693}{9.0}=0.077\ h^{-1}$

$\ln\frac{c_0}{c}=kt$

$\ln\frac{100}{c}=0.077\times36$

$c=6.25$ mg　即 36 h 后还剩 6.25 mg。

6. 解：$\ln\frac{c}{c_0}=-kt$

$\ln(1-0.2)=-k\times82.4$　　$k=2.7\times10^{-3}\ \text{min}^{-1}$

$\ln(1-0.4)=-2.7\times10^{-3}\times t$　　$t=189$ min

7. 解：$\ln\frac{k_2}{k_1}=\frac{E_a}{R}\left(\frac{T_2-T_1}{T_2T_1}\right)$

$\ln\frac{6.71}{5.03\times10^{-2}}=\frac{E_a}{8.314}\times\frac{333-289}{289\times333}$

$E_a=89.0\ \text{kJ}\cdot\text{mol}^{-1}$

由 $\ln\frac{k_3}{6.71}=\frac{89.0\times10^3}{8.314}\times\frac{305-333}{333\times305}$

$k_3=0.35\ \text{mol}^{-1}\cdot\text{L}\cdot\text{s}^{-1}$

8. 解：$\frac{k_2}{k_1}=\frac{t_1}{t_2}=\frac{3}{300}=0.01$

$\ln\frac{k_2}{k_1}=\frac{E_a}{R}\left(\frac{T_2-T_1}{T_2T_1}\right)$

$\ln0.01=\frac{E_a}{8.314}\times\frac{363-373}{373\times363}$

$E_a=518.4\ \text{kJ}\cdot\text{mol}^{-1}$

9. 解：$\ln\frac{k_2}{k_1}=\frac{E_a}{R}\left(\frac{T_2-T_1}{T_2T_1}\right)$

$\ln\frac{k_2}{k_1}=\frac{167\ 360}{8.314}\times\frac{1\ 000-900}{900\times1\ 000}$

$\frac{k_2}{k_1}=9.36$

即$\frac{v(1\ 000\ \text{K})}{v(900\ \text{K})}=\frac{k_2}{k_1}=9.36$

10. 解：根据一级反应速率

$\ln\frac{c}{c_0}=-kt$

$t_{1/2}=0.693/k$

得　$k=0.693/5\ 700=1.2\times10^{-4}\ \text{a}^{-1}$

故 $\ln0.109=-1.2\times10^{-4}\ t$　　$t=18\ 200$ 年

11. 解：

$\lg\frac{k_2}{k_1}=\frac{E_a}{2.303R}\left(\frac{T_2-T_1}{T_2T_1}\right)$

$\lg\frac{1.5\times10^{-3}}{3.4\times10^{-5}}=\frac{E_a}{2.303\times8.314}\times\frac{328-298}{298\times328}$

$E_a = 102.6\ \text{kJ}\cdot\text{mol}^{-1}$

阿伦尼乌斯公式的对数式 $\ln k = \ln A - E_a/RT$

将 328 K 的数据代入

$$\ln 1.5\times10^{-3} = \ln A - \frac{102.6\times10^3}{8.314\times328}$$

$A = 3.83\times10^{13}\ \text{s}^{-1}$

12. 解：已知 $T_1 = 500$ K，$T_2 = 600$ K，$k_2 = 0.750\ \text{mol}^{-1}\cdot\text{L}\cdot\text{s}^{-1}$，$E_a = 1.14\times10^2\ \text{kJ}\cdot\text{mol}^{-1}$

根据 $\ln\dfrac{k_2}{k_1} = \dfrac{E_a}{R}\left(\dfrac{T_2 - T_1}{T_2 T_1}\right)$

则 $\ln\dfrac{0.750}{k_1} = \dfrac{1.14\times10^2}{R}\times\dfrac{600-500}{500\times600}$

$$\frac{k_2}{k_1} = \frac{0.750}{k_1} = 96.2$$

$k_1 = 0.0078\ \text{mol}^{-1}\cdot\text{L}\cdot\text{s}^{-1}$

$$\frac{k_2 - k_1}{k_1} = \frac{0.750 - 0.0078}{0.0078} = 95.2$$

同理将 $T_2 = 600$ K，$T_3 = 700$ K，$E_a = 1.14\times10^2\ \text{kJ}\cdot\text{mol}^{-1}$，$k_2 = 0.0078\ \text{mol}^{-1}\cdot\text{L}\cdot\text{s}^{-1}$ 代入式

$$\ln\frac{k_3}{k_2} = \frac{E_a}{R}\left(\frac{T_3 - T_2}{T_2 T_3}\right)$$

$$\ln\frac{k_3}{0.0078} = \frac{1.14\times10^2}{R}\times\frac{700-600}{700\times600}$$

$$\frac{k_3}{k_2} = \frac{k_3}{0.75} = 26.3$$

$k_3 = 19.7\ \text{mol}^{-1}\cdot\text{L}\cdot\text{s}^{-1}$

$$\frac{k_2 - k_1}{k_1} = \frac{0.750 - 0.0078}{0.0078} = 95.2$$

$$\frac{k_3 - k_2}{k_2} = \frac{19.7 - 0.75}{0.75} = 25.3$$

可见：500 K 升高到 600 K 时，反应速率增大了 95.2 倍，600 K 升高到 700 K 时，反应速率却只增大了 25.3 倍。对于一个给定反应而言，在低温范围内反应速率随温度的变化更为显著。

13. 解：设没有催化剂时 E_{a_1}、k_1；有催化剂时 E_{a_2}、k_2，根据阿伦尼乌斯公式

$$\ln k_1 = -\frac{E_{a_1}}{RT} + \ln A$$

$$\ln k_2 = -\frac{E_{a_2}}{RT} + \ln A$$

$$\ln\frac{k_2}{k_1} = \frac{E_{a_1} - E_{a_2}}{RT} = \frac{(75-54)\times1000}{8.314\times298.15}$$

$$\ln\frac{k_2}{k_1} = 8.47 \qquad \frac{k_2}{k_1} = 4.8\times10^3$$

14. 解：根据阿伦尼乌斯公式得

$$\ln\frac{t_1}{t_2} = \ln\frac{k_2}{k_1} = \frac{E_a}{R}\left(\frac{T_2 - T_1}{T_2 T_1}\right)$$

$E_a = \frac{T_1 T_2}{T_2 - T_1} R \ln \frac{t_1}{t_2} = \frac{278 \times 301}{301 - 278} \times 8.314 \times 10^{-3} \times \ln \frac{48}{4} = 75.2\ \text{kJ} \cdot \text{mol}^{-1}$

反应速率随温度升高而发生的变化，温度从 288 K 升高到 298 K，

$\ln \frac{k_2}{k_1} = \frac{E_a(T_2 - T_1)}{RT_1T_2} = \frac{7.52 \times 10^4 \times (298 - 288)}{8.314 \times 288 \times 298} = 1.051$

$\frac{k_2}{k_1} = \frac{v_2}{v_1} \approx 2.9$

反应速率增大到原来速率的 2.9 倍。

15. 解：$\lg \frac{k_2}{k_1} = \frac{E_a}{2.303R}\left(\frac{T_2 - T_1}{T_2T_1}\right)$

$\lg \frac{k_2}{k_1} = \frac{50 \times 10^3}{2.303 \times 8.314} \times \frac{313 - 310}{313 \times 310}$

$\frac{k_2}{k_1} = 1.2$

16. 解：(1) $\ln \frac{c_0}{c} = kt$

$\ln \frac{1}{0.9} = 5.7 \times 10^{-5} t$

$t = 1\ 848\ \text{s}$

(2) $\ln \frac{k_2}{k_1} = \frac{E_a}{R}\left(\frac{T_2 - T_1}{T_2T_1}\right)$

$\ln \frac{1}{10} = \frac{110 \times 10^3}{8.314} \times \frac{T_2 - 298}{T_2 \times 298}$

$T_2 = 283.3\ \text{K}$

17. 解：依据速率常数 k 的单位为 $(\text{mol} \cdot \text{L}^{-1})^{1-n} \cdot \text{s}^{-1}$，该反应为一级反应。

根据阿伦尼乌斯公式得

$\lg \frac{k_2}{k_1} = \frac{E_a}{2.303R}\left(\frac{T_2 - T_1}{T_2T_1}\right)$

$\lg \frac{487 \times 10^5}{0.078\ 7 \times 10^5} = \frac{E_a}{2.303R} \times \frac{65 - 0}{338 \times 273}$

得 $E_a = 103.4\ \text{kJ} \cdot \text{mol}^{-1}$

18. 解：(1) Ⅲ的正反应速率最大。

(2) $\Delta H = E_{af} - E_{ar} = 30 - 55 = -25\ \text{kJ} \cdot \text{mol}^{-1}$。

(3) 通过计算可知反应Ⅱ（正反应）是吸热反应。

19. 解：否。

当反应活化能为 20 kJ · mol^{-1} 时，温度若从 300 K 升高到 310 K，则

$\ln \frac{k_2}{k_1} = \frac{20 \times 1\ 000}{2.30R} \times \frac{310 - 300}{310 \times 300} = 0.112\ 46$

温度若从 500 K 升高到 510 K，则

$\ln \frac{k_2}{k_1} = \frac{20 \times 1\ 000}{2.30R} \times \frac{510 - 500}{510 \times 500} = 0.041\ 02$

当反应的活化能为 50 kJ · mol^{-1} 时，温度若从 300 K 升高到 310 K，则

$$\ln\frac{k_2}{k_1}=\frac{50\times1\ 000}{2.30R}\times\frac{310-300}{310\times300}=0.281\ 16$$

温度若从 500 K 升高到 510 K，则

$$\ln\frac{k_2}{k_1}=\frac{50\times1\ 000}{2.30R}\times\frac{510-500}{510\times500}=0.102\ 54$$

从以上的计算得出结论：速率大的反应与速率小的反应相比，在相同的温度范围内，速率小的反应增长的倍数高；同一反应，在温度高时和温度低时，温度升高范围相同的条件下，温度低范围内反应速率增长的倍数高。

第4章 化学平衡

4.1 基本要求

(1)理解和掌握化学平衡、多重平衡、标准平衡常数、反应商、化学平衡移动等概念。

(2)能熟练写出有关化学反应的标准平衡常数表达式，并能运用标准平衡常数进行有关的计算。

(3)理解和熟记平衡常数与吉布斯自由能的关系，并能运用其完成有关计算。

(4)能运用吕·查德里原理判断各种因素对化学平衡移动的影响。

重点：标准平衡常数表达式的正确书写；有关化学平衡的计算。

难点：标准平衡常数表达式的正确书写；温度与平衡常数的关系及其应用。

4.2 知识体系

4.2.1 平衡常数

4.2.1.1 实验平衡常数

大量实验和热力学推导证明，在一定温度下，任一可逆反应，

$$aA+bB \rightleftharpoons fF + hH$$

达到平衡时，反应物与产物的平衡浓度存在下列关系：

$$K_c = \frac{[F]^f[H]^h}{[A]^a[B]^b} \tag{4-1}$$

如果所有物质为气体则可表示为

$$K_p = \frac{[p(F)]^f[p(H)]^h}{[p(A)]^a[p(B)]^b} \tag{4-2}$$

式中，K_c 和 K_p 称为实验平衡常数。K_p 与 K_c 关系为

$$K_p = K_c(RT)^{\Delta\nu}$$

式中，$\Delta\nu=(f+h)-(a+b)$，只有当 $\Delta\nu=0$ 时，$K_c=K_p$，无量纲。当 $\Delta\nu\neq0$ 时，$K_c\neq K_p$，有量纲$(\mathrm{mol\cdot L^{-1}})^{\Delta\nu}$ 或$(\mathrm{kPa})^{\Delta\nu}$。

4.2.1.2 标准平衡常数

在标准状态($p^{\ominus}$=101.325 kPa)下，任一可逆反应，反应物与产物的平衡浓度存在的关系还可以表示为

$$K_c^{\ominus}=\frac{\left(\frac{[\mathrm{F}]}{c^{\ominus}}\right)^f\left(\frac{[\mathrm{H}]}{c^{\ominus}}\right)^h}{\left(\frac{[\mathrm{A}]}{c^{\ominus}}\right)^a\left(\frac{[\mathrm{B}]}{c^{\ominus}}\right)^b}\text{及 }K_p^{\ominus}=\frac{\left[\frac{p(\mathrm{F})}{p^{\ominus}}\right]^f\left[\frac{p(\mathrm{H})}{p^{\ominus}}\right]^h}{\left[\frac{p(\mathrm{A})}{p^{\ominus}}\right]^a\left[\frac{p(\mathrm{B})}{p^{\ominus}}\right]^b} \tag{4-3}$$

式中，$K_p^{\ominus}$和$K_c^{\ominus}$ 称为标准平衡常数，均无量纲，与 K_c 和 K_p 存在如下的关系：

$$K_p^{\ominus}=\frac{\left[\frac{p(\mathrm{F})}{p^{\ominus}}\right]^f\left[\frac{p(\mathrm{H})}{p^{\ominus}}\right]^h}{\left[\frac{p(\mathrm{A})}{p^{\ominus}}\right]^a\left[\frac{p(\mathrm{B})}{p^{\ominus}}\right]^b}=\frac{[p(\mathrm{F})]^f[p(\mathrm{H})]^h}{[p(\mathrm{A})]^a[p(\mathrm{B})]^b}\cdot\left(\frac{1}{p^{\ominus}}\right)^{(f+h)-(a+b)}=K_p(p^{\ominus})^{-\Delta\nu}$$

$$K_c^{\ominus}=\frac{\left(\frac{[\mathrm{F}]}{c^{\ominus}}\right)^f\left(\frac{[\mathrm{H}]}{c^{\ominus}}\right)^h}{\left(\frac{[\mathrm{A}]}{c^{\ominus}}\right)^a\left(\frac{[\mathrm{B}]}{c^{\ominus}}\right)^b}=\frac{[\mathrm{F}]^f[\mathrm{H}]^h}{[\mathrm{A}]^a[\mathrm{B}]^b}\cdot\left(\frac{1}{c^{\ominus}}\right)^{(f+h)-(a+b)}=K_c\cdot(c^{\ominus})^{-\Delta\nu} \tag{4-4}$$

注意：

(1)平衡常数 $K^{\ominus}$(或 K)只与反应温度有关，与浓度和压力无关，故在使用平衡常数 $K^{\ominus}$(或 K)时，必须注明反应温度。

(2)平衡常数 $K^{\ominus}$ 表达式要与一定的化学方程式相对应。同一反应在同一条件下，若方程式书写形式不同，则平衡常数的值就不同。

(3)若有纯固体、纯液体参加化学反应，则纯固体、纯液体的浓度在平衡常数的表达式中不写出。

(4)在稀水溶液中进行的反应，水的浓度可视为常数，在平衡常数表达式中不书写，但在非水溶液中的反应，若有水参加或有水生成，则水的浓度不可视为常数，必须写在平衡常数表达式中。

4.2.2 多重平衡体系

如果化学平衡体系同时包含多个相互有关的平衡，体系内有些物质同时参加了多个平衡，这种平衡体系称为多重平衡体系。平衡体系存在的各种平衡反应之间遵守如下多重平衡规则：

(1)假若一个反应由 n 个分反应之和组成，则该反应的平衡常数等于各分反应平衡常数之积。

$$K_{总}^{\ominus}=K_1^{\ominus}K_2^{\ominus}K_3^{\ominus}\cdots$$

(2)假若一个反应由两个反应之差构成，则该反应的平衡常数等于两个分反应平衡常数之商。

$$K_{总}^{\ominus}=\frac{K_1^{\ominus}}{K_2^{\ominus}}$$

应用多重平衡规则时，应注意所有平衡常数必须是相同温度时的值。

4.2.3 平衡常数与反应自由能变的关系

对于气体反应 $a\mathrm{A(g)}+b\mathrm{B(g)} \rightleftharpoons f\,\mathrm{F(g)}+h\mathrm{H(g)}$

热力学证明，在恒温恒压任意状态下反应的自由能变 $\Delta_r G_m(T)$ 与标准状态下反应的自由能变 $\Delta_r G_m^{\ominus}(T)$ 之间有如下关系：

$$\Delta_r G_m(T)=\Delta_r G_m^{\ominus}(T)+RT\ln Q \tag{4-5}$$

此式即为化学反应等温方程式，Q 为反应商。对于气态化学反应，形式为

$$Q=\frac{\left[\frac{p(\mathrm{F})}{p^{\ominus}}\right]^f\left[\frac{p(\mathrm{H})}{p^{\ominus}}\right]^h}{\left[\frac{p(\mathrm{A})}{p^{\ominus}}\right]^a\left[\frac{p(\mathrm{B})}{p^{\ominus}}\right]^b} \tag{4-6}$$

注：Q 的表达形式、写法和标准平衡常数完全相同，不同之处是其相对分压均为各物质处于任意状态下的起始相对分压，而不是平衡相对分压。

当反应达到平衡时，$\Delta_r G_m(T)=0$，此时反应商 Q 中的各相对分压，就成了平衡相对分压，Q 的数值就等于标准平衡常数 $K_p^{\ominus}$，即得

$$\Delta_r G_m^{\ominus}(T)=-RT\ln K_p^{\ominus} \text{ 或 } \Delta_r G_m^{\ominus}(T)=-2.303RT\lg K_p^{\ominus} \tag{4-7}$$

此式的意义在于：

(1) $\Delta_r G_m^{\ominus}(T)$ 和标准平衡常数一样是表明化学反应进行限度的物理量。

(2) 化学反应等温式表明了在任意状态下，反应的自由能变化与反应商及标准平衡常数的关系。

$$\Delta_r G_m(T)=-RT\ln K_p^{\ominus}+RT\ln Q$$

$$\Delta_r G_m(T)=RT\ln\frac{Q}{K_p^{\ominus}} \tag{4-8}$$

对于溶液中进行的反应，在任意状态时，同样有 $\Delta_r G_m(T)=RT\ln\frac{Q}{K_c^{\ominus}}$

依据式(4-8)，$\Delta_r G_m(T)$ 的正负仅决定于 Q 与 $K^{\ominus}$ 的比值。对一个化学反应，在一定温度下 $K^{\ominus}$ 为定值，因此利用反应商与平衡常数的相对大小，就可以判断在非标准状态下反应进行的方向。

当 $Q<K^{\ominus}$ 时，$\Delta_r G_m(T)<0$，正反应自发进行；

当 $Q>K^{\ominus}$ 时，$\Delta_r G_m(T)>0$，逆反应自发进行；

当 $Q=K^{\ominus}$ 时，$\Delta_r G_m(T)=0$，反应达平衡状态。

4.2.4 化学平衡的移动——吕·查德里(Le Chatelier)原理

假如改变平衡体系的条件之一，如浓度、压力或温度，则平衡向着减弱这个改变的方向移动。这一规律称为吕·查德里原理，又称平衡移动原理。

4.2.4.1 浓度对化学平衡的影响

对任一化学反应 $a\mathrm{A}+b\mathrm{B} \rightleftharpoons f\mathrm{F}+h\mathrm{H}$

在一定温度下

$$Q=\frac{\left[\frac{c(\mathrm{F})}{c^{\ominus}}\right]^{f}\left[\frac{c(\mathrm{H})}{c^{\ominus}}\right]^{h}}{\left[\frac{c(\mathrm{A})}{c^{\ominus}}\right]^{a}\left[\frac{c(\mathrm{B})}{c^{\ominus}}\right]^{b}}$$

当反应体系达到平衡状态时，$Q=K_c^{\ominus}$，$\Delta_r G_m(T)=0$。

若增加反应物的浓度或减小生成物的浓度时，Q 值减小，使得 $Q<K_c^{\ominus}$，根据式(4-8)得 $\Delta_r G_m(T)<0$，体系不再处于平衡状态，反应正向进行。

但当增加生成物浓度或减小反应物浓度时，Q 值变大，使得 $Q>K_c^{\ominus}$，$\Delta_r G_m(T)>0$，反应逆向进行。

4.2.4.2 压力对平衡移动的影响

在固体、液体的反应中，压力改变对平衡的影响可以忽略。而在有气体参与的化学反应中，压力对气体反应平衡移动的影响有以下几种情况：

(1)反应前后气体分子数不相等的反应($\Delta\nu\neq 0$)，在等温条件下，压缩体积增大体系总压力，平衡将向气体分子数目减少的方向移动；增大体积减小体系总压力，平衡向气体分子数目增多的方向移动。

(2)反应前后气体分子数目相等的反应，在等温条件下，当减小或扩大体系总体积使总压力增加或减小 n 倍，各组分分压均增加或减小 n 倍，总压力改变对平衡没有影响，即平衡不发生移动。

(3)加入惰性气体，当体系的体积不变时，总压增大，但参加反应的物质分压不变，故对平衡无影响；当体系的总压不变时，体积增大，参加反应的物质分压改变，故平衡向气体分子数目增多的方向移动。

4.2.4.3 温度对化学平衡的影响

温度对于化学平衡的影响与前两种情况有本质的区别。改变浓度或压力，只能使平衡点移动，而温度的改变，却导致平衡常数的改变。对任一指定的平衡体系来说

$$\Delta_r G_m^{\ominus}(T)=-RT\ln K^{\ominus}$$

$$\Delta_r G_m^{\ominus}(T)=\Delta_r H_m^{\ominus}-T\Delta_r S_m^{\ominus}$$

两式合并得

$$\ln K^{\ominus}=\frac{-\Delta_r H_m^{\ominus}}{RT}+\frac{\Delta_r S_m^{\ominus}}{R} \tag{4-9}$$

此式称为范特霍夫(Van't Hoff)方程式，表明了温度对平衡常数的影响。

设某反应在温度 T_1 和 T_2 时，平衡常数分别为 $K_1^{\ominus}$ 和 $K_2^{\ominus}$，则

$$\ln K_1^{\ominus}=\frac{-\Delta_r H_m^{\ominus}}{RT_1}+\frac{\Delta_r S_m^{\ominus}}{R} \qquad \ln K_2^{\ominus}=\frac{-\Delta_r H_m^{\ominus}}{RT_2}+\frac{\Delta_r S_m^{\ominus}}{R}$$

两式相减得

$$\ln\frac{K_2^{\ominus}}{K_1^{\ominus}}=\frac{\Delta_r H_m^{\ominus}}{R}\left(\frac{1}{T_1}-\frac{1}{T_2}\right) \tag{4-10}$$

$$\ln\frac{K_2^{\ominus}}{K_1^{\ominus}}=\frac{\Delta_r H_m^{\ominus}}{R}\left(\frac{T_2-T_1}{T_1T_2}\right) \tag{4-10a}$$

或

$$\lg\frac{K_2^\ominus}{K_1^\ominus}=\frac{\Delta_r H_m^\ominus}{2.303R}\left(\frac{T_2-T_1}{T_1T_2}\right) \qquad (4\text{-}10b)$$

对于放热反应，$\Delta_r H_m^\ominus<0$，温度升高($T_2>T_1$)时，$K_2^\ominus<K_1^\ominus$，即平衡常数随温度升高而减小，反应逆向移动。

对于吸热反应，$\Delta_r H_m^\ominus>0$，当温度升高($T_2>T_1$)时，$K_2^\ominus>K_1^\ominus$；平衡常数随温度的升高而增大，反应正向进行，即平衡向吸热方向移动。

4.2.5　有关化学平衡的计算

平衡常数的计算通常有以下几种方法：

(1)通过计算反应平衡时各物质的浓度或压力求 $K^\ominus$。计算平衡组成时，应明确反应平衡条件并正确处理物质的变化量与方程式的对应关系。

(2)由热力学函数计算平衡常数。反应的标准吉布斯自由能变 $\Delta_r G_m^\ominus(T)$ 与 $\ln K^\ominus$ 的关系为

$$\Delta_r G_m^\ominus(T)=-RT\ln K^\ominus$$

$$\Delta_r G_m^\ominus(T)=-2.303RT\lg K^\ominus$$

$$\Delta_r G_m^\ominus(T)=\Delta_r H_m^\ominus(298\ \text{K})-T\Delta_r S_m^\ominus(298\ \text{K})$$

(3)由范特霍夫方程式计算不同温度下的平衡常数。

$$\lg\frac{K_2^\ominus}{K_1^\ominus}=\frac{\Delta_r H_m^\ominus}{2.303R}\left(\frac{T_2-T_1}{T_1T_2}\right)$$

通常可取 $\Delta_r H_m^\ominus(T)\approx\Delta_r H_m^\ominus(298\ \text{K})$

(4)利用多重平衡原理来求平衡常数。

4.3　典型例题

【例 4.1】写出下列各化学反应的标准平衡常数表示式。

(1)$NH_4Cl(s) \rightleftharpoons NH_3(g)+HCl(g)$

(2)$Cr_2O_7^{2-}+H_2O \rightleftharpoons 2CrO_4^{2-}+2H^+$

(3)$C_2H_5OH+CH_3COOH \rightleftharpoons CH_3COOC_2H_5+H_2O$

解：(1)$NH_4Cl(s) \rightleftharpoons NH_3(g)+HCl(g)$

$$K_p^\ominus=\left[\frac{p(NH_3)}{p^\ominus}\right]\left[\frac{p(HCl)}{p^\ominus}\right]$$

(2)$Cr_2O_7^{2-}+H_2O \rightleftharpoons 2CrO_4^{2-}+2H^+$

$$K_c^\ominus=\frac{\left(\frac{[CrO_4^{2-}]}{c^\ominus}\right)^2\left(\frac{[H^+]}{c^\ominus}\right)^2}{\frac{[Cr_2O_7^{2-}]}{c^\ominus}}$$

(3) $C_2H_5OH+CH_3COOH \rightleftharpoons CH_3COOC_2H_5+H_2O$

$$K_c^{\ominus}=\frac{\left(\frac{[CH_3COOC_2H_5]}{c^{\ominus}}\right)\left(\frac{[H_2O]}{c^{\ominus}}\right)}{\left(\frac{[C_2H_5OH]}{c^{\ominus}}\right)\left(\frac{[CH_3COOH]}{c^{\ominus}}\right)}$$

【例 4.2】已知

(1) $2H_2(g) + S_2(g) \rightleftharpoons 2H_2S(g)$　　$K_{p1}^{\ominus}$

(2) $2Br_2(g)+ 2H_2S(g) \rightleftharpoons 4HBr(g) +S_2(g)$　　$K_{p2}^{\ominus}$

(3) $H_2(g) + Br_2(g) \rightleftharpoons 2HBr(g)$　　$K_{p3}^{\ominus}$

则 $K_{p3}^{\ominus}$ 等于(　D　)。

A. $(K_{p1}^{\ominus}/ K_{p2}^{\ominus})^{1/2}$　B. $(K_{p2}^{\ominus}/ K_{p1}^{\ominus})^{1/2}$　C. $K_{p2}^{\ominus}/ K_{p1}^{\ominus}$　D. $(K_{p1}^{\ominus} \cdot K_{p2}^{\ominus})^{1/2}$

【例 4.3】在 1.0 L 的容器中，装有 0.1 mol HI，745 K 条件下发生下述反应，

$$2HI(g) \rightleftharpoons H_2(g) +I_2(g)$$

产生紫色的 I_2 蒸气，测得的转化率为 22%，求此条件下实验平衡常数 K_p 和标准平衡常数 $K_p^{\ominus}$。

解：

	$2HI(g) \rightleftharpoons$	$H_2(g)$	+ I_2
开始物质的量/mol	0.1	0	0
设平衡物质的量/mol	$0.1-2x$	x	x

则平衡时物质的总量　$n_{总}=0.1-2x + x + x=0.1$ mol

因为转化率为 22%，$\frac{2x}{0.1}\times100\%=22\%=0.22$

故 $x=0.011$ mol

$$n(HI)=0.1-2x=0.1-2\times0.011=0.078\ \text{mol}$$

$$n(H_2)=n(I_2)=0.011\ \text{mol}$$

$$p(HI)=p_{总}\times\frac{0.078}{0.1}\ \text{kPa}$$

$$p(H_2)=p(I_2)=p_{总}\times\frac{0.011}{0.1}\ \text{kPa}$$

$$K_p=\frac{\left(p_{总}\times\frac{0.011}{0.1}\ \text{kPa}\right)\left(p_{总}\times\frac{0.011}{0.1}\ \text{kPa}\right)}{\left(p_{总}\times\frac{0.078}{0.1}\ \text{kPa}\right)^2}=0.0199$$

$$K_p^{\ominus}=K_p(p^{\ominus})^{-\Delta v}=0.0199$$

【例 4.4】已知 $N_2O_4(g) \rightleftharpoons 2NO_2(g)$，在 298 K 时该反应的平衡常数 $K_p=0.14$，判断总压力为 100 kPa 时，下列体系中反应进行的方向。

(1) N_2O_4 与 NO_2 物质的量之比为 1∶3 的气体混合物。

(2) N_2O_4 与 NO_2 物质的量之比为 4∶1 的气体混合物。

解：(1)该体系内 N_2O_4 与 NO_2 的分压分别为$\frac{1}{4}\times 100$ kPa 和$\frac{3}{4}\times 100$ kPa 时

$$Q=\frac{\left[\frac{p(NO_2)}{p^{\ominus}}\right]^2}{\frac{p(N_2O_4)}{p^{\ominus}}}=\frac{\left(\frac{\frac{3}{4}\times 100\ \text{kPa}}{p^{\ominus}}\right)^2}{\frac{\frac{1}{4}\times 100\ \text{kPa}}{p^{\ominus}}}=2.22$$

$Q_p > K_p$，反应逆向进行。

(2)当体系内 N_2O_4 与 NO_2 的分压分别为$\frac{4}{5}\times 100$ kPa 和$\frac{1}{5}\times 100$ kPa 时

$$Q=\frac{\left[\frac{p(NO_2)}{p^{\ominus}}\right]^2}{\frac{p(N_2O_4)}{p^{\ominus}}}=\frac{\left(\frac{\frac{1}{5}\times 100\ \text{kPa}}{p^{\ominus}}\right)^2}{\frac{\frac{4}{5}\times 100\ \text{kPa}}{p^{\ominus}}}=0.05$$

$Q_p < K_p$，反应正向进行。

【**例 4.5**】将 6.75 g SO_2Cl_2 放入容积为 2.00 L 的容器中，将容器密封并升温至 375 ℃，达到平衡时容器中含有 0.034 5 mol 的 Cl_2，计算平衡常数 $K_p^{\ominus}$。

解：平衡时 Cl_2 的物质的量为 $n(Cl_2)=0.034\ 5$ mol

根据 $pV=nRT$，则平衡时

$$p(Cl_2)=\frac{0.034\ 5\ \text{mol}\times 8.314\ \text{kPa}\cdot\text{L}\cdot\text{K}^{-1}\cdot\text{mol}^{-1}\times(375+273.15)\ \text{K}}{2.00\ \text{L}}=92.955\ \text{kPa}$$

$$SO_2Cl_2(g)\rightleftharpoons SO_2(g)+Cl_2(g)$$

平衡时 $p(SO_2)=92.955$ kPa

平衡时 SO_2Cl_2 的物质的量为 $n(SO_2Cl_2)=\frac{6.75\ \text{g}}{135\ \text{g}\cdot\text{mol}^{-1}}-0.034\ 5\ \text{mol}=1.55\times 10^{-2}\ \text{mol}$

平衡时 $p(SO_2Cl_2)=\frac{0.015\ 5\times 8.314\times(375+273.15)}{2.00}=41.76\ \text{kPa}$

则 $K_p^{\ominus}=\frac{[p(SO_2)/p^{\ominus}][p(Cl_2)/p^{\ominus}]}{p(SO_2Cl_2)/p^{\ominus}}=\frac{92.955\times 92.955}{41.76\times p^{\ominus}}=2.04$

【**例 4.6**】查表求出 $AgCl(s)\rightleftharpoons Ag^+(aq)+Cl^-(aq)$ 的平衡常数 $K_{sp}^{\ominus}$(30 ℃)

解：	$AgCl(s)\rightleftharpoons$	$Ag^+(aq)$ +	$Cl^-(aq)$
$\Delta_f H_m^{\ominus}/(\text{kJ}\cdot\text{mol}^{-1})$	−127.07	105.58	−167.16
$S_m^{\ominus}/(\text{J}\cdot\text{mol}^{-1}\cdot\text{K}^{-1})$	96.2	72.68	56.5

$\Delta_r H_m^{\ominus}=[105.58+(-167.16)-(-127.07)]\ \text{kJ}\cdot\text{mol}^{-1}=65.49\ \text{kJ}\cdot\text{mol}^{-1}$

$\Delta_r S_m^{\ominus}=[72.68+56.5-96.2]\ \text{J}\cdot\text{mol}^{-1}\cdot\text{K}^{-1}=32.98\ \text{J}\cdot\text{mol}^{-1}\cdot\text{K}^{-1}$

根据 $\Delta_r G_m^\ominus = \Delta_r H_m^\ominus - T\Delta_r S_m^\ominus$

故 $\Delta_r G_m^\ominus = 65.49\ \text{kJ}\cdot\text{mol}^{-1} - (273.15+30)\ \text{K}\times 32.98\times 10^{-3}\ \text{kJ}\cdot\text{mol}^{-1}\cdot\text{K}^{-1}$

$= 55.49\ \text{kJ}\cdot\text{mol}^{-1}$

$$\lg K_{sp}^\ominus = -\frac{\Delta_r G_m^\ominus}{2.303RT} = -\frac{55.49\times 10^3\ \text{J}\cdot\text{mol}^{-1}}{2.303\times 8.314\ \text{J}\cdot\text{K}^{-1}\cdot\text{mol}^{-1}\times 303.15\ \text{K}} = -9.6$$

$K_{sp}^\ominus = 2.51\times 10^{-10}$

【例 4.7】 298 K 时反应

$4NH_3(g,\ 10.13\ kPa) + 5O_2(g,\ 1\ 013\ kPa) \rightleftharpoons 4NO\ (g,\ 202.6\ kPa) + 6H_2O\ (g,\ 101.3\ kPa)$

已知 $\Delta_r G_m^\ominus = -958.3\ \text{kJ}\cdot\text{mol}^{-1}$，求 $\Delta_r G_m$ 并判断此时反应的方向。

解： 先求 Q

$$Q = \frac{(202.6\ \text{kPa}/101.3\ \text{kPa})^4\times(101.3\ \text{kPa}/101.3\ \text{kPa})^6}{(10.13\ \text{kPa}/101.3\ \text{kPa})^4\times(1\ 013\ \text{kPa}/101.3\ \text{kPa})^5} = \frac{2.0^4\times 1.0^6}{0.1^4\times 10^5} = 1.6$$

因为 $\Delta_r G_m(T) = \Delta_r G_m^\ominus(T) + RT\ln Q$

故 $\Delta_r G_m = -958.3\ \text{kJ}\cdot\text{mol}^{-1} + 8.314\times 298\times 10^{-3}\ \text{kJ}\cdot\text{mol}^{-1}\times\ln 1.6$

$= -957.1\ \text{kJ}\cdot\text{mol}^{-1} < 0$

表明此时正反应自发进行。

【例 4.8】 已知 $CaCO_3(s) \rightleftharpoons CaO(s) + CO_2(g)$ 在 973 K 时，$K_p^\ominus = 3.00\times 10^{-2}$，在 1 173 K 时 $K_p^\ominus = 1.00$，问：(1)上述反应是吸热反应还是放热反应？(2)该反应的 $\Delta_r H_m^\ominus$ 是多少？

解： (1)由题意可以看出，温度升高，$K_p^\ominus$ 增大，根据吕・查德里原理，可以判知该反应为吸热反应。

(2)根据 $\lg\dfrac{K_2^\ominus}{K_1^\ominus} = \dfrac{\Delta_r H_m^\ominus}{2.303R}\left(\dfrac{T_2 - T_1}{T_1 T_2}\right)$

得 $\lg\dfrac{1.00}{3.00\times 10^{-2}} = \dfrac{\Delta_r H_m^\ominus}{2.303R}\left(\dfrac{1\ 173\ \text{K} - 973\ \text{K}}{1\ 173\ \text{K}\times 973\ \text{K}}\right)$

故 $\Delta_r H_m^\ominus = 1.66\times 10^2\ \text{kJ}\cdot\text{mol}^{-1}$

4.4 同步练习及答案

4.4.1 同步练习

一、选择题

1. 已知 $N_2(g) + 3H_2(g) \rightleftharpoons 2NH_3(g)$ 的平衡常数为 $K_1^\ominus$，在相同条件下 $NH_3(g) \rightleftharpoons 1/2N_2(g) + 3/2H_2(g)$ 的平衡常数 $K_2^\ominus$ 为(　　)。

A. $K_1^\ominus$　　B. $1/K_1^\ominus$　　C. $\sqrt{K_1^\ominus}$　　D. $1/\sqrt{K_1^\ominus}$

2. 850 ℃时 CO_2 与 H_2 混合可发生反应 $CO_2(g) + H_2(g) \rightleftharpoons CO(g) + H_2O(g)$ 平衡常数 $K_c = 1$。若平衡时有 90% H_2 变成 H_2O，问原来 CO_2 与 H_2 的分子比是(　　)。

A. 9∶10　　B. 10∶9　　C. 3∶1　　D. 9∶1

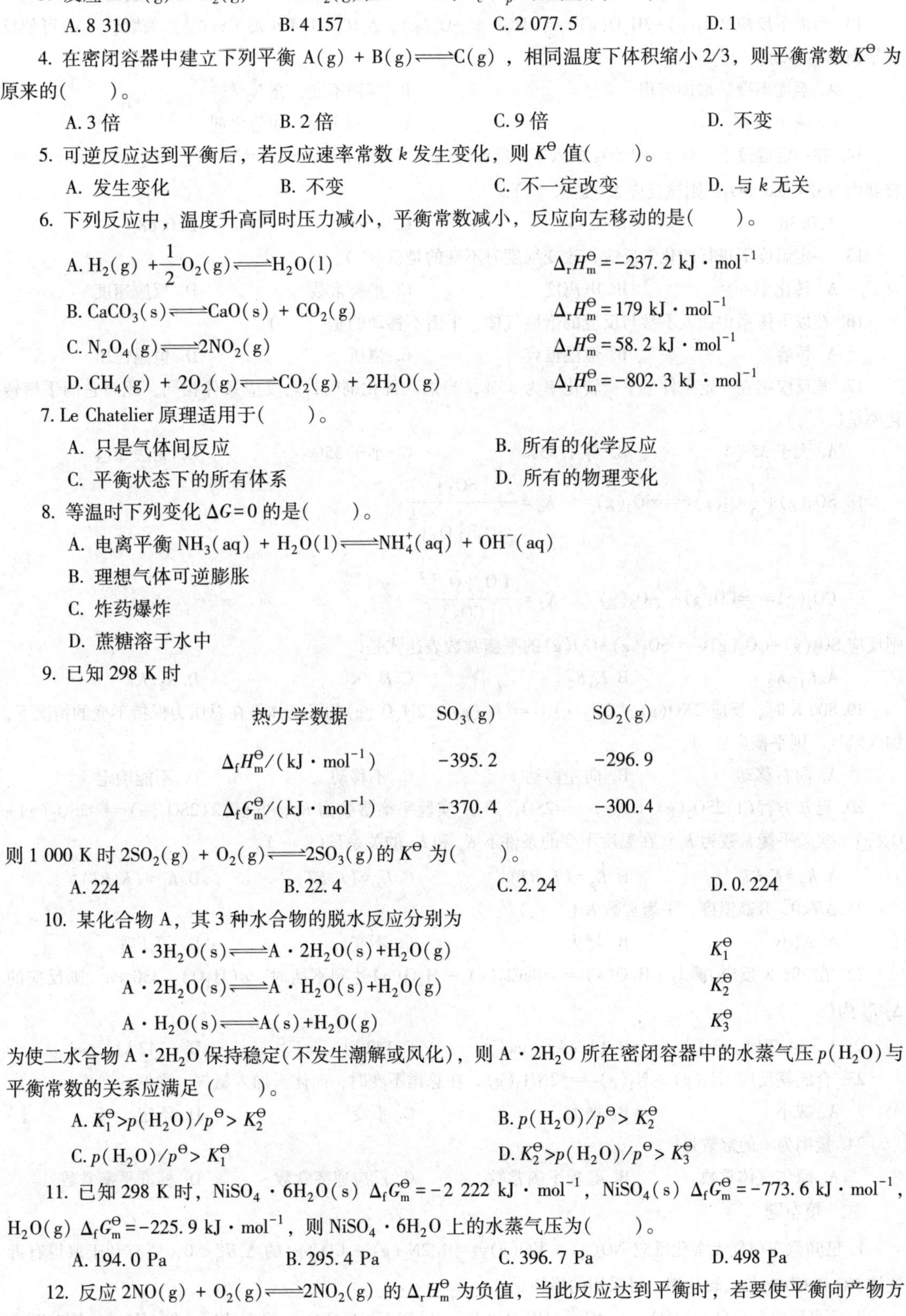

3. 反应 $2NO(g) + O_2(g) \rightleftharpoons 2NO_2(g)$ 在 227 ℃时 K_c/K_p 的比值为(　　)。

A. 8 310　　B. 4 157　　C. 2 077. 5　　D. 1

4. 在密闭容器中建立下列平衡 $A(g) + B(g) \rightleftharpoons C(g)$，相同温度下体积缩小 2/3，则平衡常数 $K^\ominus$ 为原来的(　　)。

A. 3 倍　　B. 2 倍　　C. 9 倍　　D. 不变

5. 可逆反应达到平衡后，若反应速率常数 k 发生变化，则 $K^\ominus$ 值(　　)。

A. 发生变化　　B. 不变　　C. 不一定改变　　D. 与 k 无关

6. 下列反应中，温度升高同时压力减小，平衡常数减小，反应向左移动的是(　　)。

A. $H_2(g) + \frac{1}{2}O_2(g) \rightleftharpoons H_2O(l)$　　$\Delta_r H_m^\ominus = -237.2\ kJ \cdot mol^{-1}$

B. $CaCO_3(s) \rightleftharpoons CaO(s) + CO_2(g)$　　$\Delta_r H_m^\ominus = 179\ kJ \cdot mol^{-1}$

C. $N_2O_4(g) \rightleftharpoons 2NO_2(g)$　　$\Delta_r H_m^\ominus = 58.2\ kJ \cdot mol^{-1}$

D. $CH_4(g) + 2O_2(g) \rightleftharpoons CO_2(g) + 2H_2O(g)$　　$\Delta_r H_m^\ominus = -802.3\ kJ \cdot mol^{-1}$

7. Le Chatelier 原理适用于(　　)。

A. 只是气体间反应　　B. 所有的化学反应

C. 平衡状态下的所有体系　　D. 所有的物理变化

8. 等温时下列变化 $\Delta G=0$ 的是(　　)。

A. 电离平衡 $NH_3(aq) + H_2O(l) \rightleftharpoons NH_4^+(aq) + OH^-(aq)$

B. 理想气体可逆膨胀

C. 炸药爆炸

D. 蔗糖溶于水中

9. 已知 298 K 时

热力学数据	$SO_3(g)$	$SO_2(g)$
$\Delta_f H_m^\ominus/(kJ \cdot mol^{-1})$	−395. 2	−296. 9
$\Delta_f G_m^\ominus/(kJ \cdot mol^{-1})$	−370. 4	−300. 4

则 1 000 K 时 $2SO_2(g) + O_2(g) \rightleftharpoons 2SO_3(g)$ 的 $K^\ominus$ 为(　　)。

A. 224　　B. 22. 4　　C. 2. 24　　D. 0. 224

10. 某化合物 A，其 3 种水合物的脱水反应分别为

$A \cdot 3H_2O(s) \rightleftharpoons A \cdot 2H_2O(s) + H_2O(g)$　　$K_1^\ominus$

$A \cdot 2H_2O(s) \rightleftharpoons A \cdot H_2O(s) + H_2O(g)$　　$K_2^\ominus$

$A \cdot H_2O(s) \rightleftharpoons A(s) + H_2O(g)$　　$K_3^\ominus$

为使二水合物 $A \cdot 2H_2O$ 保持稳定(不发生潮解或风化)，则 $A \cdot 2H_2O$ 所在密闭容器中的水蒸气压 $p(H_2O)$ 与平衡常数的关系应满足 (　　)。

A. $K_1^\ominus > p(H_2O)/p^\ominus > K_2^\ominus$　　B. $p(H_2O)/p^\ominus > K_2^\ominus$

C. $p(H_2O)/p^\ominus > K_1^\ominus$　　D. $K_2^\ominus > p(H_2O)/p^\ominus > K_3^\ominus$

11. 已知 298 K 时，$NiSO_4 \cdot 6H_2O(s)$ $\Delta_f G_m^\ominus = -2\ 222\ kJ \cdot mol^{-1}$，$NiSO_4(s)$ $\Delta_f G_m^\ominus = -773.6\ kJ \cdot mol^{-1}$，$H_2O(g)$ $\Delta_f G_m^\ominus = -225.9\ kJ \cdot mol^{-1}$，则 $NiSO_4 \cdot 6H_2O$ 上的水蒸气压为(　　)。

A. 194. 0 Pa　　B. 295. 4 Pa　　C. 396. 7 Pa　　D. 498 Pa

12. 反应 $2NO(g) + O_2(g) \rightleftharpoons 2NO_2(g)$ 的 $\Delta_r H_m^\ominus$ 为负值，当此反应达到平衡时，若要使平衡向产物方向移动，可以(　　)。

A. 升温加压　　B. 升温降压　　C. 降温升压　　D. 降温降压

13. 恒温下反应 $2Cl_2(g)+2H_2O(g) \rightleftharpoons 4HCl(g)+O_2(g)$，$\Delta_r H_m^{\ominus} = 114.4\ kJ \cdot mol^{-1}$，采取(　　)可使反应平衡向右移动。

A. 温度不变，增加容积　　B. 容积不变，充 N_2 气

C. 减小容积　　D. 容积不变，加溶化剂

14. 在一定温度下，将 1 mol SO_3 放入 1 L 反应器内，当反应 $2SO_3(g) \rightleftharpoons 2SO_2(g)+O_2(g)$ 达到平衡时，容器内有 0.6 mol SO_2，则该反应 $K^{\ominus}$ 是(　　)。

A. 0.36　　B. 0.45　　C. 0.54　　D. 0.68

15. 一定温度下进行的化学反应，改变浓度时不变的是(　　)。

A. 转化率　　B. 电离度　　C. 平衡常数　　D. 反应速度

16. 在以下体系中加入不参与反应的惰性气体，平衡不移动的是(　　)。

A. 恒容　　B. 恒温恒容　　C. 恒压　　D. 恒温恒压

17. 某反应物在一定条件下平衡转化率为 35%，当加入催化剂时，若反应条件相同，此时它的平衡转化率是(　　)。

A. 大于 35%　　B. 等于 35%　　C. 小于 35%　　D. 无法知道

18. $SO_2(g)+\frac{1}{2}O_2(g) \rightleftharpoons SO_3(g)$　　$K_1=\dfrac{[SO_3]}{[SO_2][O_2]^{\frac{1}{2}}}$

$CO_2(g) \rightleftharpoons CO(g)+\frac{1}{2}O_2(g)$　　$K_2=\dfrac{[CO][O_2]^{\frac{1}{2}}}{[CO_2]}$

则反应 $SO_2(g)+CO_2(g) \rightleftharpoons SO_3(g)+CO(g)$ 的平衡常数表达式是(　　)。

A. K_1+K_2　　B. K_1K_2　　C. K_1/K_2　　D. K_2/K_1

19. 800 K 时，反应 $2NO(g) + 2H_2(g) \rightleftharpoons N_2(g) + 2H_2O(g)$ 的平衡体系在总压力保持不变的情况下，加入氩气，则平衡(　　)。

A. 向右移动　　B. 向左移动　　C. 不移动　　D. 不能确定

20. 已知方程(1) $2SO_2(g)+O_2(g) \rightleftharpoons 2SO_3(g)$　实验平衡常数为 K_p；方程(2) $2SO_3(g) \rightleftharpoons 2SO_2(g)+O_2(g)$　实验平衡常数为 K_c。在温度不变的条件下 K_p 和 K_c 的关系是(　　)。

A. $K_p=K_cRT$　　B. $K_p=(K_cRT)^{1/2}$　　C. $K_p=(K_cRT)^{-1}$　　D. $K_p=(K_cRT)^2$

21. $\Delta H<0$，升高温度，平衡常数 K(　　)。

A. 减小　　B. 增大　　C. 不变　　D. 等于零

22. 在 298 K 反应 $BaCl_2 \cdot H_2O(s) \rightleftharpoons BaCl_2(s) + H_2O(g)$ 达到平衡时，$p(H_2O)=330\ Pa$，则反应的 $\Delta_r G_m^{\ominus}$ 为(　　)。

A. $-14.2\ kJ \cdot mol^{-1}$　　B. $14.2\ kJ \cdot mol^{-1}$　　C. $142\ kJ \cdot mol^{-1}$　　D. $-142\ kJ \cdot mol^{-1}$

23. 合成氨反应 $3H_2(g) + N_2(g) \rightleftharpoons 2NH_3(g)$，在总压不变时，向体系加入氩气，则氨的产率(　　)。

A. 减小　　B. 增大　　C. 不变　　D. 不定

24. 量纲为 1 的常数是(　　)。

A. 摩尔气体常数　　B. 经验平衡常数　　C. 反应速率常数　　D. 标准平衡常数

二、填空题

1. 已知汽车尾气无害化反应 $NO(g) + CO(g) \rightleftharpoons 1/2N_2(g) + CO_2(g)$ 的 $\Delta_r H_m^{\ominus}<0$，要有利于取得有毒气体 NO 和 CO 的最大转化率，可采用的措施是________。

2. 下列反应 $CaC_2O_4(s)+HAc \rightleftharpoons Ca^{2+}+HC_2O_4^-+Ac^-$，已知 $K_{sp}^{\ominus}(CaC_2O_4)=2.6\times10^{-9}$，$K_a^{\ominus}(HAc)=1.8\times10^{-5}$，

$K^{\ominus}_{a_1}(H_2C_2O_4)=5.9\times10^{-9}$，$K^{\ominus}_{a}(H_2C_2O_4)=6.4\times10^{-5}$，上述反应的平衡常数是________，反应自发进行的方向是________。

3. 对于给定的化学反应，影响其平衡常数数值的因素是 ____________。

三、计算题

1. 一玻璃瓶体积为 1.055 L，350 K 时瓶内气体达成平衡。此时 NOBr 0.004 0 mol，Br_2 0.002 4 mol，NO 0.006 3 mol。求下列平衡的 K_p。

(1) $2NO(g) + Br_2(g) \rightleftharpoons 2NOBr(g)$　　(2) $NOBr(g) \rightleftharpoons NO(g) + 1/2Br_2(g)$

(3) $2NOBr(g) \rightleftharpoons 2NO(g) + Br_2(g)$　　(4) $NO(g)+1/2Br_2 \rightleftharpoons NOBr(g)$

2. 已知反应 C(s，石墨) + $H_2O(g) \rightleftharpoons CO(g) + H_2(g)$，在 1 000 K 时 $K_p^{\ominus}=10$，求 1 200 K 时该反应的 $K_p^{\ominus}$。其中，$H_2O(g)$和 CO(g)的标准摩尔生成焓分别为−240 kJ · mol^{-1} 和−110 kJ · mol^{-1}。

3. 已知某反应在 300 K，正、逆反应的速率常数分别为 0.1 s^{-1} 和 0.001 s^{-1}，$\Delta H^{\ominus}=40$ kJ · mol^{-1}，求反应在 423 ℃时的标准平衡常数。

4. 已知 $FeO(s)+CO(g) \rightleftharpoons Fe(s)+CO_2(g)$ 的 $K_c=0.5$(1 273 K)。如果起始浓度 $c(CO)=0.05$ mol · L^{-1}，$c(CO_2)=0.01$ mol · L^{-1}，求：(1)反应物、生成物的平衡浓度？(2)CO 的转化率多少？(3)增加 FeO 的量，对平衡有什么影响？

5. 查表计算 $PCl_5(g) \rightleftharpoons PCl_3(g) + Cl_2(g)$在 600 K 时 $K_p^{\ominus}$ 及 K_p。

6. Hg 在沸点 356.6 ℃时蒸发吸热 59.26 kJ · mol^{-1}，求 101.3 kPa 下 1 mol Hg 蒸发时 $\Delta_{vap}G_m^{\ominus}$。

7. PCl_5(g)分解反应 $PCl_5(g) \rightleftharpoons PCl_3(g) + Cl_2(g)$，在 10.0 L 密闭容器中有 2.0 mol PCl_5，某温度下有 1.5 mol 分解。若温度不变时通入 1.0 mol Cl_2 后，应有多少摩尔 PCl_5 分解？

8. $LaCl_3(s) + H_2O(g) \rightleftharpoons LaClO(s)+2HCl(g)$ 当温度和体积不变时，加入水蒸气即建立新平衡。若水蒸气分压增加 2 倍，新平衡时 HCl 的压力是原来 HCl 气体压力的多少倍？

9. 在 5.0 L 容器中装入等物质量的 PCl_3 和 Cl_2，250 ℃时达成下列平衡 $PCl_5(g) \rightleftharpoons PCl_3(g) + Cl_2(g)$，此时 PCl_5 分压力 101.3 kPa。已知 $K_p=180.18$ kPa，问原来 PCl_3 和 Cl_2 为多少 mol？

10. 600 K 时 $NH_3(g) \rightleftharpoons 1/2N_2(g) + 3/2H_2(g)$的 $K_c=0.395$ mol · L^{-1}，将 1.00 g NH_3 引入 1.00 L 容器中，总压力有多大？

11. 光气分解反应 $COCl_2(g) \rightleftharpoons CO(g) + Cl_2(g)$ 900 K 时 $K_c^{\ominus}$ 为 0.082 0。假设将一定量光气装入一钢筒中用活塞加压，900 K 时 $COCl_2$ 一半形成了 CO，求此时加压力多大？

12. 反应 $2SO_2(g) + O_2(g) \rightleftharpoons 2SO_3(g)$，实验得到

t/℃	627	680	727	789	832	897
$K^{\ominus}$	142.9	10.5	3.46	0.922	0.397	0.130

求反应的焓变。

4.4.2　同步练习答案

一、选择题

1. D　2. D　3. B　4. D　5. C　6. A　7. C　8. A　9. C　10. A　11. A　12. C　13. A　14. D　15. C　16. B　17. B　18. B　19. B　20. C　21. A　22. B　23. A　24. D

二、填空题

1. 降低温度和增加压强

2. 7.31×10^{-10}；逆向(向左)

3. 温度

三、计算题

1. 解：各气体平衡压力为

$$p(\mathrm{NOBr})=\frac{nRT}{V}=\frac{0.004\,0\times 8.314\times 350}{1.055}=11.03\ \mathrm{kPa}$$

同理 $p(\mathrm{Br_2})=6.62\ \mathrm{kPa}$，$p(\mathrm{NO})=17.38\ \mathrm{kPa}$

所以(1) $K_{p1}=\dfrac{p^2(\mathrm{NOBr})}{p(\mathrm{Br_2})\cdot p^2(\mathrm{NO})}=6.1\times 10^{-2}\ \mathrm{kPa^{-1}}$

(2) $K_{p2}=(K_{p1})^{-\frac{1}{2}}=4.05\ \mathrm{kPa^{\frac{1}{2}}}$

(3) $K_{p3}=(K_{p2})^{2}=16.40\ \mathrm{kPa}$

(4) $K_{p4}=(K_{p1})^{\frac{1}{2}}=0.247\ \mathrm{kPa^{-\frac{1}{2}}}$

2. 解： $\mathrm{C(s,石墨)+H_2O(g)\rightleftharpoons CO(g)+H_2(g)}$

$\Delta_f H_m^\ominus/(\mathrm{kJ\cdot mol^{-1}})$ 0 −240 −110 0

$\Delta_r H_m^\ominus=-110-(-240)=130\ \mathrm{kJ\cdot mol^{-1}}$

$$\lg\frac{K_2^\ominus}{K_1^\ominus}=\frac{\Delta_r H_m^\ominus}{2.303R}\left(\frac{T_2-T_1}{T_1T_2}\right)$$

$$\lg\frac{K_2^\ominus}{10}=\frac{130\times 10^3}{2.303\times 8.314}\times\frac{200}{1\,200\times 100}$$ 得 $K_2^\ominus=135.4$

3. 解：$K_1^\ominus=\dfrac{k_{正}}{k_{逆}}=\dfrac{0.1}{0.001}=100$

$$\lg\frac{K_2^\ominus}{K_1^\ominus}=\frac{\Delta_r H_m^\ominus}{2.303R}\left(\frac{T_2-T_1}{T_1T_2}\right)$$

$$\lg\frac{K_2^\ominus}{100}=\frac{40\times 10^3}{2.303\times 8.314}\times\frac{696-300}{696\times 300}$$

$K_2^\ominus=9.16\times 10^5$

4. 解： $\mathrm{FeO(s)+CO(g)\rightleftharpoons Fe(s)+CO_2(g)}$

起始浓度/$(\mathrm{mol\cdot L^{-1}})$ 0.05 0.01

平衡浓度/$(\mathrm{mol\cdot L^{-1}})$ $0.05-x$ $0.01+x$

$$K_c=\frac{0.01+x}{0.05-x}=0.5$$

$x=0.01$

(1) $[\mathrm{CO}]=0.04\ \mathrm{mol\cdot L^{-1}}$ $[\mathrm{CO_2}]=0.02\ \mathrm{mol\cdot L^{-1}}$

(2) CO 的转化率为 $\dfrac{x}{0.05}\times 100\%=\dfrac{0.01}{0.05}\times 100\%=20\%$

(3)增加 FeO 的量，对平衡无影响。

5. 解： $\mathrm{PCl_5(g)\rightleftharpoons PCl_3(g)+Cl_2(g)}$

$\Delta_f H_m^\ominus/(\mathrm{kJ\cdot mol^{-1}})$ −374.9 −287 0

$S_m^\ominus/(\mathrm{J\cdot mol^{-1}\cdot K^{-1}})$ 364.47 311.7 222.96

$\Delta_r H_m^\ominus=287-(-374.9)=87.9\ \mathrm{kJ\cdot mol^{-1}}$

$\Delta_r S_m^\ominus=170.19\ \mathrm{J\cdot mol^{-1}\cdot K^{-1}}$

$\Delta_r G_m^\ominus(600\ \mathrm{K})=87.9-600\times 170.19\times 10^{-3}=-14.21\ \mathrm{kJ\cdot mol^{-1}}$

$\Delta_r G_m^{\ominus} = -RT\ln K_p^{\ominus}$

$K_p^{\ominus} = 17.28$

$K_p = K_p^{\ominus} \cdot (p^{\ominus})^{\Delta\nu} = 17.28 \times 101.3 = 1\ 750.2$ kPa

6. 解：因为 101.3 kPa 下 $K^{\ominus} = 1$，所以 $\Delta_{vap} G_m^{\ominus} = -RT\ln K^{\ominus} = 0$

7. 解：$[PCl_5] = \frac{2.0-1.5}{10} = 0.05\ mol \cdot L^{-1}$

$[Cl_2] = [PCl_3] = \frac{1.5}{10} = 0.15\ mol \cdot L^{-1}$

故 $K_c^{\ominus} = \frac{0.15 \times 0.15}{0.05} = 0.45$

	$PCl_5(g) \rightleftharpoons$	$PCl_3(g)$	$+\ Cl_2(g)$
起始浓度/$(mol \cdot L^{-1})$	0.2		0.1
平衡浓度/$(mol \cdot L^{-1})$	$0.2-x$	x	$0.1+x$

$K_c^{\ominus} = \frac{(0.1+x) \cdot x}{0.2-x} = 0.45 \qquad x = 0.132\ mol \cdot L^{-1}$

故 PCl_5 分解了　$0.132 \times 10 = 1.32$ mol

8. 解：$K^{\ominus} = \frac{[p(HCl)/p^{\ominus}]^2}{p(H_2O)/p^{\ominus}}$，温度不变，$K^{\ominus}$ 不变。若 $p'(H_2O) = 3p(H_2O)$，则 $p'(HCl) = \sqrt{3}p(HCl)$，即新平衡 HCl 的压力是原来 HCl 气体压力的 1.73 倍。

9. 解：设 PCl_3 和 Cl_2 的起始分压为 p，则平衡分压 $p_{eq}(PCl_3) = p_{eq}(Cl_2) = (p-101.3)$ kPa

$K_p = \frac{p_{eq}(PCl_3) \cdot p_{eq}(Cl_2)}{p_{eq}(PCl_5)} = \frac{(p-101.3)^2}{101.3} = 180.18$

$p = 236.4$ kPa

故 $n(PCl_3) = n(Cl_2) = \frac{pV}{RT} = \frac{236.4 \times 5.0}{8.314 \times (250+273.15)} = 0.272$ mol

10. 解：$c(NH_3) = \frac{1.00}{17 \times 1.00} = 0.058\ 8\ mol \cdot L^{-1}$

设平衡时 NH_3 分解 $x\ mol \cdot L^{-1}$

	$NH_3(g) \rightleftharpoons$	$\frac{1}{2}N_2(g)$	$+\frac{3}{2}H_2(g)$
平衡浓度/$(mol \cdot L^{-1})$	$0.058\ 8-x$	$\frac{1}{2}x$	$\frac{3}{2}x$

$$K_c^{\ominus} = \frac{\left(\frac{3}{2}x\right)^{\frac{3}{2}} \times \left(\frac{1}{2}x\right)^{\frac{1}{2}}}{0.058\ 8-x} = 0.395$$

$1.299x^2 + 0.395x - 0.023\ 2 = 0$

$x = 0.05$

故 $c_{总} = 0.058\ 8 - x + \frac{1}{2}x + \frac{3}{2}x = 0.108\ 8\ mol \cdot L^{-1}$

$p_{总} = 0.108\ 8 \times 8.314 \times 600 = 542.7$ kPa

11. 解：设起始时光气浓度为 $c\ mol \cdot L^{-1}$

$[COCl_2] = \frac{c}{2}\ mol \cdot L^{-1}$

$[Cl_2]=[CO]=\frac{c}{2}\ mol\cdot L^{-1}$

$$K_c^{\Theta}=\frac{\frac{c/c^{\Theta}}{2}\cdot\frac{c/c^{\Theta}}{2}}{\frac{c/c^{\Theta}}{2}}=0.0820$$

故 $c=0.1640\ mol\cdot L^{-1}$

加压 $p=0.1640\times8.314\times900=1227\ kPa$

12. 解：根据 $\ln K^{\Theta}=\frac{-\Delta_r H_m^{\Theta}}{RT}+\frac{\Delta_r S_m^{\Theta}}{R}$

T/K	900	953	1 000	1 062	1 105	1 170
$\ln K^{\Theta}$	4. 962	2. 351	1. 241	−0. 081	−0. 924	−2. 040
$1/T$	1.11×10^{-3}	1.05×10^{-3}	1×10^{-3}	9.42×10^{-4}	9.05×10^{-4}	8.55×10^{-4}

以 $\ln K^{\Theta}$ 对 $1/T$ 作图

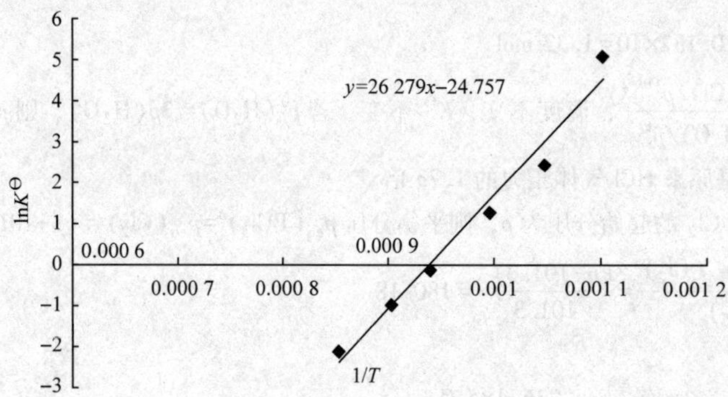

斜率 $=-\frac{\Delta H}{R}=26279$

故 $\Delta H=-218.48\ kJ\cdot mol^{-1}$

第5章 分析化学概论

5.1 基本要求

(1)了解分析化学的定义、任务和作用；会用不同的分类标准将分析方法分成许多不同的类别；懂得物质定量分析的一般程序。

(2)掌握误差的分类、来源，能够区分系统误差与偶然误差。

(3)理解和掌握准确度与精密度的区别、联系，以及两者的表示方法。

(4)了解偶然误差的分布规律，能够对可疑值进行合理取舍。

(5)熟练掌握有效数字的位数确定、运算及修约规则。

(6)掌握提高分析结果准确度的方法。

(7)掌握滴定分析中的常用术语，滴定分析的分类、要求和滴定方式。

(8)掌握标准溶液的浓度表示方式及配制方法，会进行相关计算。

重点：分析化学的任务和作用；系统误差与偶然误差的区别和减免方法；准确度与精密度的区别、联系与表示方法；有效数字位数的确定、修约及运算规则；滴定分析对化学反应的要求以及基准物质应具备的条件。

难点：准确度和精密度概念的理解和区分；有效数字位数的确定、修约及运算规则；浓度和滴定度之间的换算。

5.2 知识体系

5.2.1 分析化学的任务、作用和分类

分析化学是研究测定物质组成的分析方法及其相关理论的科学，近几年又被称为分析科学。它是化学学科的一个重要分支。

5.2.1.1 任务

定性分析、定量分析、结构分析。

5.2.1.2 作用

分析化学的应用范围几乎涉及国民经济、国防建设、资源开发及人的衣食住行等各个方面。可以说，当代科学领域的“四大理论”(天体、地球、生命、人类的起源和演化)以及人

类社会面临的“五大危机”(资源、能源、人口、粮食、环境)问题的解决都与分析化学这一基础学科的研究密切相关。

5.2.1.3 分类

根据分析任务、分析对象、测定原理、操作方法和具体要求的不同，分析方法可分为许多种类。按分析任务可分为定性分析、定量分析和结构分析；按分析对象可分为无机分析和有机分析；按测定原理可分为化学分析和仪器分析；按试样用量可分为常量分析、半微量分析、微量分析、痕量分析等。

5.2.2 定量分析的误差

5.2.2.1 绝对误差和相对误差

(1) 绝对误差　测量值与真实值之差称为绝对误差。

(2) 相对误差　绝对误差与真实值的比值称为相对误差。

5.2.2.2 系统误差和偶然误差

(1)系统误差(可定误差)　由某种确定的原因引起，一般有固定的方向，大小在试样间是恒定的，重复测定时重复出现。系统误差可消除或减免。

(2)偶然误差(随机误差、不可定误差)　由偶然的原因(如温度、湿度波动)、仪器的微小变化、对各份试样处理时的微小差别等引起，其大小和正负都不固定。偶然误差不可消除只能减小。

5.2.3 准确度和精密度

5.2.3.1 准确度与误差

准确度表示分析结果与真实值接近的程度。准确度的大小用绝对误差或相对误差表示。评价一个分析方法的准确度常用加标回收率衡量。

5.2.3.2 精密度与偏差

精密度表示平行测量的各测量值之间互相接近的程度。精密度的大小可用偏差、相对平均偏差、标准偏差和相对标准偏差(RSD)表示。重复性与再现性是精密度的常见别名。实际工作中多用 RSD 表示分析结果的精密度。

5.2.3.3 准确度与精密度的关系

精密度是保证准确度的前提条件，准确度高时，精密度一定高，而精密度高时，准确度不一定高。只有在消除了系统误差的情况下，精密度高其准确度必然也高。

5.2.4 有效数字及运算规则

有效数字是指在分析工作中能实际测量到的数字，包括全部可靠数字及 1 位不确定数字。

5.2.4.1 修约规则

“四舍六入五成双”，一步修约到位，不能分步修约。

5.2.4.2 运算规则

加减法：结果的位数取决于绝对误差最大的数据的位数，即小数点后位数最少的。

乘除法：有效数字的位数取决于相对误差最大的数据的位数，即有效数字位数最少的。

5.2.5　定量分析的数据处理

可疑值取舍方法有：4倍法、Q检验法、G检验法。

5.2.6　提高分析结果准确度的方法

(1)选择恰当的分析方法　做具体分析时应根据试样类型、组分含量高低、测定结果的要求、实验条件等选择适当方法。

(2)减小测量误差　分析天平差减法的称量误差为±0.000 2 g，为了使测量时的相对误差小于0.1%，试样质量必须在0.2 g以上；滴定管读数误差为±0.02 mL，为了使测量时的相对误差在0.1%以下，试样体积必须在20 mL以上。

(3)减小偶然误差　增加平行测定次数，一般3~4次，若对测量结果的准确度要求较高时，可以再增加测定次数。

(4)消除测量中的系统误差　校准仪器和量器、对照试验、回收试验、空白试验。

5.2.7　滴定分析法

(1)基本术语　标准溶液、滴定、滴定分析法、化学计量点(等当点)、指示剂、滴定终点。

(2)滴定分析对化学反应的要求

①化学反应要有确定的化学计量关系，无副反应。

②化学反应完全程度要高，通常要求大于99.9%。

③化学反应必须具有较快的反应速率。

④必须有适当的方法确定滴定终点。

(3)4种滴定方式　直接滴定、返滴定、置换滴定、间接滴定。

5.2.8　标准溶液

5.2.8.1　基准物质

需满足的条件：①纯度高；②试剂的组成与化学式完全相符；③性质稳定；④一般具有较大的摩尔质量。

5.2.8.2　标准溶液配制方法

(1)直接法。

(2)间接法(或称为标定法)。

5.2.8.3　标准溶液浓度表示方法

(1)物质的量浓度，单位 $mol \cdot L^{-1}$。

(2)滴定度，单位 $g \cdot mL^{-1}$ 或 $mg \cdot mL^{-1}$。

5.3　典型例题

【例5.1】分析天平的称量误差为±0.1 mg，若这架天平分别称取0.100 0 g和1.000 0 g

的试样，问称量的相对误差各是多少？这个结果说明了什么问题？

解：称取 0.100 0 g 的试样时，称量的相对误差为 0.1%；称取 1.000 g 试样时的相对误差为 0.01%。因为分析天平的绝对误差为±0.1 mg，所以称量的绝对误差一样大，称量的准确度好像一致，但二者的相对误差不一样大，称量 1.000 g 试样的相对误差明显小于称量 0.100 0 g 试样的相对误差。因此，用相对误差表示准确度比绝对误差更为确切。

【例 5.2】甲、乙二人用相同的方法同时分析某试样中维生素 C 的含量，每次取样 5.6 g，测定结果分别为：甲：0.34%，0.32%；乙：0.327 8%，0.341 6%。谁的报告是合理的？为什么？

解：甲的报告是合理的，因为取样质量只有两位有效数字，限制了分析结果的准确度，使分析结果最多也只能保留两位有效数字。

【例 5.3】已知市售的浓盐酸的密度 ρ 为 $1.18\ g \cdot mL^{-1}$，其中 HCl 含量为 36%，求 $c(HCl)$。已知 $M(HCl)=36.5\ g \cdot mol^{-1}$。

解：根据物质的量浓度的定义

$$c(HCl)=\frac{\dfrac{m(HCl)}{M(HCl)}}{V}=\frac{1\,000\times\rho\times HCl\%}{M(HCl)}$$

$$=\frac{1\,000\times1.18\ g \cdot mL^{-1}\times36\%}{36.5\ g \cdot mol^{-1}}=12\ mol \cdot L^{-1}$$

【例 5.4】分析不纯 $CaCO_3$ 时，称取试样 0.300 0 g，加入 $0.250\ 0\ mol \cdot L^{-1}$ HCl 标准溶液 25.00 mL。煮沸除去 CO_2，用 $0.201\ 2\ mol \cdot L^{-1}$ NaOH 溶液返滴定过量的 HCl，消耗 NaOH 溶液 5.84 mL，计算试样中 $CaCO_3$ 的质量分数。已知 $M(CaCO_3)=100.1\ g \cdot mol^{-1}$。

解：该测定涉及两个反应

$$CaCO_3+2HCl = CaCl_2+H_2O+CO_2\uparrow$$

$$HCl+NaOH = NaCl+H_2O$$

显然，$CaCO_3$ 的量是所有 HCl 总量与返滴定所消耗 NaOH 的量之差。

$$w(CaCO_3)=\frac{\frac{1}{2}[c(HCl)V(HCl)-c(NaOH)V(NaOH)]M(CaCO_3)}{m_{样}}$$

$$=\frac{1}{2}[0.250\ 0\ mol \cdot L^{-1}\times25.00\ mL\times10^{-3}-0.201\ 2\ mol \cdot L^{-1}\times5.84\ mL\times10^{-3}]\times 100.1\ g \cdot mol^{-1}\div0.300\ 0\ g$$

$$=0.846$$

5.4 同步练习及答案

5.4.1 同步练习

一、选择题

1. 下列有关偶然误差的叙述中不正确的是(　　)。

A. 偶然误差的出现具有单向性

B. 偶然误差出现正误差和负误差的机会均等

C. 偶然误差在分析中是不可避免的

D. 偶然误差是由一些不确定的偶然因素造成的

2. 下列叙述正确的是(　　)。

A. 偏差是测定值与真实值之间的差异

B. 相对平均偏差是指平均偏差相对真实值而言的

C. 平均偏差也称相对偏差

D. 相对平均偏差是指平均偏差相对平均值而言的

3. 偏差是衡量分析结果的(　　)。

A. 置信度　　B. 精密度　　C. 准确度　　D. 精确度

4. 平行多次测定的标准偏差越大，表明一组数据的(　　)越低。

A. 准确度　　B. 精密度　　C. 绝对误差　　D. 平均值

5. 下列论述中，正确的是(　　)。

A. 精密度高，系统误差一定小　　B. 分析工作中，要求分析误差为零

C. 精密度高，准确度一定高　　D. 准确度高，必然要求精密度高

6. 下列各数中，有效数字位数为 4 位的是(　　)。

A. $[H^+]=0.000\ 3\ mol\cdot L^{-1}$　　B. pH=11.32

C. Mn%=0.030 0　　D. MgO%=10.03

7. 下列叙述错误的是(　　)。

A. 误差是以真实值为标准的，偏差是以平均值为标准的

B. 对某项测定来讲，系统误差是不可测量的

C. 对于偶然误差来讲，平行测定所得的一组数据，其正、负偏差之代数和等于零

D. 标准偏差是用数理统计方法处理测定结果而获得的

8. 分析测定中的偶然误差，以下不符合其统计规律的是(　　)。

A. 数值固定不变

B. 大误差出现的概率小，小误差出现的概率大

C. 数值随机可变

D. 数值相等的正、负误差出现的概率均等

9. 从精密度好就可断定分析结果可靠的前提是 (　　)。

A. 偶然误差小　　B. 系统误差小　　C. 平均偏差小　　D. 相对偏差小

10. 分析测定中论述偶然误差正确的是(　　)。

A. 大、小误差出现的概率相等　　B. 正误差出现的概率大于负误差

C. 正、负误差出现的概率相等　　D. 负误差出现的概率大于正误差

11. 有一分析人员对某样品进行了 n 次测定后，经计算得到正偏差之和为+0.74，而负偏差之和为(　　)。

A. 0.00　　B. 0.74　　C. −0.74　　D. 不能确定

12. 滴定分析法对化学反应有严格的要求，因此下列说法中不正确的是(　　)。

A. 反应有确定的化学计量关系　　B. 反应速度必须足够快

C. 反应产物必须能与反应物分离　　D. 有适当的指示剂可选择

13. 对于速度较慢的反应，可以采用(　　)进行测定。

A. 返滴定法　　B. 间接滴定法　　C. 置换滴定　　D. 使用催化剂

14. 将 Ca^{2+} 沉淀为 CaC_2O_4 沉淀，然后用酸溶解，再用 $KMnO_4$ 标准溶液直接滴定生成的 $H_2C_2O_4$ 从而求得 Ca 的含量。所采用的滴定方式是(　　)。

A. 沉淀滴定法　　B. 氧化还原滴定法

C. 直接滴定法　　D. 间接滴定法

15. 下列物质不能用作基准物质的是(　　)。

A. $KMnO_4$　　B. $K_2Cr_2O_7$　　C. $Na_2C_2O_4$　　D. 邻苯二甲酸氢钾

16. 已知 $T_{Na_2C_2O_4/KMnO_4}=0.006\ 700\ g \cdot mol^{-1}$，则 $KMnO_4$ 溶液的浓度为(　　)。

A. $0.100\ 0\ mol \cdot L^{-1}$　　B. $0.200\ 0\ mol \cdot L^{-1}$

C. $0.010\ 00\ mol \cdot L^{-1}$　　D. $0.020\ 00\ mol \cdot L^{-1}$

17. 欲配制草酸钠溶液以标定 $0.040\ 00\ mol \cdot L^{-1}$ $KMnO_4$ 溶液，如果要使标定时两种溶液消耗的体积相等，则草酸钠应配制的浓度为(　　)。

A. $0.100\ 0\ mol \cdot L^{-1}$　　B. $0.040\ 00\ mol \cdot L^{-1}$

C. $0.050\ 00\ mol \cdot L^{-1}$　　D. $0.080\ 00\ mol \cdot L^{-1}$

18. 20.00 mL $H_2C_2O_4$ 需要 20.00 mL $0.100\ 0\ mol \cdot L^{-1}$ NaOH 溶液完全中和，而同体积的该草酸溶液在酸性介质中恰好能与 20.00 mL $KMnO_4$ 溶液完全反应，则此 $KMnO_4$ 溶液的浓度为(　　)。

A. $0.010\ 00\ mol \cdot L^{-1}$　　B. $0.020\ 00\ mol \cdot L^{-1}$

C. $0.040\ 00\ mol \cdot L^{-1}$　　D. $0.100\ 0\ mol \cdot L^{-1}$

19. 已知 $T_{H_2C_2O_4/NaOH}=0.004\ 502\ g \cdot mol^{-1}$，则 NaOH 溶液的浓度是(　　)。

A. $0.100\ 0\ mol \cdot L^{-1}$　　B. $0.010\ 00\ mol \cdot L^{-1}$

C. $0.020\ 00\ mol \cdot L^{-1}$　　D. $0.040\ 00\ mol \cdot L^{-1}$

20. 用无水 Na_2CO_3 标定 HCl 时，若称量时 Na_2CO_3 吸收了少量水分，则标定结果(　　)。

A. 不受影响　　B. 偏高　　C. 偏低　　D. 无法确定

21. 对于基准物质，下面的说法正确的是(　　)。

A. 试剂组成应与它的化学式完全相符　　B. 试剂要为化学纯

C. 化学性质要呈惰性　　D. 试剂的摩尔质量要小

二、填空题

1. 分析化学是研究物质化学组成的______、______及分析技术的科学。

2. 根据分析时所需依据的性质不同，分析方法可分为______和______。

3. 重量法测定 SiO_2 时，试液中的硅酸沉淀不完全，对分析结果会造成______误差；滴定时，操作者不小心从锥形瓶中溅失少量试液，对测定结果会造成______误差。

4. 定量分析中______误差只影响测定结果的准确度，但是不影响测定结果的精密度；而______误差既影响测定结果的准确度，又影响测定结果的精密度；准确度是指测定值与______的差异，而精密度是指测定值与______的差异。

5. 对某盐酸溶液浓度测定 6 次的结果为：$0.204\ 1\ mol \cdot L^{-1}$，$0.204\ 9\ mol \cdot L^{-1}$，$0.203\ 9\ mol \cdot L^{-1}$，$0.204\ 3\ mol \cdot L^{-1}$，$0.204\ 1\ mol \cdot L^{-1}$，$0.204\ 1\ mol \cdot L^{-1}$，则这组数据的 $\bar{d}$ 为______，s 为______，变异系数 RSD 为______。

6. 平均偏差和标准偏差是用来衡量分析结果的______，当平行测定次数 $n<20$ 时，常用______偏差来表示。

7. 检验和消除系统误差可采用标准方法与所用方法进行比较、校正仪器以及做______试验和______试验等方法，而偶然误差则是采用______的办法来减小的。

8. 213.64+4.402+0.324 45=？结果保留______位有效数字；pH=0.05，求 H^+ 浓度，结果保留

________位有效数字。

9. 有效数字包括所有________的数字和该数的最后一位具有________性的数字。

10. 能用于滴定分析的化学反应，应具备的条件是(1)______________，(2)______________，(3)______________。

11. 向被测试液中加入已知量过量的标准溶液，待反应完全后，用另一种标准溶液滴定第一种标准溶液的剩余量，这种滴定方式称为___________。

12. 常用于标定 HCl 溶液浓度的基准物质有______和________。常用于标定 NaOH 溶液浓度的基准物质有________和________。

13. 滴定误差的大小说明测定结果的_________程度，它与化学反应的_________有关，也与指示剂_________有关。

14. 滴定度表示_________，用符号_________表示。利用滴定度计算被测组分含量的公式为________，由溶液的物质的量浓度变换为对某物质的滴定度可利用的公式为___________。

三、计算题

1. 用甲醛法测得纯硫酸铵试剂中氮的含量为 21.14%，计算该测定结果的绝对误差和相对误差。

2. 测定某饲料的粗蛋白含量，得到两组实验数据，结果如下：

第一组(%)：38.3，37.8，37.6，38.2，38.1，38.4，38.0，37.7，38.2，37.7

第二组(%)：38.0，38.1，37.3，38.2，37.9，37.8，38.5，37.8，38.3，37.9

分别计算两组数据的平均偏差、标准偏差和相对标准偏差，并比较两组数据精密度的好坏。

3. 已知某铁矿石中铁的含量为 37.09%。化验员甲的测定结果(%)：37.02，37.05，37.08；化验员乙的测定结果(%)：37.11，37.17，37.20；化验员丙的测定结果(%)：37.06，37.03，36.99。比较甲、乙、丙三者测定结果的准确度和精密度。

4. 测定土壤中 Al_2O_3 的含量得到 6 个测定结果，按其大小顺序排列为 30.02%、30.12%、30.16%、30.18%、30.18%、30.20%，第一个数据可疑，用 $4\bar{d}$ 法判断是否舍弃该数据。

5. 在 1 L 0.200 0 mol · L^{-1} HCl 溶液中，加入多少毫升水才能使稀释后的 HCl 溶液对 CaO 的滴定度 $T_{CaO/HCl}$ = 0.005 00 g · mol^{-1}。已知 M(CaO) = 56.08 g · mol^{-1}。

6. 求 0.020 00 mol · L^{-1} $K_2Cr_2O_7$ 对 Fe 和 Fe_2O_3、Fe_3O_4 的滴定度。已知 M(Fe) = 55.85 g · mol^{-1}，$M(Fe_2O_3)$ = 159.7 g · mol^{-1}，$M(Fe_3O_4)$ = 213.54 g · mol^{-1}。

5.4.2 同步练习答案

一、选择题

1. A 2. D 3. B 4. B 5. D 6. D 7. B 8. A 9. B 10. C 11. C 12. C 13. A 14. D 15. A 16. D 17. A 18. B 19. A 20. B 21. A

二、填空题

1. 分析方法；分析原理

2. 化学分析法；仪器分析法

3. 系统；系统

4. 系统；偶然；真实值；平均值

5. 0.000 2；0.000 35；0.001 7

6. 精密度；标准

7. 空白；对照；增加平行测定的次数

8. 5；2

9. 准确；不确定

10. 反应定量完成；反应迅速；有适当的方法确定终点

11. 返滴定法(剩余量滴定法)

12. 硼砂；无水碳酸钠；草酸；邻苯二甲酸氢钾

13. 准确；完全程度；选择是否恰当

14. 每毫升标准溶液相当于待测物质的克数或毫克数；$T_{待测物/标准溶液}(T_{X/S})$；$\omega(X)=\dfrac{T_{X/S}\times V_S}{m}$，

$$T_{A/B}=\frac{\frac{a}{b}\times c(B)M(A)}{1\ 000}$$

三、计算题

1. 解：先计算出纯$(NH_4)_2SO_4$试剂中氮的理论含量，再与测定结果进行比较。

$$\omega(N)(理论值)=\frac{2M(N)}{M[(NH_4)_2SO_4]}\times 100\%=\frac{14.01\times 2}{132.13}\times 100\%=21.21\%$$

绝对误差：21.14%−21.21%=−0.07%

相对误差：$\dfrac{-0.07}{21.21}\times 100\%=-0.3\%$

2. 解：计算过程(略)，结果如下：

第一组：$\bar{d}_1=0.24\%$　　$s_1=0.28\%$　　$RSD_1=0.74\%$

第二组：$\bar{d}_2=0.24\%$　　$s_2=0.33\%$　　$RSD_2=0.87\%$

第二组数据中的最大值为38.3，最小值为37.3；第一组的最大值为38.4，最小值为37.6。显然，第二组数据较为分散，但计算结果却表明两组数据的平均偏差相同，因此，用平均偏差不能正确地反映出两组数据的精密度的好坏。若用标准偏差s表示精密度，由于$s_2>s_1$，表明第一组数据的精密度较第二组数据的好，数据的分散特征得到正确的反映。因此，现在文献常用s或RSD表示测定的精密度。

3. 解：三者测定结果的平均值分别为：$\bar{x}_甲=37.05\%$；$\bar{x}_乙=37.16\%$；$\bar{x}_丙=37.03\%$。则它们的绝对误差分别为

$$E_甲=\bar{x}_甲-x_T=37.05\%-37.09\%=-0.04\%$$

$$E_乙=\bar{x}_乙-x_T=37.16\%-37.09\%=0.07\%$$

$$E_丙=\bar{x}_丙-x_T=37.03\%-37.09\%=-0.06\%$$

标准偏差分别为

$$s_甲=\sqrt{\frac{(37.02-37.05)^2+(37.05-37.05)^2+(37.08-37.05)^2}{2}}=0.030$$

$$s_乙=\sqrt{\frac{(37.11-37.16)^2+(37.17-37.16)^2+(37.20-37.16)^2}{2}}=0.049$$

$$s_丙=\sqrt{\frac{(37.06-37.03)^2+(37.03-37.03)^2+(36.99-37.03)^2}{2}}=0.035$$

准确度是用误差的大小来衡量的，误差大，准确度差，可以看出甲的准确度最高。精密度可用标准偏差的大小来衡量，显然，甲测定结果的精密度最好。因此，化验员甲的测定结果质量最高。另外，丙的精密度也较好，但其准确度不如甲的好；乙的精密度差，并且准确度也差。这说明精密度好，但准确度不一定好，精密度是准确度的前提，质量高的分析结果应该是准确度和精密度都比较好。

4. 解：可疑值除外，计算

$$\bar{x}_{n-1}=\frac{30.12+30.16+30.18+30.18+30.20}{5}=30.17$$

$$\bar{d}_{n-1}=\frac{0.05+0.01+0.01+0.01+0.03}{5}=0.022$$

$$|x-\bar{x}_{n-1}|=|30.02-30.17|=0.15$$

$$4\bar{d}_{n-1}=4\times0.022=0.088$$

$|x-\bar{x}_{n-1}|>4\bar{d}_{n-1}$，因此应舍弃 30.02 $mg\cdot kg^{-1}$ 这个数据，不能参加分析结果的计算。

5. 解：滴定反应　$CaO+2HCl \xlongequal{} CaCl_2+H_2O$

设应加水 V mL，故有

$$\frac{0.005\,00}{\frac{56.08}{2}}\times1\,000=\frac{0.200\,0\times1\,000}{(1\,000+V)}$$

故 $V=122$ mL

6. 解：滴定反应　$Cr_2O_7^{2-}+6Fe^{2+}+14H^+ \xlongequal{} 2Cr^{3+}+6Fe^{3+}+7H_2O$

$$n(Fe)=6n(K_2Cr_2O_7)$$

$$\frac{m(Fe)}{M(Fe)}=6c(K_2Cr_2O_7)V(K_2Cr_2O_7)$$

根据滴定度的定义：1 mL $K_2Cr_2O_7$ 标准溶液相当于待测物质的质量，即为 $T_{Fe/K_2Cr_2O_7}$，则

$$T_{Fe/K_2Cr_2O_7}=6c(K_2Cr_2O_7)M(Fe)\times10^{-3}=0.020\,00\times6\times55.85\times10^{-3}$$

$$=0.006\,702\ g\cdot mL^{-1}$$

$$T_{Fe_2O_3/K_2Cr_2O_7}=T_{Fe/K_2Cr_2O_7}\times\frac{\frac{1}{2}M(Fe_2O_3)}{M(Fe)}=0.006\,702\times\frac{\frac{159.7}{2}}{55.85}$$

$$=0.009\,582\ g\cdot mL^{-1}$$

同理：

$$T_{Fe_3O_4/K_2Cr_2O_7}=T_{Fe/K_2Cr_2O_7}\times\frac{\frac{1}{3}M(Fe_2O_3)}{M(Fe)}=0.006\,702\times\frac{\frac{231.54}{3}}{55.85}$$

$$=0.009\,262\ g\cdot mL^{-1}$$

通过这个例题可以得出滴定度与物质的量浓度间的换算公式为

$$T_{X/S}=c(S)M(X)\times10^{-3}$$

$$c(S)=\frac{T_{X/S}}{M(X)}\times10^{3}$$

第6章 酸碱平衡及酸碱滴定法

6.1 基本要求

(1)掌握酸碱质子理论，弱酸(碱)解离平衡及其影响因素，同离子效应及盐效应。

(2)理解酸碱的定义、共轭酸碱对及 $K_a^\ominus$ 与 $K_b^\ominus$ 的关系；理解酸碱反应的实质。

(3)了解分布系数与分布曲线；掌握弱酸、弱碱的平衡原理以及溶液酸碱度的计算。

(4)掌握缓冲溶液 pH 的计算，理解缓冲作用。

(5)掌握各类型酸碱滴定过程中 pH 的变化规律，酸碱滴定突跃范围，酸碱滴定化学计量点 pH 的计算，影响酸碱滴定突跃范围大小和化学计量点位置的主要因素，及各类酸(碱)能否被准确滴定的判据。

重点：质子酸碱的概念；弱酸、弱碱的电离平衡常数及平衡体系中各种离子浓度的计算；各类溶液 pH 的计算；缓冲溶液的性质以及盐类水解平衡；酸碱滴定法的基本原理和方法特点；酸碱滴定过程中溶液 pH 的变化规律以及化学计量点 pH 的计算；各类酸(碱)滴定可能性的判据。

难点：对同离子效应和盐效应等概念的理解；各种平衡体系中 pH 的计算和有关计算公式的掌握和应用；酸碱指示剂如何指示反应终点以及滴定曲线中滴定突跃的影响因素；强酸滴定弱碱及强碱滴定弱酸的判定、终点的产物、化学计量点 pH 的计算。

6.2 知识体系

6.2.1 酸碱质子理论

质子理论认为，凡是能给出质子(H^+)的物质都是酸；凡是能结合质子(H^+)的物质都是碱。

$$HAc \rightleftharpoons H^+ + Ac^-$$

上式只表明了共轭酸和共轭碱之间的相互转化关系。这种半反应式不能独立存在，即酸不可能自动地给出质子，碱也不可能无中生有地结合质子。也就是说，酸必须在另一种碱存在的条件下才能给出质子而表现出它的酸性，同样，碱也只有在另一种酸存在的条件下，才能结合质子而表现出它的碱性，例如：

（1）HCl ＋ $H_2O \rightleftharpoons H_3O^+$ ＋ Cl^-

酸(1)　碱(2)　酸(2)　碱(1)

（2）$HAc+H_2O \rightleftharpoons H_3O^+ + Ac^-$

按照质子理论，酸碱的强度不仅与酸碱的本性有关，还与溶剂的性质有关。酸碱的质子理论扩大了酸碱的含义及酸碱反应的范围。

酸碱反应包括酸碱解离反应、酸碱解离理论中的水解反应、酸碱中和反应和溶剂的质子自递反应。酸碱反应的实质是两个共轭酸碱对之间的质子传递反应。

6.2.2　酸碱平衡

6.2.2.1　活度与活度系数

由于电解质溶液中阴、阳离子之间的互相牵制作用，使电解质溶液中表现的有效离子浓度低于其真实浓度。1907年，路易斯(Lewis)提出了“离子在化学反应中其作用的有效浓度称为离子的活度(a)”的概念，它表示溶液中离子表现出的真正活动能力。溶液的活度可用下式表示：

$$a=\gamma c$$

式中，a为电解质溶液的活度；γ为活度系数；c为溶液的分析浓度。

活度系数γ反映了溶液中离子之间的互相牵制作用。电解质溶液浓度越大，离子之间的牵制作用越强，γ值越小。一般对于稀溶液而言，浓度可近似替代活度。

离子强度(I)可以表示离子浓度与离子的电荷数对活度系数的综合影响，其表达式为

$$I=\frac{1}{2}(c_1z_1{}^2+c_2z_2{}^2+c_3z_3{}^2+\cdots)=\frac{1}{2}\sum(c_iz_i{}^2) \tag{6-1}$$

式中，c_i和z_i分别为各离子的浓度和电荷数。

6.2.2.2　弱酸(碱)的解离平衡

弱电解质水溶液中存在分子与离子之间的电离平衡。例如，在一定温度下，一元弱酸HAc水溶液中存在下列平衡：

$$HAc + H_2O \rightleftharpoons H_3O^+ + Ac^-$$

简写为

$$HAc \rightleftharpoons H^+ + Ac^-$$

其平衡常数表达式可简写为

$$K_a^\ominus=\frac{[H^+][Ac^-]}{[HAc]} \tag{6-2a}$$

同样，对于一元弱碱　$NH_3 \cdot H_2O \rightleftharpoons OH^- + NH_4^+$

其平衡常数表达式可简写为

$$K_b^\ominus=\frac{[OH^-][NH_4^+]}{[NH_3 \cdot H_2O]} \tag{6-2b}$$

式中，平衡常数$K_a^\ominus$、$K_b^\ominus$称为弱酸、弱碱的电离常数。电离常数是酸碱的特征常数，它与浓度无关而与温度有关，但由于弱电解质在水中电离时的热效应不大，故温度变化对电离常数的影响较小，一般不影响其数量级。所以在室温条件下，我们一般使用298 K时的$K_a^\ominus$、$K_b^\ominus$值。

电离常数的物理意义：电离常数可以表示电解质在电离平衡时电离为离子的趋势大小。在浓度一定时，$K^\ominus$ 值越大，到达平衡时，离子浓度越大。

对于多元弱酸弱碱，其在水溶液中的电离是分步进行的。例如，二元弱酸 H_2S，它的电离分两步进行：

$$H_2S \rightleftharpoons H^+ + HS^- \qquad K_{a_1}^\ominus = \frac{[H^+][HS^-]}{[H_2S]} = 1.3\times10^{-7}$$

$$HS^- \rightleftharpoons H^+ + S^{2-} \qquad K_{a_2}^\ominus = \frac{[H^+][S^{2-}]}{[HS^-]} = 7.1\times10^{-15}$$

在多元弱酸、弱碱溶液的酸度计算过程中，往往不考虑第二级电离，只考虑其第一级电离，其溶液酸度的计算可以按照一元弱酸、弱碱的有关公式进行。

(1)对于多元酸，如 $K_{a_1}^\ominus \gg K_{a_2}^\ominus$，求算 H^+浓度时，则可以将一级电离作为一元弱酸处理。

(2)当二元弱酸的 $K_{a_1}^\ominus \gg K_{a_2}^\ominus$ 时，则二价酸根离子的浓度近似等于其 $K_{a_2}^\ominus$。

(3)由于多元弱酸的酸根离子浓度很低，如果需用浓度较大的多元酸根离子时，应该使用该酸的可溶性盐。例如，如需用 S^{2-}时，应选用 Na_2S、$(NH_4)_2S$ 等。

(4)体系中所有的$[H^+]$是同一数值，因此改变体系中的 pH，必然会影响体系中各种离子的浓度。

将多元弱酸 H_2S 的两步电离平衡相加，就得到了 H_2S 在水溶液中的总电离平衡：

$$H_2S \rightleftharpoons 2H^+ + S^{2-}$$

根据多重平衡规则，其总的电离常数为

$$K_a^\ominus = \frac{[H^+]^2[S^{2-}]}{[H_2S]} = K_{a_1}^\ominus \cdot K_{a_2}^\ominus = 9.2\times10^{-22}$$

6.2.2.3 共轭酸碱对中 $K_a^\ominus$ 和 $K_b^\ominus$ 的关系

(1) 一元弱酸(碱)及其共轭碱(酸)

$$K_a^\ominus \cdot K_b^\ominus = \frac{[H^+][A^-]}{[HA]} \cdot \frac{[HA][OH^-]}{[A^-]} = [H^+]\cdot[OH^-] = K_w^\ominus \tag{6-3}$$

共轭酸碱对 $HA\text{-}A^-$中，若酸 HA 的酸性很强，其共轭碱的碱性必弱。

(2)多元弱酸(碱)及其共轭碱(酸)

$$K_{a_1}^\ominus \cdot K_{b_3}^\ominus = K_{a_2}^\ominus \cdot K_{b_2}^\ominus = K_{a_3}^\ominus \cdot K_{b_1}^\ominus = K_w^\ominus$$

$$K_{b_i}^\ominus = \frac{K_w^\ominus}{K_{a_{(n-i+1)}}^\ominus} \tag{6-4}$$

形成的多元共轭酸碱对中最强酸的解离常数 $K_{a_1}^\ominus$ 对应最弱共轭碱的解离常数 $K_{b_n}^\ominus$。

6.2.2.4 解离度

弱电解质在水溶液中只能部分电离，而且电离是可逆的，存在电离平衡，服从化学平衡原理。例如，弱电解质乙酸(HAc)在水中的电离反应为

$$HAc + H_2O \rightleftharpoons H_3O^+ + Ac^-$$

当正、逆两过程的速率相等时，HAc 分子和 Ac^-离子之间就达到了动态平衡，这种平衡叫作电离平衡。

弱电解质的电离程度，可用电离度来表示。即

$$\alpha=\frac{\text{已电离的分子数}}{\text{分子的总数}}\times 100\% \tag{6-5}$$

电离度属于平衡转化率，不仅与弱电解质的本性有关，还与浓度有关；电离平衡常数只与弱电解质的本性有关，与浓度无关。

6.2.2.5 影响电离平衡的因素

(1)稀释定律 一元弱酸存在如下电离平衡：

$$HA \rightleftharpoons H^+ + A^-$$

	HA	H^+	A^-
初始浓度	c	0	0
平衡浓度	$c-c\alpha$	$c\alpha$	$c\alpha$

$$K_a^\ominus=\frac{[H^+][A^-]}{[HA]}=\frac{c\alpha^2}{1-\alpha}$$

如果 $\alpha \leqslant 5\%$(或 $c/K_a^\ominus \geqslant 500$)，可认为 $1-\alpha \approx 1$，所以

$$\alpha=\sqrt{\frac{K_a^\ominus}{c}} \tag{6-6}$$

此式表示在一定的温度下电离度和弱电解质溶液浓度的关系。c 越小，α 越大。温度一定，$K_a^\ominus$ 值固定不变，α 随 c 的变化而变化；稀释后，电离度增加。

(2)同离子效应 向弱电解质溶液中加入与弱电解质具有相同离子的强电解质后，使弱电解质的电离平衡向左移动，从而降低弱电解质电离度的现象。例如，在下列平衡体系中：

$$HAc \rightleftharpoons H^+ + Ac^-$$

加入 NaAc，平衡逆向移动，使乙酸的电离度减小。

(3)盐效应 在弱电解质中加入不含有相同离子的强电解质时，由于溶液中离子间相互牵制作用增强，离子活度下降，平衡右移，故表现为弱电解质的解离度 α 有所增大。

同离子效应和盐效应同时发生，但同离子效应的影响比盐效应大得多。对稀溶液来说，一般只考虑同离子效应，而忽略盐效应。

(4)温度 弱酸、弱碱的电离平衡常数是温度的函数，随温度的变化而变化。

6.2.3 酸度对弱酸(碱)型体分布的影响

6.2.3.1 基本概念

(1)酸度 $pH=-\lg[H^+]$。

(2)碱度 $pOH=-\lg[OH^-]$。

(3)初始浓度(分析浓度) 表示总浓度，用 c 表示，单位为 $mol\cdot L^{-1}$。

(4)平衡浓度 达到平衡时，某型体 A 的浓度，用[A]表示。

(5)物料平衡 化学平衡体系中，某物质各种存在型体的平衡浓度之和等于该物质的总浓度。

(6)分布系数 溶液中某型体的浓度占总浓度的分数。

$$\delta=\frac{[\text{平衡浓度}]}{\text{分析浓度}}$$

(7)分布曲线　组分的分布系数与溶液酸度的关系曲线。

6.2.3.2　弱酸(碱)溶液中各型体的分布系数及分布曲线

(1)一元弱酸　以 HAc 为例，存在如下电离平衡：

$$HAc \rightleftharpoons H^+ + Ac^- \qquad K_a^\ominus = \frac{[H^+][Ac^-]}{[HAc]}$$

其分析浓度 $c=[HAc]+[Ac^-]$H，Ac 和 Ac^-的分布系数分别为

$$\delta(HAc)=\delta_1=\frac{[HAc]}{c}=\frac{[HAc]}{[HAc]+[Ac^-]}=\frac{1}{1+\dfrac{[Ac^-]}{[HAc]}}=\frac{1}{1+\dfrac{K_a^\ominus}{[H^+]}}=\frac{[H^+]}{[H^+]+K_a^\ominus}$$

$$\delta(Ac^-)=\delta_0=\frac{[Ac^-]}{c}=\frac{[Ac^-]}{[HAc]+[Ac^-]}=\frac{1}{\dfrac{[HAc]}{[Ac^-]}+1}=\frac{1}{\dfrac{[H^+]}{K_a^\ominus}+1}=\frac{K_a^\ominus}{[H^+]+K_a^\ominus}$$

可知，$\delta(HAc)+\delta(Ac^-)=1$，且 δ 与 pH 有关。

(2)二元弱酸　以草酸为例，存在如下电离平衡：

$$H_2C_2O_4 \rightleftharpoons H^+ + HC_2O_4^-,\ HC_2O_4^- \rightleftharpoons H^+ + C_2O_4^{2-}$$

分析浓度 $c=[H_2C_2O_4]+[HC_2O_4^-]+[C_2O_4^{2-}]$

$$\delta_2=\delta(H_2C_2O_4)=\frac{[H_2C_2O_4]}{c(H_2C_2O_4)}=\frac{[H^+]^2}{[H^+]^2+K_{a_1}^\ominus[H^+]+K_{a_1}^\ominus K_{a_2}^\ominus}$$

$$\delta_1=\delta(HC_2O_4^-)=\frac{[HC_2O_4^-]}{c(H_2C_2O_4)}=\frac{K_{a_1}^\ominus[H^+]}{[H^+]^2+K_{a_1}^\ominus[H^+]+K_{a_1}^\ominus K_{a_2}^\ominus}$$

$$\delta_0=\delta(C_2O_4^{2-})=\frac{[C_2O_4^{2-}]}{c(H_2C_2O_4)}=\frac{K_{a_1}^\ominus K_{a_2}^\ominus}{[H^+]^2+K_{a_1}^\ominus[H^+]+K_{a_1}^\ominus K_{a_2}^\ominus}$$

可知，$\delta_0+\delta_1+\delta_2=1$。同理可推导多元弱酸的分布系数。

对于任意酸碱性物质，均满足 $\delta_1+\delta_2+\delta_3+\cdots+\delta_n=1$；$\delta$ 取决于 $K_a^\ominus$、$K_b^\ominus$ 及$[H^+]$的大小，与 c 无关；δ 大小能定量说明某型体在溶液中的分布，由 δ 可求某型体的平衡浓度。

6.2.4　溶液酸碱度的计算

6.2.4.1　质子等衡式(PBE)

酸碱反应达平衡时，酸失去的质子数等于碱得到的质子数，其数学表达式(质子等衡式)为：得质子产物$\xleftarrow{+nH^+}$参考水准$\xrightarrow{-nH^+}$失质子产物。例如：

一元弱酸(如 HAc)：$[H^+]=[OH^-]+[A^-]$

一元弱碱(如 NaCN)：$[HCN]+[H^+]=[OH^-]$

多元酸(如 H_3PO_4)：$[H^+]=[H_2PO_4^-]+2[HPO_4^{2-}]+3[PO_4^{3-}]+[OH^-]$

多元碱(如 K_2S)：$[H^+]+[HS^-]+2[H_2S]=[OH^-]$

酸式盐(如 Na_2HPO_4)：$[H^+]+[H_2PO_4^-]+2[H_3PO_4]=[PO_4^{3-}]+[OH^-]$

弱酸弱碱盐[如$(NH_4)_2CO_3$]：$[H^+]+[HCO_3^-]+2[H_2CO_3]=[NH_3]+[OH^-]$

混合酸(如 HA_1+HA_2)：$[H^+]=[A_1^-]+[A_2^-]+[OH^-]$

6.2.4.2　酸碱溶液 pH 的计算

(1)一元弱酸

精确式 $$[H^+]=\sqrt{K_a^\ominus[HA]+K_w^\ominus} \tag{6-7a}$$

$$[H^+]^3+K_a^\ominus[H^+]^2-(K_w^\ominus+cK_a^\ominus)[H^+]-K_a^\ominus K_w^\ominus=0 \tag{6-7b}$$

当 $cK_a^\ominus \geqslant 20K_w^\ominus$，$c/K_a^\ominus<500$，可忽略水的解离($K_w^\ominus=0$)：

$$[H^+]=\frac{-K_a^\ominus+\sqrt{(K_a^\ominus)^2+4cK_a^\ominus}}{2} \quad \text{(近似式 1)} \tag{6-7c}$$

当 $cK_a^\ominus<20K_w^\ominus$，$c/K_a^\ominus \geqslant 500$，可忽略酸的解离$[HA]=c(HA)$：

$$[H^+]=\sqrt{cK_a^\ominus+K_w^\ominus} \quad \text{(近似式 2)} \tag{6-7d}$$

当 $cK_a^\ominus \geqslant 20K_w^\ominus$，$c/K_a^\ominus \geqslant 500$，可同时忽略水和酸的解离：

$$[H^+]=\sqrt{cK_a^\ominus} \quad \text{(最简式)} \tag{6-7e}$$

(2)一元弱碱　对于一元弱碱，处理方法和一元弱酸类似，只需把 $K_a^\ominus$ 换成 $K_b^\ominus$，$[H^+]$ 换成$[OH^-]$即可。

当 $cK_b^\ominus \geqslant 20K_w^\ominus$，$c/K_b^\ominus<500$：

$$[OH^-]=\frac{-K_b^\ominus+\sqrt{(K_b^\ominus)^2+4cK_b^\ominus}}{2} \tag{6-8a}$$

当 $cK_b^\ominus<20K_w^\ominus$，$c/K_b^\ominus \geqslant 500$：

$$[OH^-]=\sqrt{cK_b^\ominus+K_w^\ominus} \tag{6-8b}$$

当 $cK_b^\ominus \geqslant 20K_w^\ominus$，$c/K_b^\ominus \geqslant 500$：

$$[OH^-]=\sqrt{cK_b^\ominus} \tag{6-8c}$$

(3)多元弱酸　对于多元弱酸来说，一般是 $K_{a_1}^\ominus \gg K_{a_2}^\ominus \gg K_{a_3}^\ominus \gg K_w^\ominus$。

二元弱酸可用一元弱酸的方法处理，只需把 $K_a^\ominus$ 换成 $K_{a_1}^\ominus$ 即可。

(4)两性物质

①酸式盐(NaHA 型)：

精确式$[H^+]=\sqrt{\dfrac{K_{a_1}^\ominus K_{a_2}^\ominus[HA^-]+K_{a_1}^\ominus K_w^\ominus}{K_{a_1}^\ominus+[HA^-]}}$，可近似为

$$[H^+]=\sqrt{\frac{K_{a_1}^\ominus(cK_{a_2}^\ominus+K_w^\ominus)}{K_{a_1}^\ominus+c}} \tag{6-9a}$$

当 $cK_{a_2}^\ominus \geqslant 20K_w^\ominus$，$c/K_{a_1}^\ominus<20$，忽略水的电离：

$$[H^+]=\sqrt{\frac{cK_{a_1}^\ominus K_{a_2}^\ominus}{K_{a_1}^\ominus+c}} \tag{6-9b}$$

当 $cK_{a_2}^\ominus<20K_w^\ominus$，$c/K_{a_1}^\ominus \geqslant 20$，忽略弱酸的解离：

$$[H^+] = \sqrt{\frac{K_{a_1}^\ominus(cK_{a_2}^\ominus + K_w^\ominus)}{c}} \tag{6-9c}$$

当 $cK_{a_2}^\ominus \geqslant 20K_w^\ominus$，$c/K_{a_1}^\ominus \geqslant 20$，忽略水和酸的解离：

$$[H^+] = \sqrt{K_{a_1}^\ominus K_{a_2}^\ominus} \tag{6-9d}$$

②弱酸弱碱盐：

$$[H^+] = \sqrt{\frac{K_a^\ominus(cK_a^{\ominus\prime} + K_w^\ominus)}{K_a^\ominus + c}} \tag{6-10a}$$

当 $cK_a^{\ominus\prime} > 20K_w^\ominus$，忽略水的解离：

$$[H^+] = \sqrt{\frac{cK_a^\ominus K_a^{\ominus\prime}}{K_a^\ominus + c}} \tag{6-10b}$$

当 $cK_a^{\ominus\prime} > 20K_w^\ominus$，$c/K_a^\ominus \geqslant 20$，忽略水和弱酸的解离：

$$[H^+] = \sqrt{K_a^\ominus K_a^{\ominus\prime}} = \sqrt{\frac{K_a^\ominus K_w^\ominus}{K_b^\ominus}} \tag{6-10c}$$

(5)一元强酸

精确式
$$[H^+] = \frac{c_a + \sqrt{c_a^2 + 4K_w^\ominus}}{2} \tag{6-11}$$

当 $c_a > 10^{-6}\ mol \cdot L^{-1}$，忽略水的解离，$[H^+] \approx c_a$；

当 $c_a < 10^{-8}\ mol \cdot L^{-1}$，忽略酸的解离。

(6)一元强碱　处理方法同一元强酸。

(7)混合酸碱溶液 pH 的计算

①强酸(HCl) +弱酸(HAc)：

$$[H^+] = c(HCl) + \frac{c_a K_a^\ominus}{K_a^\ominus + [H^+]} \tag{6-12a}$$

$$[H^+] = \frac{c(HCl) + \sqrt{c^2(HCl) + 4K_a^\ominus c(HAc)}}{2} \tag{6-12b}$$

当 $c(HCl) > 20[Ac^-]$，可忽略弱酸的电离 $[H^+] = c(HCl)$。

②弱酸(HA) +弱酸(HB)：

$$[H^+] = \sqrt{K_{HA}^\ominus[HA] + K_{HB}^\ominus[HB]} \tag{6-13a}$$

当 $K_{HA}^\ominus[HA] \gg K_{HB}^\ominus[HB]$：

$$[H^+] = \sqrt{K_{HA}^\ominus[HA]} \tag{6-13b}$$

6.2.5 缓冲溶液

6.2.5.1 缓冲作用

缓冲作用是指能够抵抗外来少量酸、碱和水(稀释)，而自身 pH 基本不变的作用，具有缓冲作用的混合溶液称为缓冲溶液。

6.2.5.2　缓冲原理

在 HAc 及其盐 NaAc 的混合溶液中，存在 HAc 的电离平衡

$$HAc \rightleftharpoons H^+ + Ac^-$$

由于溶液中存在着大量的弱酸及其弱酸盐，它们能分别和少量的外加强碱及强酸反应，并通过平衡移动，从而消除了外加游离 H^+ 和游离 OH^- 的影响，保持了溶液的 pH 相对稳定。

6.2.5.3　缓冲溶液类别

(1)弱酸及其盐　HAc-NaAc。

(2)弱碱及其盐　$NH_3 \cdot H_2O-NH_4Cl$。

(3)多元弱酸及其盐　$NaHCO_3-Na_2CO_3$，$H_2CO_3-NaHCO_3$、$H_2PO_4^--HPO_4^{2-}$ 等。

(4)两性物质　氨基酸、蛋白质。

6.2.5.4　缓冲溶液的 pH

以弱酸及其盐(如 HAc-NaAc)缓冲溶液为例。

$$HAc \rightleftharpoons H^+ + Ac^-$$

$$pH = pK_a^\ominus - \lg \frac{c_a}{c_b} \tag{6-14}$$

同理，对于弱碱及其盐组成的缓冲溶液的 pH 计算公式为

$$pOH = pK_b^\ominus - \lg \frac{c_b}{c_a} \tag{6-15a}$$

$$pH = 14 - \left(pK_b^\ominus - \lg \frac{c_b}{c_a}\right) \tag{6-15b}$$

6.2.5.5　缓冲范围

当缓冲对的浓度比在 0.1~10 变化时，缓冲溶液都有较强的缓冲能力，其对应的 pH 或 pOH 的变化范围为 $pH = pK_a^\ominus \pm 1$、$pOH = pK_b^\ominus \pm 1$，这一变化范围称为缓冲溶液的缓冲范围。

6.2.5.6　缓冲溶液的选择和配制

(1)根据要配制的缓冲溶液的 pH，选择一个缓冲对。方法是：要使缓冲溶液的 pH 在所要选择的缓冲对的缓冲范围之内，且 $pH = pK_a^\ominus$ 时缓冲容量最大。

(2)$pK_a^\ominus$(或 $pK_b^\ominus$)与所需溶液的 pH(或 pOH)不完全相等时，则按所要求的 pH(或 pOH)，利用缓冲方程式(即相应弱酸或弱碱的电离平衡式)算出所需要的弱酸(或弱碱)和盐的浓度比。

6.2.6　酸碱指示剂

6.2.6.1　酸碱指示剂

酸碱指示剂一般是结构复杂的有机弱酸或有机弱碱，其酸式型体及其共轭碱式型体具有明显不同的颜色。

$$\text{酸式型 HIn(酸式色)} \underset{+H^+}{\overset{-H^+}{\rightleftharpoons}} \text{碱式型 In}^-\text{(碱式色)}$$

由于 $K_{HIn}^{\ominus}=\frac{[H^+][In^-]}{[HIn]}=K_a^{\ominus}$

所以 $[H^+]=K_a^{\ominus}\frac{[HIn]}{[In^-]}$，即 $pH=pK_a^{\ominus}+\lg\frac{[In^-]}{[HIn]}$

溶液的颜色由$[In^-]$和$[HIn]$的比值决定，$[In^-]/[HIn]$与$[H^+]$和 $K_a^{\ominus}$ 有关。对某种指示剂，在一定条件下 $K_a^{\ominus}$ 是常数，$[In^-]/[HIn]$只取决于$[H^+]$。

根据人眼辨别颜色的灵敏度，一般

当$\frac{[In^-]}{[HIn]}\geqslant 10$，$pH\geqslant pK_a^{\ominus}+1$，呈现碱式色(即 In^-的颜色)；

当$\frac{[In^-]}{[HIn]}\leqslant\frac{1}{10}$，$pH\leqslant pK_a^{\ominus}-1$，呈现酸式色(即 HIn 的颜色)；

当$\frac{[In^-]}{[HIn]}=1$，$pH=pK_a^{\ominus}$，即理论变色点，呈现混合色；

当$\frac{1}{10}<\frac{[In^-]}{[HIn]}<10$，$pK_a^{\ominus}-1<pH<pK_a^{\ominus}+1$，呈现混合色；

即指示剂的理论变色范围 $pH=pK_a^{\ominus}\pm 1$。指示剂的变色范围越窄，指示变色越敏锐。

6.2.6.2 影响酸碱指示剂变色范围的因素

(1)指示剂的用量　指示剂本身为弱酸、弱碱，多加增大滴定误差；多加还会影响酸碱指示剂变色的敏锐程度，应尽量少加。

(2)温度　影响指示剂的 $K_a^{\ominus}$。

(3)溶剂　极性→介电常数→$K_{HIn}^{\ominus}$→变色范围。

(4)离子强度　影响 $K_a^{\ominus}$(H^+的活度)。

6.2.6.3 混合指示剂

利用颜色的互补，使指示剂变色敏锐、变色范围变窄。

6.2.7 酸碱滴定原理

6.2.7.1 强碱滴定强酸

以 NaOH 滴定 0.100 0 $mol\cdot L^{-1}$的 HCl 溶液为例。

滴定前：pH=1.00

化学计量点前：加入 NaOH 18.00 mL 时，pH=2.28

加入 NaOH 19.98 mL 时，pH=4.30

化学计量点：pH=7.00

化学计量点后：加入 NaOH 20.02 mL 时，pH=9.70

突跃范围：计量点前后相对误差±0.1%，此时 pH 的变化范围是 4.30 ~ 9.70。

突跃范围与滴定剂和被滴溶液浓度有关，浓度越大，突跃范围越大，浓度相差 10 倍，差 2 个 pH 单位。被测液浓度影响突跃下限，滴定剂浓度影响突跃上限。

指示剂的选择：理论上，凡是指示剂的变色范围全部或部分落入突跃范围，即只要在突跃范围变色的指示剂均可被选择。事实上，一般还应遵从无色→有色、浅色→深色的规则，便于观察。

6.2.7.2　强碱滴定一元弱酸

以 0.100 0 mol · L^{-1} NaOH 溶液滴定 20.00 mL 0.100 0 mol · L^{-1} HAc 溶液为例。

滴定前：pH=2.89(与强酸相比，滴定开始点的 pH 较高)

化学计量点前：加入 NaOH 19.98 mL 时，pH=7.74(pH 升高快)

化学计量点：pH=8.72 (偏碱性)

化学计量点后：加入 NaOH 20.02 mL 时，pH=9.70

突跃范围：7.74 → 9.70(与强酸相比，滴定突跃范围变小，且落在碱性范围内)

突跃起点：$pH=pK_a^\ominus+\lg\dfrac{99.9\%}{0.1\%}=pK_a^\ominus+3$(滴定百分率为 99.9%)

为了保证人眼能借助指示剂准确判断终点(即能使滴定误差≤0.2%)，滴定突跃范围应≥0.6 pH。

$cK_a^\ominus \geqslant 10^{-8}$ 是弱酸能否被准确滴定的判别准则。

强酸滴定一元弱碱，可用类似的方法进行处理。

6.2.7.3　多元酸碱的滴定

(1)多元酸能被分步准确滴定的条件

①被滴定的酸足够强($cK_{a_i}^\ominus \geqslant 10^{-8}$)，能被准确滴定；

②相邻两步解离互不影响($K_{a_i}^\ominus/K_{a_{i+1}}^\ominus \geqslant 10^4$)，能被分步滴定。

例如：$H_2A \longrightarrow HA^- \longrightarrow A^{2-}$

当 $cK_{a_1}^\ominus \geqslant 10^{-8}$，$cK_{a_2}^\ominus > 10^{-8}$，$K_{a_1}^\ominus/K_{a_2}^\ominus < 10^4$，可准确滴定至 A^{2-}；

当 $cK_{a_1}^\ominus \geqslant 10^{-8}$，$cK_{a_2}^\ominus > 10^{-8}$，$K_{a_1}^\ominus/K_{a_2}^\ominus > 10^4$，可分步滴定至 HA^- 和 A^{2-}；

当 $cK_{a_1}^\ominus \geqslant 10^{-8}$，$cK_{a_2}^\ominus < 10^{-8}$，$K_{a_1}^\ominus/K_{a_2}^\ominus > 10^4$，可分步滴定至 HA^-。

(2)多元碱的滴定可用类似方法处理。

(3)混合酸(碱)滴定(相当于多元酸碱)。一般将 $K_a^\ominus$ 大的酸看作是多元酸的第一步解离，$K_a^\ominus$ 小的酸看作是多元酸的第二步解离。

弱酸+弱酸：$cK_a^\ominus \geqslant 10^{-8}$，$c'K_a^{\ominus\prime} \geqslant 10^{-8}$；若$\dfrac{cK_a^\ominus}{c'K_a^{\ominus\prime}} \geqslant 10^4$，可分别滴定两种酸，否则可测定混酸。

强酸+弱酸：若 $cK_a^\ominus < 10^{-8}$，可单独测定强酸；若 $cK_a^\ominus \geqslant 10^{-8}$，可分别滴定强酸或弱酸，以及总酸量；若 $cK_a^\ominus \geqslant 10^{-4}$，可测定混酸。

6.2.8　酸碱滴定中 CO_2 的影响

CO_2 是酸碱滴定误差的重要来源。

$$CO_2+H_2O \xrightleftharpoons{pK_{a_1}=6.4} H^+ + HCO_3^- \xrightleftharpoons{pK_{a_2}=10.3} 2H^+ + CO_3^{2-}$$

pH<6.4 时以 CO_2 和 H_2CO_3 形式存在；6.4<pH<10.3 时以 HCO_3^- 形式存在；pH>10.3 时以 CO_3^{2-} 形式存在。

在滴定终点时溶液的 pH 越低，CO_2 对滴定的影响越小。一般 pH < 5 时，CO_2 的影响可以忽略。所以，使用酸性范围内变色的指示剂(如甲基橙和甲基红等)时，基本可以不考虑 CO_2 的影响；使用碱性范围内变色的指示剂(如酚酞等)时，应考虑和排除 CO_2 的影响。

6.2.9 酸碱滴定法的应用

6.2.9.1 酸(碱)标准溶液的配制及标定

(1)酸标准溶液　间接法配制，用市售 HCl($12\ mol \cdot L^{-1}$)稀释；标定所用基准物质：Na_2CO_3 或硼砂($Na_2B_4O_7 \cdot 10H_2O$)；为减少称量误差，常选择相对分子质量大的硼砂标定 HCl。

(2)碱标准溶液　间接法配制；以饱和的 NaOH(约 $19\ mol \cdot L^{-1}$)，用除去 CO_2 的去离子水稀释；为减少称量误差，常选择相对分子质量大的邻苯二甲酸氢钾标定 NaOH。

6.2.9.2 混合碱的测定

混合碱的组成：$NaOH + Na_2CO_3$ 的混合物或 $Na_2CO_3 + NaHCO_3$ 的混合物。

测定方法：$BaCl_2$ 法和双指示剂法。其中，$BaCl_2$ 法虽操作麻烦，但准确度高。

6.2.9.3 食醋中总酸量的测定

乙酸是食醋的主要成分，乙酸的 $K_a^\ominus = 1.8 \times 10^{-5}$，因为 $cK_a^\ominus > 10^{-8}$，所以乙酸能被 NaOH 标准溶液准确滴定。滴定反应是 $NaOH + CH_3COOH \rightleftharpoons CH_3COONa + H_2O$，化学计量点时 pH = 8.7，选择酚酞作指示剂。

此外，食醋中其他形式的各种酸，只要满足 $cK_a^\ominus \geqslant 10^{-8}$，都能与 NaOH 反应，各酸的 $K_a^\ominus$ 比值小于 10^4，所以滴定测得的酸量为总酸度，以 CH_3COOH 的含量表示。

6.2.9.4 化合物中氮含量的测定

由于 NH_4^+ 的 $K_a^\ominus = 5.6 \times 10^{-10}$，$cK_a^\ominus < 10^{-8}$，所以 NH_4^+ 不能直接被 NaOH 标准溶液准确滴定。为简便，常采用甲醛法，即通过甲醛和 NH_4^+ 反应生成六次甲基四胺($K_a^\ominus = 7.1 \times 10^{-6}$)，再用 NaOH 标准溶液进行滴定。

6.3 典型例题

【例 6.1】计算 pH 为 5.00 时，$0.10\ mol \cdot L^{-1}$ HAc 溶液中各存在型体的分布系数及平衡常数。

解：查附录Ⅴ可知，$K_a^\ominus = 1.8 \times 10^{-5}$

pH = 5 时，$[H^+] = 1.0 \times 10^{-5}\ mol \cdot L^{-1}$，则

$$\delta(HAc) = \frac{[H^+]}{[H^+] + K_a^\ominus} = \frac{1.0 \times 10^{-5}}{1.0 \times 10^{-5} + 1.8 \times 10^{-5}} = 0.36$$

$$\delta(Ac^-) = 1 - \delta(HAc) = 0.64$$

$$[HAc] = c(HAc)\delta(HAc) = 0.1\ mol \cdot L^{-1} \times 0.36 = 3.6 \times 10^{-2}\ mol \cdot L^{-1}$$

$$[Ac^-] = c(HAc)\delta(Ac^-) = 0.1\ mol \cdot L^{-1} \times 0.64 = 6.4 \times 10^{-2}\ mol \cdot L^{-1}$$

【例 6.2】在 $0.100\ mol \cdot L^{-1}$ 下列溶液中分别求出各物质平衡浓度、pH 及 α。

HBrO，NH_3，H_2S

解：(1) $$HBrO \rightleftharpoons H^+ + BrO^-$$

开始浓度/$(mol \cdot L^{-1})$ 0.100 0 0

平衡浓度/$(mol \cdot L^{-1})$ $0.100-x$ x x

$$K_a^\ominus = \frac{x^2}{0.100-x} = 2.06\times10^{-9}$$

因为$\frac{c_a}{K_a^\ominus}\geqslant 500$，可近似计算

所以$0.100-x\approx0.100$，则$x^2=2.06\times10^{-10}$，$x=1.44\times10^{-5}$

即得$[HBrO]=(0.100-1.44\times10^{-5})\ mol\cdot L^{-1}\approx 0.100\ mol\cdot L^{-1}$

$[H^+]=[BrO^-]=1.44\times10^{-5}\ mol\cdot L^{-1}$

$$pH=4.84$$

$$\alpha=\frac{1.44\times10^{-5}\ mol\cdot L^{-1}}{0.100\ mol\cdot L^{-1}}=0.0144\%$$

(2) $$NH_3\cdot H_2O \rightleftharpoons NH_4^+ + OH^-$$

开始浓度/$(mol \cdot L^{-1})$ 0.100 0 0

平衡浓度/$(mol \cdot L^{-1})$ $0.100-x$ x x

$$K_b^\ominus = \frac{x^2}{0.100-x} = 1.77\times10^{-5}$$

因为$\frac{c_b}{K_b^\ominus}\geqslant 500$，可近似计算

所以$0.100-x\approx0.100$，则$x^2=1.77\times10^{-6}$，$x=1.33\times10^{-3}$

即得$[NH_3\cdot H_2O]=(0.100-1.33\times10^{-3})\ mol\cdot L^{-1}\approx 0.100\ mol\cdot L^{-1}$

$$[NH_4^+]=[OH^-]=1.33\times10^{-3}\ mol\cdot L^{-1}$$

$$pH=14.00-pOH=14.00-2.88=11.12$$

$$\alpha=\frac{1.34\times10^{-3}\ mol\cdot L^{-1}}{0.100\ mol\cdot L^{-1}}=1.34\%$$

(3) $$H_2S \rightleftharpoons H^+ + HS^-$$

开始浓度/$(mol \cdot L^{-1})$ 0.100 0 0

平衡浓度/$(mol \cdot L^{-1})$ $0.100-x$ x x

$$K_{a_1}^\ominus = \frac{x^2}{0.100-x} = 1.3\times10^{-7}$$

因为$\frac{c_a}{K_{a_1}^\ominus}\geqslant 500$，可近似计算

所以$0.100-x\approx0.100$，则$x^2=1.3\times10^{-8}$，$x=1.14\times10^{-4}$

$$\begin{array}{lccc} & HS^- & \rightleftharpoons H^+ & + \quad S^{2-} \\ \text{开始浓度}/(mol\cdot L^{-1}) & 1.14\times10^{-4} & 1.14\times10^{-4} & 0 \\ \text{平衡浓度}/(mol\cdot L^{-1}) & 1.14\times10^{-4}-y & 1.14\times10^{-4}+y & y \end{array}$$

$$K_{a_2}^{\ominus}=\frac{(1.14\times10^{-4}+y)y}{1.14\times10^{-4}-y}=7.1\times10^{-15}$$

因为$\frac{1.14\times10^{-4}}{K_{a_2}^{\ominus}}>500$，可进行近似计算

所以 $1.14\times10^{-4}+y\approx1.14\times10^{-4}$，$1.14\times10^{-4}-y\approx1.14\times10^{-4}$

则 $y=7.1\times10^{-15}$

即得 $[H_2S]=(0.100-1.14\times10^{-4})\ mol\cdot L^{-1}\approx0.100\ mol\cdot L^{-1}$

$$[HS^-]=1.14\times10^{-4}\ mol\cdot L^{-1}$$

$$[S^{2-}]=7.1\times10^{-15}\ mol\cdot L^{-1}$$

$$[H^+]=1.14\times10^{-4}\ mol\cdot L^{-1}$$

$$pH=3.94$$

$$\alpha=\frac{1.14\times10^{-4}\ mol\cdot L^{-1}}{0.100\ mol\cdot L^{-1}}=0.114\%$$

【例 6.3】有 0.50 L 0.500 $mol\cdot L^{-1}$ HAc 和 0.50 L 0.250 $mol\cdot L^{-1}$ NaAc 溶液。请问：(1)将二者混合成 1.00 L 时，pH 为多少？(2)将此缓冲溶液中加多少体积 0.10 $mol\cdot L^{-1}$ HCl 使其 pH 改变 0.10 单位？(3)若要配成 pH=4.58 的缓冲溶液，最多可配成多大体积？

解：(1)混合后各物质浓度为

$$c(HAc)=\frac{0.500\times0.50}{1.00}\ mol\cdot L^{-1}=0.250\ mol\cdot L^{-1}$$

$$c(NaAc)=\frac{0.250\times0.50}{1.00}\ mol\cdot L^{-1}=0.125\ mol\cdot L^{-1}$$

代入 $pH=pK_a^{\ominus}-\lg\frac{c_a}{c_b}$ 得 $pH=4.75-\lg\frac{0.250}{0.125}=4.45$

(2)设在上述缓冲液中加入 x L 0.10 $mol\cdot L^{-1}$ HCl，即物质的量为 $0.10x$ mol，并假设所加入的 HCl 与 Ac^- 反应生成相应的 HAc。

此时
$$c(HAc)=\frac{(0.250+0.10x)\ mol}{(1.00+x)\ L}$$

$$c(NaAc)=\frac{(0.125-0.10x)\ mol}{(1.00+x)\ L}$$

由于加酸 pH 由 4.45 变成 4.35(减小 0.10 单位)。

$$4.35=4.75-\lg\left(\frac{0.250+0.1x}{1.0+x}\right)\Big/\left(\frac{0.125-0.1x}{1.0+x}\right)$$

$$x=0.182$$

(3)若用 HAc 和 NaAc 两种溶液配制缓冲溶液，首先要计算$\frac{c_a}{c_b}$，

$$4.58=4.75-\lg\frac{c_a}{c_b}$$

$$\frac{c_a}{c_b}=1.48$$

设 HAc 取 x L，NaAc 取 y L，则

$$c_a=\frac{(0.500\ \text{mol}\cdot\text{L}^{-1})\cdot(x\ \text{L})}{(x+y)\text{L}}$$

$$c_b=\frac{(0.250\ \text{mol}\cdot\text{L}^{-1})(y\ \text{L})}{(x+y)\text{L}}$$

$$\frac{c_a}{c_b}=\frac{0.500x}{0.250y}=1.48$$

$$\frac{x}{y}=0.74$$

最大体积取 $x=0.37$ L 时，$y=0.50$ L，此时缓冲溶液总体积为 $x+y=0.87$ L。

【例 6.4】计算：(1)10.0 mL 0.750 mol · L^{-1} NH_3 溶液与 30.0 mL 0.250 mol · L^{-1} HAc 溶液混合后 pH 为多少？(2)10.0 mL 0.750 mol · L^{-1} NH_3 溶液与 30.0 mL 0.750 mol · L^{-1} HAc 溶液混合后 pH 为多少？

解：(1)混合后各物浓度为

$$c(NH_3)=\frac{10.0\times0.750}{40.0}\ \text{mol}\cdot\text{L}^{-1}=0.188\ \text{mol}\cdot\text{L}^{-1}$$

$$c(\text{HAc})=\frac{30.0\times0.250}{40.0}\ \text{mol}\cdot\text{L}^{-1}=0.188\ \text{mol}\cdot\text{L}^{-1}$$

假设完全反应生成 NH_4Ac 浓度为 0.188 mol · L^{-1}，NH_4Ac 水解得到

$$\text{pH}=7+\frac{1}{2}(\text{p}K_a^{\ominus}-\text{p}K_b^{\ominus})=7.00$$

(2)混合后各物质浓度为

$$c(NH_3)=\frac{10.0\times0.750}{40.0}\ \text{mol}\cdot\text{L}^{-1}=0.188\ \text{mol}\cdot\text{L}^{-1}$$

$$c(\text{HAc})=\frac{30.0\times0.750}{40.0}\ \text{mol}\cdot\text{L}^{-1}=0.563\ \text{mol}\cdot\text{L}^{-1}$$

HAc 过量，假设 NH_3 完全反应生成 NH_4Ac，其浓度为 0.188 mol · L^{-1}，尚剩下 HAc 浓度为 0.375 mol · L^{-1}。

按水解平衡	NH_4^+ ＋	Ac^- ＋	$H_2O \rightleftharpoons NH_3\cdot H_2O$ ＋	HAc
开始浓度/(mol · L^{-1})	0.188	0.188	0	0.375
平衡浓度/(mol · L^{-1})	$0.188-x$	$0.188-x$	x	$0.375+x$

代入平衡式　　$$K_b^{\ominus}=\frac{(0.375+x)x}{(0.188-x)^2}=3.21\times10^{-5}$$

$0.188-x\approx0.188$，$0.375+x\approx0.375$。x 很小以致可以忽略，所以溶液中 HAc 与 Ac^- 形成

了缓冲溶液。

$$pH=4.75-\lg\frac{0.375}{0.188}=4.45$$

由此可知，酸碱中和时若是等物质的量时即按水解求 pH。若弱酸过量或弱碱过量时按各自组成的缓冲溶液计算 pH 即可。

【例 6.5】求下列混合溶液的 pH。

(1) 10.0 mL 0.100 $mol\cdot L^{-1}$ NaOH 和 20.0 mL 0.05 $mol\cdot L^{-1}$ NH_4Cl。

(2) 10.0 mL 0.100 $mol\cdot L^{-1}$ NaOH 和 20.0 mL 0.10 $mol\cdot L^{-1}$ NH_4Cl。

解：(1) 先求出混合后因体积改变而发生的浓度变化

$$c(NaOH)=\frac{0.100\times10.0}{30.0}\ mol\cdot L^{-1}=0.0333\ mol\cdot L^{-1}$$

$$c(NH_4Cl)=\frac{0.05\times20.0}{30.0}\ mol\cdot L^{-1}=0.0333\ mol\cdot L^{-1}$$

按强电解质完全电离成离子，即 $c(OH^-)=0.0333\ mol\cdot L^{-1}$，$c(NH_4^+)=0.0333\ mol\cdot L^{-1}$。假设它们完全反应生成弱碱 $NH_3\cdot H_2O$，即 $c(NH_3)=0.0333\ mol\cdot L^{-1}$。

按弱碱 $NH_3\cdot H_2O$ 的电离平衡计算 $[OH^-]$

	$NH_3\cdot H_2O \rightleftharpoons$	NH_4^+ +	OH^-
开始浓度/($mol\cdot L^{-1}$)	0.033 3	0	0
平衡浓度/($mol\cdot L^{-1}$)	0.033 3−x	x	x

$$K_b^\ominus=\frac{x^2}{0.0333-x}=1.77\times10^{-5}$$

因为 $\dfrac{c_b}{K_b^\ominus}>500$，可近似计算

得　$x=7.58\times10^{-4}$　　$[OH^-]=7.58\times10^{-4}\ mol\cdot L^{-1}$

$pOH=3.12$　　　$pH=10.88$

或直接应用 $pH=14-\frac{1}{2}(pK_b^\ominus-\lg c)$。

(2) 混合后各物质浓度为

$c(NaOH)=0.0333\ mol\cdot L^{-1}$

$$c(NH_4Cl)=\frac{0.100\times20.0}{30.0}\ mol\cdot L^{-1}=0.0667\ mol\cdot L^{-1}$$

假设 NH_4^+ 与 OH^- 完全反应，生成 NH_3 0.033 3 $mol\cdot L^{-1}$。同时剩余 NH_4^+ 0.033 3 $mol\cdot L^{-1}$。

	$NH_3\cdot H_2O \rightleftharpoons$	NH_4^+ +	OH^-
开始浓度/($mol\cdot L^{-1}$)	0.033 3	0	0
平衡浓度/($mol\cdot L^{-1}$)	0.033 3−x	0.033 3+x	x

代入平衡式　$$K_b^\ominus=\frac{(0.0333+x)x}{0.0333-x}=1.77\times10^{-5}$$

由于同离子效应，x 很小，所以可近似计算。

解得 $x=1.77\times10^{-5}$　　$[OH^-]=1.77\times10^{-5}mol\cdot L^{-1}$

$$pH=14.00-4.75=9.25$$

【例 6.6】试求 HPO_4^{2-} 的 $pK_{b_2}^{\Theta}$ 和 $K_{b_2}^{\Theta}$。

解：经查表可知 $K_{a_2}^{\Theta}=6.3\times10^{-8}$，即 $pK_{a_2}^{\Theta}=7.20$

由于

$$K_{a_2}^{\Theta}K_{b_2}^{\Theta}=10^{-14}$$

所以

$$pK_{b_2}^{\Theta}=14-pK_{a_2}^{\Theta}=14-7.20=6.80$$

即

$$K_{b_2}^{\Theta}=1.6\times10^{-7}$$

【例 6.7】判断下列滴定能否进行？如能进行，计算化学计量点时的 pH 并写出可选择的指示剂名称。

(1) $0.10\ mol\cdot L^{-1}$ HCl 滴定 $0.10\ mol\cdot L^{-1}$ NaCN。

(2) $0.10\ mol\cdot L^{-1}$ HCl 滴定 $0.10\ mol\cdot L^{-1}$ NaAc。

(3) $0.10\ mol\cdot L^{-1}$ NaOH 滴定 $0.10\ mol\cdot L^{-1}$ NH_4Cl 存在下的 $0.10\ mol\cdot L^{-1}$ HCl。

解：(1) $K_b^{\Theta}(NaCN)=K_w^{\Theta}/K_a^{\Theta}=2.0\times10^{-5}$。因为 $cK_b^{\Theta}(NaCN)>10^{-8}$，所以能用 HCl 标准溶液准确滴定 NaCN，滴定反应：$HCl+NaCN=HCN+NaCl$。化学计量点时 $c(HCN)=(0.1/2)\ mol\cdot L^{-1}=0.05\ mol\cdot L^{-1}$。

因为 $cK_a^{\Theta}>20K_w^{\Theta}$，$c/K_a^{\Theta}>500$，

所以 $[H^+]=\sqrt{cK_a^{\Theta}}=\sqrt{4.9\times10^{-10}\times0.05}=4.9\times10^{-6}\ mol\cdot L^{-1}$

pH=5.26，因此选择甲基红指示剂。

(2) $K_b^{\Theta}(NaAc)=K_w^{\Theta}/K_a^{\Theta}(HAc)=5.6\times10^{-10}$。因为 $cK_b^{\Theta}(NaAc)<10^{-8}$，所以不能用 HCl 标准溶液直接滴定 NaAc。

(3) NaOH 标准溶液滴定 $c(HCl)=0.1\ mol\cdot L^{-1}$ 和 $c(NH_4Cl)=0.1\ mol\cdot L^{-1}$ 的混合溶液，因 $K_a^{\Theta}(NH_4^+)=10^{-9}<10^{-7}$，所以 NH_4^+ 不能被准确滴定，所以也不能用 NaOH 测总酸量。在滴定过程 NH_4^+ 与 NaOH 的反应没有突跃，但不影响 NaOH 和 HCl 的滴定，因此，可测定出 HCl 的量，此时溶液中 $c(NH_4Cl)=(0.1/2)\ mol\cdot L^{-1}=0.05\ mol\cdot L^{-1}$，$K_a^{\Theta}=5.6\times10^{-10}$。

因为 $cK_a^{\Theta}>20K_w^{\Theta}$，$c/K_a^{\Theta}>500$，

所以 $[H^+]=\sqrt{cK_a^{\Theta}}=\sqrt{5.6\times10^{-10}\times0.05}=5.3\times10^{-6}\ mol\cdot L^{-1}$

pH=5.28，因此选择甲基红指示剂。

【例 6.8】下列多元酸（碱）（$c=0.1\ mol\cdot L^{-1}$），能否用 $0.1\ mol\cdot L^{-1}$NaOH 溶液或者 $0.1\ mol\cdot L^{-1}$HCl 溶液滴定？如果可以，有几个滴定终点？每个计量点各应选择何种指示剂？

(1) 酒石酸（$K_{a_1}^{\Theta}=9.1\times10^{-4}$，$K_{a_2}^{\Theta}=4.3\times10^{-5}$）。

(2) 柠檬酸（$K_{a_1}^{\Theta}=7.4\times10^{-4}$，$K_{a_2}^{\Theta}=1.7\times10^{-5}$，$K_{a_3}^{\Theta}=4.0\times10^{-7}$）。

解：(1) 因为 $K_{a_1}^{\Theta}>10^{-7}$，且 $K_{a_1}^{\Theta}/K_{a_2}^{\Theta}<10^4$，所以不能分步滴定；因为 $cK_{a_2}^{\Theta}>10^{-8}$，所以可滴定至第二终点，产物为酒石酸钠，选酚酞作指示剂。

(2) 因为 $K_{a_1}^{\Theta}>10^{-7}$，且 $K_{a_1}^{\Theta}/K_{a_2}^{\Theta}<10^4$，所以，不能分步滴定至第一、第二终点；因为 $cK_{a_3}^{\Theta}>10^{-8}$，所以，可以滴定至第三终点。滴定终点产物为柠檬酸钠，选酚酞作指示剂。

【例 6.9】用 $0.1000\ mol\cdot L^{-1}$ HCl 溶液滴定 20.00 mL $0.1000\ mol\cdot L^{-1}$氨水溶液，试计

算：(1)计量点的 pH。(2)计量点前后±0.1%相对误差的 pH 突跃范围，并选择合适的指示剂。

解：(1)计量点时，HCl 与 NH_3 完全反应生成 NH_4Cl，由于 HCl 与氨水浓度相同，因此，$c(NH_4Cl)=0.050\ 00\ mol\cdot L^{-1}$。查表知 NH_3 的 $K_b^{\ominus}=1.8\times10^{-5}$，可计算出 NH_4^+ 的离解常数 $K_a^{\ominus}=5.6\times10^{-10}$。

因为 $c(NH_4^+)/K_a^{\ominus}>500$，$c(NH_4^+)K_a^{\ominus}>20K_w^{\ominus}$，所以按最简式计算此时溶液的酸度：

$$[H^+]=\sqrt{K_a^{\ominus}\cdot c(NH_4Cl)}=\sqrt{5.6\times10^{-10}\times0.050\ 00}=5.3\times10^{-6}\ mol\cdot L^{-1}$$

$$pH=5.28$$

(2)计量点前 0.1%相对误差，即已加入 19.98 mL HCl，NH_3 剩余 0.02 mL，

$$c(NH_3)=\frac{0.100\ 0\ mol\cdot L^{-1}\times0.02\ mL}{20.00\ mL+19.98\ mL}=5.0\times10^{-5}\ mol\cdot L^{-1}$$

$$c(NH_4Cl)=\frac{0.100\ 0\ mol\cdot L^{-1}\times19.98\ mL}{20.00\ mL+19.98\ mL}=5.0\times10^{-2}mol\cdot L^{-1}$$

$$pH=pK_a^{\ominus}+\lg\frac{c(NH_3)}{c(NH_4Cl)}=9.26+\lg\frac{5.0\times10^{-5}}{5.0\times10^{-2}}=9.26-3=6.26$$

计量点后 0.1%，即已加入 HCl 20.02 mL，与 NH_3 完全反应后，HCl 过量 0.02 mL。

$$c(HCl)=\frac{0.100\ 0\ mol\cdot L^{-1}\times0.02\ mL}{20.00\ mL+20.02\ mL}=5.0\times10^{-5}mol\cdot L^{-1}=[H^+]$$

$$pH=4.30$$

由计算可知，计量点前后±0.1%相对误差的 pH 突跃范围为 6.26~4.30，可选用甲基红(变色范围为 6.2~4.4)作指示剂。

6.4 同步练习及答案

6.4.1 同步练习

一、选择题

1. 实测强电解质溶液的电离度时常达不到 100%，这是因为(　　)。

A. 电解质部分电离　　B. 正负离子互相吸引

C. 电解质与溶剂分子发生作用　　D. 电解质不够纯

2. 1 L 溶液中含有 0.1 mol HCl 和 0.1 mol HAc，则(　　)。

A. $[H^+]=[Ac^-]$　　B. $[H^+]<[Ac^-]$　　C. $[H^+]>[Ac^-]$　　D. $[H^+]=[Ac^-]$

3. H_2S 的电离常数 $K_1^{\ominus}=1.3\times10^{-7}$，$K_2^{\ominus}=7.1\times10^{-14}$，在饱和 H_2S 水溶液中 S^{2-} 离子浓度应为(　　)。

A. $0.1\ mol\cdot L^{-1}$　　B. $7.1\times10^{-14}\ mol\cdot L^{-1}$

C. $10^{-7}\ mol\cdot L^{-1}$　　D. $\sqrt{10^{-22}/4}\ mol\cdot L^{-1}$

4. 等体积 pH=3 的 HCl 和 pH=10 的 NaOH 混合后，pH 为(　　)。

A. 1~2　　B. 3~4　　C. 6~7　　D. 11~12

5. $0.1\ mol\cdot L^{-1}$ HAc 100 mL，pH 为 2.87，将其稀释 1 倍，pH 为(　　)。

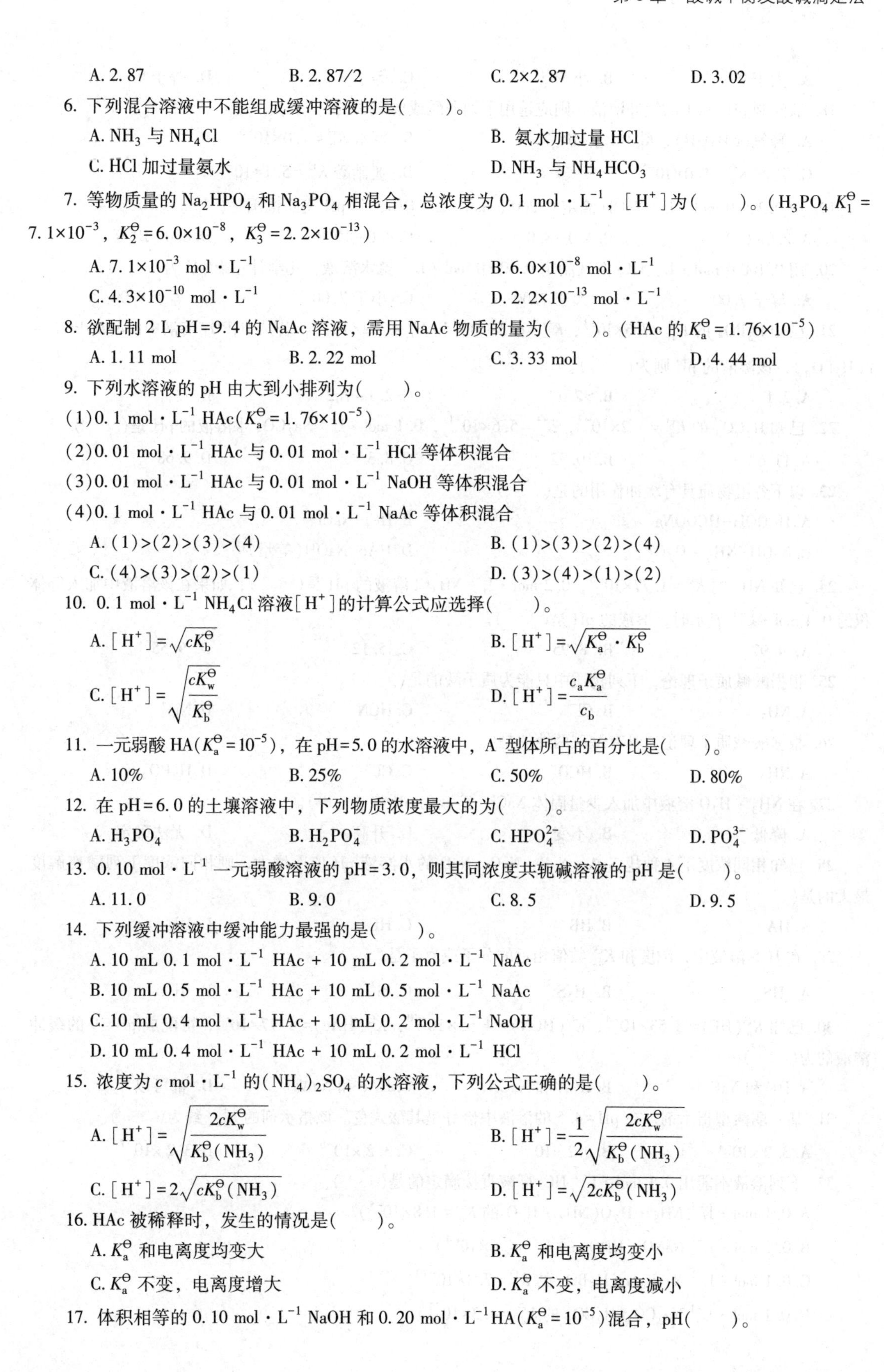

A. 2.87　　B. 2.87/2　　C. 2×2.87　　D. 3.02

6. 下列混合溶液中不能组成缓冲溶液的是(　　)。

A. NH_3 与 NH_4Cl　　B. 氨水加过量 HCl

C. HCl 加过量氨水　　D. NH_3 与 NH_4HCO_3

7. 等物质量的 Na_2HPO_4 和 Na_3PO_4 相混合，总浓度为 0.1 mol · L^{-1}，$[H^+]$为(　　)。(H_3PO_4 $K_1^\ominus=7.1\times10^{-3}$，$K_2^\ominus=6.0\times10^{-8}$，$K_3^\ominus=2.2\times10^{-13}$)

A. 7.1×10^{-3} mol · L^{-1}　　B. 6.0×10^{-8} mol · L^{-1}

C. 4.3×10^{-10} mol · L^{-1}　　D. 2.2×10^{-13} mol · L^{-1}

8. 欲配制 2 L pH=9.4 的 NaAc 溶液，需用 NaAc 物质的量为(　　)。(HAc 的 $K_a^\ominus=1.76\times10^{-5}$)

A. 1.11 mol　　B. 2.22 mol　　C. 3.33 mol　　D. 4.44 mol

9. 下列水溶液的 pH 由大到小排列为(　　)。

(1) 0.1 mol · L^{-1} HAc($K_a^\ominus=1.76\times10^{-5}$)

(2) 0.01 mol · L^{-1} HAc 与 0.01 mol · L^{-1} HCl 等体积混合

(3) 0.01 mol · L^{-1} HAc 与 0.01 mol · L^{-1} NaOH 等体积混合

(4) 0.1 mol · L^{-1} HAc 与 0.01 mol · L^{-1} NaAc 等体积混合

A. (1)>(2)>(3)>(4)　　B. (1)>(3)>(2)>(4)

C. (4)>(3)>(2)>(1)　　D. (3)>(4)>(1)>(2)

10. 0.1 mol · L^{-1} NH_4Cl 溶液$[H^+]$的计算公式应选择(　　)。

A. $[H^+]=\sqrt{cK_b^\ominus}$　　B. $[H^+]=\sqrt{K_a^\ominus\cdot K_b^\ominus}$

C. $[H^+]=\sqrt{\dfrac{cK_w^\ominus}{K_b^\ominus}}$　　D. $[H^+]=\dfrac{c_aK_a^\ominus}{c_b}$

11. 一元弱酸 HA($K_a^\ominus=10^{-5}$)，在 pH=5.0 的水溶液中，A^-型体所占的百分比是(　　)。

A. 10%　　B. 25%　　C. 50%　　D. 80%

12. 在 pH=6.0 的土壤溶液中，下列物质浓度最大的为(　　)。

A. H_3PO_4　　B. $H_2PO_4^-$　　C. HPO_4^{2-}　　D. PO_4^{3-}

13. 0.10 mol · L^{-1} 一元弱酸溶液的 pH=3.0，则其同浓度共轭碱溶液的 pH 是(　　)。

A. 11.0　　B. 9.0　　C. 8.5　　D. 9.5

14. 下列缓冲溶液中缓冲能力最强的是(　　)。

A. 10 mL 0.1 mol · L^{-1} HAc + 10 mL 0.2 mol · L^{-1} NaAc

B. 10 mL 0.5 mol · L^{-1} HAc + 10 mL 0.5 mol · L^{-1} NaAc

C. 10 mL 0.4 mol · L^{-1} HAc + 10 mL 0.2 mol · L^{-1} NaOH

D. 10 mL 0.4 mol · L^{-1} HAc + 10 mL 0.2 mol · L^{-1} HCl

15. 浓度为 c mol · L^{-1} 的$(NH_4)_2SO_4$ 的水溶液，下列公式正确的是(　　)。

A. $[H^+]=\sqrt{\dfrac{2cK_w^\ominus}{K_b^\ominus(NH_3)}}$　　B. $[H^+]=\dfrac{1}{2}\sqrt{\dfrac{2cK_w^\ominus}{K_b^\ominus(NH_3)}}$

C. $[H^+]=2\sqrt{cK_b^\ominus(NH_3)}$　　D. $[H^+]=\sqrt{2cK_b^\ominus(NH_3)}$

16. HAc 被稀释时，发生的情况是(　　)。

A. $K_a^\ominus$ 和电离度均变大　　B. $K_a^\ominus$ 和电离度均变小

C. $K_a^\ominus$ 不变，电离度增大　　D. $K_a^\ominus$ 不变，电离度减小

17. 体积相等的 0.10 mol · L^{-1} NaOH 和 0.20 mol · L^{-1}HA($K_a^\ominus=10^{-5}$)混合，pH(　　)。

A. 大于 9　　B. 小于 5　　C. 等于 9　　D. 等于 5

18. 欲配制 pH=9.1 的缓冲溶液，则应选用下列弱酸或弱碱中的（　　）。

A. 羟氨(NH_2OH)，$K_b^\ominus=1.0\times10^{-9}$　　B. 氨水 $K_b^\ominus=1.0\times10^{-5}$

C. 乙酸 $K_a^\ominus=1.0\times10^{-5}$　　D. 亚硝酸 $K_a^\ominus=5.1\times10^{-4}$

19. 用 0.200 0 mol·L^{-1} NaOH 滴定 0.200 0 mol·L^{-1} HCl，其 pH 突跃范围是（　　）。

A. 2.0~6.0　　B. 4.0~8.0　　C. 4.0~10.0　　D. 8.0~10.0

20. 用 0.100 0 mol·L^{-1} HCl 溶液滴定 0.100 0 mol·L^{-1} 氨水溶液，化学计量点 pH 为（　　）。

A. 等于 7.00　　B. 大于 7.00　　C. 小于 7.00　　D. 等于 8.00

21. 已知 H_3PO_4 的 $K_{a_1}^\ominus=7.5\times10^{-3}$、$K_{a_2}^\ominus=6.2\times10^{-8}$ 和 $K_{a_3}^\ominus=2.2\times10^{-12}$，若某 H_3PO_4 溶液中的 $c(H_3PO_4)=c(H_2PO_4^-)$，该溶液的 pH 则为（　　）。

A. 2.1　　B. >2.1　　C. 2.1~7.2　　D. 7.2

22. 已知 H_2CO_3 的 $K_{a_1}^\ominus=4.2\times10^{-7}$，$K_{a_2}^\ominus=5.6\times10^{-11}$，0.1 mol·L^{-1} Na_2CO_3 水溶液的 pH 是（　　）。

A. 11.62　　B. 10.32　　C. 8.3　　D. 9.68

23. 以下各组物质具有缓冲作用的是（　　）。

A. HCOOH-HCOONa　　B. HCl-NaCl

C. NaOH-$NH_3\cdot H_2O$　　D. HAc-NaOH(等量)

24. 已知 NH_3 的 $K_b^\ominus=1.77\times10^{-5}$，0.2 mol·L^{-1} NH_4Cl 溶液的 pH 是（　　），如果在该溶液中加入等体积的 0.4 mol·L^{-1} 氨水时，溶液的 pH 是（　　）。

A. 4.97　　B. 8.95　　C. 5.12　　D. 9.55

25. 根据酸碱质子理论，下列物质中只能为质子酸的是（　　）。

A. NH_3　　B. Cl^-　　C. HCN　　D. NH_4^+

26. 根据酸碱质子理论，具有酸碱两性的是（　　）。

A. NH_2^-　　B. HCO_3^-　　C. Cl^-　　D. $H_2PO_4^-$

27. 在 $NH_3\cdot H_2O$ 溶液中加入少量固体 NaCl，溶液的 pH 将（　　）。

A. 降低　　B. 不变　　C. 升高　　D. 无法确定

28. 已知相同浓度下 4 种盐 NaA、NaB、NaC、NaD 的水溶液 pH 依次增大，则相同浓度下列酸离解度最大的是（　　）。

A. HA　　B. HB　　C. HC　　D. HD

29. 在 H_2S 溶液中，浓度和 $K_{a_2}^\ominus$ 数值相近的分子或离子是（　　）。

A. HS^-　　B. H_2S　　C. S^{2-}　　D. H^+

30. 已知 $K_a^\ominus(HF)=3.53\times10^{-4}$，$K_a^\ominus(HCN)=4.93\times10^{-10}$，$K_a^\ominus(HAc)=1.77\times10^{-5}$，可配成 pH=9 的缓冲溶液的为（　　）。

A. HF 和 NaF　　B. HCN 和 NaCN　　C. HAc 和 NaAc　　D. 都可以

31. 某一弱酸型指示剂，在 pH=4.5 的溶液中恰好呈其酸式色。该指示剂的 $K_{HIn}^\ominus$ 约为（　　）。

A. 3.2×10^{-4}　　B. 3.2×10^{-5}　　C. 3.2×10^{-6}　　D. 3.2×10^{-7}

32. 下列溶液不能用 0.1 mol·L^{-1} HCl 标液直接滴定的是（　　）。

A. 0.1 mol·L^{-1} $NH_3\cdot H_2O$($NH_3\cdot H_2O$ 的 $K_b^\ominus=1.8\times10^{-5}$)

B. 0.1 mol·L^{-1} $NaNO_2$(HNO_2 的 $K_a^\ominus=4.6\times10^{-4}$)

C. 0.1 mol·L^{-1} $Na_2B_4O_7$(H_3BO_3 的 $K_a^\ominus=7.3\times10^{-10}$)

D. 0.1 mol·L^{-1} Na_2CO_3(H_2CO_3 的 $K_{a_1}^\ominus=4.3\times10^{-7}$)

33. 用 0.100 0 $mol \cdot L^{-1}$ NaOH 滴定等浓度的 HCl，pH 突跃范围为 4.3~9.7；若用 0.010 00 $mol \cdot L^{-1}$ NaOH 滴定等浓度的 HCl，则 pH 突跃范围为（　　）。

A. 4.3~9.7　　B. 4.3~8.7　　C. 5.3~9.7　　D. 5.3~8.7

34. 用 NaOH 滴定 H_3AsO_4（$K_{a_1}^{\ominus}=6.5\times10^{-3}$，$K_{a_2}^{\ominus}=1.1\times10^{-7}$，$K_{a_3}^{\ominus}=3.2\times10^{-12}$），该滴定有（　　）滴定突跃。

A. 1 个　　B. 2 个　　C. 3 个　　D. 4 个

35. 含 NaOH 和 Na_2CO_3 混合碱液，用 HCl 滴至酚酞变色，消耗 V_1 mL，继续以甲基橙为指示剂滴定，又消耗 V_2 mL，其组成为（　　）。

A. $V_1=V_2$　　B. $V_1>V_2$　　C. $V_1<V_2$　　D. $V_1=2V_2$

36. 用 NaOH 标准溶液滴定 0.1 $mol \cdot L^{-1}$ HCl 和 0.1 $mol \cdot L^{-1}$ H_3BO_3 混合液时，最合适的指示剂是（　　）。

A. 百里酚酞　　B. 酚酞　　C. 中性红　　D. 甲基红

37. 酸碱滴定中选择指示剂时可不考虑的因素是（　　）。

A. pH 突跃范围和要求的误差范围　　B. 指示剂变色范围和颜色变化

C. 指示剂的结构　　D. 滴定方向

38. 0.1 $mol \cdot L^{-1}$ 的下列溶液，可用 HCl 标液直接滴定的是（　　）。

A. 盐酸羟胺（$K_b^{\ominus}=9\times10^{-9}$）　　B. 苯酚钠（苯酚的 $K_a^{\ominus}=1\times10^{-10}$）

C. 甲酸钠（HCOOH 的 $K_a^{\ominus}=1.8\times10^{-4}$）　　D. 乙酸钠（HAc 的 $K_a^{\ominus}=1.8\times10^{-5}$）

39. 已知 H_3PO_4 的 $K_{a_1}^{\ominus}=7.6\times10^{-3}$，$K_{a_2}^{\ominus}=6.3\times10^{-8}$，$K_{a_3}^{\ominus}=4.4\times10^{-13}$，若以 NaOH 滴定 H_3PO_4，则第二化学计量点的 pH 约为（　　）。

A. 10.7　　B. 9.7　　C. 7.7　　D. 4.9

二、填空题

1. 影响酸碱指示剂变色范围的因素有________、________、________、________。

2. 亚硫酸钠 Na_2SO_3 的 $pK_{b_1}^{\ominus}=6.80$，$pK_{b_2}^{\ominus}=12.10$，其对应共轭酸的 $pK_{a_2}^{\ominus}=$________，$pK_{a_1}^{\ominus}=$________。NH_3 的 $K_b^{\ominus}=1.8\times10^{-5}$，则其共轭酸________的 $K_a^{\ominus}$ 为________。

3. 甲基橙指示剂的变色范围是 pH 为________，当溶液的 pH 小于这个范围的下限时，指示剂呈现________色。

4. 多元酸（碱）能被准确地分步滴定的判据是________和________。

5. 用 NH_4Cl 和 $NH_3 \cdot H_2O$ 配制 pH=9.0 的缓冲溶液，在 0.10 $mol \cdot L^{-1}$ NH_3 溶液中，NH_4Cl 的浓度应为________$mol \cdot L^{-1}$。（$K_b^{\ominus}=1.77\times10^{-5}$）

6. NaH_2PO_4 可与________或________组成缓冲溶液，若抗酸抗碱成分溶液和体积都相等，则前者 pH=______，后者 pH=______。（H_3PO_4 的 $pK_{a_1}^{\ominus}=2.12$，$pK_{a_2}^{\ominus}=7.21$）

7. 根据酸碱质子论，在水溶液中，共轭酸及其碱的酸常数 $K_a^{\ominus}$ 和碱常数 $K_b^{\ominus}$ 的关系为____________。

8. pH=3.2 的 HCl 溶液中，HCl 的初浓度 $c=$________ $mol \cdot L^{-1}$，pH=3.1 的 HAc 溶液中，HAc 的初浓度 $c=$________ $mol \cdot L^{-1}$。（$K_a^{\ominus}=1.76\times10^{-5}$）

9. 将 500 mL 0.2 $mol \cdot L^{-1}$ HCN 与等体积 0.2 $mol \cdot L^{-1}$ NaOH 混合后，此溶液的 pH 为________。（HCN 的 $K_a^{\ominus}=4.93\times10^{-10}$）

10. 按酸碱质子理论，酸碱反应的实质是____________。

11. 在 HAc 溶液中加入少量 NaAc 固体，并使之溶解后，HAc 的电离度 α________，溶液的 $c(H^+)$________，pH________。（增大、减小和不变）

12. 有一碱液，可能是 NaOH、Na_2CO_3、$NaHCO_3$ 或它们的混合物溶液，今用标准盐酸滴定，若以酚酞为指示剂，耗去盐酸的体积为 V_1；若取同样量的该碱液，也用盐酸滴定，但以甲基橙为指示剂，耗去盐酸的体积为 V_2。(1)当 $V_1=V_2$ 时，组成是________；(2)若 $V_2=2V_1$，组成是________。

三、简答题

1. 下列说法是否正确，如不正确请指出其中的错误：

(1)HAc 溶液中加入 NaAc 后产生同离子效应，所以向 HCl 溶液中加入 NaCl 也会产生同离子效应。

(2)在相同浓度的一元酸溶液中，$c(H^+)$都相同，因为中和同体积同浓度的乙酸溶液与盐酸溶液所需要的碱是等量的。

2. 以 $NH_3 \cdot H_2O-NH_4Cl$ 体系为例说明缓冲溶液的缓冲机理。

3. 写出下列酸碱水溶液的质子条件式。

(1)Na_2HPO_4　(2)$NH_4H_2PO_4$　(3)$Na_2C_2O_4$　(4)HCl+HAc　(5)Na_2S

(6)NH_3+NaOH　(7)H_3PO_4　(8)Na_3PO_4　(9)H_3BO_3

四、计算题

1. 5.01 g HCl($M=36.46\ g \cdot mol^{-1}$)和 6.74 g NaCN($M=49.01\ g \cdot mol^{-1}$)溶于水，最后体积为 0.275 L，求$[H^+]$、$[CN^-]$和$[HCN]$。($K_a^\ominus=4.93\times10^{-10}$)

2. 已知 $H_2C_2O_4$ 的 $K_1^\ominus=5.9\times10^{-2}$，$K_2^\ominus=6.4\times10^{-5}$，求 0.25 $mol \cdot L^{-1}$ $H_2C_2O_4$ 溶液中$[H^+]$和$[C_2O_4^{2-}]$。

3. 实验室中有 1.00 L 氨水，浓度 6.0 $mol \cdot L^{-1}$。为配制 pH=9.00 缓冲液，需加多少体积 1.0 $mol \cdot L^{-1}$ NH_4Cl 溶液？($K_b^\ominus=1.77\times10^{-5}$)

4. 判断用 0.100 0 $mol \cdot L^{-1}$ 的 NaOH 标准溶液准确滴定 0.100 0 $mol \cdot L^{-1}$ 的 HCOOH 溶液能否进行；如果能进行直接滴定，计算计量点时溶液的 pH 并指出滴定时应选择何种酸碱指示剂。已知 HCOOH 的 $K_a^\ominus=1.8\times10^{-4}$。

5. 两个 HAc-NaAc 缓冲溶液的 pH 分别为 4.94 和 4.84，它们的 HAc 浓度相同，NaAc 的浓度比应为多少？

6. 下列混合溶液 pH 为多少？[$K_a^\ominus(HF)=3.53\times10^{-4}$，$K_b^\ominus(NH_3)=1.79\times10^{-5}$，$K_{a_2}^\ominus(HSO_4^-)=1.2\times10^{-2}$，$K_{a_1}^\ominus(H_2CO_3)=4.3\times10^{-7}$]

(1)0.10 mol HCl 和 0.10 mol KF 加水成为 0.235 L。

(2)0.285 mol NH_4NO_3 和 0.285 mol KOH 加水至 5.25 L。

(3)10.0 mL 1.00 $mol \cdot L^{-1}$ H_2SO_4 与 10.0 mL 1.00 $mol \cdot L^{-1}$ $KHSO_4$。

(4)10.0 mL 1.00 $mol \cdot L^{-1}$ H_2SO_4 与 30.0 mL 1.00 $mol \cdot L^{-1}$ K_2SO_4。

(5)10.0 mL 0.100 $mol \cdot L^{-1}$ HCl 与 20.0 mL 0.200 $mol \cdot L^{-1}$ Na_2SO_4。

(6)0.100 mL 含 0.150 $mol \cdot L^{-1}$ $NaHSO_4$ 及 0.150 $mol \cdot L^{-1}$ Na_2SO_4 缓冲液加入 10.0 mL 0.100 $mol \cdot L^{-1}$ H_2SO_4。

(7)10.0 mL 1.00 $mol \cdot L^{-1}$ HCl 加到 0.250 L 0.500 $mol \cdot L^{-1}$ $NaHCO_3$ 溶液中。

7. 欲配制 250 mL pH=5.00 的缓冲溶液，问在 125 mL 1.0 $mol \cdot L^{-1}$ NaAc 溶液中加入多少 mL 6.0 $mol \cdot L^{-1}$ HAc 溶液？如何配制？已知 HAc 的 $K_a^\ominus=1.76\times10^{-5}$。

6.4.2 同步练习答案

一、选择题

1. B　2. C　3. B　4. B　5. D　6. B　7. D　8. B　9. D　10. C　11. C　12. B　13. B　14. B　15. A　16. C　17. D　18. B　19. C　20. C　21. A　22. A　23. A　24. A；D　25. D　26. BD　27. C　28. A　29. C　30. B

31. C　32. C　33. D　34. B　35. B　36. D　37. C　38. B　39. B

二、填空题

1. 指示剂的用量；溶液的温度；离子强度；溶剂
2. 7.20；1.90；NH_4^+；5.6×10^{-10}
3. 3.1~4.4；红色
4. $cK_{a_i}^{\ominus}\geqslant10^{-8}$；$K_{a_i}^{\ominus}/K_{a_{i+1}}^{\ominus}\geqslant10^4$
5. 0.18
6. H_3PO_4；Na_2HPO_4；2.12；7.21
7. $K_a^{\ominus}\cdot K_b^{\ominus}=K_w^{\ominus}$
8. 6.3×10^{-4}；3.55×10^{-2}
9. 11.2
10. 质子的转移
11. 减小；减小；增大
12. NaOH；Na_2CO_3

三、简答题

1. (1)错，HCl是强电解质不存在电离平衡，因此向HCl溶液中加入NaCl不会产生同离子效应。

(2)错，不同的弱酸的$K_a^{\ominus}$不同，因此在相同浓度的一元酸溶液中，$c(H^+)$不会相同。因为酸碱中和反应是$H^++OH^-═H_2O$，所以同体积同浓度的乙酸溶液与盐酸溶液所需要的碱是等量的。

2. 在$NH_3\cdot H_2O-NH_4Cl$的缓冲溶液中，存在$NH_3\cdot H_2O═NH_4^++OH^-$，当外加少量的酸时，发生$H^++OH^-═H_2O$反应，平衡被破坏，但立即通过平衡移动达成新的平衡，则维持溶液的pH基本保持不变，同样加入少量的碱时，平衡逆向移动，也可维持溶液的pH基本保持不变。

3. (1)Na_2HPO_4　　$[H^+]+[H_2PO_4^-]+2[H_3PO_4]=[PO_4^{3-}]+[OH^-]$

(2)$NH_4H_2PO_4$　　$[H^+]+[H_3PO_4]=[NH_3]+2[PO_4^{3-}]+[HPO_4^{2-}]+[OH^-]$

(3)$Na_2C_2O_4$　　$[H^+]+[HC_2O_4^-]+2[H_2C_2O_4]=[OH^-]$

(4)HCl+HAc　　$[H^+]=[OH^-]+[Ac^-]+c(HCl)$

(5)Na_2S　　$[H^+]+[HS^-]+2[H_2S]=[OH^-]$

(6)NH_3+NaOH　　$[H^+]+c(NaOH)+[NH_4^+]=[OH^-]$

(7)H_3PO_4　　$[H^+]=[OH^-]+[H_2PO_4^-]+2[HPO_4^{2-}]+3[PO_4^{3-}]$

(8)Na_3PO_4　　$[H^+]+[HPO_4^{2-}]+2[H_2PO_4^-]+3[H_3PO_4]=[OH^-]$

(9)H_3BO_3　　$[H^+]=[OH^-]+[H_2BO_3^-)]$

四、计算题

1. 解：$n(HCl)=\dfrac{5.01}{36.46}=0.137\ mol$　　$n(NaCN)=\dfrac{6.74}{49.01}=0.137\ mol$

所以 $c(HCN)=\dfrac{0.137}{0.275}=0.50\ mol\cdot L^{-1}$

因为 $cK_a^{\ominus}>500$　　$c/K_a^{\ominus}>20K_w^{\ominus}$

$[H^+]=[CN^-]=\sqrt{c(HCN)K_a^{\ominus}}=\sqrt{0.50\times4.93\times10^{-10}}=1.57\times10^{-5}mol\cdot L^{-1}$

$[HCN]\approx0.50\ mol\cdot L^{-1}$

2. 解：　　$H_2C_2O_4═H^++HC_2O_4^-$

平衡浓度/$(mol\cdot L^{-1})$　　$0.25-x$　　x　　x

$\frac{x^2}{0.25-x}=5.9\times10^{-2}$解得 $x=9.5\times10^{-2}\ mol\cdot L^{-1}$

所以 $c(H^+)=9.5\times10^{-2}mol\cdot L^{-1}$，$c(C_2O_4^{2-})=K_{a_2}^{\ominus}=6.4\times10^{-5}\ mol\cdot L^{-1}$

3. 解：$pOH=pK_b^{\ominus}-\lg\frac{c_b}{c_a}$

$14-9.00=-\lg(1.77\times10^{-5})-\lg\frac{c_b}{c_a}$

解得$\frac{c_b}{c_a}=0.56$

$\frac{1.00\times6.0}{V(NH_4Cl)\times1.0}=0.56$　　$V(NH_4Cl)=10.7\ L$

4. 解：因为 $cK_a^{\ominus}>10^{-8}$，所以能够被直接滴定。

$K_b^{\ominus}=K_w^{\ominus}/K_a^{\ominus}$，$cK_b^{\ominus}>20K_w^{\ominus}$，$c/K_b^{\ominus}>500$

所以$[OH^-]=\sqrt{cK_b^{\ominus}}=\sqrt{0.0500\times5.6\times10^{-11}}=1.7\times10^{-6}\ mol\cdot L^{-1}$

pH=8.22，所以选择酚酞作指示剂。

5. 解：$pH=pK_a^{\ominus}-\lg\frac{c_a}{c_b}$

$4.94=pK_a^{\ominus}-\lg\frac{c_a}{c_{b_1}}$　$4.84=pK_a^{\ominus}-\lg\frac{c_a}{c_{b_2}}$

故$\frac{c_{b_1}}{c_{b_2}}=1.26$，即两个缓冲溶液中 NaAc 的浓度比应为 1.26。

6. 解：(1)$c(HF)=\frac{0.10}{0.235}=0.4255\ mol\cdot L^{-1}$

$[H^+]=\sqrt{c(HF)K_a^{\ominus}}=\sqrt{0.4255\times3.53\times10^{-4}}=1.226\times10^{-2}\ mol\cdot L^{-1}$

pH=1.91

(2)$c(NH_3)=\frac{0.285}{5.25}=0.054\ mol\cdot L^{-1}$

因为 $c/K_b^{\ominus}>500$，所以可近似计算。

$[OH^-]=\sqrt{c(NH_3)K_b^{\ominus}}=\sqrt{0.054\times1.77\times10^{-5}}=9.78\times10^{-4}\ mol\cdot L^{-1}$

$pH=14-[-\lg(9.78\times10^{-4})]=10.99$

(3)　　$HSO_4^- \rightleftharpoons H^+ + SO_4^{2-}$

平衡浓度/$(mol\cdot L^{-1})$　　$1.00-x$　　$0.50+x$　　x

因为 $c/K_{a_2}^{\ominus}<500$，所以不可近似计算。

$K_{a_2}^{\ominus}=\frac{x(0.50+x)}{1.00-x}=1.2\times10^{-2}$

解得 $x=0.022\ mol\cdot L^{-1}$

$[H^+]=0.50+0.022=0.522\ mol\cdot L^{-1}$

pH=0.28

(4)$c(H_2SO_4)=0.25\ mol\cdot L^{-1}$，$c(K_2SO_4)=0.75\ mol\cdot L^{-1}$

$HSO_4^- \rightleftharpoons H^+ + SO_4^{2-}$

平衡浓度/$(mol\cdot L^{-1})$　　$0.25-x$　　$0.25+x$　　$0.75+x$

$K_{a_2}^{\ominus}=\frac{(0.25+x)(0.75+x)}{0.25-x}=1.2\times10^{-2}$

解得 $x=0.2385\ \text{mol}\cdot\text{L}^{-1}$

$[H^+]=0.25+0.2385=0.4885\ \text{mol}\cdot\text{L}^{-1}$

pH=0.31

(5) $c(\text{HCl})=\frac{10.0\times0.100}{10.0+20.0}=0.033\ \text{mol}\cdot\text{L}^{-1}$

$c(Na_2SO_4)=\frac{20.0\times0.200}{10.0+20.0}=0.133\ \text{mol}\cdot\text{L}^{-1}$

$HSO_4^- \rightleftharpoons H^+ + SO_4^{2-}$

平衡浓度/$(\text{mol}\cdot\text{L}^{-1})$　　$0.033-x$　　x　　$0.1+x$

因为 $c/K_a^{\ominus}<500$，所以不可近似计算。

$K_{a_2}^{\ominus}=\frac{(0.1+x)x}{0.033-x}=1.2\times10^{-2}$

解得 $x=3.43\times10^{-3}\ \text{mol}\cdot\text{L}^{-1}$

$[H^+]=3.43\times10^{-3}\ \text{mol}\cdot\text{L}^{-1}$

pH=2.46

(6) $c(NaHSO_4)=\frac{0.100\times0.150}{0.100+0.100}=0.136\ \text{mol}\cdot\text{L}^{-1}$

$c(Na_2SO_4)=\frac{0.100\times0.150}{0.100+0.100}=0.136\ \text{mol}\cdot\text{L}^{-1}$

$c(H_2SO_4)=\frac{0.100\times0.010}{0.100+0.010}=0.009\ \text{mol}\cdot\text{L}^{-1}$

混合后 $c(HSO_4^-)=0.136+0.009+0.009=0.154\ \text{mol}\cdot\text{L}^{-1}$

$c(SO_4^{2-})=0.136-0.009=0.127\ \text{mol}\cdot\text{L}^{-1}$

$\text{pH}=\text{p}K_{a_2}^{\ominus}-\lg\frac{c(HSO_4^-)}{c(SO_4^{2-})}=-\lg0.012-\lg\frac{0.154}{0.127}=1.84$

(7) $n(\text{HCl})=0.010\times1.00=0.01\ \text{mol}$

$n(NaHCO_3)=0.250\times0.500=0.125\ \text{mol}$

混合后 $c(H_2CO_3)=\frac{0.01}{0.010+0.250}=3.85\times10^{-2}\ \text{mol}\cdot\text{L}^{-1}$

$c(HCO_3^-)=\frac{0.125-0.01}{0.010+0.250}=0.442\ \text{mol}\cdot\text{L}^{-1}$

$\text{pH}=\text{p}K_{a_1}^{\ominus}-\lg\frac{c(H_2CO_3)}{c(HCO_3^-)}=6.37-\lg\frac{3.85\times10^{-2}}{0.442}=7.43$

7. 解：$\text{pH}=\text{p}K_a^{\ominus}-\lg\frac{c_a}{c_b}$

$5.00=-\lg(1.76\times10^{-5})-\lg\frac{V(\text{HAc})\times6.0/250}{125\times1.0/250}$

$V(\text{HAc})=11.7\ \text{mL}$

方法：取125 mL 1.0 mol·L^{-1} NaAc溶液和11.7 mL 6.0 mol·L^{-1} HAc溶液，放入250 mL容量瓶中，用蒸馏水定容即可。

第7章

沉淀溶解平衡与沉淀滴定法

7.1 基本要求

(1)理解和掌握溶度积、溶度积规则、分步沉淀等的概念及原理。

(2)掌握难溶电解质溶度积和溶解度之间的换算。

(3)掌握难溶盐的生成、溶解与转化原理，并能熟练地进行有关计算。

(4)掌握分步沉淀的有关计算。

(5)掌握沉淀滴定法的原理和影响突跃范围的因素。

(6)掌握莫尔法、佛尔哈德法和法扬司法的滴定条件和适用范围。

重点：溶度积规则及有关计算；多重平衡的计算；分步沉淀的计算；莫尔法、佛尔哈德法和法扬司法的滴定条件和适用范围。

难点：难溶电解质溶度积和溶解度之间的换算；混合电解质溶液的有关计算。

7.2 知识体系

7.2.1 难溶电解质的沉淀溶解平衡

7.2.1.1 溶度积与溶度积规则

$$A_mB_n(s) \rightleftharpoons mA^{n+}(aq) + nB^{m-}(aq)$$

$$K_{sp}^{\ominus} = [A^{n+}]^m [B^{m-}]^n$$

$Q = K_{sp}^{\ominus}$，$\Delta_r G_m = 0$，沉淀溶解处于平衡状态，体系为饱和溶液；

$Q < K_{sp}^{\ominus}$，$\Delta_r G_m < 0$，未饱和溶液，反应向沉淀溶解的方向进行，直至达到饱和状态；

$Q > K_{sp}^{\ominus}$，$\Delta_r G_m > 0$，过饱和溶液，反应向生成沉淀的方向进行，直至达到饱和状态。

7.2.1.2 溶度积和溶解度

AB 型难溶电解质：

$$K_{sp}^{\ominus} = (s)^2 \qquad s = \sqrt{K_{sp}^{\ominus}} \tag{7-1}$$

A_2B 或 AB_2 型难溶电解质：

$$K_{sp}^{\ominus}=4(s)^3 \qquad s=\sqrt[3]{\frac{K_{sp}^{\ominus}}{4}} \tag{7-2}$$

AB_3 或 A_3B 型难溶电解质：

$$K_{sp}^{\ominus}=27(s)^4 \qquad s=\sqrt[4]{\frac{K_{sp}^{\ominus}}{27}} \tag{7-3}$$

7.2.1.3　溶度积与自由能

$$\Delta_r G_m^{\ominus}=-RT\ln K_{sp}^{\ominus}=-2.303RT\lg K_{sp}^{\ominus} \tag{7-4}$$

7.2.1.4　沉淀的生成

$Q=c^m(A^{n+})c^n(B^{m-})>K_{sp}^{\ominus}$，$\Delta_r G_m>0$，反应逆向进行，有沉淀生成。

7.2.1.5　分步沉淀

根据溶度积原理，可以定量说明分步沉淀现象。分步沉淀的顺序为所需沉淀剂浓度小的组分先被沉淀，所需浓度大的组分后被沉淀。生成沉淀所需沉淀剂的浓度取决于生成沉淀的类型、溶度积 $K_{sp}^{\ominus}$ 以及待沉淀组分的浓度。

7.2.1.6　沉淀的溶解

$Q<K_{sp}^{\ominus}$，$\Delta_r G_m<0$，反应向沉淀溶解的方向进行，直至达到饱和状态。方法是设法降低溶液中难溶电解质的某一离子浓度，使 $Q<K_{sp}^{\ominus}$，如生成气体、弱电解质、配合物等都能有效降低某离子的浓度而使沉淀溶解。

例如，硫化物溶解在酸中：

$$MS(s)+2H^+(aq) \rightleftharpoons M^{2+}(aq)+H_2S(aq)$$

$$K^{\ominus}=\frac{K_{sp}^{\ominus}(MS)}{K_{a_1}^{\ominus}(H_2S)K_{a_2}^{\ominus}(H_2S)} \tag{7-5}$$

这种在溶液中有两种平衡同时建立的平衡称为多重平衡。对应的平衡常数 $K^{\ominus}$ 称为多重平衡常数。

7.2.2　沉淀滴定

7.2.2.1　沉淀滴定原理

在银量法中，随着滴定的进行，溶液中 Ag^+ 和 X^- 的浓度不断发生变化。若以加入标准溶液的体积或滴定百分数为横坐标，以 pAg 或 pX 为纵坐标作图，可得到银量法的滴定曲线(图7-1)。

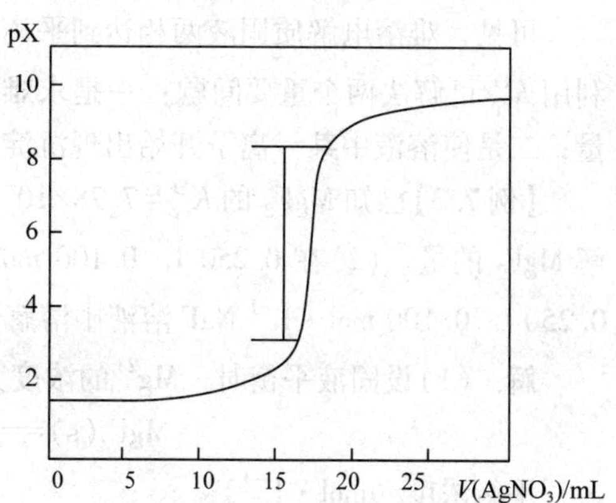

图7-1　0.100 0 mol · L^{-1} $AgNO_3$ 滴定 20.00 mL 同浓度 Cl^- 时的滴定曲线

7.2.2.2　莫尔法

以铬酸钾(K_2CrO_4)为指示剂，用 $AgNO_3$ 标准溶液滴定卤化物的一种沉淀滴定分析法。

$$Ag^+ + Cl^- \rightleftharpoons AgCl\downarrow(白色)$$

$$K_{sp}^{\ominus}(AgCl)=1.77\times10^{-10}$$

$$2Ag^+ + CrO_4^{2-} \rightleftharpoons Ag_2CrO_4\downarrow(砖红色)$$

$$K_{sp}^{\ominus}(Ag_2CrO_4)=1.12\times10^{-12}$$

7.2.2.3 佛尔哈德法

在酸性溶液中，以铁铵矾[$NH_4Fe(SO_4)_2\cdot12H_2O$]为指示剂，以硫氰酸铵($NH_4SCN$)为标准溶液的银量法。

$$SCN^-+Ag^+\rightleftharpoons AgSCN\downarrow(\text{白色})\quad K_{sp}^{\ominus}(AgSCN)=1.0\times10^{-12}$$

$$SCN^-+Fe^{3+}\rightleftharpoons[FeSCN]^{2+}(\text{红色})\quad K_f^{\ominus}([FeSCN]^{2+})=138$$

7.2.2.4 法扬司法

利用吸附指示剂，如荧光黄、二氯荧光黄、曙红等确定终点的银量法。

7.3 典型例题

【例 7.1】25.0 ℃时测得 $Mg(OH)_2$ 的溶解度为 8.34×10^{-4} g/100 g H_2O，求该温度下 $Mg(OH)_2$ 的 $K_{sp}^{\ominus}$。

解：设 $Mg(OH)_2$ 的溶解度为 s，溶度积为 $K_{sp}^{\ominus}$

因为 $\rho_{溶液}\approx\rho_{水}=1\ g\cdot mL^{-1}$，$Mg(OH)_2$ 的摩尔质量为 58.3 $g\cdot mol^{-1}$

所以 $$s=\frac{8.34\times10^{-4}\ g}{58.3\ g\cdot mol^{-1}\times0.1\ L}=1.43\times10^{-4}\ mol\cdot L^{-1}$$

$Mg(OH)_2$ 溶于水后，全部离解成 Mg^{2+} 和 OH^-

此时 $[Mg^{2+}]=1.43\times10^{-4}\ mol\cdot L^{-1}$，$[OH^-]=2.86\times10^{-4}\ mol\cdot L^{-1}$

$K_{sp}^{\ominus}=1.43\times10^{-4}\times(2.86\times10^{-4})^2=1.17\times10^{-11}$

【例 7.2】有一个 $Mg(OH)_2$ 和 MgF_2 两种固体共存的水溶液。测得 Mg^{2+} 的浓度为 0.002 7 $mol\cdot L^{-1}$，OH^- 的浓度为 $6.67\times10^{-5}\ mol\cdot L^{-1}$，$F^-$ 的浓度为 0.005 4 $mol\cdot L^{-1}$。求 $Mg(OH)_2$ 和 MgF_2 的 $K_{sp}^{\ominus}$。

解：$K_{sp}^{\ominus}[Mg(OH)_2]=[Mg^{2+}][OH^-]^2=0.0027\times(6.67\times10^{-5})^2=1.2\times10^{-11}$

$$K_{sp}^{\ominus}(MgF_2)=[Mg^{2+}][F^-]^2=0.0027\times(0.0054)^2=7.9\times10^{-8}$$

可见，难溶电解质固液两相达到平衡时，溶液中离子的平衡浓度必然满足溶度积 $K_{sp}^{\ominus}$。利用 $K_{sp}^{\ominus}$ 可解决两个重要问题：一是求难溶电解质在水中(或含有同离子的溶液中)溶解的量；二是使溶液中某一离子开始出现沉淀时，求出另外一种离子的量。

【例 7.3】已知 MgF_2 的 $K_{sp}^{\ominus}=7.78\times10^{-8}$，$M=62.31\ g\cdot mol^{-1}$。求：(1)在 0.250 L 水中溶解 MgF_2 的量。(2)在 0.250 L 0.100 $mol\cdot L^{-1}$ $Mg(NO_3)_2$ 溶液中溶解 MgF_2 的量。(3)在 0.250 L 0.100 $mol\cdot L^{-1}$ NaF 溶液中溶解 MgF_2 的量。

解：(1)设固液平衡时，Mg^{2+} 的浓度为 x $mol\cdot L^{-1}$

$$MgF_2(s)\rightleftharpoons Mg^{2+}(aq)+2F^-(aq)$$

平衡浓度/($mol\cdot L^{-1}$)　　　x　　　$2x$

$$K_{sp}^{\ominus}=x\cdot(2x)^2=4x^3=7.78\times10^{-8}$$

$$x=2.69\times10^{-3}$$

即溶解度 $s=x=2.69\times10^{-3}\ \text{mol}\cdot\text{L}^{-1}$。

0.250 L 水中溶解 MgF_2 的质量为

$$2.69\times10^{-3}\ \text{mol}\cdot\text{L}^{-1}\times62.31\ \text{g}\cdot\text{mol}^{-1}\times0.250\ \text{L}=0.0419\ \text{g}$$

(2)设固液平衡时，MgF_2 电离出 Mg^{2+}的浓度为 $y\ \text{mol}\cdot\text{L}^{-1}$

$$MgF_2(s) \rightleftharpoons Mg^{2+}(aq)+2F^-(aq)$$

平衡浓度/$(\text{mol}\cdot\text{L}^{-1})$　　　　$0.100+y$　　$2y$

$$K_{sp}^{\ominus}=(0.100+y)\times(2y)^2=7.78\times10^{-8}$$

由于同离子效应的存在，则 $0.100+y\approx0.100$，$0.100\times(2y)^2=7.78\times10^{-8}$

$$y=4.41\times10^{-4}$$

即溶解度 $s=4.41\times10^{-4}\ \text{mol}\cdot\text{L}^{-1}$。

该条件下溶解 MgF_2 的量为

$$4.41\times10^{-4}\ \text{mol}\cdot\text{L}^{-1}\times62.31\ \text{g}\cdot\text{mol}^{-1}\times0.250\ \text{L}=0.00687\ \text{g}$$

(3)设固液平衡时，MgF_2 电离出 Mg^{2+}的浓度为 z

$$MgF_2(s) \rightleftharpoons Mg^{2+}(aq)+2F^-(aq)$$

平衡浓度/$(\text{mol}\cdot\text{L}^{-1})$　　　　z　　$0.100+2z$

$$K_{sp}^{\ominus}=z\times(0.100+2z)^2=7.78\times10^{-8}$$

由于同离子效应的存在，则 $0.100+2z\approx0.100$，$z\times(0.100)^2=7.78\times10^{-8}$

$$z=7.78\times10^{-6}$$

即溶解度 $s=7.78\times10^{-6}\ \text{mol}\cdot\text{L}^{-1}$。

该条件下溶解 MgF_2 的量为

$$7.78\times10^{-6}\ \text{mol}\cdot\text{L}^{-1}\times62.31\ \text{g}\cdot\text{mol}^{-1}\times0.250\ \text{L}=1.21\times10^{-4}\ \text{g}$$

由此例可知，在难溶电解质溶液中加入相同离子的易溶电解质时，会使其溶解度降低，此现象称为多相平衡的同离子效应。

【例 7.4】已知 $Ca(OH)_2$ 的 $K_{sp}^{\ominus}$ 为 1.3×10^{-6}。在 $0.10\ \text{mol}\cdot\text{L}^{-1}$NaOH 溶液中需要多大浓度的 Ca^{2+}，才能生成 $Ca(OH)_2$ 沉淀？

解：设所需 Ca^{2+}的浓度为 $x\ \text{mol}\cdot\text{L}^{-1}$

$$Ca(OH)_2 \rightleftharpoons Ca^{2+}(aq)+2OH^-(aq)$$

平衡浓度/$(\text{mol}\cdot\text{L}^{-1})$　　　　x　　0.10

$$K_{sp}^{\ominus}=x\times(0.10)^2=1.3\times10^{-6}$$

$$x=c(Ca^{2+})=1.3\times10^{-4}\ \text{mol}\cdot\text{L}^{-1}$$

【例 7.5】在 20.0 mL 1.2 $\text{mol}\cdot\text{L}^{-1}$ $AgNO_3$ 溶液加入 30.0 mL 1.4 $\text{mol}\cdot\text{L}^{-1}$ Na_2SO_4，问能否生成 Ag_2SO_4 沉淀？若加入 30.0 mL 1.4 $\text{mol}\cdot\text{L}^{-1}$ HAc 能否生成 AgAc 沉淀？已知 Ag_2SO_4 的 $K_{sp}^{\ominus}$ 为 1.2×10^{-5}，AgAc 的 $K_{sp}^{\ominus}$ 为 1.9×10^{-3}。

解：溶液混合后未发生反应时

$$c(Ag^+)=\frac{1.2\ \text{mol}\cdot\text{L}^{-1}\times20.0\ \text{mL}}{50.0\ \text{mL}}=0.48\ \text{mol}\cdot\text{L}^{-1}$$

$$c(SO_4^{2-})=\frac{1.4\ mol\cdot L^{-1}\times 30.0\ mL}{50.0\ mL}=0.84\ mol\cdot L^{-1}$$

$$Q=c(SO_4^{2-})\times c^2(Ag^+)=0.84\times(0.48)^2=0.19$$

$$Q>K_{sp}^{\ominus}=1.2\times 10^{-5}$$

所以可以生成 Ag_2SO_4 沉淀。

若加入 HAc 溶液，混合后未发生反应时

$$c(HAc)=\frac{1.4\ mol\cdot L^{-1}\times 30.0\ mL}{50.0\ mL}=0.84\ mol\cdot L^{-1}$$

因为 HAc 是弱酸，发生部分电离，Ac^-的浓度可由 HAc 电离平衡求出：

$$c(Ac^-)=\sqrt{K_a^{\ominus}\times c}=\sqrt{1.76\times 10^{-5}\times 0.84}=3.8\times 10^{-3}$$

$$Q=0.48\times 3.8\times 10^{-3}=1.8\times 10^{-3}<K_{sp}^{\ominus}$$

所以不能生成 AgAc 沉淀。

【例 7.6】已知 AgSCN 的 $K_{sp}^{\ominus}$ 为 1.0×10^{-12}。在 100.0 mL 0.10 $mol\cdot L^{-1}$ NaSCN 中加入多少体积的 0.10 $mol\cdot L^{-1}$ $AgNO_3$ 才会使 SCN^- 的浓度降至 2.0×10^{-10} $mol\cdot L^{-1}$。

解：设固液平衡时，Ag^+的浓度为 x $mol\cdot L^{-1}$

$$AgSCN(s) \rightleftharpoons Ag^+(aq)+SCN^-(aq)$$

平衡浓度/($mol\cdot L^{-1}$)　　　x　　　2.0×10^{-10}

$$K_{sp}^{\ominus}=x\times 2.0\times 10^{-10}=1.0\times 10^{-12}$$

$$x=c(Ag^+)=5.0\times 10^{-3}\ mol\cdot L^{-1}$$

此时溶液中 Ag^+浓度为 5.0×10^{-3} $mol\cdot L^{-1}$。

假设所需加入 $AgNO_3$ 的体积为 y L

$$5.0\times 10^{-3}\ mol\cdot L^{-1}=\frac{y\times 0.10\ mol\cdot L^{-1}-100.0\ mL\times 0.10\ mol\cdot L^{-1}}{y+100.0\ mL}$$

$$y=0.11\times 10^3\ mL$$

【例 7.7】已知 Ag_2CrO_4 的 $K_{sp}^{\ominus}$ 为 1.12×10^{-12}。求下列溶液中 Ag^+和 CrO_4^{2-} 的浓度。

(1) 10.0 mL 0.050 $mol\cdot L^{-1}$ $AgNO_3$ 加 5.0 mL 0.050 $mol\cdot L^{-1}$ CrO_4^{2-}。

(2) 5.0 mL 0.050 $mol\cdot L^{-1}$ $AgNO_3$ 加 10.0 mL 0.050 $mol\cdot L^{-1}$ CrO_4^{2-}。

解：(1) 溶液混合后未发生反应时

$$c(Ag^+)=\frac{0.050\ mol\cdot L^{-1}\times 10.0\ mL}{15.0\ mL}=0.033\ mol\cdot L^{-1}$$

$$c(CrO_4^{2-})=\frac{0.050\ mol\cdot L^{-1}\times 5.0\ mL}{15.0\ mL}=0.017\ mol\cdot L^{-1}$$

上述离子在溶液中发生沉淀反应：　$2Ag^+(aq)+CrO_4^{2-}(aq) \rightleftharpoons Ag_2CrO_4(s)$

该反应计量数比为 $n(Ag^+)/n(CrO_4^{2-})=2:1$，混合后未反应时 $c(Ag^+)/c(CrO_4^{2-})=2:1$，由此可认为 Ag^+和 CrO_4^{2-} 完全生成沉淀后再达到溶解平衡，即

$$K_{sp}^{\ominus}=[Ag^+]^2[CrO_4^{2-}]=(2s)^2\times s=1.12\times 10^{-12}$$

$$s=6.54\times 10^{-5}\ mol\cdot L^{-1}$$

即固液两相平衡时，$c(Ag^+)=2s=1.31\times10^{-4}\ mol\cdot L^{-1}$，$c(CrO_4^{2-})=s=6.54\times10^{-5}\ mol\cdot L^{-1}$

(2)溶液混合后未发生反应时

$$c(Ag^+)=\frac{0.050\ mol\cdot L^{-1}\times5.0\ mL}{15.0\ mL}=0.017\ mol\cdot L^{-1}$$

$$c(CrO_4^{2-})=\frac{0.050\ mol\cdot L^{-1}\times10.0\ mL}{15.0\ mL}=0.033\ mol\cdot L^{-1}$$

按化学计量比生成 Ag_2CrO_4 沉淀后，尚有过量的 $0.025\ mol\cdot L^{-1}$ 的 CrO_4^{2-}，它将产生同离子效应。

假设平衡时 $c(CrO_4^{2-})$ 为 $0.025+x\ mol\cdot L^{-1}$

$$Ag_2CrO_4(s)\rightleftharpoons 2Ag^+(aq)+CrO_4^{2-}(aq)$$

平衡浓度/($mol\cdot L^{-1}$)　　$2x$　　$0.025+x$

$$K_{sp}^{\ominus}=(2x)^2\times(0.025+x)=1.12\times10^{-12}$$

由于同离子效应，$0.025+x\approx0.025$

$$x=3.3\times10^{-6}$$

即固液两相平衡时，$c(Ag^+)=6.6\times10^{-6}\ mol\cdot L^{-1}$，$c(CrO_4^{2-})=0.025\ mol\cdot L^{-1}$。

【例7.8】0.1 L溶液中有 $0.050\ mol\cdot L^{-1}\ Ca(NO_3)_2$ 和 $0.050\ mol\cdot L^{-1}\ Mg(NO_3)_2$。逐滴加入 $0.1\ mol\cdot L^{-1}$ 的 NaF，当 Mg^{2+} 开始沉淀时，溶液中 Ca^{2+} 浓度为多少？已知 CaF_2 的 $K_{sp}^{\ominus}=1.46\times10^{-10}$，$MgF_2$ 的 $K_{sp}^{\ominus}=8.0\times10^{-8}$。

解：由 CaF_2 和 MgF_2 的 $K_{sp}^{\ominus}$ 可以求出生成沉淀时需 F^- 的浓度

CaF_2：$K_{sp}^{\ominus}=[F^-]^2[Ca^{2+}]=1.46\times10^{-10}$

$$[F^-]=\sqrt{\frac{1.46\times10^{-10}}{0.050}}=5.4\times10^{-5}\ mol\cdot L^{-1}$$

MgF_2：$K_{sp}^{\ominus}=[F^-]^2[Mg^{2+}]=8.0\times10^{-8}$

$$[F^-]=\sqrt{\frac{8.0\times10^{-8}}{0.050}}=1.3\times10^{-3}\ mol\cdot L^{-1}$$

由此可知逐滴加入 NaF 时，CaF_2 优先生成沉淀。

当开始生成 MgF_2 沉淀时，$c(F^-)=1.3\times10^{-3}\ mol\cdot L^{-1}$，在此浓度下

$$c(Ca^{2+})=\frac{1.46\times10^{-10}}{(1.3\times10^{-3})^2}=8.6\times10^{-5}\ mol\cdot L^{-1}$$

此时 Ca^{2+} 近乎完全沉淀为 CaF_2。一般当溶液中离子浓度 $\leqslant10^{-5}\ mol\cdot L^{-1}$ 时，可认为该离子已分离完全。

【例7.9】在含有 Cd^{2+} 和 Fe^{2+} 浓度各为 $0.0200\ mol\cdot L^{-1}$ 的溶液中通入 H_2S 至饱和。求要如何控制溶液的 pH，才能使 CdS 充分沉淀而 FeS 不发生沉淀。已知 FeS 的 $K_{sp}^{\ominus}=1.59\times10^{-19}$，CdS 的 $K_{sp}^{\ominus}=1.40\times10^{-29}$。

解：

$$FeS(s)\rightleftharpoons Fe^{2+}(aq)+S^{2-}(aq)$$

即将生成 FeS 沉淀时有

$$[S^{2-}]=\frac{K_{sp}^{\ominus}}{[Fe^{2+}]}=\frac{1.59\times10^{-19}}{0.0200}=7.95\times10^{-18}\ mol\cdot L^{-1}$$

在饱和 H_2S 溶液中，$H_2S \rightleftharpoons 2H^+ + S^{2-}$，$[H_2S]=0.100\ mol\cdot L^{-1}$

$$K_a^{\ominus}=K_{a_1}^{\ominus}K_{a_2}^{\ominus}=9.23\times10^{-22}$$

此时溶液中 H^+浓度为

$$[H^+]=\sqrt{\frac{K_a^{\ominus}[H_2S]}{[S^{2-}]}}=\sqrt{\frac{9.23\times10^{-22}\times0.100}{7.95\times10^{-18}}}=3.41\times10^{-3}\ mol\cdot L^{-1}$$

$$pH=2.47$$

此为该条件下不生成 FeS 沉淀的 $c(S^{2-})$ 和 pH 的临界值。

在该条件下，溶液中 Cd^{2+}的浓度为

$$[Cd^{2+}]=\frac{K_{sp}^{\ominus}}{[S^{2-}]}=\frac{1.40\times10^{-29}}{7.95\times10^{-18}}=1.76\times10^{-12}\ mol\cdot L^{-1}$$

即溶液中 Cd^{2+}的浓度为 $1.76\times10^{-12}\ mol\cdot L^{-1}$ 时可达到 CdS 的最大沉淀量。

由此可知在反应液中加入 pH 为 2.47 的缓冲溶液，可使 CdS 充分沉淀而不发生 FeS 沉淀。若不加缓冲溶液，当 $0.020\ mol\cdot L^{-1}$ 的 Cd^{2+} 生成沉淀时，会释放 $0.040\ mol\cdot L^{-1}$ 的 H^+。显然溶液酸度增大会减小 S^{2-}的浓度，有时会干扰离子的完全分离。

【例 7.10】在 1 L $0.100\ mol\cdot L^{-1}$ 的 HCl 溶液中可溶解多少摩尔的 CaC_2O_4？已知 CaC_2O_4 的 $K_{sp}^{\ominus}=2.57\times10^{-9}$；$H_2C_2O_4$ 的 $K_{a_1}^{\ominus}=5.9\times10^{-2}$，$K_{a_2}^{\ominus}=6.4\times10^{-4}$。

解：要使 CaC_2O_4 溶解，体系将存在以下两个平衡：

$$CaC_2O_4(s) \rightleftharpoons Ca^{2+}(aq)+C_2O_4^{2-}(aq) \qquad K_{sp}^{\ominus}$$

$$C_2O_4^{2-}+2H^+ \rightleftharpoons H_2C_2O_4 \qquad K_a^{\ominus}=\frac{1}{K_{a_1}^{\ominus}K_{a_2}^{\ominus}}$$

即形成多重平衡： $CaC_2O_4(s)+2H^+ \rightleftharpoons Ca^{2+}+H_2C_2O_4$

$$K^{\ominus}=\frac{K_{sp}^{\ominus}(CaC_2O_4)}{K_{a_1}^{\ominus}K_{a_2}^{\ominus}}=\frac{2.57\times10^{-9}}{5.9\times10^{-2}\times6.4\times10^{-5}}=6.8\times10^{-4}$$

设溶解后 Ca^{2+}的浓度为 $x\ mol\cdot L^{-1}$

$$CaC_2O_4(s)+2H^+ \rightleftharpoons Ca^{2+}+H_2C_2O_4$$

平衡浓度/$(mol\cdot L^{-1})$ $\qquad 0.100-2x \qquad x \qquad x$

代入平衡式

$$\frac{x^2}{(0.100-2x)^2}=6.8\times10^{-4}$$

$$x=2.5\times10^{-3}$$

即在该体系中可溶解 0.002 5 mol 的 CaC_2O_4。

【例 7.11】有 0.100 mol $Mg(OH)_2$ 和 0.100 mol $Mn(OH)_2$ 的混合沉淀。今用 500 mL $0.100\ mol\cdot L^{-1}$ 的 $NH_3\cdot H_2O$ 且含有 NH_4Cl 的溶液去溶解。若只溶解 $Mg(OH)_2$ 需要溶液中含 NH_4Cl 的质量为多少克？已知 $Mg(OH)_2$ 的 $K_{sp}^{\ominus}=5.61\times10^{-12}$，$NH_3$ 的 $K_b^{\ominus}=1.77\times10^{-5}$。

解：$Mg(OH)_2$ 开始溶解时，体系存在两个平衡：

$$Mg(OH)_2(s) \rightleftharpoons Mg^{2+}(aq)+2OH^-(aq) \qquad K_{sp}^{\ominus}$$

$$2NH_4^+ + 2OH^- \rightleftharpoons 2NH_3 \cdot H_2O \qquad \left(\frac{1}{K_b^{\ominus}}\right)^2$$

即形成多重平衡：　$Mg(OH)_2(s)+2NH_4^+ \rightleftharpoons Mg^{2+}+2NH_3 \cdot H_2O$

$$K^{\ominus}=\frac{K_{sp}^{\ominus}}{(K_b^{\ominus})^2}=\frac{5.61\times10^{-12}}{3.13\times10^{-10}}=1.79\times10^{-2}$$

当 $Mg(OH)_2$ 完全溶解时，生成 Mg^{2+} 的浓度为 0.200 $mol \cdot L^{-1}$，$NH_3 \cdot H_2O$ 的浓度为 0.400 $mol \cdot L^{-1}$，溶液原先 $NH_3 \cdot H_2O$ 的浓度为 0.100 $mol \cdot L^{-1}$，此时 $NH_3 \cdot H_2O$ 的浓度为 0.500 $mol \cdot L^{-1}$。

设溶液中 NH_4^+ 的浓度为 x $mol \cdot L^{-1}$

$$Mg(OH)_2(s)+2NH_4^+ \rightleftharpoons Mg^{2+}+2NH_3 \cdot H_2O$$

平衡浓度/($mol \cdot L^{-1}$)　　x　　0.200　　0.500

则
$$\frac{0.200\times(0.500)^2}{x^2}=1.79\times10^{-2}$$

$$x=1.67\ mol \cdot L^{-1}$$

所以，溶液中所加 NH_4Cl 的质量为

$$(1.67+0.400)\times53.27\times0.500=55.1\ g$$

【例 7.12】某溶液中含有 0.050 $mol \cdot L^{-1}$ 的 CrO_4^{2-} 和 0.010 $mol \cdot L^{-1}$ 的 Cl^-，当 pH＝9.0 时，向其滴加 $AgNO_3$ 溶液，哪一种沉淀先析出？当第二种离子开始生成沉淀时，第一种离子的浓度为多大？已知 AgCl 的 $K_{sp}^{\ominus}=1.8\times10^{-10}$；$Ag_2CrO_4$ 的 $K_{sp}^{\ominus}=2.0\times10^{-12}$；$H_2CrO_4$ 的 $K_{a_1}^{\ominus}=1.8\times10^{-1}$，$K_{a_2}^{\ominus}=3.2\times10^{-7}$，忽略 $HCrO_4^-$ 转化为 $Cr_2O_7^{2-}$ 的量。

解：判断哪种离子先沉淀析出，就是要判断哪种离子的浓度积 Q 最先达到或超过相应沉淀的溶度积 $K_{sp}^{\ominus}$。

AgCl 析出的条件为

$$[Ag^+][Cl^-]>K_{sp}^{\ominus}(AgCl)$$

即　　$0.010\times[Ag^+]>1.8\times10^{-10}$，　$[Ag^+]>1.8\times10^{-8}\ mol \cdot L^{-1}$

Ag_2CrO_4 析出的条件为

$$[Ag^+]^2[CrO_4^{2-}]>K_{sp}^{\ominus}(Ag_2CrO_4)$$

即　　$[Ag^+]^2\times 0.050>2.0\times10^{-12}$，　$[Ag^+]>6.3\times10^{-6}\ mol \cdot L^{-1}$

由计算可知，生成 AgCl 沉淀所需 Ag^+ 的浓度小于生成 Ag_2CrO_4 沉淀所需 Ag^+ 的浓度，即 AgCl 优先析出。当开始析出 Ag_2CrO_4 时，溶液中的 Ag^+ 的浓度为 $6.3\times10^{-6}\ mol \cdot L^{-1}$，此时溶液中的 Cl^- 的浓度为

$$[Cl^-]=\frac{K_{sp}^{\ominus}(AgCl)}{[Ag^+]}=\frac{1.8\times10^{-10}}{6.3\times10^{-6}}=2.9\times10^{-5}$$

即第一种离子的浓度为 $2.9\times10^{-5}\ mol \cdot L^{-1}$。

7.4 同步练习及答案

7.4.1 同步练习

一、选择题

1. 假定 $Sb_2S_3(s)$ 的溶解度为 s mol · L^{-1}，则 $K_{sp}^{\ominus}$ 应为(　　)。

A. $K_{sp}^{\ominus}=s^2\cdot s^3=s^5$　　B. $K_{sp}^{\ominus}=2s\cdot 3s=6s^2$

C. $K_{sp}^{\ominus}=s^2$　　D. $K_{sp}^{\ominus}=(2s)^2\cdot(3s)^3=108s^5$

2. 难溶电解质 Fe_2S_3 在水溶液中电离方程为 $Fe_2S_3(s)\rightleftharpoons 2Fe^{3+}+3S^{2-}$，其溶度积为 $K_{sp}^{\ominus}$，平衡时溶液中 $[Fe^{3+}]$ 等于(　　)。

A. $\left(\dfrac{2}{3}K_{sp}^{\ominus}\right)^{\frac{1}{2}}$ mol · L^{-1}　　B. $\left(\dfrac{8}{27}K_{sp}^{\ominus}\right)^{\frac{1}{5}}$ mol · L^{-1}

C. $\left(\dfrac{2}{3}K_{sp}^{\ominus}\right)^{\frac{1}{3}}$ mol · L^{-1}　　D. $\left(\dfrac{8}{27}K_{sp}^{\ominus}\right)^{\frac{1}{3}}$ mol · L^{-1}

3. $CaCO_3$ 在下列溶液中溶解度较大的是(　　)。

A. H_2O　　B. Na_2CO_3 溶液　　C. KNO_3 溶液　　D. $CaCl_2$ 溶液

4. 在含有 0.01 mol · L^{-1} S^{2-} 的溶液中加入 Bi^{3+}，未发生 Bi_2S_3 沉淀时可加入 Bi^{3+} 的最大浓度应为(　　)。已知 $K_{sp}^{\ominus}(Bi_2S_3)=1\times10^{-70}$。

A. 1×10^{-70} mol · L^{-1}　　B. 1×10^{-68} mol · L^{-1}

C. 1×10^{-34} mol · L^{-1}　　D. 1×10^{-32} mol · L^{-1}

5. 10 mL 0.1 mol · L^{-1} $MgCl_2$ 和 10 mL 0.1 mol · L^{-1} $NH_3\cdot H_2O$ 混合，则(　　)。已知 $K_{sp}^{\ominus}[Mg(OH)_2]=1.2\times10^{-11}$，$K_b^{\ominus}(NH_3\cdot H_2O)=1.77\times10^{-5}$。

A. $Q<K_{sp}^{\ominus}$　　B. $Q=K_{sp}^{\ominus}$　　C. $Q>K_{sp}^{\ominus}$　　D. $Q\leqslant K_{sp}^{\ominus}$

6. 一溶液中含有 Fe^{3+} 和 Fe^{2+}，浓度都是 0.05 mol · L^{-1}。若使 $Fe(OH)_3$ 沉淀完全而不生成 $Fe(OH)_2$ 沉淀，需要控制 pH 为(　　)。已知 $K_{sp}^{\ominus}[Fe(OH)_3]=2.64\times10^{-39}$，$K_{sp}^{\ominus}[Fe(OH)_2]=4.87\times10^{-17}$。

A. 4.79~10.32　　B. 3.68~4.79　　C. 4.79~7.76　　D. 2.81~6.49

7. 莫尔法测定 Cl^- 含量时，要求介质的 pH 在 6.5~10.0，若酸度过高，则(　　)。

A. AgCl 沉淀不完全　　B. AgCl 沉淀易形成溶胶

C. AgCl 沉淀吸附 Cl^- 增强　　D. Ag_2CrO_4 沉淀不易形成

8. 以铁铵矾为指示剂，用 NH_4SCN 标准液滴定 Ag^+ 时，应在(　　)条件下进行。

A. 酸性　　B. 弱酸性　　C. 中性　　D. 碱性

9. 沉淀滴定中，滴定突跃范围的大小与下列因素无关的是(　　)。

A. 指示剂浓度　　B. 沉淀溶解度　　C. 银离子浓度　　D. 卤离子浓度

二、填空题

1. 莫尔法是以________溶液作滴定剂，________作指示剂，直接滴定卤化物以到达终点时形成______________来指示终点的滴定分析方法。

2. 莫尔法测定 Cl^- 的含量，应在________或________溶液中进行，即 pH 范围应控制在________，若溶液中存在 $NH_3\cdot H_2O$ 时，滴定的 pH 范围应控制在________。指示剂________的浓度应比理论上计算出的_________为好。

3. 莫尔法测定 NH_4Cl 中 Cl^- 含量时，若 pH >7.5 会引起_________的形成，使测定结果偏_________。

4. 佛尔哈德法是以_______________为指示剂，以_______________为滴定剂，以终点时生成__________________来指示终点的银量法。

5. 佛尔哈德法既可直接用于测定_______离子，又可间接用于测定各种_________离子。

6. 佛尔哈德法中消除 AgCl 沉淀吸附影响的方法有__________________除去 AgCl 沉淀，或加入________________包裹 AgCl 沉淀。

7. 法扬司法是以_________为滴定剂，以___________指示终点的银量法。

三、简答题

1. 在莫尔法中为何要控制指示剂 K_2CrO_4 的浓度？为何溶液的 pH 应控制在 6.5～10.5？如果在 pH = 2 时滴定 Cl^- 分析结果会怎样？

2. 佛尔哈德法测定 I^- 时是采取什么方法(直接法还是返滴定法)？滴定时应注意什么？

3. 为了使终点颜色变化明显，使用吸附指示剂应注意哪些问题？

四、计算题

1. 4.6 g $Ba(OH)_2$ 可溶于 0.250 L 水中，求 $Ba(OH)_2$ 的 $K_{sp}^{\ominus}$。已知 $M[Ba(OH)_2] = 171\ g \cdot mol^{-1}$。

2. $Hg_2Cl_2(s) \rightleftharpoons Hg_2^{2+} + 2Cl^-$ 的 $K_{sp}^{\ominus} = 1.45 \times 10^{-18}$，求饱和 Hg_2Cl_2 水溶液中 Cl^- 的浓度。

3. $Sr(OH)_2$ 的 $K_{sp}^{\ominus}$ 为 3.2×10^{-4}，求在 1.00 L 水中溶解 $Sr(OH)_2$ 的质量为多少？已知 $M[Sr(OH)_2] = 121.6\ g \cdot mol^{-1}$。

4. $Ca(OH)_2$ 的 $K_{sp}^{\ominus}$ 为 1.3×10^{-6}，求在 $0.10\ mol \cdot L^{-1}$ NaOH 溶液中，$Ca(OH)_2$ 溶解至饱和时 Ca^{2+} 的浓度为多少？

5. 2.4×10^{-3} g $Cu(IO_3)_2$ 可溶于 1.0 L $0.150\ mol \cdot L^{-1}$ 的 $NaIO_3$ 中，问在 1.0 L 水中时可溶 $Cu(IO_3)_2$ 的质量为多少？已知 $M[Cu(IO_3)_2] = 413.35\ g \cdot mol^{-1}$。

6. 0.100 L $0.050\ mol \cdot L^{-1}$ M^+ 与 0.200 L $0.075\ mol \cdot L^{-1}$ X^- 混合，M^+ 浓度为 $9.0 \times 10^{-9}\ mol \cdot L^{-1}$，求 MX(s) 的 $K_{sp}^{\ominus}$；若 M^+ 改为 M^{2+}，求 $MX_2(s)$ 的 $K_{sp}^{\ominus}$。

7. 0.300 L $0.10\ mol \cdot L^{-1}$ 的 $Mg(NO_3)_2$ 与 0.100 L $0.50\ mol \cdot L^{-1}$ 的 NaOH 以及 0.100 L $0.30\ mol \cdot L^{-1}$ 的 KOH 溶液相混合，求混合后 Mg^{2+} 的浓度。已知 $K_{sp}^{\ominus}[Mg(OH)_2] = 5.61 \times 10^{-12}$。

8. 25.0 mL $0.012\ mol \cdot L^{-1}$ 的 $BaCl_2$ 与 50.00 mL $0.010\ mol \cdot L^{-1}$ 的 Ag_2SO_4 混合，求混合后各离子浓度。已知 $K_{sp}^{\ominus}(AgCl) = 1.77 \times 10^{-10}$，$K_{sp}^{\ominus}(BaSO_4) = 1.07 \times 10^{-10}$，$K_{sp}^{\ominus}(Ag_2SO_4) = 1.2 \times 10^{-5}$。

9. 0.001 0 mol NaI、0.002 0 mol NaBr、0.003 0 mol NaCl 和 0.004 0 mol $AgNO_3$ 混合于 100 mL 的水中，求混合后 I^- 的浓度。已知 $K_{sp}^{\ominus}(AgI) = 8.51 \times 10^{-17}$，$K_{sp}^{\ominus}(AgBr) = 5.35 \times 10^{-13}$，$K_{sp}^{\ominus}(AgCl) = 1.77 \times 10^{-10}$。

10. 已知 $AgNO_2$ 的 $K_{sp}^{\ominus} = 1.2 \times 10^{-4}$，AgAc 的 $K_{sp}^{\ominus} = 2.3 \times 10^{-3}$，求 $AgNO_2$ 和 AgAc 两种固体共存饱和溶液中 Ag^+ 的浓度。

11. pH 为多大的 1.0 L H_2SO_4 溶液恰好能溶解 0.050 mol 的 ZnS？已知 $K_{sp}^{\ominus}(ZnS) = 2.93 \times 10^{-25}$，$K_{a_1}^{\ominus}(H_2S) = 1.3 \times 10^{-7}$，$K_{a_2}^{\ominus}(H_2S) = 7.1 \times 10^{-15}$。

12. 某 NaCl 试样 0.500 0 g，溶解后加入固体 $AgNO_3$ 0.892 0 g，用 Fe^{3+} 作指示剂，过量的 $AgNO_3$ 用 $0.140\ 0\ mol \cdot L^{-1}$ 的 KSCN 溶液回滴，用去 25.50 mL。求试样中 NaCl 的含量。试样中除 Cl^- 外，不含有与 Ag^+ 生成沉淀的其他离子。已知 $M(AgNO_3) = 169.871\ g \cdot mol^{-1}$。

7.4.2 同步练习答案

一、选择题

1. D　2. B　3. C　4. D　5. C　6. D　7. D　8. A　9. A

二、填空题

1. $AgNO_3$；K_2CrO_4；砖红色 Ag_2CrO_4 沉淀

2. 中性；弱碱性；6.5~10.0；6.5~7.2；K_2CrO_4；略低些

3. $Ag(NH_3)_2^+$；高

4. 铁铵矾[$NH_4Fe(SO_4)_2 \cdot 12H_2O$]；KSCN 或 NH_4SCN；血红色的[$FeSCN$]$^{2+}$溶液

5. 银；卤素

6. 过滤法；硝基苯

7. $AgNO_3$；吸附指示剂

三、简答题

1. 控制指示剂 K_2CrO_4 的浓度，一方面是为了使指示反应灵敏，另一方面是为了降低滴定误差，使计量点和滴定终点更接近。若 K_2CrO_4 浓度太高，其本身的颜色会妨碍 Ag_2CrO_4 沉淀颜色的观察，但若太低，会使 $AgNO_3$ 滴定剂过量产生正误差。

莫尔法 pH 应控制在 6.5~10.5，因为 pH 过低会发生如下反应：$2CrO_4^{2-}+2H^+ \rightleftharpoons 2HCrO_4^- \rightleftharpoons Cr_2O_7^{2-}+H_2O$，此时 CrO_4^{2-} 浓度将降低，Ag_2CrO_4 发生溶解，指示剂灵敏度下降。若 pH 过高，Ag^+ 与 OH^- 发生反应：$2Ag^++2OH^- \rightleftharpoons Ag_2O\downarrow(黑)+H_2O$，析出 Ag_2O 影响分析结果。

如果在 pH=2 时滴定 Cl^-，指示剂 K_2CrO_4 浓度降低，导致 $AgNO_3$ 滴定剂过量产生正误差。

2. 应采取返滴定法测定。滴定时先加入已知过量的 $AgNO_3$，再加入铁铵矾指示剂，否则 I^- 会被铁铵矾中的 Fe^{3+} 氧化成 I_2，影响分析结果准确度。

3. 首先，应选择适当的指示剂，如荧光黄作指示剂适于测定高含量的氯化物，曙红适于测定 Br^-、I^-、SCN^-。其次，沉淀对指示剂的吸附能力要小于沉淀对被测离子的吸附能力。最后，为了有利于吸附指示剂的变色，沉淀要有较大的表面积，通常会在滴定前加入糊精或淀粉等胶体保护剂。

四、计算题

1. 解：$c[Ba(OH)_2]=\dfrac{4.60}{171\times0.250}=0.108\ mol\cdot L^{-1}$

$K_{sp}^{\ominus}=[Ba^{2+}][OH^-]=0.108\times(2\times0.108)^2=5.04\times10^{-3}$

2. 解：$K_{sp}^{\ominus}=s(2s)^2=1.45\times10^{-18}$

$s=7.13\times10^{-7}\ mol\cdot L^{-1}$

$c(Cl^-)=1.43\times10^{-6}\ mol\cdot L^{-1}$

3. 解：$K_{sp}^{\ominus}=s(2s)^2=4s^3=3.2\times10^{-4}$

$s=0.043\ mol\cdot L^{-1}$

$m[Sr(OH)_2]=1.00\times0.043\times121.6=5.2\ g$

4. 解：$K_{sp}^{\ominus}=[Ca^{2+}][OH^-]^2=[Ca^{2+}]\times0.10^2=1.3\times10^{-6}$

$[Ca^{2+}]=1.3\times10^{-4}\ mol\cdot L^{-1}$

5. 解：$K_{sp}^{\ominus}=[Cu^{2+}][IO_3^-]^2=\dfrac{2.4\times10^{-3}}{413.35\times1.0}\times\left(0.150+\dfrac{2.4\times10^{-3}}{413.35\times1.0}\right)^2=1.3\times10^{-7}$

$K_{sp}^{\ominus}=4s^3=1.3\times10^{-7}$　　$s=3.2\times10^{-3}\ mol\cdot L^{-1}$

$m=1.0\times3.2\times10^{-3}\times 413.35=1.3\ \text{g}$

6. 解：(1)生成 MX：

溶液混合后未发生反应时：$c(M^+)=\dfrac{0.100\times0.050}{0.300}=1.7\times10^{-2}\ \text{mol}\cdot\text{L}^{-1}$

$c(X^-)=\dfrac{0.200\times0.075}{0.300}=5.0\times10^{-2}\ \text{mol}\cdot\text{L}^{-1}$

溶液混合发生反应后：

$c(X^-)=5.0\times10^{-2}-(1.7\times10^{-2}-9.0\times10^{-9})=3.3\times10^{-2}\ \text{mol}\cdot\text{L}^{-1}$

$K_{sp}^{\ominus}(MX)=9\times10^{-9}\times3.3\times10^{-2}=3.0\times10^{-10}$

(2)生成 MX_2：

$c(X^-)=5.0\times10^{-2}-2\times(1.7\times10^{-2}-9.0\times10^{-9})=1.6\times10^{-2}\ \text{mol}\cdot\text{L}^{-1}$

$K_{sp}^{\ominus}(MX_2)=9\times10^{-9}\times(1.6\times10^{-2})^2=2.3\times10^{-12}$

7. 解：溶液混合后未发生反应时

$c(Mg^{2+})=\dfrac{0.300\times0.10}{0.300+0.100+0.100}=0.060\ \text{mol}\cdot\text{L}^{-1}$

$c(OH^-)=\dfrac{0.100\times0.50+0.100\times0.30}{0.300+0.100+0.100}=0.16\ \text{mol}\cdot\text{L}^{-1}$

溶液混合发生反应后

$c(OH^-)=0.16-2\times0.060=0.040\ \text{mol}\cdot\text{L}^{-1}$

$[Mg^{2+}]=\dfrac{K_{sp}^{\ominus}}{[OH^-]^2}=\dfrac{5.61\times10^{-12}}{0.040\times0.040}=3.5\times10^{-9}\ \text{mol}\cdot\text{L}^{-1}$

8. 解：溶液混合后未发生反应时

$c(Ba^{2+})=\dfrac{25.0\times0.012}{25.00+50.00}=4.0\times10^{-3}\ \text{mol}\cdot\text{L}^{-1}$

$c(Cl^-)=2c(Ba^{2+})=8.0\times10^{-3}\ \text{mol}\cdot\text{L}^{-1}$

$c(SO_4^{2-})=\dfrac{50.00\times0.010}{50.00+25.00}=6.7\times10^{-3}\ \text{mol}\cdot\text{L}^{-1}$

$c(Ag^+)=2c(SO_4^{2-})=1.3\times10^{-2}\ \text{mol}\cdot\text{L}^{-1}$

溶液混合后不能形成 Ag_2SO_4 沉淀，此时剩余各离子浓度为

$c(SO_4^{2-})=6.7\times10^{-3}-4.0\times10^{-3}=2.7\times10^{-3}\ \text{mol}\cdot\text{L}^{-1}$

$c(Ba^{2+})=\dfrac{K_{sp}^{\ominus}(BaSO_4)}{c(SO_4^{2-})}=\dfrac{1.07\times10^{-10}}{2.7\times10^{-3}}=4.0\times10^{-8}\ \text{mol}\cdot\text{L}^{-1}$

$c(Ag^+)=1.3\times10^{-2}-8.0\times10^{-3}=5.0\times10^{-3}\ \text{mol}\cdot\text{L}^{-1}$

$c(Cl^-)=\dfrac{K_{sp}^{\ominus}(AgCl)}{c(Ag^+)}=\dfrac{1.77\times10^{-10}}{5.0\times10^{-3}}=3.5\times10^{-8}\ \text{mol}\cdot\text{L}^{-1}$

9. 解：$c(I^-)=\dfrac{0.0010\ \text{mol}}{0.100\ \text{L}}=0.010\ \text{mol}\cdot\text{L}^{-1}$

同理 $c(Br^-)=0.020\ \text{mol}\cdot\text{L}^{-1}$

$c(Cl^-)=0.030\ \text{mol}\cdot\text{L}^{-1}$

$c(Ag^+)=0.040\ \text{mol}\cdot\text{L}^{-1}$

根据分步沉淀原理及溶度积可知，溶液中将依次生成 AgI、AgBr、AgCl。

此时 $c(Cl^-)_{余}=0.030-(0.040-0.010-0.020)=0.020\ \text{mol}\cdot\text{L}^{-1}$

$$c(Ag^+)=\frac{K_{sp}^{\ominus}(AgCl)}{c(Cl^-)}=\frac{1.77\times10^{-10}}{0.020}=8.9\times10^{-9}\ mol\cdot L^{-1}$$

$$c(I^-)=\frac{K_{sp}^{\ominus}(AgI)}{c(Ag^+)}=\frac{8.51\times10^{-17}}{8.9\times10^{-9}}=9.6\times10^{-9}\ mol\cdot L^{-1}$$

10. 解：设饱和溶液中 $AgNO_2$ 浓度为 $x\ mol\cdot L^{-1}$，AgAc 浓度为 $y\ mol\cdot L^{-1}$

则　$c(Ag^+)=(x+y)\ mol\cdot L^{-1}$

$K_{sp}^{\ominus}(AgNO_2)=(x+y)\times x=1.2\times10^{-4}$

$K_{sp}^{\ominus}(AgAc)=(x+y)\times y=2.3\times10^{-3}$

$x=2.4\times10^{-3}\ mol\cdot L^{-1}$　　$y=0.047\ mol\cdot L^{-1}$

$c(Ag^+)=x+y=4.9\times10^{-2}\ mol\cdot L^{-1}$

11. 解：　　$ZnS+2H^+ \rightleftharpoons H_2S+Zn^{2+}$

平衡浓度/($mol\cdot L^{-1}$)　　x　　0.050　0.050

$$K^{\ominus}=\frac{K_{sp}^{\ominus}}{K_{a_1}^{\ominus}K_{a_2}^{\ominus}}=\frac{2.93\times10^{-25}}{1.3\times10^{-7}\times7.1\times10^{-15}}=\frac{0.050\times0.050}{x^2}$$

$x=2.8\ mol\cdot L^{-1}$

所需 H^+ 浓度：$c(H^+)=c(H^+)_{平}+c(H^+)_{耗}=2.8+2\times0.050=2.9\ mol\cdot L^{-1}$

pH=0.46

12. 解：反应前 $n(AgNO_3)=\frac{m}{M}=\frac{0.892\ 0}{169.871}=5.251\times10^{-3}\ mol$

$n(KSCN)=cV=0.140\ 0\times25.50\times10^{-3}=3.570\times10^{-3}\ mol$

$n(NaCl)=n(AgNO_3)-n(KSCN)=5.251\times10^{-3}-3.570\times10^{-3}=1.681\times10^{-3}\ mol$

则　$\omega(NaCl)=\frac{n(NaCl)\ M(NaCl)}{m(NaCl)}=\frac{1.681\times10^{-3}\times58.44}{0.500\ 0}=19.65\%$

第8章

氧化还原平衡及氧化还原滴定法

8.1 基本要求

(1)理解和掌握氧化还原反应、氧化数、氧化还原电对、电极反应(半反应)、原电池、电极电势、标准电极电势、条件电极电势、元素电势图、电池电动势、歧化反应等概念。

(2)了解原电池的构成，掌握原电池符号的书写方法。

(3)掌握能斯特方程及其应用，包括氧化态和还原态浓度改变、溶液 pH 改变、生成配合物、形成沉淀等因素对电极电势及电池电动势的影响。

(4)掌握电池电动势与氧化还原反应的摩尔吉布斯自由能变、平衡常数与电极电势之间的关系。

(5)运用电极电势判断氧化剂与还原剂的相对强弱，并能用电池电动势等判断氧化还原反应的方向。

(6)运用元素电势图求未知电对的电极电势，判断歧化反应。

(7)掌握用条件电势概念及能斯特方程处理氧化还原反应的方向、反应程度以及反应速率在氧化还原滴定中的应用。

(8)掌握氧化还原滴定曲线的绘制、滴定突跃范围的确定及指示剂的选择。

(9)掌握常用氧化还原滴定法(高锰酸钾法、重铬酸钾法和碘量法)的基本原理、方法、特点和应用范围。

重点：氧化还原电对和电极电势的应用；能斯特方程及其应用；原电池符号的书写；电池电动势与吉布斯自由能、平衡常数与电池电动势(或电极电势)之间的关系及相关计算；元素电势图及应用；条件电极电势，氧化还原反应进行的程度；影响氧化还原反应速率的因素；氧化还原滴定的基本原理以及化学计量点时的溶液电势的计算；氧化还原滴定指示剂；常用的氧化还原滴定法(高锰酸钾法、重铬酸钾法和碘量法)的基本原理和应用。

难点：电极电势的影响因素，能斯特方程的应用；电池电动势与吉布斯自由能、平衡常数与电池电动势(电极电势)之间关系及相关计算；氧化还原滴定的基本原理以及化学计量点时的溶液电势，氧化还原滴定指示剂的变色原理和变色范围；常用的氧化还原滴定法(高锰酸钾法、重铬酸钾法和碘量法)的基本原理和应用。

8.2 知识体系

8.2.1 氧化还原反应的基本概念

8.2.1.1 氧化数

氧化数是指化合物中各元素的原子所带的电荷数(形式上或外观上)。形式上有正数、负数、整数或分数;数值上等于氧化反应过程中成键原子得失(或偏移)的电子数,失电子(电子偏出)元素的氧化数为正值,得电子(电子偏入)元素的氧化数为负值。

在氧化还原反应中,得失电子数必须相等,所以氧化数增加的总和也必然等于氧化数减少的总和。

8.2.1.2 氧化和还原

在氧化还原反应中,元素的氧化数之所以发生改变,其实质是反应中某些元素原子之间有电子的得失(或电子对的偏移),氧化是失去电子的过程,还原是得到电子的过程。氧化还原反应中,一些元素失去电子,氧化数升高,则必定另一些元素得到电子,氧化数降低,换言之,一个氧化还原反应必然同时包括氧化和还原两个过程。

8.2.1.3 特殊的氧化还原反应

在氧化还原反应中,若同一化合物的两种不同元素的氧化数发生了改变,将此类反应称为自身氧化还原反应。例如,反应

$$2KClO_3 \xlongequal{} 2KCl + 3O_2$$

$KClO_3$ 中 Cl 的氧化数由+5 变为-1,氧元素的氧化数由-2 变为 0,即 $KClO_3$ 发生了自身氧化还原反应。

在氧化还原反应中,若同一化合物中同一种元素的一部分氧化数升高,另一部分降低,则此类反应称为歧化反应。例如,反应

$$4KClO_3 \xlongequal{} 3KClO_4 + KCl$$

在 $KClO_3$ 分子中有 3/4 的氯元素氧化数由+5 变为 +7,1/4 的氯元素氧化数由+5 变为-1,即 $KClO_3$ 发生了歧化反应。

8.2.1.4 氧化还原电对

可以将一个氧化还原反应看成由氧化反应和还原反应两个半反应的组合。一对对应的氧化型和还原型构成的共轭体系称为氧化还原电对,可表示为"氧化型/还原型",如 Zn^{2+}/Zn、Cu^{2+}/Cu。一个氧化还原反应可以认为是由两个(或两个以上)氧化还原电对共同作用的结果。

8.2.2 氧化还原反应方程式的配平

根据反应中氧化剂与还原剂氧化数变化的总数相等或得电子与失电子总数相等的原则,应用氧化数法或离子-电子法来配平氧化还原反应方程式。

8.2.2.1 氧化数法

氧化数法的配平原则:氧化数升降值相等,即总氧化数的变化为零。此方法适用于水溶

液、非水溶液以及高温下的氧化还原反应体系。

8.2.2.2　离子-电子法

离子-电子法的配平原则：电子得失数相等。只适用于在水溶液中进行的氧化还原反应。配平时要注意，反应在酸性介质中进行时，多氧的一方加 H^+，少氧的一方加 H_2O。反应在碱性介质中进行时，多氧的一方加 H_2O，少氧的一方加 OH^-。

8.2.3　原电池和电极电势

8.2.3.1　原电池和电极

原电池由两个半电池构成，分别发生氧化反应和还原反应，也叫电极反应。每个半电池由一对氧化态与还原态物质组成，称为一个氧化还原电对，简称电对，常用符号"氧化态/还原态"表示。如 Zn^{2+}/Zn 电对，Zn^{2+} 为氧化态，Zn 为还原态。

原电池常用电池符号表示。书写电池符号时，通常将电池的负极写在左边，电池的正极写在右边，中间用盐桥连通，盐桥常用"‖"表示。如铜-锌原电池可表示为

$$(-)Zn \mid Zn^{2+}(c) \parallel Cu^{2+}(c) \mid Cu(+)$$

负极　锌半电池　铜半电池　正极

电池反应中常含有一种能导电的固体物质，称为电极。有些电极既起导电作用又参与电极反应，有些电极仅起导电作用而不参与电极反应，称为惰性电极。

8.2.3.2　电极电势与电池电动势

电极电势是指金属在其盐溶液中达沉积-溶解平衡时，金属表面与盐溶液中的金属离子间产生的平衡电势(φ)。通常采用相对电极电势，一般以标准状态下氢电极 $H^+(1\ mol\cdot L^{-1})/H_2(101.325\ kPa)$ 为标准计算而得，或通过实验测量，用符号 $\varphi^\ominus$ 表示，即标准电极电势。

在组成电极的电对中，φ 值越大(越正)，氧化态物质在水溶液中得电子能力越强，氧化能力也越强；φ 值越低(越负)，还原态物质在水溶液中失电子能力越强，还原能力也越强。

电池电动势是指原电池两个电极间的电势差(E)。

标准状态下　$E^\ominus=\varphi^\ominus(\text{正极})-\varphi^\ominus(\text{负极})$

非标准状态下　$E=\varphi(\text{正极})-\varphi(\text{负极})$

8.2.3.3　电池电动势与氧化还原反应的吉布斯自由能变化

电池电动势与氧化还原反应的吉布斯自由能变化的关系式为

$$\Delta G(\text{原电池})=-W_{\text{电}}=-nFE$$

若反应在标准状态下进行，则关系式为

$$\Delta G^\ominus(\text{原电池})=-nFE^\ominus$$

8.2.4　能斯特方程及影响电池电动势与电极电势的因素

因为由德国人 W. H. Nernst 于 1889 年提出，所以称为能斯特方程。能斯特方程反映了非标准电池电动势和标准电池电动势之间的关系。

对于电池反应

$$aA + bB \xlongequal{} hH + fF$$

能斯特方程为

$$E=E^{\ominus}-\frac{2.303RT}{nF}\lg\frac{[c(F)]^f[c(H)]^h}{[c(A)]^a[c(B)]^b} \tag{8-1}$$

式中，E 为非标准状态的电动势；$E^{\ominus}$ 为标准电动势；R 为摩尔气体常数，为 8.314 J·mol^{-1}·K^{-1}；n 为电池反应的电子数；T 为热力学温度；F 为法拉第常数，为 96 500 C·mol^{-1}。若反应在 298 K 进行，可改写为

$$E=E^{\ominus}-\frac{0.059\,2\ \text{V}}{n}\lg\frac{[c(F)]^f[c(H)]^h}{[c(A)]^a[c(B)]^b} \tag{8-2}$$

将电池反应 $aA + bB \xlongequal{} fF + hH$ 分成两个半电池反应(电极反应)，正极反应为

$$aA + n\,e^- \xlongequal{} fF$$

式中，A 为氧化型，F 为还原型，电极电势为 $\varphi(+)$；负极反应为

$$hH + n\,e^- \xlongequal{} bB$$

式中，H 为氧化型，B 为还原型，电极电势为 $\varphi(-)$。则两个电极反应的电极电势分别为

$$\varphi(+)=\varphi^{\ominus}(+)+\frac{RT}{nF}\ln\frac{[c(A)]^a}{[c(F)]^f} \tag{8-3a}$$

$$\varphi(-)=\varphi^{\ominus}(-)+\frac{RT}{nF}\ln\frac{[c(H)]^h}{[c(B)]^b} \tag{8-3b}$$

对于电极反应

$$a\,\text{氧化态} + ne^- \xlongequal{} b\,\text{还原态}$$

若在 298 K 进行，其电极电势可改写为

$$\varphi=\varphi^{\ominus}+\frac{0.059\,2}{n}\lg\frac{[c(\text{氧化态})]^a}{[c(\text{还原态})]^b} \tag{8-4}$$

在一定状态下任一电极的电极电势，不仅与电对的本身性质有关，而且与反应的浓度、气体压力和温度等也有关系。在溶液反应中影响电极电势的主要因素有浓度、介质的 pH、生成沉淀以及生成配合物等。

总之，对于电极反应来讲，凡降低氧化态(或增大还原态)浓度，φ 将减小；反之，凡增大氧化态(或降低还原态)浓度，φ 将增大。对电池反应，增大反应物浓度，E 将增大；增大生成物浓度，E 将减小。

8.2.5 电极电势的应用

8.2.5.1 氧化还原反应方向的判断

对于氧化还原反应，由于

$$\Delta_r G = -nFE$$

所以，可以根据原电池电动势及正、负极，或电对的电极电势的相对大小，判断氧化还原反应的方向。

当 $\Delta_r G<0$，即 $E>0$，$\varphi(+)>\varphi(-)$ 时，电池反应能正向自发进行；

当 $\Delta_r G>0$，即 $E<0$，$\varphi(+)<\varphi(-)$ 时，电池反应正向不能自发进行，反向能自发进行；

当 $\Delta_r G=0$，即 $E=0$，$\varphi(+)=\varphi(-)$ 时，电池反应处于平衡状态。

如果电池中的各物质处于标准状态时，应为

$$\Delta_r G^{\ominus}=-nFE^{\ominus}$$

则可以用 $E^{\ominus}$ 或 $\varphi^{\ominus}$ 判断氧化还原反应的方向。

8.2.5.2 氧化还原反应进行的程度

化学反应进行的程度(反应限度)是用化学平衡常数来标度的，即一个反应的完成程度可用平衡常数来判断。氧化还原反应平衡常数的大小是由组成氧化还原反应的两电对电极电势之差决定的，两者相差越大，平衡常数越大，反应也越完全。

$$\Delta G^{\ominus}(\text{原电池})=-nFE^{\ominus}=-RT\ln K^{\ominus} \tag{8-5}$$

$$\lg K^{\ominus}=\frac{nFE^{\ominus}}{RT} \tag{8-6a}$$

298 K 时，

$$\lg K^{\ominus}=\frac{nE^{\ominus}}{0.059\ 2} \tag{8-6b}$$

因此，在一定温度下，氧化还原反应平衡常数的大小取决于电池电动势及反应中电子转移的计量系数(n)，与各物质的浓度无关。由于 $E^{\ominus}$ 和 $\varphi^{\ominus}$ 都是强度性质，与反应方程式的书写无关，但平衡常数 $K^{\ominus}$ 或 K 是容量性质，与反应方程式的书写有关，因此同一氧化还原反应，方程式的书写不同，则反应中的电子转移数不同，平衡常数也不同，在应用时要加以注意。

滴定分析一般要求化学反应的完全程度应达 99.9%以上，对于氧化还原滴定反应

$$n_2\mathrm{Ox}_1+n_1\mathrm{Red}_2 \rightleftharpoons n_2\mathrm{Red}_1+n_1\mathrm{Ox}_2$$

若以氧化剂 Ox_1 标准溶液滴定还原剂 Red_2，在滴定终点时允许 Red_2 残留 0.1%，或氧化剂 Ox_1 过量 0.1%，即

$$\frac{[\mathrm{Ox}_2]}{[\mathrm{Red}_2]}\geqslant\frac{99.9}{0.1}\approx10^3 \quad 或 \quad \frac{[\mathrm{Red}_1]}{[\mathrm{Ox}_1]}\geqslant\frac{99.9}{0.1}\approx10^3$$

可知

$$\lg K=\lg\left(\frac{[\mathrm{Red}_1]^{n_2}}{[\mathrm{Ox}_1]^{n_2}}\frac{[\mathrm{Ox}_2]^{n_1}}{[\mathrm{Red}_2]^{n_1}}\right)\geqslant\lg(10^{3n_2}\times10^{3n_1})=3(n_1+n_2) \tag{8-7}$$

$$\varphi_1^{\ominus'}-\varphi_2^{\ominus'}\geqslant\frac{0.059\ 2}{n}\times3(n_1+n_2)\ \mathrm{V} \tag{8-8}$$

若 $n_1=n_2=1$ 时，则 $\lg K\geqslant6$，或 $\varphi_1^{\ominus'}-\varphi_2^{\ominus'}\geqslant0.35$ V；

若 $n_1=1$，$n_2=2$ 时，则 $\lg K\geqslant9$，或 $\varphi_1^{\ominus'}-\varphi_2^{\ominus'}\geqslant0.27$ V；

若 $n_1=2$，$n_2=3$ 时，则 $\lg K\geqslant15$，或 $\varphi_1^{\ominus'}-\varphi_2^{\ominus'}\geqslant0.15$ V。

由此可见，若仅考虑氧化还原反应的完全程度，通常认为：对于 $n_1=n_2$ 的反应，只有满足 $\lg K\geqslant6$ 时，才能符合滴定分析的要求，使得终点相对误差小于 0.1%；对于 $n_1\neq n_2$ 的反应，需满足 $\lg K\geqslant3(n_1+n_2)$，反应的完全程度才能符合滴定分析的要求。

另外，也可用氧化还原反应中两电对的电极电势差值 $\varphi_1^{\ominus'}-\varphi_2^{\ominus'}$ 或 $E^{\ominus}$ 来判断反应是否进

行完全。一般认为：当满足 $E^{\ominus} \geqslant 0.4$ V 时，就能满足滴定分析的要求。

8.2.5.3 比较氧化剂和还原剂的相对强弱

对于水溶液中进行的氧化还原反应，可用电极电势 φ 或 $\varphi^{\ominus}$ 直接比较参加反应的氧化剂或还原剂的相对强弱。φ 或 $\varphi^{\ominus}$ 越高，其氧化态的氧化能力越强，还原态的还原能力越弱；φ 或 $\varphi^{\ominus}$ 越低，其还原态的还原能力越强，氧化态的氧化能力越弱。

8.2.5.4 确定溶液中离子共存的可能性

在标准状态下，若 $E^{\ominus}>0$ 或 $\varphi^{\ominus}(+)>\varphi^{\ominus}(-)$，则反应按给定的方向正向进行；若 $E^{\ominus}<0$ 或 $\varphi^{\ominus}(+)<\varphi^{\ominus}(-)$，则反应按给定方向的逆向进行。实践中常用此法判断溶液中离子能否共存。

8.2.6 元素电势图及其应用

8.2.6.1 元素电势图

当元素有多种氧化态时，按氧化态的氧化数将其从左到右由高到低依次排列，并在连线上标注各电对的 $\varphi^{\ominus}$，即元素电势图。如 Cu 的电势图

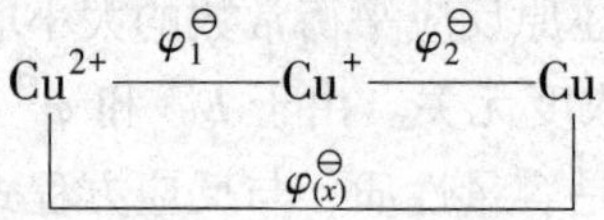

$$Cu^{2+} \xrightarrow{\varphi_1^{\ominus}} Cu^{+} \xrightarrow{\varphi_2^{\ominus}} Cu \quad (Cu^{2+} \text{—} Cu: \varphi^{\ominus}_{(x)})$$

8.2.6.2 元素电势图的应用

求未知 $\varphi^{\ominus}(x)$

$$\varphi^{\ominus}(x)=\frac{n_1\varphi_1^{\ominus}+n_2\varphi_2^{\ominus}+\cdots}{n} \qquad (n=n_1+n_2+\cdots)$$

可发生歧化反应的条件为

$$\varphi^{\ominus}(\text{右})>\varphi^{\ominus}(\text{左})$$

8.2.7 影响氧化还原反应速率的因素

8.2.7.1 浓度对反应速率的影响

反应物浓度越大，反应的速率越快。

8.2.7.2 温度对反应速率的影响

对大多数反应，增加溶液的温度可提高反应速率。这是由于增加溶液温度，不仅增加了反应物之间的碰撞概率，更重要的是增加了活化分子或活化离子的数目，因而提高了反应速率。通常每增加 10 ℃，反应速率增大 2~3 倍。

8.2.7.3 催化反应

催化剂是一种能够改变一个化学反应的反应速率，却不改变化学反应热力学平衡位置，本身在化学反应中不被明显地消耗的化学物质。在催化剂作用下进行的化学反应称为催化反应。催化剂根据作用的效果可分为正催化剂和负催化剂，正催化剂加快反应速率，负催化剂减缓反应速率。

8.2.7.4 诱导反应

有些氧化还原反应在通常情况下并不发生或进行极慢，但由于另一反应的进行会促使其

发生。这种由于一个反应的发生，促进另一个反应进行的现象，称为诱导作用，前者称为诱导反应，后者称为受诱反应，如

$$MnO_4^- + 5Fe^{2+} + 8H^+ \longrightarrow Mn^{2+} + 5Fe^{3+} + 4H_2O \quad （诱导反应）$$

$$2MnO_4^- + 10Cl^- + 16H^+ \longrightarrow 2Mn^{2+} + 5Cl_2 + 8H_2O \quad （受诱反应）$$

其中，MnO_4^- 为作用体，Fe^{2+}为诱导体，Cl^-为受诱体。

诱导反应与催化反应不同，在催化反应中，催化剂参加反应后，又恢复其原来的状态与数量；在诱导反应中，诱导体参加反应后变为其他物质。

8.2.8 氧化还原滴定原理

8.2.8.1 氧化还原滴定曲线

在氧化还原滴定过程中，随着滴定剂的加入，溶液中氧化态物质和还原态物质的浓度不断地变化，因此有关电对的电极电势也随之不断变化。以滴定百分数(或滴定剂体积)为横坐标，溶液平衡电势为纵坐标绘制成的曲线称为氧化还原滴定曲线，它可以描述滴定过程中溶液电势的变化。滴定曲线既可通过实验测量数据绘制，也可利用能斯特方程从理论上计算而绘制。

8.2.8.2 化学计量点时的溶液电势

对于对称氧化还原滴定反应

$$n_2 Ox_1 + n_1 Red_2 \longrightarrow n_2 Red_1 + n_1 Ox_2$$

化学计量点时溶液电势的计算式为

$$\varphi_{sp} = \frac{n_1\varphi_1^{\ominus'} + n_2\varphi_2^{\ominus'}}{n} \tag{8-9}$$

对于有不对称电对参加的氧化还原反应，计量点时溶液电势计算公式为

$$\varphi_{sp} = \frac{n_1\varphi_1^{\ominus'} + n_2\varphi_2^{\ominus'}}{n_1+n_2} + \frac{0.059\ 2}{n_1+n_2}\lg\frac{1}{a[Red_1]^{a-1}} \tag{8-10}$$

式中，$[Red_1]$为氧化剂的还原态平衡浓度；a 为还原态在电极半反应中的系数。例如，不对称氧化还原滴定反应

$$Cr_2O_7^{2-} + 6Fe^{2+} + 14H^+ \longrightarrow 2Cr^{3+} + 6Fe^{2+} + 7H_2O$$

由于 $Cr_2O_7^{2-}$ 的电极反应为

$$Cr_2O_7^{2-} + 14H^+ + 6e^- \longrightarrow 2Cr^{3+} + 7H_2O$$

$Cr_2O_7^{2-}/Cr^{3+}$为不对称电对，则滴定反应达化学计量点时溶液电势为

$$\varphi_{sp} = \frac{6\varphi^{\ominus'}(Cr_2O_7^{2-}/Cr^{3+}) + \varphi^{\ominus'}(Fe^{3+}/Fe^{2+})}{6+1} + \frac{0.059\ 2}{6+1}\lg\frac{1}{2[Cr^{3+}]} \tag{8-11}$$

可以看出，化学计量点溶液电势与相关电对的条件电极电势以及电子转移数有关；而滴定反应有不对称电极参与时，φ_{sp} 除了与两电对的 $\varphi^{\ominus'}$ 和反应系数有关外，也与浓度有关。

8.2.8.3 影响氧化还原滴定突跃范围的因素

对于可逆的、对称电对的氧化还原滴定反应，$\varphi_1^{\ominus'}$ 和 $\varphi_2^{\ominus'}$ 分别代表滴定剂(氧化剂)和滴定待测物(还原剂)的条件电极电势，n_1、n_2 为相应半反应的电子转移数。则突跃范围为

$$\varphi_2^{\ominus'}+\frac{0.059\ 2}{n_2}\lg\frac{99.9\%}{0.1\%}\sim\varphi_1^{\ominus'}+\frac{0.059\ 2}{n_1}\lg\frac{99.9\%}{0.1\%} \tag{8-12a}$$

即

$$\varphi_2^{\ominus'}+\frac{0.059\ 2}{n_2}\times3\sim\varphi_1^{\ominus'}+\frac{0.059\ 2}{n_1}\times3 \tag{8-12b}$$

由上式可知，可逆的、对称电对的氧化还原滴定的突跃范围只与两电对的电子转移数及条件电极电势有关，与浓度无关。两电对的条件电极电势差值($\Delta\varphi^{\ominus'}$)越大，滴定突跃范围越大；反之，两电对条件电极电势的差值($\Delta\varphi^{\ominus'}$)越小，滴定突跃范围越小。

8.2.8.4 氧化还原滴定终点的确定

氧化还原指示剂的理论变色点

$$\varphi=\varphi^{\ominus'}[\mathrm{In(Ox)/In(Red)}]$$

氧化还原指示剂的理论变色范围

$$\varphi^{\ominus'}[\mathrm{In(Ox)/In(Red)}]-\frac{0.059\ 2}{n}\leqslant\varphi\leqslant\varphi^{\ominus'}[\mathrm{In(Ox)/In(Red)}]+\frac{0.059\ 2}{n} \tag{8-13}$$

在选择指示剂时，应使指示剂的条件电极电势尽量与滴定反应的化学计量点电势接近，以减小终点误差。

另外，在氧化还原滴定中，有些标准溶液或被滴定物质本身有颜色，而反应后生成无色或浅色物质，此种情况在滴定时就不必另外加入指示剂，这种利用标准溶液本身的颜色变化来指示滴定终点的指示剂叫作自身指示剂。当用 $KMnO_4$ 作标准溶液滴定无色或颜色很浅的物质时，无须另加指示剂，当滴定到达化学计量点后，只要有微过量的 $KMnO_4$(浓度为 $2\times10^{-6}\ \mathrm{mol\cdot L^{-1}}$)存在，就可使溶液呈现粉红色，由此就可以确定滴定终点。

有些物质本身并不具有氧化还原性，但它能与氧化剂或还原剂产生特殊的颜色，由此来确定滴定终点，这类物质称为显色指示剂或专属指示剂。例如，在碘量法中，用淀粉溶液作指示剂，可根据其蓝色的出现或消失指示滴定终点。

8.2.9 常用的氧化还原滴定法

8.2.9.1 高锰酸钾法

高锰酸钾标准溶液不能直接配制，常用标定法制备。

MnO_4^-与 $C_2O_4^{2-}$的标定反应在 H_2SO_4 介质中进行，其反应方程式为

$$2MnO_4^- + 5C_2O_4^{2-} + 16H^+ = 2Mn^{2+} + 10CO_2\uparrow + 8H_2O$$

标定时应注意以下实验条件：

①酸度：溶液应保持足够大的酸度，一般为 $0.5\sim1\ \mathrm{mol\cdot L^{-1}}$。如果酸度不足，易生成 MnO_2 沉淀，而酸度过高又会使 $H_2C_2O_4$ 分解。

②温度：应将 $Na_2C_2O_4$ 溶液加热至 75~85 ℃时进行滴定。注意温度不能超过 90 ℃，否则 $H_2C_2O_4$ 会发生分解，导致标定结果比实际浓度偏高。

③滴定速率和催化剂：Mn^{2+}对反应有催化作用，由于反应会生成 Mn^{2+}，因此，可以不提前加 Mn^{2+}，但在开始滴定时，滴定速度一定要慢，此后，因反应生成的 Mn^{2+}有催化作用，加快了反应速率，滴定速度可随之加快，但不能过快，接近终点时，为避免滴定过量，

要再次减慢滴定速度。

④滴定终点：$KMnO_4$ 本身作指示剂，依靠稍过量的 $KMnO_4$ 标准溶液来指示滴定终点，因此，滴定至溶液由无色刚刚变为浅红色时即为滴定终点，终点颜色越浅越好。

（1）$KMnO_4$ 直接滴定法测定 H_2O_2　在酸性溶液中 H_2O_2 被 MnO_4^- 定量氧化，其反应式为

$$2MnO_4^- + 5H_2O_2 + 6H^+ = 2Mn^{2+} + 5O_2 + 8H_2O$$

反应在室温下即可顺利进行，采用 $KMnO_4$ 作指示剂，滴定开始时反应较慢，随着 Mn^{2+} 的生成而加速。

（2）$KMnO_4$ 间接滴定法测定 Ca^{2+}　先将待测试液中的 Ca^{2+} 沉淀为 CaC_2O_4，再经过滤、洗涤后将沉淀溶于热的稀 H_2SO_4 溶液中，最后用 $KMnO_4$ 标准溶液滴定溶液中释放的 $H_2C_2O_4$，反应式为

$$Ca^{2+} + C_2O_4^{2-} = CaC_2O_4 \downarrow$$

$$CaC_2O_4 + 2H^+ = Ca^{2+} + H_2C_2O_4$$

$$2MnO_4^- + 5C_2O_4^{2-} + 16H^+ = 2Mn^{2+} + 10CO_2 \uparrow + 8H_2O$$

根据所消耗 $KMnO_4$ 的量，间接求得 Ca^{2+} 的含量。

8.2.9.2　重铬酸钾法

重铬酸钾标准溶液可用直接法配制。准确称取一定质量的 $K_2Cr_2O_7$ 基准试剂，加水溶解后定量转移至一定体积的容量瓶中，稀释至刻度，摇匀。然后根据 $K_2Cr_2O_7$ 质量和定容的体积，计算标准溶液的准确浓度。

（1）铁矿石中全铁量的测定　重铬酸钾法主要是用于测定 Fe^{2+}，是测定铁矿石中全铁量的标准方法。

试样用热的浓 HCl 分解后，用 $SnCl_2$ 将试液中的 Fe^{3+} 充分还原为 Fe^{2+}，过量的 $SnCl_2$ 用 $HgCl_2$ 氧化，此时溶液中出现 Hg_2Cl_2 白色丝状沉淀，然后加入 H_2SO_4-H_3PO_4 混合酸，以二苯胺磺酸钠作指示剂，用 $K_2Cr_2O_7$ 标准溶液滴定 Fe^{2+}，至溶液由绿色变为蓝紫色为终点。滴定反应为

$$Cr_2O_7^{2-} + 6Fe^{2+} + 14H^+ = 2Cr^{3+} + 6Fe^{3+} + 7H_2O$$

由下式计算出铁矿石中样品中的全铁量

$$\omega(Fe) = \frac{6c(K_2Cr_2O_7)V(K_2Cr_2O_7)M(Fe)}{m(s)} \tag{8-14}$$

（2）实验中加入 H_3PO_4 溶液的作用　由于 H_3PO_4 与 Fe^{3+} 可形成稳定的 $[Fe(HPO_4)_2]^-$ 无色配离子，可降低溶液体系中的 Fe^{3+} 的浓度，从而降低了 $\varphi(Fe^{3+}/Fe^{2+})$，使滴定突跃的下限向下延伸，因而滴定的突跃范围增大，使二苯胺磺酸钠的变色点落在滴定突跃范围以内。此外，由于 Fe^{3+} 转化成无色的配离子 $[Fe(HPO_4)_2]^-$，消除了 Fe^{3+} 的黄褐色对滴定终点颜色的干扰。

8.2.9.3　碘量法

利用 I_2 的氧化性和 I^- 的还原性进行的滴定分析统称为碘量法。碘量法又分为直接碘量法和间接碘量法。

直接碘量法是以 I_2 作滴定剂直接滴定还原性较强的物质，如 S^{2-}、SO_3^{2-}、$S_2O_3^{2-}$ 和抗坏

血酸等，采用淀粉作指示剂。直接碘量法不能在碱性溶液中进行，否则 I_2 会发生歧化反应

$$3I_2+6OH^- = IO_3^-+5I^-+3H_2O$$

间接碘量法则是利用 I^- 的还原性，在一定条件下使待测的氧化性物质首先与 I^- 反应，定量析出 I_2，然后用 $Na_2S_2O_3$ 标准溶液滴定反应中释出的 I_2，从而间接测定。滴定反应为

$$I_2+2S_2O_3^{2-} = 2I^-+S_4O_6^{2-}$$

为确保滴定结果的准确，应该严格控制滴定条件。首先要控制溶液的酸度使滴定在弱酸性或中性条件下进行，因为强酸性溶液中 $Na_2S_2O_3$ 易分解，

$$S_2O_3^{2-}+2H^+ = SO_2\uparrow+S\downarrow+H_2O$$

而碱性条件下，除了 I_2 的歧化反应影响滴定外，I_2 和 $Na_2S_2O_3$ 也会发生下列副反应：

$$4I_2+S_2O_3^{2-}+10OH^- = 8I^-+2SO_4^{2-}+5H_2O$$

同时，滴定过程中应加入过量的 KI 使 I_2 形成 I_3^- 离子，并且滴定时最好使用碘量瓶；另外，不要剧烈摇动，防止 I_2 的挥发；I^- 易被空气氧化，因此，反应时应置于暗处，滴定前调节好酸度，析出 I_2 后，立即滴定。

8.3 典型例题

【例 8.1】氧化数法配平氧化还原反应方程式。

$$ZnS + HNO_3 \longrightarrow ZnSO_4 + NO + H_2O$$

解：氧化数改变值

S　　$S^{-2} \longrightarrow S^{+6}$　　即 $(+6)-(-2)=+8$　失 8 个电子

N　　$N^{+5} \longrightarrow N^{+2}$　　即 $(+2)-(+5)=-3$　得 3 个电子

得失电子最小公倍数为 24，3、8 即反应物化学计量数，再配平 H_2O

$$3ZnS+8HNO_3 = 3ZnSO_4+8NO+4H_2O$$

【例 8.2】离子-电子法配平下列氧化还原反应方程式。

(1) $Cu + NO_3^- \longrightarrow Cu^{2+} + NO$　　（酸性溶液）

(2) $MnO_4^- + AsO_3^{3-} \longrightarrow MnO_2 + AsO_4^{3-}$　　（碱性溶液）

解：(1) $Cu + NO_3^- \longrightarrow Cu^{2+} + NO$

(i) 两个半反应

$Cu \longrightarrow Cu^{2+}$　　（氧化反应）

$NO_3^- \longrightarrow NO$　　（还原反应）

(ii) 配平原子

$$Cu \longrightarrow Cu^{2+}$$

$$NO_3^- + 4H^+ \longrightarrow NO + 2H_2O$$

酸性溶液中，氧多的一方加 H^+，另一方加 H_2O。

(iii) 配平电荷

$$Cu \longrightarrow Cu^{2+} + 2e^-$$

$$NO_3^- + 4H^+ + 3e^- \longrightarrow NO + 2H_2O$$

(iv)根据电子得失相等的原则配平电子。

(v)两个半反应相加得总反应

$$(Cu \longrightarrow Cu^{2+} + 2e^-)\times 3$$

$$+)\ (NO_3^- + 4H^+ + 3e^- \longrightarrow NO + 2H_2O)\times 2$$

$$3Cu + 8H^+ + 2NO_3^- = 3Cu^{2+} + 2NO + 4H_2O$$

(2) $MnO_4^- + AsO_3^{3-} \longrightarrow MnO_2 + AsO_4^{3-}$

(i) $AsO_3^{3-} \longrightarrow AsO_4^{3-}$　　　　(氧化反应)

$MnO_4^- \longrightarrow MnO_2 + 4OH^-$　　(还原反应)

(ii) $AsO_3^{3-} + 2OH^- \longrightarrow AsO_4^{3-} + H_2O$

$MnO_4^- + 2H_2O \longrightarrow MnO_2 + 4OH^-$

(iii) $AsO_3^{3-} + 2OH^- \longrightarrow AsO_4^{3-} + H_2O + 2e^-$

$MnO_4^- + 2H_2O + 3e^- \longrightarrow MnO_2 + 4OH^-$

(iv)根据电子得失相等的原则配平电子。

(v)两个半反应相加得总反应

$$(AsO_3^{3-} + 2OH^- \longrightarrow AsO_4^{3-} + H_2O + 2e^-)\times 3$$

$$+)\ (MnO_4^- + 2H_2O + 3e^- \longrightarrow MnO_2 + 4OH^-)\times 2$$

$$2MnO_4^- + 3AsO_3^{3-} + H_2O = 2MnO_2 + 3AsO_4^{3-} + 2OH^-$$

【例 8.3】写出下列反应相应的电池符号。

(1) $2Fe^{3+} + Mg(s) \longrightarrow 2Fe^{2+} + Mg^{2+}$

(2) $2AgCl(s) + Zn(s) \longrightarrow 2Ag(s) + 2Cl^- + Zn^{2+}$

(3) $Cr_2O_7^{2-} + 14H^+ + 6I^- \longrightarrow 2Cr^{3+} + 3I_2 + 7H_2O$

(4) $Cl_2(g) + Sn(s) \longrightarrow Sn^{2+} + 2Cl^-$

解：(1)由电池反应写出两个半反应

正极：$(Fe^{3+} + e^- \rightleftharpoons Fe^{2+})\times 2$

负极：$Mg \rightleftharpoons Mg^{2+} + 2e^-$

电池符号：$(-)Mg|Mg^{2+} \| Fe^{3+}, Fe^{2+}|Pt(+)$

同理

(2) $(-)Zn|Zn^{2+} \| Cl^- | AgCl(s)|Ag(+)$

(3) $(-)Pt|I_2|I^- \| Cr_2O_7^{2-}, H^+, Cr^{3+}|Pt(+)$

(4) $(-)Sn|Sn^{2+} \| Cl^-|Cl_2(g)|Pt(+)$

【例 8.4】写出下列电池符号相对应的电池反应。

(1) $(-)Pt|I_2|I^- \| H_2O, H^+|O_2, Pt(+)$

(2) $(-)Pb|Pb^{2+} \| Sn^{4+}, Sn^{2+}|Pt(+)$

(3) $(-)Cu|Cu^{2+} \| Cr_2O_7^{2-}, Cr^{3+}|Pt(+)$

(4) $(-)Pt|Br_2(l)|Br^- \| Cl^-|Cl_2(g), Pt(+)$

解：(1)由电池符号电极半反应

正极：$O_2+4H^++4e^- \rightleftharpoons H_2O$

负极：$(2I^- \rightleftharpoons I_2+2e^-)\times 2$

两式相加得电池反应：$O_2+4I^-+4H^+ = 2I_2+2H_2O$

同理

(2) $Pb+Sn^{4+} = Sn^{2+}+Pb^{2+}$

(3) $Cr_2O_7^{2-}+3Cu+14H^+ = 2Cr^{3+}+3Cu^{2+}+7H_2O$

(4) $Cl_2+2Br^- = Br_2+2Cl^-$

【例 8.5】判断在标准状态下：(1) H_3AsO_4 的酸性溶液能否将 I^- 氧化成 I_2？(2) Br_2 能否氧化 Cr^{3+} 成为 $Cr_2O_7^{2-}$？

解：(1)查表得

$$H_3AsO_4+2H^++2e^- \rightleftharpoons H_3AsO_3+2H_2O \qquad \varphi^\ominus=0.58\ V$$

$$I_2+2e^- \rightleftharpoons 2I^- \qquad \varphi^\ominus=0.54\ V$$

由于 $\varphi^\ominus(H_3AsO_4/H_3AsO_3)>\varphi^\ominus(I_2/I^-)$，则反应方向为

$$H_3AsO_4+2H^++2I^- \rightleftharpoons H_3AsO_3+I_2+2H_2O$$

因此，在标准状态下 H_3AsO_4 的酸性溶液能将 I^- 氧化成 I_2。

(2)查表得

$$Br_2(l)+2e^- \rightleftharpoons 2Br^- \qquad \varphi^\ominus=1.07\ V$$

$$Cr_2O_7^{2-}+14H^++6e^- \rightleftharpoons 2Cr^{3+}+7H_2O \qquad \varphi^\ominus=1.33\ V$$

由于 $\varphi^\ominus(Cr_2O_7^{2-}/Cr^{3+})>\varphi^\ominus(Br_2/Br^-)$，反应方向为

$$Cr_2O_7^{2-}+14H^++6Br^- \rightleftharpoons 3Br_2(l)+2Cr^{3+}+7H_2O$$

因此，在标准状态下 Br_2 不能氧化 Cr^{3+} 成为 $Cr_2O_7^{2-}$。

【例 8.6】在含有 VO_2^+ 的溶液中，使 pH=0，将 VO_2^+ 还原为 VO^{2+}，而不再被还原为 V^{3+}。Zn、$SnCl_2$、H_2S、$FeSO_4$ 等还原剂选用哪个最好？

解：查表得

$$VO_2^++2H^++e^- \rightleftharpoons VO^{2+}+H_2O \qquad \varphi^\ominus=1.00\ V$$

$$VO^{2+}+2H^++e^- \rightleftharpoons V^{3+}+H_2O \qquad \varphi^\ominus=0.337\ V$$

选用还原剂的 $\varphi^\ominus$ 必须在 1.00~0.337 V。4 个还原剂标准电极电势分别为

$$Zn^{2+}+2e^- \rightleftharpoons Zn \qquad \varphi^\ominus=-0.763\ V$$

$$S+2H^++2e^- \rightleftharpoons H_2S(aq) \qquad \varphi^\ominus=0.141\ V$$

$$Sn^{4+}+2e^- \rightleftharpoons Sn^{2+} \qquad \varphi^\ominus=0.15\ V$$

$$Fe^{3+}+e^- \rightleftharpoons Fe^{2+} \qquad \varphi^\ominus=0.771\ V$$

可见，其中以 $FeSO_4$ 最好。其他的还原剂 $\varphi^\ominus<\varphi^\ominus(VO^{2+}/V^{3+})$，能够进一步将 VO^{2+} 还原为 V^{3+}。

【例 8.7】判断在酸性水溶液中下列等浓度的离子能否共存？

Sn^{2+} 和 Hg^{2+}，SO_3^{2-} 和 MnO_4^-，Sn^{2+} 和 Fe^{2+}，Fe^{2+} 和 $Cr_2O_7^{2-}$

解：(1) Sn^{2+} 和 Hg^{2+}，查表得

$$Hg^{2+} + 2e^- \rightleftharpoons Hg \qquad \varphi^\ominus = 0.851\ V$$
$$Sn^{4+} + 2e^- \rightleftharpoons Sn^{2+} \qquad \varphi^\ominus = 0.15\ V$$

可发生下列反应

$$Hg^{2+} + Sn^{2+} \rightleftharpoons Hg + Sn^{4+}$$

故 Sn^{2+} 和 Hg^{2+} 不能共存。

(2) SO_3^{2-} 和 MnO_4^-，查表得

$$MnO_4^- + 8H^+ + 5e^- \rightleftharpoons Mn^{2+} + 4H_2O \qquad \varphi^\ominus = 1.51\ V$$
$$SO_4^{2-} + 2H^+ + 2e^- \rightleftharpoons SO_3^{2-} + H_2O \qquad \varphi^\ominus = 0.17\ V$$

可发生下列反应

$$2MnO_4^- + 5SO_3^{2-} + 6H^+ \rightleftharpoons 2Mn^{2+} + 5SO_4^{2-} + 3H_2O$$

故 SO_3^{2-} 和 MnO_4^- 不能共存。

(3) Sn^{2+} 和 Fe^{2+} 均为中间氧化态，它们既可作氧化剂又可作还原剂。查表得

$$Sn^{4+} + 2e^- \rightleftharpoons Sn^{2+} \qquad \varphi^\ominus = 0.15\ V$$
$$Sn^{2+} + 2e^- \rightleftharpoons Sn \qquad \varphi^\ominus = -0.14\ V$$
$$Fe^{2+} + 2e^- \rightleftharpoons Fe \qquad \varphi^\ominus = -0.44\ V$$
$$Fe^{3+} + e^- \rightleftharpoons Fe^{2+} \qquad \varphi^\ominus = 0.77\ V$$

可发生下列反应

$$2Fe^{3+} + Sn^{2+} \rightleftharpoons Sn^{4+} + 2Fe^{2+}$$
$$Sn^{4+} + Fe \rightleftharpoons Sn^{2+} + Fe^{2+}$$
$$Sn^{2+} + Fe \rightleftharpoons Fe^{2+} + Sn$$
$$2Fe^{3+} + Sn \rightleftharpoons 2Fe^{2+} + Sn^{2+}$$

由此可见，Sn^{2+} 和 Fe^{2+} 不能发生反应，所以 Sn^{2+} 和 Fe^{2+} 能共存。

(4) Fe^{2+} 和 $Cr_2O_7^{2-}$，查表得

$$Cr_2O_7^{2-} + 14H^+ + 6e^- \rightleftharpoons 2Cr^{3+} + 7H_2O \qquad \varphi^\ominus = 1.33\ V$$
$$Fe^{3+} + e^- \rightleftharpoons Fe^{2+} \qquad \varphi^\ominus = 0.77\ V$$

可有反应

$$Cr_2O_7^{2-} + 6Fe^{2+} + 14H^+ \rightleftharpoons 2Cr^{3+} + 6Fe^{3+} + 7H_2O$$

故 Fe^{2+} 和 $Cr_2O_7^{2-}$ 不能共存。

【例 8.8】将 Zn 棒插入 0.10 mol · L^{-1} $ZnSO_4$ 溶液，Cu 棒插入 1.0×10^{-4} mol · L^{-1} $CuSO_4$ 溶液中，构成电池后电池电动势为多少？

解：查表得

$$Cu^{2+} + 2e^- \rightleftharpoons Cu \qquad \varphi^\ominus = 0.34\ V$$
$$Zn^{2+} + 2e^- \rightleftharpoons Zn^{2+} \qquad \varphi^\ominus = -0.76\ V$$

因此，Cu^{2+}/Cu 为正极，Zn^{2+}/Zn 为负极，由能斯特方程计算可得

$$\varphi(Cu^{2+}/Cu) = 0.34 + \frac{0.059\ 2}{2}\lg(1.0\times10^{-4}) = 0.22\ V$$

$$\varphi(Zn^{2+}/Zn) = -0.76 + \frac{0.059\ 2}{2}\lg(0.10) = -0.79\ V$$

则电池电动势为

$$E=\varphi(Cu^{2+}/Cu)-\varphi(Zn^{2+}/Zn)=0.22-(-0.79)=1.01\ V$$

【例 8.9】已知

$$Pb^{2+}+e^{-}\rightleftharpoons Pb \qquad \varphi^{\ominus}=-0.126\ V$$

$$Sn^{2+}+2e^{-}\rightleftharpoons Sn \qquad \varphi^{\ominus}=-0.136\ V$$

问 Sn^{2+} 与 Pb^{2+} 浓度比为多少时，Pb 可以还原 Sn^{2+}？

解：Pb 还原 Sn^{2+} 的反应为

$$Sn^{2+}+Pb\rightleftharpoons Pb^{2+}+Sn$$

则需要使 $\varphi(Sn^{2+}/Sn)\geqslant\varphi(Pb^{2+}/Pb)$

$$\varphi^{\ominus}(Sn^{2+}/Sn)+\frac{0.059\,2}{2}\lg c(Sn^{2+})\geqslant\varphi^{\ominus}(Pb^{2+}/Pb)+\frac{0.059\,2}{2}\lg c(Pb^{2+})$$

$$\frac{0.059\,2}{2}\lg c(Sn^{2+})-\frac{0.059\,2}{2}\lg c(Pb^{2+})\geqslant\varphi^{\ominus}(Pb^{2+}/Pb)-\varphi^{\ominus}(Sn^{2+}/Sn)$$

$$\lg\frac{c(Sn^{2+})}{c(Pb^{2+})}\geqslant[-0.126-(-0.136)]\times\frac{2}{0.059\,2}=0.338$$

$$\frac{c(Sn^{2+})}{c(Pb^{2+})}\geqslant 2.18$$

当 Sn^{2+} 与 Pb^{2+} 的浓度比值大于 2.18 时，Pb 可以还原 Sn^{2+}。

【例 8.10】已知 $MnO_4^-+8H^++5e^-\rightleftharpoons Mn^{2+}+4H_2O$，$\varphi^{\ominus}=1.49$ V。若其他离子浓度均为 $1.0\ mol\cdot L^{-1}$，而只改变 H^+ 浓度，问 pH 多大时 MnO_4^- 只能氧化 I^- 而不能氧化 Br^-？

解：由 $\qquad MnO_4^-+8H^++5e^-\rightleftharpoons Mn^{2+}+4H_2O$

$$\varphi^{\ominus}(MnO_4^-/Mn^{2+})=1.49+\frac{0.059\,2}{5}\lg\frac{c(MnO_4^-)\,c^8(H^+)}{c(Mn^{2+})}=1.49+\frac{8\times0.059\,2}{5}\lg c(H^+)$$

$$=1.49-0.094\,7\text{pH}$$

按 $Br_2(l)+2e^-\rightleftharpoons 2Br^- \quad \varphi^{\ominus}=1.07\ V \qquad I_2+2e^-\rightleftharpoons 2I^- \quad \varphi^{\ominus}=0.54\ V$

所以 $\varphi^{\ominus}(MnO_4^-/Mn^{2+})$ 必须大于 0.54 V 而小于 1.07 V，即

$$(1.49-0.094\,7\text{pH})>0.54,\ \text{pH}<10$$

$$(1.49-0.094\,7\text{pH})<1.07,\ \text{pH}>4.42$$

因此，pH 控制在 4.42～10。

【例 8.11】计算 25 ℃时 $PbSO_4(s)$ 的 $K_{sp}^{\ominus}$。

解：由题意 $PbSO_4(s)\rightleftharpoons Pb^{2+}+SO_4^{2-}$，将反应分解为两个半反应并查表得

正极反应： $PbSO_4(s)+2e^-\rightleftharpoons Pb(s)+SO_4^{2-} \qquad \varphi^{\ominus}=-0.358\ V$

负极反应： $Pb^{2+}+2e^-\rightleftharpoons Pb(s) \qquad \varphi^{\ominus}=-0.126\ V$

电池反应： $PbSO_4(s)\rightleftharpoons Pb^{2+}+SO_4^{2-}$

$$E^{\ominus}=\varphi^{\ominus}(PbSO_4/Pb)-\varphi^{\ominus}(Pb^{2+}/Pb)=-0.358-(-0.126)=-0.232\ V$$

由式(8-6b)可得

$$\lg K^{\ominus}=\frac{nE^{\ominus}}{0.059\,2}=\frac{2\times(-0.232)}{0.059\,2}=-7.838$$

解得 $K^{\ominus}=1.45\times10^{-8}$，即 $PbSO_4(s)$ 的 $K_{sp}^{\ominus}$ 值。

【例 8.12】求 25 ℃时 H_2O 的 $K_w^{\ominus}$。

解：由题意 $H_2O \rightleftharpoons OH^- + H^+$，分解为两个半反应并查表得

正极反应：$O_2(g) + 2H_2O + 4e^- \rightleftharpoons 4OH^-$　　　$\varphi^{\ominus}=0.401\ V$

负极反应：$2H_2O \rightleftharpoons O_2(g) + 4H^+ + 4e^-$　　　$\varphi^{\ominus}=1.229\ V$

电池反应：$H_2O \rightleftharpoons OH^- + H^+$

$$E=\varphi^{\ominus}(O_2/OH^-)-\varphi^{\ominus}(O_2/H_2O)=0.401-(-1.229)=-0.828\ V$$

$$E^{\ominus}=\frac{0.0592}{n}\lg K^{\ominus}=\frac{0.0592}{4}\lg c(H^+)\,c(OH^-)=\frac{0.0592}{4}\lg K_w^{\ominus}=-0.828\ V$$

$$K_w^{\ominus}=1.03\times10^{-14}$$

【例 8.13】电池 $Pb(s) + 2H^+ \rightleftharpoons Pb^{2+} + H_2(g)$，若 H^+ 为 0.010 mol · L^{-1}，Pb^{2+} 浓度为 0.10 mol · L^{-1}，$p(H_2)=1.013\times10^{-4}$ kPa，求电池电动势。

解：查表

$$Pb^{2+} + 2e^- \rightleftharpoons Pb(s) \qquad \varphi^{\ominus}=-0.126\ V$$

$$2H^+ + 2e^- \rightleftharpoons H_2(g) \qquad \varphi^{\ominus}=0.000\ V$$

$$E=[\varphi^{\ominus}(H^+/H_2)-\varphi^{\ominus}(Pb^{2+}/Pb)]-\left[\frac{0.0592}{n}\lg\frac{\dfrac{c(Pb^{2+})}{c^{\ominus}}\times\dfrac{p(H_2)}{p^{\ominus}}}{\left[\dfrac{c(H^+)}{c^{\ominus}}\right]^2}\right]$$

$$=(0.000+0.126)-\frac{0.0592}{2}\lg\frac{0.10\times\dfrac{1.013\times10^{-4}}{101.325}}{(0.010)^2}=0.215\ V$$

【例 8.14】在碱性溶液中，下列哪个分子可以发生歧化反应？并写出歧化反应方程式。

$$BrO_3^- \xrightarrow{0.54\ V} BrO^- \xrightarrow{0.45\ V} Br_2 \xrightarrow{1.07\ V} Br^- \qquad (BrO^- \xrightarrow{0.70\ V} Br^-)$$

解：因为电势图中某一氧化态物质的右边电势大于左边者，即会发生歧化反应。可知 Br_2 的 $\varphi^{\ominus}$(右)= 1.07 V，$\varphi^{\ominus}$(左)= 0.45 V，$\varphi^{\ominus}$(右)>$\varphi^{\ominus}$(左)可发生歧化反应，歧化反应式为

$$Br_2 + 2OH^- \rightleftharpoons BrO^- + Br^- + H_2O$$

BrO^- 的 $\varphi^{\ominus}$(右)= 0.70 V，$\varphi^{\ominus}$(左)= 0.54 V，$\varphi^{\ominus}$(右)>$\varphi^{\ominus}$(左)，可发生歧化反应，歧化反应式为

$$3BrO^- \rightleftharpoons BrO_3^- + 2Br^-$$

可见，BrO^- 可继续歧化，Br_2 歧化最终产物是 BrO_3^- 和 Br^-。

【例 8.15】试求下列反应的 $K^{\ominus}$，并说明反应发生逆转的可能性(298 K 时)。

(1) $H_3AsO_4 + 2I^- + H^+ \rightleftharpoons HAsO_2 + I_2 + 2H_2O$

(2) $H_2O_2 + 2Fe^{2+} + H^+ \rightleftharpoons 2H_2O + 2Fe^{3+}$

解：(1)查表得

$$\varphi^\ominus(H_3AsO_4/HAsO_2)=0.560\ V;\ \varphi^\ominus(I_2/I^-)=0.535\ V$$

由 $\lg K^\ominus=\dfrac{nE^\ominus}{0.059\ 2}=\dfrac{2\times(0.560-0.535)}{0.059\ 2}=0.845$

$$K^\ominus=6.998$$

分析反应逆转的可能性分析，当$-40\ kJ\cdot mol^{-1}<\Delta G^\ominus<40\ kJ\cdot mol^{-1}$，即$-0.2\ V<E^\ominus<0.2\ V$，改变反应系统物质的量(即非标态下)可使反应发生逆转。

$$E^\ominus=\varphi^\ominus(+)-\varphi^\ominus(-)=0.560-0.535=0.025\ V$$

即$-0.2\ V<0.025\ V<0.2\ V$，改变反应系统物质的量(即非标准态下)可使反应发生逆转。

(2)查表得

$$\varphi^\ominus(H_2O_2/H_2O)=1.776V;\ \varphi^\ominus(Fe^{3+}/Fe^{2+})=0.771\ V$$

由 $\lg K^\ominus=\dfrac{nE^\ominus}{0.059\ 2}=\dfrac{2\times(1.776-0.771)}{0.059\ 2}=33.95$

$$K^\ominus=8.91\times10^{33}$$

$$E^\ominus=\varphi^\ominus(+)-\varphi^\ominus(-)=1.776-0.771=1.005\ V\gg0.2\ V,$$

所以，改变浓度不可能使反应逆转。

【例 8.16】通过计算说明反应 $2Cu^{2+}+4I^-\longrightarrow2CuI+I_2$ 能否自发进行？

解：查表得

$\varphi^\ominus(I_2/I^-)=0.535\ V$；$\varphi^\ominus(Cu^{2+}/Cu^+)=0.153\ V$；$K_{sp}^\ominus(CuI)=1.27\times10^{-12}$

将反应分解为两个半反应

正极： $Cu^{2+}+I^-+e^-\longrightarrow CuI$

负极： $2I^-\longrightarrow I_2+2e^-$

由 Cu^++I^-══$CuI(s)$的平衡得

$$c(Cu^+)=\frac{K_{sp}^\ominus}{c(I^-)}$$

当 $c(I^-)=1\ mol\cdot L^{-1}$，$c(Cu^{2+})=1\ mol\cdot L^{-1}$ 时，

$$\varphi^\ominus(Cu^{2+}/CuI)=\varphi^\ominus(Cu^{2+}/Cu^+)+\frac{0.059\ 2}{1}\lg\frac{c(Cu^{2+})}{c(Cu^+)}=0.153+\frac{0.059\ 2}{1}\lg\frac{1}{1.27\times10^{-12}}$$

$$=0.863\ V$$

故 $E^\ominus=\varphi^\ominus(Cu^{2+}/CuI)-\varphi^\ominus(I_2/I^-)=0.863-0.535=0.823\ V>0$，且大于 0.2 V，反应正向进行，并且改变浓度也不能使反应发生逆转。

【例 8.17】试判断 Sn、Mn、Co^{3+}、H_2S(饱和)等在水溶液中的稳定性。

解：由于 H_2O 既可作氧化剂又可作还原剂。当 H_2O 作氧化剂时，H_2O 电离出的 H^+ 得电子生成 H_2，电极反应为

$$2H^++2e^-\rightleftharpoons H_2$$

此时 $[H^+]=1\times10^{-7}$

$$\varphi=\varphi^\ominus(H^+/H_2)+\frac{0.059\ 2}{2}\lg\frac{\left[\dfrac{c(H^+)}{c^\ominus}\right]^2}{\dfrac{p(H_2)}{p^\ominus}}=0.000+\frac{0.059\ 2}{2}\lg\frac{1\times10^{-14}}{1}=-0.414\ V$$

所以，凡 $\varphi<-0.414$ V 的物质，均能被 H_2O 氧化。

当 H_2O 作还原剂时，H_2O 中的氧元素失电子生成 O_2，电极反应为

$$O_2+4H^++4e^- \rightleftharpoons H_2O$$

当 $c(H^+)=1\times10^{-7}$ 时，同理求得 $\varphi(O_2/H_2O)=0.82$ V。

因此，凡 $\varphi>0.82$ V 的物质，均能被 H_2O 还原；凡 φ 介于 $-0.414\sim0.82$ V，则不与 H_2O 反应，能在 H_2O 中稳定存在。所以，查表并比较得

$\varphi^{\ominus}(Sn^{2+}/Sn)=-0.136$ V，则 -0.414 V <-0.136 V <0.82 V，故 Sn 能在水溶液中稳定存在

$\varphi^{\ominus}(Mn^{2+}/Mn)=-1.185$ V，则 -1.185 V <-0.414 V，能与 H_2O 发生反应

$$Mn+2H_2O \longrightarrow Mn^{2+}+H_2$$

$\varphi^{\ominus}(Co^{3+}/Co^{2+})=1.83$ V，则 1.83 V>0.82 V，能将 H_2O 氧化，发生反应

$$4Co^{3+}+2H_2O \longrightarrow 4Co^{2+}+4H^++O_2$$

$\varphi^{\ominus}(H_2S/S)=0.142$ V，则 -0.414 V <0.142 V <0.82 V，所以，H_2S 不与 H_2O 反应。但由于 $\varphi^{\ominus}(H_2S/S)<\varphi(O_2/H_2O)$，所以 H_2S 能被水中溶解的 O_2 所氧化，发生反应

$$2H_2S+O_2 \longrightarrow 2S+2H_2O$$

故其在水溶液中不稳定。

【例 8.18】计算在 0.10 $mol\cdot L^{-1}$ $Ag(NH_3)^+$ 和 0.10 $mol\cdot L^{-1}$ NH_3 溶液中银电极的条件电势。

已知 $\varphi^{\ominus}(Ag^+/Ag)=0.80$ V，银氨配离子的 $\lg\beta_1=3.2$，$\lg\beta_2=7.1$。

解：由副反应系数计算式

$$\begin{aligned}\alpha[Ag(NH_3)^+]&=1+\beta_1 c(NH_3)+\beta_2 c^2(NH_3)\\&=1+10^{3.2}\times0.10+10^{7.1}\times(0.10)^2=10^{5.1}\end{aligned}$$

由能斯特方程

$$\begin{aligned}\varphi(Ag^+/Ag)&=\varphi^{\ominus}(Ag^+/Ag)+0.0592\lg[Ag^+]\\&=\varphi^{\ominus}(Ag^+/Ag)+0.0592\lg\frac{c(Ag^+)}{\alpha[Ag(NH_3)]}\end{aligned}$$

当 $c(Ag^+)=1$ $mol\cdot L^{-1}$ 时，$\varphi(Ag^+/Ag)=\varphi^{\ominus}(Ag^+/Ag)+0.0592\lg\dfrac{1}{10^{5.1}}=\varphi^{\ominus'}(Ag^+/Ag)$

则
$$\varphi^{\ominus'}(Ag^+/Ag)=0.80+0.0592\lg\frac{1}{10^{5.1}}=0.50\text{ V}$$

【例 8.19】计算 KI 浓度为 1 $mol\cdot L^{-1}$ 时，Cu^{2+}/Cu^+ 电对的条件电势（忽略离子强度的影响），并说明为什么可以发生下述反应

$$2Cu^{2+}+5I^- = 2CuI\downarrow+I_3^-$$

已知 $\varphi^{\ominus}(Cu^{2+}/Cu^+)=0.16$ V；$\varphi^{\ominus}(I_3^-/I^+)=0.545$ V；$K_{sp}^{\ominus}(CuI)=1.1\times10^{-12}$。

解：因忽略离子强度的影响，当 $c(Cu^{2+})=c(Cu^+)=1$ $mol\cdot L^{-1}$ 时，则

$$\varphi^{\ominus'}(Cu^{2+}/Cu^+)=\varphi^{\ominus}(Cu^{2+}/Cu^+)+\frac{0.0592}{1}\lg\frac{\alpha(Cu^+)}{\alpha(Cu^{2+})}$$

Cu^{2+} 未发生副反应 $\alpha(Cu^{2+})=1$，而 Cu^+ 发生了沉淀反应，则

$$\alpha(Cu^+)=\frac{c(Cu^+)}{[Cu^+]}=\frac{1}{\dfrac{K_{sp}^{\ominus}}{[I^-]}}=\frac{[I^-]}{K_{sp}^{\ominus}}$$

$$\varphi^{\ominus'}(Cu^{2+}/Cu^+)=\varphi^{\ominus}(Cu^{2+}/Cu^+)+\frac{0.059\ 2}{1}\lg\frac{[I^-]}{K_{sp}^{\ominus}}=0.16+0.059\ 2\ \lg\frac{1}{1.0\times10^{-12}}=0.87\ V$$

由于 Cu^+ 与 I^- 生成 CuI 沉淀极大地降低了 Cu^+ 的浓度，使 Cu^{2+}/Cu^+ 电对的电势升高，Cu^{2+} 的氧化性增强。而 I_3^- 和 I^- 均未发生副反应，I_3^-/I^- 电对的电势当 $[I^-]=1\ mol\cdot L^{-1}$ 时就等于其标准电势。此时，$\varphi^{\ominus'}(Cu^{2+}/Cu^+)>\varphi^{\ominus}(I_3^-/I^-)$，因此，题设的反应能顺利发生。

【例 8.20】 $KMnO_4$ 在酸性溶液中有下列还原反应：

$$MnO_4^-+8H^++5e^-=\!=\!=Mn^{2+}+4H_2O\quad \varphi^{\ominus}(MnO_4^-/Mn^{2+})=1.51\ V$$

试求其电势与 pH 的关系，并计算 pH=2.0 和 pH=5.0 时的条件电势。忽略离子强度的影响。

解：
$$\varphi(MnO_4^-/Mn^{2+})=\varphi^{\ominus}(MnO_4^-/Mn^{2+})+\frac{0.059\ 2}{5}\lg\frac{[MnO_4^-][H^+]^8}{[Mn^{2+}]}$$
$$=\varphi^{\ominus}(MnO_4^-/Mn^{2+})+\frac{0.059\ 2}{5}\lg[H^+]^8+\frac{0.059\ 2}{5}\lg\frac{[MnO_4^-]}{[Mn^{2+}]}$$

当 $\dfrac{[MnO_4^-]}{[Mn^{2+}]}=1$ 时，且忽略离子强度的影响，其条件电势为

$$\varphi^{\ominus'}(MnO_4^-/Mn^{2+})=\varphi^{\ominus}(MnO_4^-/Mn^{2+})+\frac{0.059\ 2}{5}\lg[H^+]^8$$
$$=1.51+0.094\ 7\ \lg[H^+]$$
$$=1.51-0.094\ 7\ pH$$

当 pH=2.0 时，$\varphi^{\ominus'}(MnO_4^-/Mn^{2+})=1.51-0.094\ 7\times2.0=1.32\ V$

当 pH=5.0 时，$\varphi^{\ominus'}(MnO_4^-/Mn^{2+})=1.51-0.094\ 7\times5.0=1.04\ V$

8.4 同步练习及答案

8.4.1 同步练习

一、选择题

1. Mn_3O_4 中锰的氧化数为(　　)。

A. $2\frac{1}{3}$　　B. $2\frac{2}{3}$　　C. $2\frac{2}{3}$　　D. $4\frac{1}{3}$

2. 下列已经配平的反应是(　　)。

A. $Mn^{2+}+5BiO_3^-+14H^+\longrightarrow MnO_4^-+5Bi^{3+}+7H_2O$

B. $2CrO_2^-+3H_2O_2+2OH^-\longrightarrow 2CrO_4^{2-}+4H_2O$

C. $8Al^{3+}+3NO_3^-+5OH^-\longrightarrow 3Al(OH)_4^-+3NH_3$

D. $S^{2-}+ClO_3^-\longrightarrow Cl^-+S$

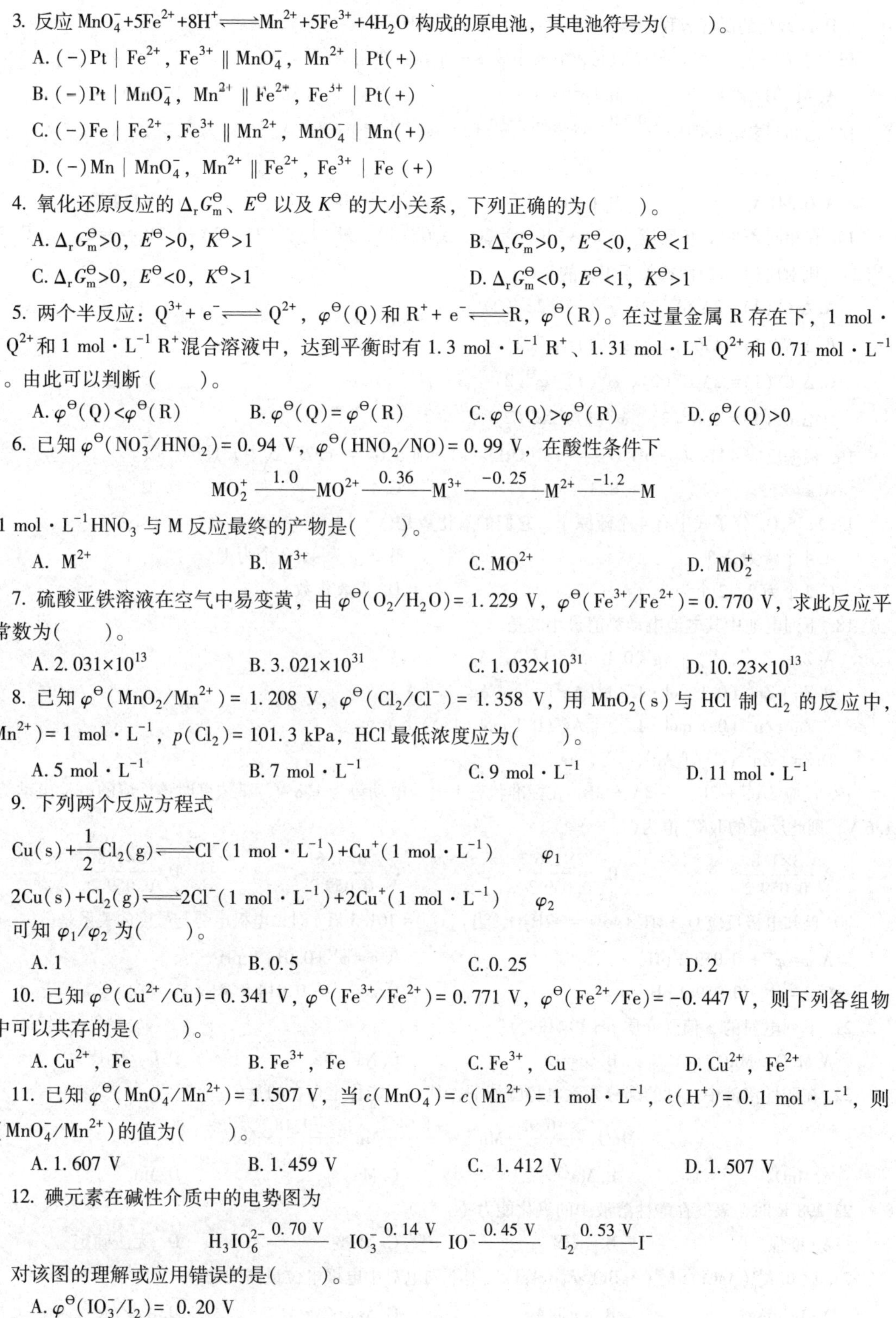

3. 反应 $MnO_4^-+5Fe^{2+}+8H^+ \rightleftharpoons Mn^{2+}+5Fe^{3+}+4H_2O$ 构成的原电池，其电池符号为(　　)。

A. $(-)Pt \mid Fe^{2+}, Fe^{3+} \parallel MnO_4^-, Mn^{2+} \mid Pt(+)$

B. $(-)Pt \mid MnO_4^-, Mn^{2+} \parallel Fe^{2+}, Fe^{3+} \mid Pt(+)$

C. $(-)Fe \mid Fe^{2+}, Fe^{3+} \parallel Mn^{2+}, MnO_4^- \mid Mn(+)$

D. $(-)Mn \mid MnO_4^-, Mn^{2+} \parallel Fe^{2+}, Fe^{3+} \mid Fe(+)$

4. 氧化还原反应的 $\Delta_r G_m^\Theta$、E^Θ 以及 K^Θ 的大小关系，下列正确的为(　　)。

A. $\Delta_r G_m^\Theta>0$，$E^\Theta>0$，$K^\Theta>1$　　B. $\Delta_r G_m^\Theta>0$，$E^\Theta<0$，$K^\Theta<1$

C. $\Delta_r G_m^\Theta>0$，$E^\Theta<0$，$K^\Theta>1$　　D. $\Delta_r G_m^\Theta<0$，$E^\Theta<1$，$K^\Theta>1$

5. 两个半反应：$Q^{3+}+e^- \rightleftharpoons Q^{2+}$，$\varphi^\Theta(Q)$ 和 $R^++e^- \rightleftharpoons R$，$\varphi^\Theta(R)$。在过量金属 R 存在下，1 mol · L^{-1} Q^{2+} 和 1 mol · L^{-1} R^+ 混合溶液中，达到平衡时有 1.3 mol · L^{-1} R^+、1.31 mol · L^{-1} Q^{2+} 和 0.71 mol · L^{-1} Q^{3+}。由此可以判断(　　)。

A. $\varphi^\Theta(Q)<\varphi^\Theta(R)$　　B. $\varphi^\Theta(Q)=\varphi^\Theta(R)$　　C. $\varphi^\Theta(Q)>\varphi^\Theta(R)$　　D. $\varphi^\Theta(Q)>0$

6. 已知 $\varphi^\Theta(NO_3^-/HNO_2)=0.94$ V，$\varphi^\Theta(HNO_2/NO)=0.99$ V，在酸性条件下

$$MO_2^+ \xrightarrow{1.0} MO^{2+} \xrightarrow{0.36} M^{3+} \xrightarrow{-0.25} M^{2+} \xrightarrow{-1.2} M$$

用 1 mol · L^{-1} HNO_3 与 M 反应最终的产物是(　　)。

A. M^{2+}　　B. M^{3+}　　C. MO^{2+}　　D. MO_2^+

7. 硫酸亚铁溶液在空气中易变黄，由 $\varphi^\Theta(O_2/H_2O)=1.229$ V，$\varphi^\Theta(Fe^{3+}/Fe^{2+})=0.770$ V，求此反应平衡常数为(　　)。

A. 2.031×10^{13}　　B. 3.021×10^{31}　　C. 1.032×10^{31}　　D. 10.23×10^{13}

8. 已知 $\varphi^\Theta(MnO_2/Mn^{2+})=1.208$ V，$\varphi^\Theta(Cl_2/Cl^-)=1.358$ V，用 $MnO_2(s)$ 与 HCl 制 Cl_2 的反应中，$c(Mn^{2+})=1$ mol · L^{-1}，$p(Cl_2)=101.3$ kPa，HCl 最低浓度应为(　　)。

A. 5 mol · L^{-1}　　B. 7 mol · L^{-1}　　C. 9 mol · L^{-1}　　D. 11 mol · L^{-1}

9. 下列两个反应方程式

$$Cu(s)+\frac{1}{2}Cl_2(g) \rightleftharpoons Cl^-(1\ mol \cdot L^{-1})+Cu^+(1\ mol \cdot L^{-1}) \qquad \varphi_1$$

$$2Cu(s)+Cl_2(g) \rightleftharpoons 2Cl^-(1\ mol \cdot L^{-1})+2Cu^+(1\ mol \cdot L^{-1}) \qquad \varphi_2$$

可知 φ_1/φ_2 为(　　)。

A. 1　　B. 0.5　　C. 0.25　　D. 2

10. 已知 $\varphi^\Theta(Cu^{2+}/Cu)=0.341$ V，$\varphi^\Theta(Fe^{3+}/Fe^{2+})=0.771$ V，$\varphi^\Theta(Fe^{2+}/Fe)=-0.447$ V，则下列各组物质中可以共存的是(　　)。

A. Cu^{2+}，Fe　　B. Fe^{3+}，Fe　　C. Fe^{3+}，Cu　　D. Cu^{2+}，Fe^{2+}

11. 已知 $\varphi^\Theta(MnO_4^-/Mn^{2+})=1.507$ V，当 $c(MnO_4^-)=c(Mn^{2+})=1$ mol · L^{-1}，$c(H^+)=0.1$ mol · L^{-1}，则 $\varphi^\Theta(MnO_4^-/Mn^{2+})$ 的值为(　　)。

A. 1.607 V　　B. 1.459 V　　C. 1.412 V　　D. 1.507 V

12. 碘元素在碱性介质中的电势图为

$$H_3IO_6^{2-} \xrightarrow{0.70\ V} IO_3^- \xrightarrow{0.14\ V} IO^- \xrightarrow{0.45\ V} I_2 \xrightarrow{0.53\ V} I^-$$

对该图的理解或应用错误的是(　　)。

A. $\varphi^\Theta(IO_3^-/I_2)=0.20$ V

B. I_2 和 IO^- 都可发生歧化

C. IO^- 歧化成 I_2 和 IO_3^- 的反应倾向最大

D. I_2 歧化的反应方程式是 $I_2+H_2O \rightleftharpoons I^-+IO^-+2H^+$

13. 向 $Al(SO_4)_3$ 和 $CuSO_4$ 的混和溶液中放入一个铁钉将生成(　　)。

A. Al、H_2 和 Fe^{2+}　　B. Fe^{2+} 和 Cu　　C. Fe^{2+}、Al 和 Cu　　D. Al 和 H_2

14. 已知元素电势图 $Fe^{3+}\xrightarrow{0.771\ V}Fe^{2+}\xrightarrow{-0.440\ V}Fe$（$Fe^{3+}$—Fe：$\varphi^\ominus$），则 $\varphi^\ominus$ 等于(　　)。

A. 0.341 V　　B. 1.211 V　　C. -0.036 V　　D. 0.114 V

15. 在相同条件下有反应式(1) $A+B = 2C$，$\Delta_rG^\ominus(1)$，$\varphi^\ominus(1)$；(2) $1/2A+1/2B = C$，$\Delta_rG^\ominus(2)$，$\varphi^\ominus(2)$。则对应(1)(2)两式关系正确的是(　　)。

A. $\Delta_rG^\ominus(1)=2\Delta_rG^\ominus(2)$，$\varphi^\ominus(1)=2\varphi^\ominus(2)$

B. $\Delta_rG^\ominus(1)=\Delta_rG^\ominus(2)$，$\varphi^\ominus(1)=\varphi^\ominus(2)$

C. $\Delta_rG^\ominus(1)=2\Delta_rG^\ominus(2)$，$\varphi^\ominus(1)=\varphi^\ominus(2)$

D. $\Delta_rG^\ominus(1)=\Delta_rG^\ominus(2)$，$\varphi^\ominus(1)=2\varphi^\ominus(2)$

16. 根据反应 $4Al+3O_2+6H_2O = 4Al(OH)_3(s)$，则 $\Delta_rG^\ominus=-nFE^\ominus$ 式中 n 是(　　)。

A. 1　　B. 3　　C. 4　　D. 12

17. $Na_2S_4O_6$ 分子式中有 4 个硫原子，它们的氧化数是(　　)。

A. 4 个皆为 2.5　　B. 2 个为 4，2 个为 1

C. 2 个为 2，2 个为 3　　D. 无氧化数

18. 下列电池中其电池电动势值最小的是(　　)。

A. $Zn\mid Zn^{2+}(c^\ominus)\parallel Ag^+(0.1\ mol\cdot L^{-1})\mid Ag$

B. $Zn\mid Zn^{2+}(0.1\ mol\cdot L^{-1})\parallel Ag^+(c^\ominus)\mid Ag$

C. $Zn\mid Zn^{2+}(0.1\ mol\cdot L^{-1})\parallel Ag^+(0.1\ mol\cdot L^{-1})\mid Ag$

D. $Zn\mid Zn^{2+}(c^\ominus)\parallel Ag^+(c^\ominus)\mid Ag$

19. 反应 $3A^{2+}+2B \longrightarrow 3A+2B^{3+}$ 在标准状态下电池电动势为 1.8 V，某浓度时该反应的电池电动势为 1.6 V，则此反应的 $\lg K^\ominus$ 值为(　　)。

A. $\dfrac{3\times1.8}{0.0592}$　　B. $\dfrac{3\times1.6}{0.0592}$　　C. $\dfrac{6\times1.6}{0.0592}$　　D. $\dfrac{6\times1.8}{0.0592}$

20. 已知电极反应 $O_2+4H^++4e^- \rightleftharpoons 2H_2O$，当 $p(O_2)=101.3$ kPa 时，电极电势与酸度的关系是(　　)。

A. $\varphi=\varphi^\ominus+0.0592\ pH$　　B. $\varphi=\varphi^\ominus+0.0148\ pH$

C. $\varphi=\varphi^\ominus-0.0592\ pH$　　D. $\varphi=\varphi^\ominus-0.0148\ pH$

21. 下列电对的 φ 值受介质 pH 影响的为(　　)。

A. MnO_4^-/MnO_4^{2-}　　B. Cl_2/Cl^-　　C. Na^+/Na　　D. O_2/H_2O

22. 在酸性溶液中，锰的部分元素电势图如下，其中不能稳定存在的是(　　)。

$$MnO_2\xrightarrow{+0.92}Mn^{3+}\xrightarrow{+1.54}Mn^{2+}\xrightarrow{-1.18}Mn$$

A. MnO_2　　B. Mn^{3+}　　C. Mn^{2+}　　D. Mn

23. 298 K 时，氧气在酸性溶液中的氧化能力(　　)。

A. 增强　　B. 减弱　　C. 不变　　D. 无法确定

24. 已知 $K_{sp}^\ominus(AgCl)>K_{sp}^\ominus(AgBr)>K_{sp}^\ominus(AgI)$，则下列电对中电极电位最高的是(　　)。

A. Ag^+/Ag　　B. AgCl/Ag　　C. AgBr/Ag　　D. AgI/Ag

25. 在下列各组物质中，能在一起共存的是(　　)。(未注明状态的均指水溶液)

A. $TiCl_4(s)$ 与 H_2O　　B. Fe^{2+} 和 KI

C. AgBr (s) 与 $Na_2S_2O_3$　　D. MnO_4^-，SO_3^{2-} 在水中

26. 下列各原电池中，电池电动势最小的是(　　)。

A. $(-)Zn \mid Zn^{2+}(1.0\ mol \cdot L^{-1}) \parallel Ag^+(1.0\ mol \cdot L^{-1}) \mid Ag(+)$

B. $(-)Zn \mid Zn^{2+}(10^{-2}\ mol \cdot L^{-1}) \parallel Ag^+(1.0\ mol \cdot L^{-1}) \mid Ag(+)$

C. $(-)Zn \mid Zn^{2+}(1.0\ mol \cdot L^{-1}) \parallel Ag^+(10^{-2}\ mol \cdot L^{-1}) \mid Ag(+)$

D. 无法判断

27. $HgCl_2$ 在酸性溶液中与过量 $SnCl_2$ 反应的产物为(　　)。

A. $Hg_2Cl_2-SnCl_2$　　B. $Hg_2Cl_2-[SnCl_6]^{2-}$

C. $[Hg_2Cl_4]^{2-}-[SnCl_6]^{2-}$　　D. $Hg-SnCl_4$

28. 下列有关电极电势论述正确的是(　　)。

A. $\varphi^\ominus$ 值越高，电对中的氧化态物质的氧化能力越强

B. 在一定温度下，增大氧化态物质浓度 φ 值不变

C. 在一定温度下，增大还原态物质浓度 φ 值升高

D. 标准氢电极的电极电势绝对值为 0 V

29. 向 $Zn \mid Zn^{2+}(1\ mol \cdot L^{-1})$ 半电池中加氨水，电极电势将(　　)。

A. 增大　　B. 减小　　C. 不变　　D. 等于零

30. 有一原电池

$$(-)Pt \mid Fe^{2+}(c^\ominus),\ Fe^{3+}(c^\ominus) \parallel Ce^{4+}(c^\ominus),\ Ce^{3+}(c^\ominus) \mid Pt\ (+)$$

下列反应中(　　)是该电池的反应。

A. $Ce^{3+}+Fe^{3+} = Ce^{4+}+Fe^{2+}$　　B. $Ce^{4+}+e^- = Ce^{3+}$

C. $Ce^{4+}+Fe^{2+} = Ce^{3+}+Fe^{3+}$　　D. $2Ce^{3+}+Fe^{2+} = 2Ce^{4+}+Fe$

31. 用 $0.1\ mol \cdot L^{-1}Sn^{2+}$ 和 $0.01\ mol \cdot L^{-1}Sn^{4+}$ 组成的电极，其电极电势是(　　)。

A. $\varphi^\ominus+\frac{0.059\ 2}{2}$　　B. $\varphi^\ominus+0.059\ 2$　　C. $\varphi^\ominus-0.059\ 2$　　D. $\varphi^\ominus-\frac{0.059\ 2}{2}$

32. 下列物质都是常见的氧化剂，酸介质中氧化能力与溶液 pH 的大小无关的是(　　)。

A. $K_2Cr_2O_7$　　B. $FeCl_3$　　C. O_2　　D. PbO_2

33. 已知 $\varphi^\ominus(Fe^{3+}/Fe^{2+}) = 0.77\ V$，$\varphi^\ominus(Sn^{4+}/Sn^{2+}) = 0.15\ V$，则 Fe^{3+} 与 Sn^{2+} 反应的平衡常数的对数值为(　　)。

A. $\frac{(0.15-0.77)\times 2}{0.059\ 2}$　　B. $\frac{(0.77-0.15)\times 3}{0.059\ 2}$　　C. $\frac{(0.77-0.15)\times 2}{0.059\ 2}$　　D. $\frac{0.77-0.15}{0.059\ 2}$

34. 若两电对在反应中电子转移数分别为 1 和 2，为使反应完全程度达到 99.9%两电对的条件电势之差至少应大于(　　)。

A. 0.09 V　　B. 0.27 V　　C. 0.36 V　　D. 0.18 V

35. 与原电池 $Zn \mid Zn^{2+} \parallel H^+, H_2 \mid Pt$ 电动势无关的因素是(　　)。

A. Zn^{2+} 的浓度　　B. Zn 电极板的面积　　C. H^+ 的浓度　　D. 温度

36. 298 K 时，已知 $\varphi^\ominus(Fe^{3+}/Fe^{2+}) = 0.776\ V$，$\varphi^\ominus(Sn^{4+}/Sn^{2+}) = 0.150\ V$，则下列反应 $2Fe^{2+} + Sn^{4+} = 2Fe^{3+} + Sn^{2+}$ 的 $\Delta_r G_m^\ominus$ 为(　　)$kJ \cdot mol^{-1}$。

A. −268.7　　B. −177.8　　C. −119.9　　D. 119.9

37. 已知下列反应在标准状态下逆向自发进行：$Sn^{4+} + Cu = Sn^{2+} + Cu^{2+}$，已知 $\varphi^\ominus(Cu^{2+}/Cu) = C$，$\varphi^\ominus(Sn^{4+}/Sn^{2+}) = S$，则有(　　)。

A. C=S　　B. C <S　　C. C >S　　D. 都不对

38. 对于 $2A^+ +3B^{4+} = 2A^{4+} +3B^{2+}$ 这个滴定反应，计量点时溶液电势是(　　)。

A. $\frac{3\varphi^{\ominus}(A)+2\varphi^{\ominus}(B)}{5}$　　B. $\frac{3\varphi^{\ominus}(A)+2\varphi^{\ominus}(B)}{6}$

C. $\frac{3\varphi^{\ominus}(A)-2\varphi^{\ominus}(B)}{5}$　　D. $\frac{3\varphi^{\ominus}(A)-2\varphi^{\ominus}(B)}{6}$

39. 下列反应中，计量点电势与突跃范围的中点电势一致的是(　　)。

A. $I_2+2S_2O_3^{2-}=\!=\!=2I^-+S_4O_6^{2-}$　　B. $2Fe^{3+}+Sn^{2+}=\!=\!=2Fe^{2+}+Sn^{4+}$

C. $Ce^{4+}+Fe^{2+}=\!=\!=Ce^{3+}+Fe^{3+}$　　D. $2Fe^{3+}+SO_3^{2-}+H_2O=\!=\!=2Fe^{2+}+SO_4^{2-}+2H^+$

40. 最影响氧化还原滴定曲线突跃范围的因素为(　　)。

A. 标准溶液的浓度　B. 被测溶液的浓度　C. 指示剂的浓度　D. $\Delta\varphi^{\ominus'}$

41. 在 1 mol·L^{-1} H_2SO_4 介质中，$\varphi^{\ominus'}(MnO_4^-/Mn^{2+})=1.45$ V，$\varphi^{\ominus'}(Fe^{3+}/Fe^{2+})=0.68$ V，在此条件下，用 $KMnO_4$ 滴定 Fe^{2+}，其化学计量点电势为(　　)。

A. 0.75 V　B. 0.91 V　C. 1.32 V　D. 1.45 V

42. $KMnO_4$ 法测定 Ca^{2+} 时，可采用的指示剂是(　　)。

A. 淀粉　B. 二苯胺磺酸钠　C. 高锰酸钾　D. 铬黑 T

43. 用 $Na_2C_2O_4$ 基准物标定 $KMnO_4$ 溶液，应掌握的条件错误的是(　　)。

A. 盐酸酸性　　B. 温度在 75~85 ℃

C. Mn^{2+} 作催化剂　　D. 滴定速度要慢—快—慢

44. 重铬酸钾法中加入 H_3PO_4 的作用，错误的说法有(　　)。

A. 提供必要的酸度　　B. 消除 Fe^{3+} 颜色干扰

C. 提高 $\varphi(Fe^{3+}/Fe^{2+})$　　D. 降低 $\varphi(Fe^{3+}/Fe^{2+})$

45. 碘量法中最主要的反应 $I_2+2S_2O_3^{2-}=\!=\!=2I^-+S_4O_6^{2-}$，应在(　　)条件下进行。

A. 碱性　B. 强酸性　C. 中性弱酸性　D. 加热

46. 碘量法测定铜过程($Cu^{2+}+I^-=\!=\!=CuI\downarrow+I_3^-$)中，常需加入过量的 KI，其作用为(　　)。

A. 沉淀剂、指示剂、催化剂　　B. 氧化剂、配位剂、掩蔽剂

C. 还原剂、沉淀剂、配位剂　　D. 缓冲剂、配位剂、预处理剂

二、填空题

1. 将下列方程式配平。

$$PbO_2+Cr^{3+}=\!=\!=Cr_2O_7^{2-}+Pb^{2+}\text{(酸性介质)}$$

$$MnO_2+H_2O_2=\!=\!=MnO_4^-\text{(碱性介质)}$$

$$MnO_4^-+SO_3^{2-}=\!=\!=SO_4^{2-}+Mn^{2+}\text{(酸性介质中)}$$

2. 现有 3 种氧化剂 $Cr_2O_7^{2-}$、H_2O_2、Fe^{3+}，若要使 Cl^-、Br^-、I^- 混合溶液中的 I^- 氧化为 I_2，而 Br^- 和 Cl^- 都不发生变化，选用__________最合适。已知 $\varphi^{\ominus}(Cl_2/Cl^-)=1.36$ V，$\varphi^{\ominus}(Br_2/Br^-)=1.065$ V，$\varphi^{\ominus}(I_2/I^-)=0.535$ V，$\varphi^{\ominus}(Fe^{3+}/Fe^{2+})=0.771$ V，$\varphi^{\ominus}(H_2O_2/H_2O)=1.776$ V，$\varphi^{\ominus}(Cr_2O_7^{2-}/Cr^{3+})=1.232$ V。

3. 将氧化还原反应 $Fe^{2+}+Ag^+\rightleftharpoons Fe^{3+}+Ag$ 设计为原电池，则正极反应为__________，负极反应为__________，原电池符号为__________。

4. 在 $M^{n+}+ne^-\rightleftharpoons M(s)$ 电极反应中，当加入 M^{n+} 的沉淀剂时，可使其电极电势值__________，如增加 M 的量，则电极电势__________。

5. 已知 $\varphi^{\ominus}(Ag^+/Ag)=0.799\ 6$ V，$K_{sp}^{\ominus}=1.77\times10^{-10}$，则 $\varphi^{\ominus}(AgCl/Ag)=$__________。

6. 已知电极反应 $Cu^{2+}+2e^-\rightleftharpoons Cu$ 的 $\varphi^{\ominus}$ 的 0.341 9 V，则电极反应 $2Cu-4e^-\rightleftharpoons 2Cu^{2+}$ 的 $\varphi^{\ominus}$ 值为__________。

7. 已知 $\varphi^{\ominus}(Cu^{2+}/Cu)=0.341\ 9$ V，$\varphi^{\ominus}(Fe^{3+}/Fe^{2+})=0.771$ V，25 ℃时，参加反应的各离子浓度均为

$0.1\ mol \cdot L^{-1}$，则反应 $2Fe^{2+}+Cu^{2+} \rightleftharpoons 2Fe^{3+}+Cu$ 自发向__________进行，若组成原电池，按实际反应进行方向写出正极反应方程式为__________，负极反应方程式为__________，原电池符号为__________，电池电动势为______V。

8. 已知 $\varphi^{\ominus}/V$，$Sn^{4+} \xrightarrow{+0.151\ V} Sn^{2+} \xrightarrow{-0.136\ 4\ V} Sn$，则 $\varphi^{\ominus}(Sn^{4+}/Sn)=$______V，在 25 ℃，标准状态的溶液中实际发生化学反应的化学方程式为__________，该反应称为__________反应，其化学反应平衡常数的对数值 $\lg K^{\ominus}=$__________。

9. 根 $\varphi^{\ominus}(PbO_2/PbSO_4)>\varphi^{\ominus}(MnO_4^-/Mn^{2+})>\varphi^{\ominus}(Sn^{4+}/Sn^{2+})$，可以判断在组成电对的 6 种物质中，氧化性最强的是______，还原性最强的是________。

10. 在原电池中，$\varphi^{\ominus}$ 值越大的电对为______极，$\varphi^{\ominus}$ 值小的电对为______极，电对的 $\varphi^{\ominus}$ 值越大，其氧化型的______越强，$\varphi^{\ominus}$ 值越小，其还原型的______越强。

11. 已知电池反应式为 $Zn(s)+Hg_2Cl_2(s) \rightleftharpoons Zn^{2+}(1\ mol \cdot L^{-1})+2Hg(l)+2Cl^-$(饱和)。该电池的电池符号为__________，正极的反应式是__________。

12. 在 $Zn \mid ZnSO_4 \parallel CuSO_4 \mid Cu$ 原电池中，下列情况下电池电动势变大还是变小：(1) 向 $ZnSO_4$ 溶液中通入 NH_3，电池电动势________。(2) 向 $CuSO_4$ 溶液中通入 H_2S，电池电动势________。

13. $MnO_4^- \xrightarrow{+1.695} MnO_2 \xrightarrow{+1.2} Mn^{2+}$，$IO_3^- \xrightarrow{+1.196} I_2 \xrightarrow{+0.535} I^-$ 用离子反应方程式表示，(1) 当 pH = 0，$KMnO_4$ 过量时，$KMnO_4$ 与 KI 在溶液中可能发生的反应为__________。(2) 当 pH = 0，KI 过量时，$KMnO_4$ 与 KI 在溶液中发生的反应为__________。

14. 已知 $K^{\ominus}[Au(SCN)_2^-]=1.0\times10^{18}$，$Au^++e^- = Au$ $\varphi^{\ominus}=1.68$ V，则 $Au(SCN)_2^-+e^- = Au+2SCN^-$ 的 $\varphi^{\ominus}=$________。

15. 已知 $2H^++2e^- \rightleftharpoons H_2$　　$\varphi^{\ominus}=0.000$ V

$O_2+4H^++4e^- \rightleftharpoons 2H_2O$　　$\varphi^{\ominus}=1.23$ V

$Mn^{2+}+2e^- \rightleftharpoons Mn$　　$\varphi^{\ominus}=-1.18$ V

$Ag^++e^- \rightleftharpoons Ag$　　$\varphi^{\ominus}=0.799$ V

$Co^{3+}+e^- \rightleftharpoons Co^{2+}$　　$\varphi^{\ominus}=1.81$ V

若将 Mn^{2+}、Mn、Ag^+、Co^{3+}、Co^{2+} 等物质分别置于 pH = 0 的水溶液中，在标准状态下能稳定存在的物质有__________。

16. 两电对组成一原电池，则电极电势高的是_____极，发生______反应。

17. $\varphi^{\ominus}(Fe^{3+}/Fe^{2+})=0.771$ V，$\varphi^{\ominus}(I_2/I^-)=0.535$ V，这两个电对所组成自发放电的原电池，其符号为________________。

18. MnO_4^-/Mn^{2+} 在 25 ℃时的能斯特方程为____________。

19. 反应 $2Fe^{3+}(aq)+Cu(s) = 2Fe^{2+}+Cu^{2+}(aq)$ 与 $Fe(s)+Cu^{2+}(aq) = Fe^{2+}(aq)+Cu(s)$ 均正向进行，在上述所有氧化剂中最强的是______，还原剂中最强的是______。

20. 298 K 时，某氧化还原指示剂的 $\varphi^{\ominus}=0.85$ V(已知其氧化态和还原态之间转移的电子数为 2)，则该指示剂的变色范围为__________。

21. 碘量法的误差来源主要为________和________。

三、判断题

1. 氧化数和化合价的含义不同，但可以混用。（　　）

2. 非标准状态下，可以根据两个电极的 $\varphi^{\ominus}$ 判断氧化还原反应的方向。（　　）

3. 将下列反应设计成原电池，则两个电池的 $E^{\ominus}$ 和 $\Delta_r G_m^{\ominus}$ 是相同的。（　　）

(1) $Zn+Cd^{2+}(1.0\ mol \cdot L^{-1}) \rightleftharpoons Zn^{2+}(1.0\ mol \cdot L^{-1})+Cd$

(2) $2Zn + 2Cd^{2+}(1.0\ mol \cdot L^{-1}) \rightleftharpoons 2Zn^{2+}(1.0\ mol \cdot L^{-1}) + 2Cd$

4. 通常我们用 E 判断氧化还原反应进行的程度。（ ）

5. Ag 在 1.0 $mol \cdot L^{-1}$ HCl 溶液中的还原性比在 1.0 $mol \cdot L^{-1}$ $NH_3 \cdot H_2O$ 和 $[Ag(NH_3)_2]^+$ 的溶液中的还原性要弱。$\varphi^\ominus(Ag^+/Ag) = 0.799\ 6$；$K_{sp}^\ominus(AgCl) = 1.77\times10^{-10}$；$K_f^\ominus[Ag(NH_3)_2]^+ = 1.1\times10^7$（ ）

6. 在水中能够稳定存在的氧化剂，其 $\varphi^\ominus$(氧化型/还原型)必须小于 $\varphi^\ominus(O_2/H_2O)$。（ ）

7. 只有氧化还原反应才能够设计成原电池。（ ）

8. 在氧化还原反应中若两电对的电极电势差值越大，则反应速率越快。（ ）

9. 某电对的电极电势越高，说明它的氧化能力越强，还原能力越弱。（ ）

10. 降低下列电极反应中离子的浓度，它们的电极电势值都将减小。（ ）

(1) $Cu^{2+} + 2e^- \rightleftharpoons Cu$ (2) $I_2 + 2e^- \rightleftharpoons 2I^-$

四、计算题

1. Fe^{2+} 溶液易被氧化，为防止其氧化常需加一块金属 Fe。估计 $2Fe^{3+} + Fe(s) \longrightarrow 2Fe^{2+}$ 的自发性如何？

2. 已知 $Fe^{3+} + e^- \rightleftharpoons Fe^{2+}$ $\varphi^\ominus = 0.77$ V，$I_2 + 2e^- \rightleftharpoons 2I^-$ $\varphi^\ominus = 0.54$ V，求 25 ℃反应 $2Fe^{3+} + 2I^- \rightleftharpoons 2Fe^{2+} + I_2$ 的平衡常数，并指出反应自发方向。

3. 已知 $\varphi^\ominus(Ag^+/Ag) = 0.799\ 6$ V，$\varphi^\ominus(Cu^{2+}/Cu) = 0.341\ 9$ V。将银丝插入 $AgNO_3$ 溶液中，并加入 HCl 产生 AgCl (s) 至 Cl^- 为 0.101 $mol \cdot L^{-1}$。铜丝插入 0.110 $mol \cdot L^{-1}$ $Cu(NO_3)_2$ 中。测出两个电极组成的电池电动势为 0.045 V。求：(1)写出电池反应及电池符号。(2) AgCl 的 $K_{sp}^\ominus$。

4. 已知

$Ca(s) + O_2(g) + H_2(g) \rightleftharpoons Ca(OH)_2(s)$ $\Delta_r G_m^\ominus = -889\ kJ\ mol^{-1}$

$Ca(OH)_2(s) \rightleftharpoons 2Ca^{2+} + 2OH^-$ $\Delta_r G_m^\ominus = 33\ kJ\ mol^{-1}$

$2H^+ + 2OH^- \rightleftharpoons 2H_2O(l)$ $\Delta_r G_m^\ominus = -160\ kJ\ mol^{-1}$

$2H_2O(l) \rightleftharpoons 2H_2(g) + O_2(g)$ $\Delta_r G_m^\ominus = 483\ kJ\ mol^{-1}$

求 $Ca^{2+} + 2e^- \rightleftharpoons Ca$ 的 $\varphi^\ominus$。

5. 查表由 $\varphi^\ominus$ 计算下列反应 25 ℃时的 $\Delta_r G_m^\ominus$。已知 $\varphi^\ominus(NO_3/NO_2) = 0.80$ V。

(1) $Cr_2O_7^{2-}(1.0\ mol \cdot L^{-1}) + 14H^+(0.1\ mol \cdot L^{-1}) + 6\ Fe^{2+}(1.0\ mol \cdot L^{-1}) \rightleftharpoons$
$6Fe^{3+}(1.0\ mol \cdot L^{-1}) + 2Cr^{3+}(1.0\ mol \cdot L^{-1}) + 7H_2O(l)$

(2) $Cu(s) + 4H^+(0.01\ mol \cdot L^{-1}) + 2NO_3^-(1.0\ mol \cdot L^{-1}) \rightleftharpoons$
$Cu^{2+}(0.10\ mol \cdot L^{-1}) + 2NO_2(g,\ 101.3\ kPa) + 2H_2O(l)$

6. 已知 $Hg^{2+} + 2e^- \rightleftharpoons Hg$ $\varphi^\ominus = 0.851\ 0$ V，$Hg_2^{2+} + 2e^- \rightleftharpoons 2Hg$ $\varphi^\ominus = 0.797\ 3$ V，求反应 $Hg^{2+} + Hg \rightleftharpoons Hg_2^{2+}$ 的 $K^\ominus$。

7. 在 298 K 时，将镉电极插入 1.0 $mol \cdot L^{-1}$ $CdSO_4$ 溶液中，银电极插入 0.1 $mol \cdot L^{-1}$ $AgNO_3$ 溶液中组成原电池。已知 $\varphi^\ominus(Ag^+/Ag) = 0.799\ 6$ V，$\varphi^\ominus(Cd^{2+}/Cd) = -0.403\ 0$ V，$F = 96\ 485$ C/mol。求：(1)计算 $\varphi(Ag^+/Ag)$。(2)写出该原电池符号。(3)计算电池电动势 E。(4)计算氧化还原反应的 $\Delta_r G_m$。(5)计算氧化还原反应的平衡常数 $K^\ominus$。

8. 在酸性介质中铁的元素电势图如下：

$$Fe^{3+} \xrightarrow{+0.77\ V} Fe^{2+} \xrightarrow{-0.44\ V} Fe$$

求：(1)计算 $\varphi^\ominus(Fe^{3+}/Fe)$。(2)由上述电对在标准状态下组成电池，写出电池符号。

9. 酸性溶液中 $\varphi^\ominus(MnO_4^-/MnO_4^{2-}) = 0.554\ 5$ V，$\varphi^\ominus(MnO_4^-/MnO_2) = 1.700$ V，$\varphi^\ominus(MnO_2/Mn^{2+}) = 1.224$ V，$\varphi^\ominus(Mn^{3+}/Mn^{2+}) = 1.510\ 0$ V。求：(1)画出锰元素在酸性溶液中的元素电势图。(2)计算

$\varphi^{\ominus}(MnO_4^{2-}/MnO_2)$和$\varphi^{\ominus}(MnO_2/Mn^{3+})$。(3)$MnO_4^{2-}$能否歧化？写出相应的反应方程式，并计算该反应的$\Delta_r G_m^{\ominus}$与$K^{\ominus}$。

10. 已知 $Co^{3+} + e^- \rightleftharpoons Co^{2+}$　　$\varphi^{\ominus} = 1.808$ V；$O_2 + 4H^+ + 4e^- \rightleftharpoons 2H_2O$　　$\varphi^{\ominus} = 1.229$ V，$[Co(NH_3)_6]^{3+}$的$K_{f_1}^{\ominus} = 1.4\times10^{35}$，$[Co(NH_3)_6]^{2+}$的$K_{f_2}^{\ominus} = 1.3\times10^5$，通过计算请回答在标准状态下：(1)$Co^{3+}$在水溶液中能否稳定存在？(2)当体系中加入$NH_3 \cdot H_2O$后，设生成的$Co(NH_3)_6^{3+}$和$Co(NH_3)_6^{2+}$的浓度均为1.0 mol·L^{-1}，试从电极电势判断$Co(NH_3)_6^{3+}$在1.0 mol·L^{-1}的$NH_3 \cdot H_2O$溶液中能否稳定存在？

11. 计算在1 mol·L^{-1}HCl介质中Fe^{3+}与Sn^{2+}反应的平衡常数及化学计量点时反应进行的程度。已知$\varphi^{\ominus}(Fe^{3+}/Fe^{2+}) = 0.68$ V，$\varphi^{\ominus}(Sn^{4+}/Sn^{2+}) = 0.14$ V。

8.4.2　同步练习答案

一、选择题

1.B　2.B　3.A　4.B　5.C　6.C　7.C　8.B　9.A　10.D　11.C　12.D　13.B　14.C　15.C　16.D　17.A　18.A　19.D　20.C　21.D　22.B　23.A　24.A　25.B　26.C　27.D　28.A　29.B　30.C　31.D　32.B　33.C　34.C　35.B　36.D　37.C　38.A　39.C　40.D　41.C　42.C　43.A　44.C　45.C　46.C

二、填空题

1. 酸性介质中 $3PbO_2 + 2Cr^{3+} + H_2O \rightleftharpoons Cr_2O_7^{2-} + 3Pb^{2+} + 2H^+$

碱性介质中 $2MnO_2 + 3H_2O_2 + 2OH^- \rightleftharpoons 2MnO_4^- + 4H_2O$

酸性介质中 $2MnO_4^- + 5SO_3^{2-} + 6H^+ \rightleftharpoons 5SO_4^{2-} + 2Mn^{2+} + 3H_2O$

2. Fe^{3+}

3. $Ag^+ + e^- \rightleftharpoons Ag$;　$Fe^{2+} \rightleftharpoons Fe^{3+} + e^-$；(−) Pt | Fe^{2+}, Fe^{3+} ‖ Ag^+ | Ag (+)

4. 减小；不变

5. 0.222 V

6. 不变(0.341 9 V)

7. 左；正极 $Fe^{3+} + e^- \rightleftharpoons Fe^{2+}$；负极 $Cu^{2+} + 2e^- \rightleftharpoons Cu$；(−) Cu | Cu^{2+}(0.1 mol·L^{-1}) ‖ Fe^{2+}(0.1 mol·L^{-1}), Fe^{3+}(0.1 mol·L^{-1}) | Pt (+)

8. 0.007 3 V；$Sn^{4+} + Sn \rightleftharpoons 2Sn^{2+}$；逆歧化；9.709 5

9. PbO_2；Sn^{2+}

10. 正极；负极；氧化能力；还原能力

11. (−) Zn | Zn^{2+}(1 mol·L^{-1}) ‖ Cl^-(饱和) | Hg_2Cl_2(s), Hg (l) (+)；　$Hg_2Cl_2(s) + 2e^- \rightleftharpoons Hg(l) + 2Cl^-$(饱和)

12. 变大(分析：通入NH_3后，生成$[Zn(NH_3)_4]^{2+}$，$[Zn^{2+}]$浓度降低，由$\varphi(Zn^{2+}/Zn) = \varphi^{\ominus}(Zn^{2+}/Zn) + \frac{0.059\,2}{2}\lg c(Zn^{2+})$，$[Zn^{2+}]$浓度降低，故$\varphi(Zn^{2+}/Zn)$变小，则由$E = \varphi(Cu^{2+}/Cu) - \varphi(Zn^{2+}/Zn)$知$E$变大)；变小(分析：向$CuSO_4$溶液中通入$H_2S$后，发生反应：$Cu^{2+} + H_2S \rightleftharpoons CuS + 2H^+$，使$[Cu^{2+}]$变小，同理$\varphi(Cu^{2+}/Cu)$变小，$E$变小)

13. (1)$6MnO_4^- + 5I^- + 18H^+ \rightleftharpoons 6Mn^{2+} + 5IO_3^- + 9H_2O$

MnO_4^-(过量)$+ Mn^{2+} \rightleftharpoons 2MnO_2$

(2)$6MnO_4^- + 5I^- + 18H^+ \rightleftharpoons 6Mn^{2+} + 5IO_3^- + 9H_2O$

$5I^- + IO_3^- + 6H^+ \rightleftharpoons 3I_2 + 3H_2O$

14. 0.614 4 V

15. Mn^{2+}、Ag^+、Co^{2+}(分析：当pH=0时，凡$\varphi^\ominus<\varphi^\ominus(H^+/H_2)=0$，均能与$H^+$发生反应，而置换出$H_2$，所以Mn与$H^+$发生反应：$Mn+2H^+ \rightleftharpoons Mn^{2+}+H_2$；凡$\varphi^\ominus>\varphi^\ominus(O_2/H_2O)=1.229$ V，均能与H_2O发生反应，而置换出O_2，所以Co^{3+}与H_2O发生下列反应：$4Co^{3+}+2H_2O \rightleftharpoons 4Co^{2+}+O_2+4H^+$，故能稳定存在的有：$Mn^{2+}$、$Ag^+$、$Co^{2+}$)

16. 正极；还原反应

17. (-) Pt | I_2, I^- ‖ Fe^{2+}, Fe^{3+} | Pt (+)

18. $\varphi(MnO_4^-/Mn^{2+})=1.49+\dfrac{0.059\ 2}{5}\lg\dfrac{c(MnO_4^-)c^8(H^+)}{c(Mn^{2+})}$

19. Fe^{3+}；Fe

20. 0.82~0.88 V

21. I_2易挥发；I^-易被空气中氧气氧化

三、判断题

1.× 2.× 3.× 4.× 5.√ 6.√ 7.× [如$Ag^++Cl^- \rightleftharpoons AgCl$可设计成如下原电池：(-) Ag | AgCl | Cl^- ‖ Ag^+ | Ag(+)] 8.× 9.× 10.×

四、计算题

1. 解：查表得$\varphi^\ominus(Fe^{3+}/Fe^{2+})=0.771$ V，$\varphi^\ominus(Fe^{2+}/Fe)=-0.447$ V，

由$2Fe^{3+}+Fe(s) \longrightarrow 3Fe^{2+}$　　正极：$Fe^{3+}+e^- \rightleftharpoons Fe^{2+}$　　负极：　$Fe^{2+}+2e^- \rightleftharpoons Fe$

$E^\ominus=\varphi(+)-\varphi^\ominus(-)=0.771-(-0.447)=1.218\ V>0.2\ V$

在标准状态和非标标状态下，反应都能自发的向右进行。

2. 解：$2Fe^{3+}+2I^- \rightleftharpoons 2Fe^{2+}+I_2$

正极：$2Fe^{3+}+2e^- \rightleftharpoons 2Fe^{2+}$　　$\varphi^\ominus=0.77$ V

负极：　$2I^- \rightleftharpoons I_2+2e^-$　　$E^\ominus=0.54$ V

由 $\lg K^\ominus=\dfrac{nE^\ominus}{0.059\ 2}=\dfrac{2\times(0.77-0.54)}{0.059\ 2}=7.770$

$K^\ominus=5.89\times10^7$

$E^\ominus=\varphi^\ominus(+)-\varphi^\ominus(-)=0.77-0.54=0.23\ V>0.2\ V$，反应在标准状态和非标准状态下均能自发向右进行。

3. 解：(1)负极：$2AgCl+2e^- \rightleftharpoons 2Ag+2Cl^-$

正极：$Cu^{2+}+2e^- \rightleftharpoons Cu$

电池反应：$2Ag+Cu^{2+}+2Cl^- \rightleftharpoons 2AgCl+Cu$

电池符号：(-) AgCl | Cl^-(0.101 mol·L^{-1}) | Ag ‖ Cu | Cu^{2+}(0.11 mol·L^{-1}) (+)

(2)对反应$2Ag+Cu^{2+}(0.11\ mol\cdot L^{-1})+2Cl^-(0.101\ mol\cdot L^{-1}) \rightleftharpoons 2AgCl+Cu$应用能斯特方程

$E=E(+)-E(-)=[\varphi^\ominus(Cu^{2+}/Cu)-\varphi^\ominus(AgCl/Ag)]+\dfrac{0.059\ 2}{2}\lg[c(Cu^{2+})c^2(Cl^-)]$

其中，$\varphi^\ominus(AgCl/Ag)=\ \varphi^\ominus(Ag^+/Ag)\ +0.059\ 2\ \lg c(Ag^+)=\varphi^\ominus(Ag^+/Ag)+0.059\ 2\ K_{sp}$

$E=[0.341\ 9-(0.799\ 6+0.059\ 2K_{sp}^\ominus)]+\dfrac{0.059\ 2}{2}\lg(0.11\times0.101^2)\ =0.045$

$\lg K_{sp}^\ominus=-9.97$　　求得 $K_{sp}^\ominus=1.07\times10^{-10}$

4. 解：反应①+反应②+反应③+反应④得下列反应：

$$Ca+2H^+ \rightleftharpoons Ca^{2+}+H_2$$

该反应的$\Delta_rG_m^\ominus=-889+33-160+483=-533\ kJ\cdot mol^{-1}$

正极：$2H^+ + 2e^- \rightleftharpoons 2H_2$

负极：$Ca \rightleftharpoons Ca^{2+} + 2e^-$

$\Delta_r G_m^\ominus = -nF[\varphi^\ominus(+) - \varphi^\ominus(-)]$

故 $\Delta_r G_m^\ominus = -nF\,\varphi^\ominus(H^+/H_2) + nF\,\varphi^\ominus(Ca^{2+}/Ca)$

$$\varphi(Ca^{2+}/Ca) = \frac{-\Delta_r G_m^\ominus}{nF} = \frac{-533\times10^3}{2\times96\ 500} = -2.762\ V$$

5. 解：(1)查表：

正极：$Cr_2O_7^{2-} + 14H^+ + 6e^- \rightleftharpoons 2Cr^{3+} + 7H_2O$　　$\varphi^\ominus(Cr_2O_7^{2-}/Cr^{3+}) = 1.232\ V$

负极：$Fe^{3+} + e^- \rightleftharpoons Fe^{2+}$　　$\varphi^\ominus(Fe^{3+}/Fe^{2+}) = 0.771\ V$

$\Delta_r G_m^\ominus = -nFE^\ominus = -nF[(\varphi^\ominus(+) - \varphi^\ominus(-)] = -6\times96\ 500\times(1.232-0.771) = 266.92\ kJ\cdot mol^{-1}$

(2)正极：$2NO_3^- + 4H^+ + 2e^- \rightleftharpoons 2NO_2 + 2H_2O$　　$\varphi^\ominus(NO_3^-/NO_2) = 0.80\ V$

负极：$Cu \rightleftharpoons Cu^{2+} + 2e^-$　　$\varphi^\ominus(Cu^{2+}/Cu) = 0.342\ V$

$\Delta_r G_m^\ominus = -nFE^\ominus = -nF[\varphi^\ominus(+) - \varphi^\ominus(-)] = -2\times96\ 500\times(0.80-0.342) = -88.39\ kJ\cdot mol^{-1}$

6. 解：电池反应 $Hg^{2+} + Hg \rightleftharpoons 2Hg_2^{2+}$

正极：$Hg^{2+} + e^- \rightleftharpoons Hg_2^{2+}$　　$\varphi^\ominus(+) = ?\ V$

负极：$Hg \rightleftharpoons Hg_2^{2+} + e^-$　　$\varphi^\ominus(-) = 0.797\ 3\ V$

$$0.851 = \frac{\varphi - 0.797\ 3}{1+1}$$

$\varphi^\ominus(+) = 0.904\ 7\ V$

$$\lg K^\ominus = \frac{nE^\ominus}{0.059\ 2} = \frac{1\times(0.904\ 7-0.797\ 3)}{0.059\ 2}\qquad K^\ominus = 65.19$$

7. 解：(1) $\varphi(Ag^+/Ag) = \varphi^\ominus(Ag^+/Ag) + 0.059\ 2\lg c(Ag^+) = 0.799\ 6 + 0.059\ 2\lg 0.1 = 0.740\ 4\ V$

(2) $(-)\ Cd\ |\ Cd^{2+}(1\ mol\cdot L^{-1})\ \|\ Ag^+(0.1\ mol\cdot L^{-1})\ |\ Ag\ (+)$

(3) $E = \varphi(+) - \varphi(-) = 0.740\ 4 - (-0.403) = 1.143\ 4\ V$

(4) $\Delta_r G_m = -nFE = -2\times96\ 485\times1.143\ 4 = -232.07\ kJ\cdot mol^{-1}$

(5) $$\lg K^\ominus = \frac{nE^\ominus}{0.059\ 2} = \frac{2\times(0.799+0.403)}{0.059\ 2} = 40.608\qquad K^\ominus = 4.05\times10^{40}$$

8. 解：(1) $$\varphi^\ominus(Fe^{3+}/Fe) = \frac{1\times0.77+2\times(-0.44)}{3} = -0.036\ V$$

(2) $(-)Fe\ |\ Fe^{2+}\ \|\ Fe^{3+},\ Fe^{2+}\ |\ Pt\ (+)$

9. 解：(1)

$$MnO_4^- \xrightarrow{+0.554\ 5\ V} MnO_4^{2-} \longrightarrow MnO_2 \longrightarrow Mn^{3+} \xrightarrow{+1.51\ V} Mn^{2+}$$

（MnO_4^- 至 MnO_2：+1.70 V；MnO_2 至 Mn^{2+}：+1.224 V）

(2) $$\varphi^\ominus(MnO_4^{2-}/MnO_2) = \frac{3\times1.70-1\times0.554\ 5}{2} = 2.273\ V$$

$$\varphi^\ominus(MnO_2/Mn^{3+}) = \frac{2\times1.224-1\times1.51}{1} = 0.938\ V$$

(3) $\varphi^\ominus(MnO_2/Mn^{3+}) > \varphi^\ominus(MnO_4^-/MnO_4^{2-})$　　$\varphi^\ominus$(右)$>\varphi^\ominus$(左)，可以歧化，反应为

$3MnO_4^{2-} + 2H_2O \rightleftharpoons 2MnO_4^- + MnO_2 + 4OH^-$

$\Delta_r G_m^\ominus = -nFE^\ominus = -2\times96\ 500\times(2.273-0.554\ 5) = -331.67\ kJ\cdot mol^{-1}$

$K^\ominus = 1.38\times10^{58}$

10. 解：(1)由于 $\varphi^\ominus(Co^{3+}/Co^{2+}) > \varphi^\ominus(O_2/H_2O)$，$Co^{3+}$ 与水反应

$4Co^{3+}+2H_2O \rightleftharpoons 4Co^{2+}+O_2+4H^+$

故 Co^{3+} 在水溶液中不能稳定存在。

(2)加入 $NH_3 \cdot H_2O$ 后，存在下列平衡

$[Co(NH_3)_6]^{3+}+e^- \rightleftharpoons Co(NH_3)_6]^{2+}$

当 $[Co(NH_3)_6]^{3+}$ 和 $[Co(NH_3)_6]^{3+}$ 及 NH_3 浓度均为 $1.0\ mol \cdot L^{-1}$ 时，

$$\varphi(Co^{3+}/Co^{2+})=\varphi^{\ominus}([Co(NH_3)_6]^{3+}/[Co(NH_3)_6]^{2+})$$

$$=\varphi^{\ominus}(Co^{3+}/Co^{2+})+\frac{0.059\ 2}{1}\lg\frac{c(Co^{3+})}{c(Co^{2+})}$$

$$=\varphi(Co^{3+}/Co^{2+})+\frac{0.059\ 2}{1}\lg\frac{c[Co(NH_3)_6]^{3+}\cdot c^6(NH_3)\cdot K_{f_2}^{\ominus}}{c[Co(NH_3)_6]^{2+}\cdot c^6(NH_3)\cdot K_{f_1}^{\ominus}}$$

$$=1.808+0.059\ 2\ \lg\frac{1.3\times10^5}{1.4\times10^{35}}=0.03\ V$$

$\varphi^{\ominus}([Co(NH_3)_6]^{3+}/[Co(NH_3)_6]^{2+})<\varphi^{\ominus}(O_2/H_2O)$，$[Co(NH_3)_6]^{3+}$ 在 $NH_3 \cdot H_2O$ 溶液中能稳定存在。

11. 解：反应为 $2Fe^{3+}+Sn^{2+}=2Fe^{2+}+Sn^{4+}$

$$\lg K^{\ominus'}=\frac{[\varphi^{\ominus'}(Fe^{3+}/Fe^{2+})-\varphi^{\ominus'}(Sn^{4+}/Sn^{2+})]\times2}{0.059\ 2}=\frac{(0.68-0.14)\times2}{0.059\ 2}=18.30$$

$$又由于\ K^{\ominus'}=\frac{c^2(Fe^{2+})c(Sn^{4+})}{c^2(Fe^{3+})c(Sn^{2+})}=\frac{c^3(Fe^{2+})}{c^3(Fe^{3+})}=2.0\times10^{18}$$

$$\frac{c(Fe^{2+})}{c(Fe^{3+})}=1.3\times10^6$$

故溶液中 Fe^{3+} 有99.999 9%被还原至 Fe^{2+}，因此反应十分完全。

第9章 原子结构和周期系

9.1 基本要求

(1)理解和掌握微观粒子的波粒二象性、波函数、原子轨道、电子云、4个量子数、轨道能级、能级组、元素周期表、原子半径、电离能、电子亲合能、电负性等概念。

(2)熟记4个量子数的取值规则。

(3)了解原子轨道径向分布图、角度分布图的物理意义，s、p、d原子轨道的轨道轮廓图、径向分布图及角度分布图。

(4)熟记原子轨道能级图，熟练掌握核外电子排布原则，理解屏蔽效应、钻穿效应，并能解释有关原子轨道能级交错的现象。

(5)掌握元素周期律、元素周期表的结构特征。

(6)掌握元素的原子半径、电离能、电负性的周期性变化规律。

重点：4个量子数的取值规律；原子轨道的角度分布图；原子轨道能级图；核外电子排布规则；元素周期表及元素周期律。

难点：核外电子的运动特性；波函数；径向分布图及角度分布图。

9.2 知识体系

9.2.1 核外电子运动特性

9.2.1.1 微观粒子的波粒二象性

1913年，丹麦青年物理学家玻尔在卢瑟福原子模型的基础上，大胆将普朗克量子论引入氢原子光谱研究中，提出了玻尔理论，成功地解释了氢原子光谱及类氢离子光谱，并阐明了原子体系某些物理量的量子化特征。玻尔理论作为旧量子论代表，因其并未完全认识到电子的运动特征，所以不能完全揭示电子的运动规律。

1924年，法国物理学家德布罗意在光的波粒二象性的启发下，提出了实物粒子(如电子)也具有波粒二象性的假设，并确立了著名的德布罗意关系式：

$$\lambda = \frac{h}{p} = \frac{h}{mv} \tag{9-1}$$

式中，波长 λ 是与波动性有关的物理量，而动量 p 则是与粒子性有关的物理量，两者通过普朗克常数联系起来。这一假设后来被电子衍射实验所证实。

电子是一种微观粒子，它既有波动性又具有粒子性。

9.2.1.2　测不准关系

具有波动性的微观粒子，其特点是不能同时具有确定的位置和动量。

$$\Delta x \cdot \Delta p_x > \frac{h}{4\pi} \tag{9-2}$$

式(9-2)被称为海森堡测不准关系式。微观粒子的运动遵循测不准关系式。

9.2.1.3　核外电子的运动状态

(1)波函数 Ψ　1926 年，奥地利物理学家薛定谔根据德布罗意物质波的观点建立了描述核外电子运动状态的著名方程，称为薛定谔方程(又称波动方程)。其形式如下：

$$\frac{\partial^2 \Psi}{\partial x^2}+\frac{\partial^2 \Psi}{\partial y^2}+\frac{\partial^2 \Psi}{\partial z^2}+\frac{8\pi^2 m}{h^2}(E-V)\Psi=0 \tag{9-3}$$

式中，m 为电子的质量；Ψ 为波函数；E 为电子的总动能；V 为电子在(x, y, z)处的势能。

薛定谔方程每个合理的解 $\Psi_{n,l,m}(x, y, z)$，表示电子的一种具有一定能量 E 的运动状态，称为波函数，即一个原子轨道。求解时因坐标变换，实际所得波函数形式为 $\Psi(r, \theta, \varphi)$。

(2)概率密度和电子云　波函数 Ψ 本身并无具体的物理意义，但波函数绝对值的平方 $|\Psi|^2$ 可给出明确的物理意义。关于 $|\Psi|^2$ 的物理意义，一种解释是：表示在空间任意一点处电子出现的概率密度；另一种形象的解释是：把电子假想成云雾状分布的负电荷云，在空间各点的负电荷密度值和 $|\Psi|^2$ 成正比，这就是电子云图。

(3)4 个量子数　每一个波函数表示电子的一个稳定状态，即一个原子轨道。每个原子轨道或电子的运动状态可用一套合理的 n、l、m 3 个量子数来描述。

①主量子数 n：决定核外电子离核的平均远近和电子所处的电子层。n 越大的轨道，电子出现概率最大的区域离核越远，即电子离核的平均距离越大，n 值越大，原子轨道的能量越高。n=1，2，3，4，5，6，7…正整数，对应的光谱学标记为 K，L，M，N，O，P，Q…。

②角量子数 l：决定着原子轨道的角动量的大小和电子所处的电子亚层。因电子亚层隶属于某一电子层，所以 l 的取值受主量子数 n 值所限定，l=0，1，2，…，n-1。习惯上常把 l=0，1，2，3 分别用光谱学的符号 s、p、d、f 来代表。此外，角量子数 l 还决定着原子轨道的形状和多电子原子的轨道能量。

③磁量子数 m：决定着原子轨道的角动量在空间 z 轴方向上的分量大小，即决定原子轨道(或电子云)在空间的伸展方向。对于给定的 l 值，m 只能取 $-l \sim +l$ 之间的整数。$l>0$ 的亚层所包含的多个轨道通常情况下伸展方向不同，但轨道能量是相同的，称为简并轨道或等价轨道。

④自旋量子数 m_s：表示电子的自旋状态。电子的自旋只有正旋和逆旋两种不同的状态，所以自旋量子数 m_s 的取值也只能是+1/2 或-1/2。

(4)原子轨道的角度分布图和径向分布图　波函数 $\Psi(r, \theta, \varphi)$ 可以表示为

$$\Psi(r, \theta, \varphi)=R(r) \cdot Y(\theta, \varphi) \tag{9-4}$$

式中，$R(r)$为 r 的函数，称为波函数的径向部分；$Y(\theta, \varphi)$为波函数的角度部分。

在距原子核距离为 r，厚度为 dr 的薄球壳内，电子出现的概率，可表示为 $4\pi r^2 |\Psi|^2 \cdot dr$，令

$$D(r)=4\pi r^2 |\Psi|^2 \tag{9-5}$$

式中，$D(r)$为径向分布函数，表示电子在离核半径为 r 的球面上单位厚度球壳中出现的概率。以 $D(r)$对 r 作图，所得图形即为原子轨道的径向分布图，该图可直观地反映出电子出现概率随半径变化的规律。

若以角度部分 $Y(\theta, \varphi)$ 对 θ，φ 作图，得到波函数即原子轨道的角度分布图。若以 $Y^2(\theta, \varphi)$对 θ，φ 作图，得到概率密度即原子轨道电子云的角度分布图。角度分布图反映出原子轨道伸展方向及其大致形状。

径向分布图及角度分布图中存在着电子出现的概率密度 $|\Psi|^2$ 为零的曲面，分别称为径向节面(不包括 $r=0$ 和 $r=\infty$ 的曲面)与角节面。一个轨道有$(n-l-1)$个径向节面。轨道的角节面数与轨道的形状有关，如 s 轨道没有角节面，p 轨道有一个角节面，d 轨道有两个角节面。

9.2.2　核外电子的排布

9.2.2.1　屏蔽效应

某电子受同层或内层电子的排斥而使原子核的一部分正电荷被抵消，导致原子核对电子作用的有效正电荷降低，这种作用称为屏蔽效应。多电子原子中某电子 i 的能量为

$$E=-\frac{(Z^*)^2}{n^2}\times 13.6\ \text{eV}=-\frac{(Z-\sigma)^2}{n^2}\times 13.6\ \text{eV} \tag{9-6}$$

式中，Z^* 为原子核所表现的有效正电荷；Z 为原子核所带的正电荷；σ 为屏蔽常数。屏蔽效应使受屏蔽的电子能量升高。

9.2.2.2　钻穿(穿透)效应

电子在核外运动时，有时会钻到离核较近的区域，使自身能量降低。由于电子的钻穿而使其能量发生变化的作用称为钻穿效应。角量子数 l 不同的电子，钻穿能力强弱顺序为 s 电子>p 电子>d 电子>f 电子，所以，同一电子层中不同亚层的电子的能量为 $E_{ns}<E_{np}<E_{nd}<E_{nf}$。电子钻穿能力越强，它受其他电子的屏蔽就越小。

9.2.2.3　多电子原子的轨道能级

由于屏蔽和钻穿效应，多电子原子轨道的能量不仅与主量子数 n 有关，而且与角量子数 l 也有关。鲍林根据大量光谱实验数据总结出了多电子原子轨道能级的顺序，称为鲍林近似轨道能级图，其主要结论有：

(1)n 相同，l 不同的电子，l 越大，E 越大，如 $E_{3s}<E_{3p}<E_{3d}$。

(2)l 相同，n 不同，电子处于不同能级之中，n 越大，E 越大，如 $E_{1s}<E_{2s}<E_{3s}$。

(3)轨道能级图中存在能级交错现象，如 $E_{4s}<E_{3d}$。

原子轨道能量高低也可按我国著名化学家徐光宪提出的 $n+0.7l$ 值的大小进行比较，该值大的轨道能量高。

9.2.2.4　核外电子的排布规则

(1)泡利(Pauli)不相容原理　在一个原子轨道中只能容纳自旋相反的两个电子，或者说

在同一原子中不能有4个量子数完全相同的两个电子存在。

(2)能量最低原理　在不违背泡利不相容原理的前提下，电子将尽量占据能量低的原子轨道。

(3)洪特(Hund)规则　核外电子排布在等价轨道(简并轨道)时，电子总是优先以自旋相同的方式分占不同的轨道。

洪特规则的特例：等价(简并)轨道在全充满(s^2、p^6、d^{10}、f^{14})、半充满(s^1、p^3、d^5、f^7)和全空(s^0、p^0、d^0、f^0)的情况下，电子能量较低，原子较稳定。

依据上述规则得出的排布结果是能量最低的状态，称为基态。若有电子跃迁入高能轨道时则称为激发态。

9.2.2.5　核外电子的排布与表示形式

(1)核外电子的排布

①根据核外电子排布规则，按轨道能级组顺序将电子依次从低能轨道填入。

$$_{24}Cr: 1s^2\,2s^2\,2p^6\,3s^2\,3p^6 4s^2 3d^4 \quad (构造式)$$

②再将轨道以主能层为序依次排列，即可得到元素的核外电子排布式。

$$_{24}Cr: 1s^2\,2s^2\,2p^6\,3s^2\,3p^6 3d^4 4s^2 \quad (构造式)$$

③完成了核外电子的排布后，需要特别注意考虑洪特规则的特例。

$$_{24}Cr: 1s^2\,2s^2\,2p^6\,3s^2 3p^6\,3d^5 4s^1 \quad (电子排布式)$$

(2)核外电子排布的表示方法

①电子排布式：$_{11}Na$　$1s^2 2s^2 2p^6 3s^1$

②轨道表示式：$_{11}Na$　1s [↑↓]　2s [↑↓]　2p [↑↓][↑↓][↑↓]　3s [↑]

③量子数表示法：$3s^2$电子用量子数可以分别表示为(3，0，0，1/2)，(3，0，0，-1/2)

④“原子实+价层组态”表示法：[稀有气体元素]价层组态　$_{11}Na$　[Ne]$3s^1$

9.2.3　原子结构和元素周期系

到目前为此，共发现118种元素，分布在元素周期表中的7个周期16个族(7个主族，7个副族，第八族，0族)中。在短式周期表中，La系与Ac系元素以单独的两行列出。

周期表中一个周期与一个能级组相对应。同周期元素基态时电子占据轨道的主量子数相同。除第一周期外，其他各周期元素最后填充的电子均起始于ns轨道，结束于np轨道。

周期表从左向右依次为ⅠA、ⅡA、ⅢB~ⅦB、Ⅷ、ⅠB、ⅡB、ⅢA~ⅦA、0族。每一族都有特征的价层电子构型：主族元素的价电子总数与其族数相同(0族为8电子)；ⅢB~ⅦB元素族数等于$(n-1)$d电子数和ns电子数总和；ⅠB、ⅡB元素其族数与最外层电子数相同，且次外层的d轨道全充满。

按照原子价层电子的构型特征，周期表可划分为5个区：s区、p区、d区、ds区和f区。

9.2.4　元素性质的周期性变化

9.2.4.1　原子半径

电子云没有明确的边界，原子不可能确定其绝对大小。但在分子或晶体中，原子又占有一个变化不大的有效空间，因此可人为规定用实验方法量度原子的相对大小。原子半径分共价半径、金属半径及范德华半径。

同周期主族元素，原子半径从左到右减小，在周期末端 0 族处突然增大。同周期副族元素从左到右原子半径缓慢减小。镧系元素原子半径减小更为缓慢，称为镧系收缩。

同主族元素，从上到下原子半径依次增大；同副族元素，第五周期和第六周期较第四周期元素原子半径略大，第五周期和第六周期基本相同。

9.2.4.2　电离能

电离能(也称电离势)：基态的气体原子失去最外层一个电子成为气态正一价离子所需要的能量称为第一电离能。再相继失去第二个、第三个电子称为第二、第三电离能。

同周期主族元素的第一电离能从左到右总体上呈增大趋势，其中ⅡA、VA、ⅡB 等处出现反常。同周期副族元素的第一电离能增加趋势相对较小，内过渡元素(镧系元素)的第一电离能变化则更小。同主族元素的第一电离能从上到下依次减小。同一副族的元素电离能变化不大，且不规则。

同一元素的多级电离能随失去电子数的增加而增大，跨越电子层的相邻两级电离能间出现突跃。

9.2.4.3　电子亲合能

原子的电子亲合能是指一个气态原子得到一个电子，形成负一价气态离子所释放的能量。总体上，同周期中从左到右电子亲合能逐渐增大；同族元素从上到下电子亲合能依次减小。

9.2.4.4　电负性

电负性的概念是由鲍林于 1932 年首先提出的，它表示当两个不同原子形成化学键时，吸引电子相对能力大小的量度。鲍林电负性数据是以规定χ(氟) = 4.00 为对比得出的。

同一周期中从左到右电负性递增，元素的非金属性逐渐增强，同一主族中，从上到下电负性递减，元素的非金属性依次减弱。副族元素没有明显的变化规律，总体上第三系列过渡金属元素电负性比第二系列过渡元素的电负性大。在周期表中，右上方氟(F)的电负性最大，非金属性最强，左下方的铯(Cs)的电负性最小，金属性最强。

9.3　典型例题

【例 9.1】下列说法中哪些是正确的？哪些是错误的？并将错误的加以改正。

(1)电子具有波粒二象性。

(2) $|\Psi|^2$ 表示电子在核外出现的概率。

(3)电子云的角度分布图是波函数的角度部分的平方 $Y^2(\theta,\ \varphi)$随θ，φ变化的图形。

(4)s 电子做绕核运动，其轨道为一圆圈，p 电子是走 8 字形。

(5)氢原子的轨道能量为 $E_{3s}<E_{3p}<E_{4s}<E_{3d}$。

(6)主量子数为 3 的电子层内有 3s、3p、3d、3f 4 个轨道。

解：(1)正确。

(2)不正确。应改为：$|\Psi|^2$ 表示电子在核外空间某点处出现的概率密度。

(3)正确。

(4)不正确。应改为：s 电子做绕核运动，其轨道轮廓为球形，p 电子的轨道轮廓为哑铃形(纺锤形)，电子运动没有确定的轨迹。

(5)不正确。应改为：氢原子的轨道能量为 $E_{3s}=E_{3p}=E_{3d}<E_{4s}$。

(6)不正确。应改为：主量子数为 3 的电子层内有 3s、3p、3d 3 个亚层，9 个轨道。

【例 9.2】指出下列各组量子数正确与否，并将错误的量子数改正过来(n 是正确)。

(1)1，1，1，-1　(2)3，1，2，1/2　(3)3，2，1，-1/2

(4)2，0，0，0　(5)2，-1，1，1/2　(6)4，3，2，1

解：(1)不正确。l、m 必须小于 n，改为 0、0，m_s 必须是 1/2 或-1/2。

(2)不正确。m 至多等于 l，将 2 改为 1、0 或-1。

(3)正确。

(4)不正确。m_s 不能为 0，改为 1/2 或-1/2。

(5)不正确。l 不能为负数，在此只能改为 1。

(6)不正确。m_s 不能为整数，改为 1/2 或-1/2。

【例 9.3】写出$_{15}$P 和$_{27}$Co 的基态电子组态。

解：$_{15}$P　$1s^22s^22p^63s^23p^3$　或　$[Ne]3s^23p^3$

$_{27}$Co　$1s^22s^22p^63s^23p^63d^74s^2$　或　$[Ar]3d^74s^2$

内层电子包括核在内称为原子实，外层电子称为价电子。内层电子可以用稀有气体原子表示，所以$_{15}$P 写成$[Ne]3s^23p^3$，其中 $3s^23p^3$ 即为价电子。

【例 9.4】下列电子排布式中，哪些是激发态？哪些是基态？哪些是不正确的？说明理由。

(1)$1s^22s^1$　(2)$1s^22s^22d^1$　(3)$1s^22s^12p^2$

(4)$[Ar]3d^54s^1$　(5)$1s^22s^23d^1$　(6)$1s^22s^42p^2$

解：属于基态的是(1)(4)；属于激发态的是(3)(5)，因为 2s 轨道可容纳两个电子，且 2p 轨道是低于 3d 轨道，所以(3)和(5)的排布方式较 $1s^22s^22p^1$ 能量更高；(2)和(6)是错误的，因为(2)中包含了不存在的 2d 轨道，(6)中的 s^4 违反了泡利不相容原理的"一个轨道最多容纳两个电子"。

【例 9.5】某元素 M 的+3 离子，价层电子用量子数表示为(3，2，0，-1/2)和(3，2，1，-1/2)。写出此元素的原子基态电子组态，并确定它在周期表中的位置。

解：由价电子的量子数表示可知 M 的+3 离子的组态为 $3d^13d^13d^1$。表明 M 的价电子为 $3d^13d^13d^14s^2$。所以，原子 M 基态电子组态为 $1s^22s^22p^63s^23p^63d^34s^2$ 或$[Ar]3d^34s^2$。

按最大主量子数 $n=4$，即第四周期。价电子为 5 即第Ⅴ族。由于是 d 区元素，为ⅤB 族。此元素为钒，元素符号 V。

【例 9.6】Pb 是第六周期ⅣA 族元素，据此写出 Pb 和 Pb^{2+}的价层电子组态。

解：ⅣA 族元素的价层组态为 ns^2np^2，Pb 处于第六周期，$n=6$，所以价层电子组态为 $6s^26p^2$；形成 Pb^{2+}时需失去 6p 轨道上两个能量较高的电子，其价层电子组态为 $6s^2$。

【例 9.7】什么是 La 系收缩？La 系收缩对其他元素有何影响？

答：La 系收缩是指镧系元素随着原子序数的增加，原子半径在总趋势上有所缩小的现象(从镧到镥的半径总共只缩小了 11 pm)。由于镧系收缩的存在，使镧系后面的各过渡元素的原子半径都相应缩小，致使同一副族的第五、六周期过渡元素的原子半径非常接近，性质上极为相似，以致难以分离。

【例 9.8】利用本章所学知识解释，为什么元素 K 和 F 中所测得的正负离子半径均为 134 pm。

解：K 原子半径大于 F 原子半径。而 K^+ 与 F^- 的离子半径相等是因为 F 原子形成 F^- 时，获得一个电子，半径增大，而 K 原子形成 K^+ 时，失去一个电子，半径减小。此外，K^+([Ne]$3s^23p^6$)虽然比 F^-([He]$2s^22p^6$)多一个电子层，但同时 K^+ 又比 F^- 多 10 个核电荷，所以二者离子半径相等。

【例 9.9】找出下列各组中电离能最大的原子或离子，并简单说明原因。

(1)K、Ca、Zn、Hg 的 I_1

(2)B、C、Al、Si 的 I_1

(3)Li^{2+}、Be^{3+}、B^{4+}、C^{5+} 的最后电离能 I_z

解：(1)Zn 最大。因为价层 $3d^{10}4s^2$ 全满。

(2)C 最大。因为 B、Al 失去一个电子后成全满组态，Si 半径大，失去一个电子较 C 需要能量低。

(3)C^{5+} 最大。因为这组离子为等电子体，核电荷以 C^{5+} 最大。

9.4 同步练习及答案

9.4.1 同步练习

一、选择题

1. 测不准原理是德国物理学家海森堡提出的，它反映了(　　)。

A. 微观粒子运动无规律　　B. 微观粒子不能同时有确定的位置和动量

C. 微观粒子没有确定的动量　　D. 微观粒子没有确定的位置

2. 下列说法中不正确的是(　　)。

A. 电子具有波粒二象性

B. 可以用 $|\Psi|^2$ 表示电子在核外空间某点处出现的概率密度

C. 原子轨道的能量是不连续的

D. 电子的运动轨迹可以用 Ψ 的图像来表示

3. Li^{2+} 离子的量子数 $n=4$ 的各原子轨道的能级是(　　)。

A. $E_{4s}>E_{4p}>E_{4d}>E_{4f}$　　B. $E_{4s}<E_{4p}<E_{4d}<E_{4f}$

C. $E_{4s}=E_{4p}=E_{4d}=E_{4f}$　　D. A、B、C 都不对

4. 下列哪个电子亚层可以容纳的电子最多？(　　)

A. $n=2$，$l=1$　　B. $n=3$，$l=2$　　C. $n=4$，$l=3$　　D. $n=5$，$l=0$

5. 决定一个原子轨道的量子数是(　　)。

A. n　　B. n，l　　C. n，l，m　　D. n，l，m，m_s

6. 钻穿效应使屏蔽效应(　　)。

A. 增强　　B. 减弱
C. 无影响　　D. 增强了外层电子的屏蔽作用

7. 多电子原子中决定原子轨道的能量高低的量子数是(　　)。
A. n，l，m，m_s　　B. n，l，m　　C. n，l　　D. n

8. 已知多电子原子中下列电子有如下量子数，其中能量最高的电子是(　　)。
A. 2，1，1，−1/2　　B. 2，1，0，−1/2　　C. 3，1，1，−1/2　　D. 3，2，−2，−1/2

9. 原子中 3s 和 3d 轨道能量相比时(　　)。
A. 3s 和 3d 轨道能量相等　　B. 3s 和 3d 轨道能量不相等
C. 3d 轨道能量大于 3s　　D. 不同原子情况不同

10. 有 6 组量子数：①$n=3$，$l=1$，$m=-1$；②$n=3$，$l=0$，$m=0$；③$n=2$，$l=2$，$m=-1$；④$n=2$，$l=1$，$m=0$；⑤$n=2$，$l=0$，$m=-1$；⑥$n=2$，$l=3$，$m=2$，其中正确的是(　　)。
A. ①②③　　B. ①②④　　C. ④⑤⑥　　D. ②④⑤

11. 3d 轨道的磁量子数 m 的取值范围是(　　)。
A. 1，2，3　　B. 0，1，2　　C. 0，±1　　D. 0，±1，±2

12. 3d 电子的径向分布函数图有(　　)。
A. 1 个峰　　B. 2 个峰　　C. 3 个峰　　D. 4 个峰

13. 下列轨道中具有两个角节面的是(　　)。
A. $3p_z$　　B. $3d_z$　　C. 3s　　D. $3p_x$

14. 在下列的电子组态中属于激发态的是(　　)。
A. $1s^22s^22p^6$　　B. $1s^22s^13p^1$　　C. $1s^22s^1$　　D. $1s^22s^22p^62d^1$

15. 下列为原子基态时的电子组态，其中正确的是(　　)。
A. Li($1s^22p^1$)　　B. Cu([Ar]$3d^94s^2$)　　C. B($1s^22s^22d^1$)　　D. Fe([Ar]$3d^64s^2$)

16. 当基态原子的第六电子层只有两个电子时，则原子的第五电子层的电子数为(　　)。
A. 8 个　　B. 18 个　　C. 8~18 个　　D. 8~32 个

17. 某原子的最外层电子的最大主量子数为 4，则原子中可能(　　)。
A. 只有 s 电子　　B. 只有 s 电子和 p 电子
C. 有 s、p 和 d 电子　　D. 有 s、p、d 和 f 电子

18. 按核外电子排布规律第七周期应有元素(　　)。
A. 50 个　　B. 42 个　　C. 36 个　　D. 32 个

19. 下列各组元素性质相似，由镧系收缩引起的是(　　)。
A. Nb 和 Ta　　B. Fe、Co、Ni　　C. 镧系　　D. 锕系

20. 下列元素中单电子数目最多的是(　　)。
A. As　　B. Cr　　C. Fe　　D. Mn

21. 下列原子及离子中半径最大的是(　　)。
A. Na　　B. Mg　　C. Al^{3+}　　D. Mg^{2+}

22. 下列元素第一电离能大小关系正确的是 (　　)。
A. Na>Mg>Al>P>S　　B. Na<Mg<Al<P<S
C. Na<Al<Mg<S<P　　D. Na<Mg>Al>P<S

23. 第二电离能最大的电子结构是(　　)。
A. $1s^2$　　B. $1s^22s^1$　　C. $1s^22s^2$　　D. $1s^22s^22p^1$

24. 下列各组元素按电负性大小排列正确的是(　　)。
A. F>N>O　　B. O>Cl>F　　C. As>P>H　　D. Cl>S>As

二、填空题

1. $3p_z$ 电子云的总体图形(黑点图)是由________图和__________图综合得出的。其角节面有______个，径向节面有______个。

2. 原子轨道符号为 4d 时，说明该轨道有______种空间取向，最多可容纳______电子。

3. 在多电子原子中，当 n 相同时，l 越小的电子钻到核外附近的概率越___________。

4. He^+、H、Li^{2+}的 1s 轨道能级的大小顺序为 _______________。

5. 基态原子中具有 n、l、m 3 个量子数相同的两个电子，它们的自旋状态__________；若 n、$l(l>0)$ 相同，而 m 不同的，且只有两个电子时，它们的自旋状态___________。

6. 在各类原子轨道中，________轨道的电子钻穿能力最强，由此引起的后果是________________。

7. 将硼原子的电子排布式写成 $1s^22s^3$，违背了________原理，是________(正确/错误)的；氮原子电子排布式写成 $1s^22s^22p_x{}^22p_y{}^1$，违背了_________规则，是________(基态/激发态)。

8. 在元素 Ba、V、Ag、Ar、Cs、Hg、Ni、Ga 中，原子的价层电子构形属于 $ns^{1\sim2}$ 的是___________；属于$(n-1)d^{1\sim8}ns^2$ 的是_________________________；属于$(n-1)d^{10}ns^{1\sim2}$ 的是________________；属于 $ns^2np^{1\sim6}$ 的是______________。

9. 某元素原子的外层电子构型为 $4s^23d^5$，该元素属于________周期，________族，是第________号元素，元素符号是________，它的原子中未成对电子数为___________。

10. 具有量子数 $n=4$，$l=0$ 的电子 2 个和 $n=3$，$l=2$ 的电子 6 个的元素是__________；4s 亚层和 3d 亚层皆为半充满的元素是___________；第四周期中具有 4 个 p 电子的元素是_______。

11. 填充下表

原子序数	元素符号	价层组态	周期	族	区
53					
	Ar				
		$3d^54s^1$			
			6	IB	

三、简答题

1. 基态时氢的 1s 轨道电子出现的概率密度 $|\Psi|^2$ 随半径 r 增大而减小，为什么该电子在距核 53 pm 附近的球壳中出现的概率最大?

2. 已知某元素在第四周期，当它失去 3 个电子以后，基态角量子数为 2 的轨道上电子恰好半充满。推断此是何元素?

3. 已知 X、Y 两元素的原子中，X 原子的 M 层和 N 层分别比 Y 原子的 M 层和 N 层的电子数少 7 个和 5 个，写出 X 和 Y 两原子的名称和电子组态，并简述理由。

4. 在某一周期，其稀有气体原子最外层电子构型为 $4s^24p^6$，其中 A、B、C、D 4 种元素的最外层电子数分别为 2、2、1、7，A、C 的次外层电子数为 8，B、D 的次外层电子数为 18，试推断 A、B、C、D 为何种元素?

5. 试解释：

(1) Cu 的 I_1 大于 K 的 I_1，而第二电离能 I_2 则是 K 的大于 Cu 的。

(2) 第二、三周期的元素从左到右第一电离能逐渐增大并且电离能曲线呈锯齿状。

(3) F^-、Ne、Na^+的半径依次减少。

6. 已知 Mg 和 Al 的电离能数据如下(单位 $kJ \cdot mol^{-1}$)：

	I_1	I_2	I_3	I_4
Mg	738	1 451	7 733	10 540
Al	578	1 817	2 745	11 578

试解释 $I_1 \to I_4$ 依次升高，并有突跃，Mg 和 Al 分别易形成+2 和+3 价离子。

7. 核外电子排布三原理，能否完全解释迄今已发现的100多种元素原子的核外电子排布结果？试举例说明。

9.4.2 同步练习答案

一、选择题

1. B　2. D　3. C　4. C　5. C　6. B　7. C　8. D　9. D　10. B　11. D　12. A　13. B　14. B　15. D　16. C　17. C　18. D　19. A　20. B　21. A　22. C　23. B　24. D

二、填空题

1. 径向分布图；角度分布图；1；1

2. 5；10

3. 大

4. $E_{1s}(Li^{2+}) < E_{1s}(He^+) < E_{1s}(H)$

5. 相反；相同

6. s；s 轨道能量降低，造成能级交错

7. 泡利不相容；错误；洪特；激发态

8. Ba、Cs；V、Ni；Ag、Hg；Ar、Ga

9. 四；ⅦB 族；25；Mn；5

10. Fe；Cr；Se

11. (略)

三、简答题

1. 电子在球壳内出现的概率为：$|\Psi|^2$×球壳体积。对于单位厚度的球壳而言，距核较近时，电子出现的概率密度 $|\Psi|^2$ 虽然较大，但球壳体积较小，因而电子出现的概率较小；距核较远时，球壳体积虽然较大，但电子出现的概率密度 $|\Psi|^2$ 较小，因而电子出现的概率也较小。在距核 53 pm 附近概率密度 $|\Psi|^2$ 和球壳体积都不很小，因而是氢的 1s 电子出现概率最大区域。

2. 由题可知，该元素的三价离子具有的组态是 $3d^5$，而失去的电子则应有两个是 4s 电子(4s 电子较 3d 电子先失去)，有一个是 3d 上的。所以，其原子的组态应为 $3d^64s^2$，则该元素为 Fe。

3. 由 X 原子的 N 层比 Y 原子少 5 个电子可知，Y 的 N 层电子数大于5，进而可知其 M 层应为 18 电子，所以，X 原子的 M 层应有 11 个电子，N 层上有 2 个电子，Y 原子的 N 层上则应有 7 个电子。据此，X 的电子组态为 $1s^22s^22p^63s^23p^63d^34s^2$，为钒(V)元素，Y 的电子组态为 $1s^22s^22p^63s^23p^63d^{10}4s^24p^5$，为溴(Br)元素。

4. A 是 Ca，B 是 Zn，C 是 K，D 是 Br。

5. (1) Cu 和 K 均属于第四周期元素，且 Cu 较 K 增加的 10 个 3d 电子不足以完全抵消增加的 10 个核电荷，所以对于最外层电子 Cu 的有效核电荷更高，有 $I_1(Cu) > I_1(K)$。电离掉一个电子后，所得 Cu^+ 价层组态为 $3d^{10}$，K^+ 为 $3s^23p^6$。$I_2(Cu)$ 对应于失去一个 3d 电子，$I_2(K)$ 对应的则要打破 $3s^23p^6$ 的八电子组态，后者需要更多的能量，所以有 $I_2(Cu) < I_2(K)$。

(2) 第二、三周期的元素从左到右因核电荷数增加，核外电子受到的引力增大，所以第一电离能总体

呈增大趋势；但因ⅡA族和ⅤA族的组态为 ns^2 和 ns^2np^3，打破全充满(s^2)和半充满(p^3)稳定组态需要更高的能量，所以ⅡA族和ⅤA族元素较其后元素的第一电离能都大，致使电离能曲线呈锯齿状。

(3)F^-、Ne、Na^+的核外电子组态均为 $1s^22s^22p^6$，三者为等电子体，且核电荷数为 $F^-<Ne<Na^+$。相同数目的核外电子占据相同的原子轨道，所以它们的半径随核电荷数的增加而依次减小。

6. 由电中性的原子形成正离子时，随着失去电子的增加，原子核对核外电子的有效引力增大，且电子离核距离(相对于不同电子层的电子)越来越小，因此 $I_1<I_2<I_3\cdots$。Mg 失去第三个电子，Al 失去第四个电子，均要打破 $3s^23p^6$ 的八电子稳定结构，需要更高能量，表现为数据中的突跃。换言之，Mg 易失去前两个电子形成 Mg^{2+}，Al 易失去前三个电子形成 Al^{3+}。

7. 核外电子排布三原理，不能完全解释迄今已发现的 100 多种元素原子的核外电子排布结果。例如，46 号元素 Pd，按排布规则价层组态应为 $4d^85s^2$，但实际的价层组态为 $4d^{10}5s^0$；74 号元素 W(铬副族)，按排布规则价层组态应为 $5d^56s^1$，实际的价层组态为 $5d^46s^2$。对于这些元素只能以光谱学实验结果(周期表中给出的排布结果)为准。

第10章 化学键与分子结构

10.1 基本要求

(1)掌握离子键、晶格能、共价键、σ 键、π 键、键的极性、分子的极性、杂化轨道、分子间力、氢键、离子的极化和变形等概念。

(2)熟练掌握离子键理论、共价键理论、杂化轨道理论，并能运用这些理论解释有关实验现象。

(3)掌握键型过渡与物质性质之间的关系；熟练掌握离子极化作用对物质物理化学性质的影响。

(4)熟练掌握分子间力、氢键的判断及其对物质性质的影响。

重点：离子键理论；晶格能的计算；共价键理论；杂化轨道理论；分子间力；分子的极化。

难点：杂化轨道理论；键型过渡。

10.2 知识体系

10.2.1 离子键

10.2.1.1 离子键的形成

定义：正负离子之间通过静电引力所形成的化学键称为离子键。

特征：离子间靠静电引力相互结合，离子键无饱和性和方向性，且离子的电子组态一般要达到稀有气体的电子组态结构。

10.2.1.2 离子键形成过程中的能量变化

离子键的强度可用晶格能(U)来衡量。

(1)在晶体类型相同时，晶格能与正负离子电荷数成正比，与它们的平均距离成反比。

(2)离子化合物晶格能越大，正负离子间结合力越大，离子晶体越稳定，晶体熔点越高，硬度越大。

晶格能可用波恩-哈伯(Born-Haber)循环计算：以 Na 和 F 反应生成 NaF 为例来说明。

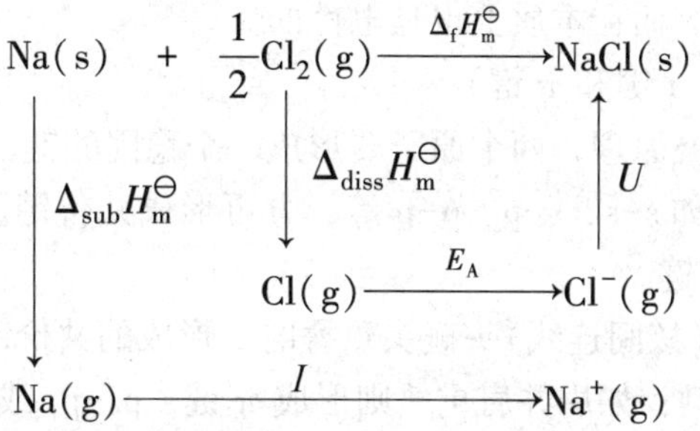

$$
\begin{array}{ccccc}
Na(s) & + & \frac{1}{2}Cl_2(g) & \xrightarrow{\Delta_f H_m^\ominus} & NaCl(s) \\
\downarrow \Delta_{sub}H_m^\ominus & & \downarrow \Delta_{diss}H_m^\ominus & & \uparrow U \\
 & & Cl(g) & \xrightarrow{E_A} & Cl^-(g) \\
Na(g) & & \xrightarrow{I} & & Na^+(g)
\end{array}
$$

式中，$\Delta_{sub}H_m^\ominus$ 为 Na 的升华热；I 为 Na 的电离能；$\Delta_{diss}H_m^\ominus$ 为 Cl_2 的离解能；E_A为 Cl 的电子亲合能；$\Delta_f H_m^\ominus$ 为 NaCl 的生成焓。

晶格能：

$$U=\Delta_f H_m^\ominus-(\Delta_{sub}H_m^\ominus+I+\frac{1}{2}\Delta_{diss}H_m^\ominus+E_A)$$

10.2.1.3　离子的构型和半径

(1)离子的电子构型　常见的离子有以下几种电子构型：

①2 电子构型(ns^2)。

②8 电子构型(ns^2np^6)。

③9～17 电子构型($ns^2np^6nd^{1\sim9}$)。

④18 电子构型($ns^2np^6nd^{10}$)。

⑤(18+2)电子构型[$(n-1)s^2(n-1)p^6(n-1)d^{10}ns^2$]。

在离子电荷和半径大致相同时，不同构型的阳离子极化力大小顺序为 8 电子构型 <9～17 电子构型 < 2、18、(18+2)电子构型。

(2)离子半径

①正离子半径小于其原子半径，负离子半径大于其原子半径。

②在同一周期中，核外电子数相同的正离子系列中，离子半径随着正电荷数的增加而下降。

③在同一周期中，核外电子数相同的负离子，随着负电荷数增加，半径略有增加，$r(C^{4-})>r(N^{3-})>r(O^{2-})>r(F^-)$。

④同一族元素形成带相同电荷的离子时，半径从上到下依次增大。

10.2.2　共价键

10.2.2.1　共价键的形成和价键(VB)理论

共价键的形成是由于相邻两原子间自旋方向相反的未成对电子相互配对，原子轨道相互重叠而使体系趋于稳定的结果。

(1)自旋方向相反的未成对电子相互接近时，两个原子的原子轨道相互重叠，所以共价键具有饱和性。

(2)原子轨道重叠时，总是沿着重叠程度最大的方向进行，重叠越多，形成的共价键越牢固，此即原子轨道的最大重叠条件。因此，共价键有方向性。

(3)共价键的本质　根据共价键理论，共价键的结合力是两个原子核对共用电子对所形成的负电区域的吸引力，因而在本质上也是电性的。

10.2.2.2 共价键的类型(σ键和π键)

根据原子轨道最大重叠原理，两个原子要形成一个稳固的键，必须使用相对于两核连线方向的对称性原子轨道，如s-s、s-p、p-p等，方可形成共价键。共价键有两种成键方式：一种叫σ键，另一种叫π键。

当原子轨道沿着键轴(核间连线)头碰头重叠时，形成的共价键是σ键，s-s轨道、$s-p_x$轨道、p_x-p_x轨道形成σ键；如肩并肩重叠则形成π键，p_y-p_y或p_z-p_z轨道形成π键。

σ键重叠程度一般较π键大，故σ键的键能比π键大。共价单键都是σ键，双键为σ键和π键，三键则为一个σ键和两个π键。

10.2.3 杂化轨道理论

10.2.3.1 基本要点

(1)为了使原子在成键过程中所形成的化学键强度更大，更有利于体系能量的降低，形成分子时由于原子的相互影响，常将其能量相近的原子轨道重新组合成与原来轨道形状和能量不同的新轨道，这种过程称为杂化。杂化后所形成的新轨道称为杂化轨道。

(2)杂化轨道的数目与组合前原子轨道的数目相同，杂化轨道通常是完全等同的，每个杂化轨道都含有相应的组成原子轨道的成分。

(3)杂化轨道之间都力图减少相互的影响，故在空间采取相互影响最小的最大轨道夹角。

全部是具有未成对电子的原子轨道参与杂化，形成的杂化轨道性质完全相同，这种杂化是等性杂化。如果具有成对电子的原子轨道也参与轨道杂化，形成的杂化轨道的性质不完全相同，这种由于孤对电子占据新的杂化轨道而形成不等同的杂化轨道的过程称为不等性杂化。

10.2.3.2 轨道杂化的类型(s-p杂化)(表10-1)

表10-1 中心原子的杂化类型和分子空间构型间的关系

杂化轨道类型	sp	sp^2	sp^3	sp^3 不等性
参加杂化的轨道	1个s，1个p	1个s，2个p	1个s，3个p	1个s，3个p
分子空间构型	直线形	平面三角形	(正)四面体	V字形或三角锥形
实例	$BeCl_2$、$HgCl_2$、C_2H_2、CO_2	BCl_3、BF_3、CH_2O、C_2H_4	CH_4、SiH_4、$SiCl_4$、CH_3Cl	H_2O、H_2S、OF_2、NH_3、PCl_3、PF_3

10.2.4 分子的极性和离子的极化

10.2.4.1 键的极性与分子的极性

同种原子间形成的共价键，电负性差值$\Delta x=0$，成键两原子的正负电荷重心重合，称为非极性共价键；不同种原子间形成的共价键为极性键，共用电子对偏向电负性大的原子一方。

Δx值越大，键的极性越大。

由非极性键组成的分子为非极性分子，如N_2、O_2、S_8等。而由极性键组成的分子，如分子空间构型对称，键矩相互抵消，分子无极性；反之，为极性分子。如 CH_4、BF_3 等为非极性分子，CH_3Cl、NH_3 等为极性分子。

偶极矩 μ 是衡量分子极性强弱的物理量，$\mu=qd$。非极性分子 $\mu=0$，极性分子 $\mu>0$，μ 越大，分子极性越大。利用 μ 可以判断分子的几何构型。

10.2.4.2　离子的极化

离子在周围电场的作用下，电子云发生变形的现象称为离子极化。

离子极化的强度取决于离子的极化力与离子的变形性。

离子的极化力大小取决于：①离子半径；②离子电荷；③离子的电子构型。

离子的变形性主要考虑离子的半径大小。

离子极化对离子化合物的键型、溶解度、熔沸点、颜色等物理性质有较大影响。例如，当电子构型为18、(18+2)、9~17的阳离子和变形性大(半径大)的阴离子结合形成分子时，产生阴阳离子间的附加极化作用，使正负离子距离缩小，原子轨道部分重叠，键的离子性减弱，共价性增强，由离子键向共价键过渡，其晶体属于混合型晶体，又称过渡型晶体。其熔点、沸点比由典型离子键形成的晶体(ⅠA、ⅡA阳离子与ⅥA、ⅦA中 O^{2-}、F^-、Cl^- 等)要低，稳定性减小，溶解度降低，化合物的颜色加深。如 CuI、Ag_2S、$FeCl_3$ 等。

10.2.5　分子间力

10.2.5.1　分子间力类型

(1)取向力　由于极性分子具有固有偶极，当两个极性分子靠近时，由于偶极相互影响，同极相斥，异极相吸，分子按一定方向进行排列，这称为取向。取向的结果，分子间就产生一种静电引力，称为取向力。极性分子的极性越强，取向力越大。

(2)诱导力　外来的影响而产生的偶极称为诱导偶极。在极性分子固有偶极和非极性分子诱导偶极之间的作用力，即为诱导力。极性分子的极性越大，被诱导分子的变形性越大，诱导力越大。

(3)色散力　即两个分子之间通过瞬时偶极产生的吸引力。一般相对分子质量越大，分子体积越大，分子间的色散力越大。

在非极性分子间只存在色散力，在非极性分子与极性分子间有色散力和诱导力，在极性分子间有色散力、诱导力和取向力。分子间力中色散力是最主要的分子间力。对于类型相同的分子，其分子间力常随着相对分子质量的增大、分子体积的增大而变大，分子间力越大，物质的熔点、沸点越高，硬度越大。

10.2.5.2　氢键

氢键是一种特殊的分子间力。

(1)氢键的形成条件　①分子中必须有电负性较大的元素X，并与H原子形成强极性的共价键，如HF。②分子中还必须具有靠近H原子的另一个电负性高、半径小而且具有孤对电子的原子Y，如X—H…Y。X、Y原子一般为N、O、F等原子。如在 H_2O、HF、NH_3、H_3BO_3、C_2H_5OH、CH_3COOH 等分子间存在氢键。

(2)氢键的特点　①氢键键能的数量级远小于化学键而略大于分子间力。②氢键的强弱与元素电负性、原子半径有关：X、Y原子的电负性越大，半径越小，形成的氢键越强。氢键的强弱顺序为 F—H…F >O—H…O >N—H…F >N—H…O >N—H…N。③氢键具有方向性和饱和性：氢键可分为分子内氢键和分子间氢键。分子间氢键使物质熔点、沸点显著升高，分子内氢键常使其熔点、沸点低于同类化合物。

10.3 典型例题

【例 10.1】写出下列各离子的电子排布式，并说明离子电子构型。

Al^{3+}，Fe^{2+}，Pb^{2+}，Zn^{2+}，Ca^{2+}，S^{2-}

解：Al^{3+}：$1s^22s^22p^6$　8 电子构型。

Fe^{2+}：$1s^22s^22p^63s^23p^63d^6$　[Ar]$3d^6$　9~17 电子构型。

Pb^{2+}：$1s^22s^22p^63s^23p^63d^{10}4s^24p^64d^{10}4f^{14}5s^25p^65d^{10}6s^2$　[Xe] $5s^25p^65d^{10}6s^2$　(18+2)电子构型。

Zn^{2+}　$1s^22s^22p^63s^23p^63d^{10}$　[Ar] $3s^23p^63d^{10}$　18 电子构型。

Ca^{2+}：$1s^22s^22p^63s^23p^6$　[Ne]$3s^23p^6$　8 电子构型。

S^{2-}：$1s^22s^22p^63s^23p^6$　[Ne]$3s^23p^6$　8 电子构型。

【例 10.2】下列化合物化学键极性最小的是(　　)。

A. NaCl　　B. $AlCl_3$　　C. PCl_5　　D. SCl_6

解：D。Na、Al、P、S、Cl 电负性依次增大，S—Cl 键 $\Delta x=0.5$ 为最小，键的极性大小与成键原子的电负性大小有关，电负性差值越小，键的极性越小。

【例 10.3】指出下列分子中中心原子价层轨道的杂化状态，分子几何构型及键角。

CS_2，CBr_4，SiH_4，BF_3，SF_6

解：

CS_2	CBr_4	SiH_4	BF_3	SF_6
sp	sp^3	sp^3	sp^2	sp^3d^2
直线形	正四面体	正四面体	平面三角形	正八面体
180°	109.5°	109.5°	120°	90°，180°

【例 10.4】现有下列 3 种物质：a. 对羟基苯甲醛，b. 间羟基苯甲醛，c. 邻羟基苯甲醛。它们的沸点高低顺序为(　　)。

A. a >b >c　　B. a <b <c　　C. b >c >a　　D. b <c <a

解：A。a 存在分子间氢键，c 存在分子内氢键，所以 3 种物质沸点为 a >b >c。

【例 10.5】下列各组化合物晶体熔点由高到低顺序为(　　)。

A. MgO >CaF_2>$BaCl_2$>$CaCl_2$　　B. MgO >CaF_2>$CaCl_2$>$BaCl_2$

C. CaF_2>MgO >$BaCl_2$>$CaCl_2$　　D. CaF_2>MgO >$CaCl_2$>$BaCl_2$

解：B。离子晶体熔点高低决定于晶格能大小，晶格能又与离子半径、电荷大小有关，MgO 中离子电荷为+2、−2，其余 3 种分别为+2、−1，同时 Mg^{2+}、Ca^{2+}、Ba^{2+}是同族元素，$r(Mg^{2+})<r(Ca^{2+})<r(Ba^{2+})$，负离子中 $r(F^-)<r(Cl^-)$，综合以上各因素，晶格能大小及熔点顺序为 MgO >CaF_2>$CaCl_2$>$BaCl_2$。

【例 10.6】下列各组分子间存在哪些分子间力？

(1)苯和 CCl_4　(2)氨和 H_2O　(3) CO_2 气体　(4) H_2S 气体　(5)乙醇和水

解：(1)非极性分子间，存在色散力。

(2)非极性分子与极性分子间，存在色散力、诱导力。

(3)非极性分子间，存在色散力。

(4)极性分子间，存在色散力、诱导力、取向力。

(5)极性分子间，存在色散力、诱导力、取向力、氢键。

【例 10.7】试说明 NH_3 和 CH_4 化合物中哪种化合物的键角大，为什么？

解：CH_4 分子的中心原子 C 采用 sp^3 杂化，键角 109°28′，而 NH_3 分子的中心原子 N 采用 sp^3 不等性杂化，N 原子的孤对电子的能量较低，距原子核较近，因而孤对电子对成键电子斥力较大，使 NH_3 键角变小为 107°18′。

【例 10.8】按照 AgF、AgCl、AgBr、AgI 的顺序，下列性质变化叙述正确的是(　　)。

A. 颜色变深　　B. 离子键递变到共价键

C. 在水中溶解度变小　　D. A、B、C 都是

解：D。Ag^+ 是 18 电子构型离子，其极化力和变形性都较大，F^-、Cl^-、Br^-、I^- 离子的变形性逐渐增大，4 个化合物中阴、阳离子间相互极化作用逐渐增强，轨道重叠部分加大，化学键向共价键逐渐过渡，因此化合物的性质发生变化，即化合物的颜色加深，在水中溶解度变小，稳定性降低及熔点、沸点降低。

【例 10.9】下列分子中，极性最大的是(　　)。

A. CCl_4　　B. H_2O　　C. H_2S　　D. F_2

解：B。CCl_4 和 F_2 均为非极性分子，其 $\mu=0$。由于 H—O 键的极性比 H—S 键大，且二者分子构型相同，故 H_2O 分子极性大于 H_2S 分子。

【例 10.10】下列分子的空间构型为平面三角形的是(　　)。

A. CS_2　　B. BF_3　　C. NH_3　　D. PCl_3

解：B。CS_2 中 C 原子采用 sp 杂化，分子空间构型为直线形。NH_3 和 PCl_3 中 N、P 均采用不等性 sp^3 杂化，分子空间构型均为三角锥形。BF_3 分子中 B 原子采用 sp^2 杂化轨道与 3 个 F 原子成键，其空间构型为平面三角形。

【例 10.11】下列分子的偶极矩不等于零的是(　　)。

A. CCl_4　　B. PCl_5　　C. PCl_3　　D. SF_6

解：C。CCl_4 为正四面体结构，PCl_5 为三角双锥形结构，SF_6 为正八面体结构，它们都是对称型结构，是非极性分子，$\mu=0$。PCl_3 为三角锥形结构，是极性分子，$\mu\neq0$ 。

【例 10.12】试分析表述“所有含氢化合物分子间一定存在氢键”正确与否。

解：错误。形成氢键的条件是分子中必须有一个电负性很大且原子半径较小的元素(如 N、O、F 等)与氢原子形成强极性键。CH_4、H_2S 虽属含氢化合物，但都不具备形成氢键的条件。另外，有些氢键是在分子内形成的，如邻羟基苯甲酸和邻硝基苯酚都可形成分子内氢键而不是形成分子间氢键。

10.4 同步练习及答案

10.4.1 同步练习

一、选择题

1. 在下列离子晶体中，晶格能最大的是(　　)。

A. $CaCl_2$　　B. CaF_2　　C. NaF　　D. NaCl

2. 晶格能常用来表示(　　)。

A. 氢键强弱　　B. 离子键强弱　　C. 共价键强弱　　D. 配键强弱

3. 下列对 Na 和 F 描述正确的是(　　)。

A. Na 原子半径大于 F　　B. Na^+离子半径大于 F^-

C. Na(g)的 I_1 大于 F(g)　　D. Na^+的电子数比 F^-多

4. 已知下列数据：

$Mg(s) \longrightarrow Mg(g)$　　$+146\ kJ \cdot mol^{-1}$

$Mg(g) \longrightarrow Mg^{2+}(g) + 2e^-$　　$+2\ 178\ kJ \cdot mol^{-1}$

$S(s) \longrightarrow S(g)$　　$+272\ kJ \cdot mol^{-1}$

$S(s) + 2e^- \longrightarrow S^{2-}(g)$　　$+332\ kJ \cdot mol^{-1}$

$Mg(s) + S(s) \longrightarrow MgS(s)$　　$-347\ kJ \cdot mol^{-1}$

根据 Born-Haber 循环计算 MgS 晶格能为(　　)。

A. $-2\ 367\ kJ \cdot mol^{-1}$　　B. $+6\ 723\ kJ \cdot mol^{-1}$

C. $-3\ 275\ kJ \cdot mol^{-1}$　　D. $+2\ 763\ kJ \cdot mol^{-1}$

5. 已知下列数据：

$K(s) \longrightarrow K(g)$　　$+83\ kJ \cdot mol^{-1}$

$K(g) \longrightarrow K^+(g) + e^-$　　$+417\ kJ \cdot mol^{-1}$

$1/2H_2(g) \longrightarrow H(g)$　　$+218\ kJ \cdot mol^{-1}$

$H^-(g) + K^+(g) \longrightarrow KH(s)$　　$-742\ kJ \cdot mol^{-1}$

$1/2H_2(g) + K(s) \longrightarrow KH(s)$　　$-59\ kJ \cdot mol^{-1}$

氢原子的电子亲合能为(　　)。

A. $-35\ kJ \cdot mol^{-1}$　　B. $-105\ kJ \cdot mol^{-1}$　　C. $+35\ kJ \cdot mol^{-1}$　　D. $-17.5\ kJ \cdot mol^{-1}$

6. 已知下列数据：

$F_2(g) \longrightarrow 2F(g)$　　$+160\ kJ \cdot mol^{-1}$

$Cl_2(g) \longrightarrow 2Cl(g)$　　$+248\ kJ \cdot mol^{-1}$

$Na^+(g) + F^-(g) \longrightarrow NaF(s)$　　$-894\ kJ \cdot mol^{-1}$

$Na^+(g) + Cl^-(g) \longrightarrow NaCl(s)$　　$-768\ kJ \cdot mol^{-1}$

$Cl(g) + e^- \longrightarrow Cl^-(g)$　　$-348\ kJ \cdot mol^{-1}$

$F(g) + e^- \longrightarrow F^-(g)$　　$-352\ kJ \cdot mol^{-1}$

可确定 $2NaCl(s) + F_2(g) \longrightarrow 2NaF(s) + Cl_2(g)$反应热为(　　)。

A. $+348\ kJ \cdot mol^{-1}$　　B. $-3\ 480\ kJ \cdot mol^{-1}$　　C. $-348\ kJ \cdot mol^{-1}$　　D. $+3\ 480\ kJ \cdot mol^{-1}$

7. 下列分子中具有三角形几何构型的是(　　)。

A. ClF_3　　B. BF_3　　C. NH_3　　D. PCl_3

8. 下列分子中原子电负性差不等于 0，而分子偶极矩为 0 的是(　　)。

A. $BeCl_2$　　B. H_2S　　C. F_2　　D. HBr

9. 下列哪个物质(假设处于液态)只需克服色散力即能沸腾？(　　)

A. HCl　　B. Cu　　C. CH_2Cl_2　　D. CS_2

10. 已知电负性 Zn 1.65、O 3.44、S 2.58，则 ZnO 和 ZnS 中键的极性为(　　)。

A. ZnS > ZnO　　B. ZnO > ZnS　　C. ZnS = ZnO　　D. 无法确定

11. 甲醇和水间存在的分子间力是(　　)。

A. 取向力　　B. 诱导力和色散力　　C. 氢键　　D. 以上各力都存在

12. 根据分子轨道理论，下列各分子或离子中最稳定的是(　　)。

A. O_2^+　　B. O_2　　C. O_2^-　　D. O_2^{2-}

13. 根据分子轨道理论，下列相对稳定性顺序正确的是(　　)。

A. $O_2^{2-} < O_2^- < O_2 < O_2^+$　　B. $O_2^{2-} < O_2 < O_2^- < O_2^+$

C. $O_2^{2-} > O_2^- > O_2 > O_2^+$　　D. $O_2 < O_2^- < O_2^{2-} < O_2^+$

14. CO_2 分子是直线形，其 C 原子的成键轨道是(　　)。

A. 2 个 sp 杂化轨道　　B. 2 个 sp 轨道

C. 2 个 sp 杂化轨道及 2 个 p 轨道　　D. 1 个 sp 杂化轨道及 1 个 p 轨道

15. 下列物质的化学键中，同时存在 σ 键和 π 键的是(　　)。

A. $C_{金刚石}$　　B. $CHCl_3$　　C. C_2H_6　　D. C_2H_2

16. 下列化合物中熔点最高的物质是(　)。

A. 苯　　B. 水杨酸　　C. 对羟基苯甲酸　　D. 苯甲醛

17. 下列物质化学键极性大小的顺序是(　　)。

A. HF > NaI > HCl > H_2　　B. HF > HCl > H_2 > NaI

C. NaI > H_2 > HF > HCl　　D. NaI > HF > HCl > H_2

18. 下列物质在非极性溶剂中溶解度最大的是(　　)。

A. NaCl　　B. $MgCl_2$　　C. $AlCl_3$　　D. $CaCl_2$

19. HgS 比 HgO 的颜色深，此现象可用(　　)理论解释。

A. 金属键　　B. 氢键　　C. 离子极化　　D. 离子键

20. 下列为 Fe^{3+}(Z=26)的电子组态，其中正确的是(　　)。

A. [Ne]$3d^5$　　B. [Ar]$3d^5$　　C. [Ar]$3d^3 4s$　　D. [Ar]$4s^2 4p^2$

21. 空间构型相同的一组分子是(　　)。

A. CH_4 与 NH_3　　B. SO_2 与 $BeCl_2$　　C. BCl_3 与 SO_3　　D. H_2O 与 PH_3

22. 下列分子中键角最小的是(　)。

A. NH_3　　B. CH_4　　C. H_2O　　D. $HgCl_2$

23. 下列分子中，中心原子采取不等性 sp^3 杂化的有(　　)。

(1) HCHO　(2) H_2S　(3) SiH_4　(4) BCl_3

A. (1)和(4)　　B. (1)和(2)　　C. (2)和(3)　　D. (2)

24. 下列关于分子极性的叙述中错误的有(　　)。

(1)含有极性键的分子一定是极性分子

(2)分子的偶极距越大，其极性越强

(3)空间构型为四面体的分子是非极性分子

A. (1)　　B. (2)和(3)　　C. (1)和(3)　　D. 都是错误的

25. 下列化合物熔点高低顺序为(　　)。

A. SiO_2>HCl >HF　　B. HCl >HF >SiO_2

C. SiO_2>HF >HCl　　D. HF >SiO_2>HCl

26. 下列微粒半径由大到小的顺序是(　　)。

A. Cl^-、K^+、Ca^{2+}、Na^+　　B. Cl^-、Ca^{2+}、K^+、Na^+

C. Na^+、K^+、Ca^{2+}、Cl^-　　D. K^+、Ca^{2+}、Cl^-、Na^+

27. 在下列化合物中不具有孤对电子的是(　　)。

A. H_2O　　B. NH_3　　C. NH_4^+　　D. H_2S

28. 中心原子仅以 sp 杂化轨道成键的是 (　　)。

A. $BeCl_2$ 和 $HgCl_2$　　B. CO_2 和 CS_2　　C. H_2S 和 H_2O　　D. BBr_3 和 CCl_4

29. 在下列化合物中，含有氢键的是(　　)。

A. PH_3　　B. H_3BO_3　　C. CH_3F　　D. C_2H_4

30. 离子晶体 AB 的晶格能等于(　　)。

A. A—B 间离子键的键能

B. A 离子与一个 B 离子间的势能

C. 1 mol 气态 A^+离子与 1 mol 气态 B^-离子反应形成 1 mol AB 离子晶体时放出的能量

D. 1 mol 气态 A 原子与 1 mol 气态 B 原子反应形成 1 mol AB 离子晶体时放出的能量

31. 下列物质熔点变化顺序中，不正确的是(　　)。

A. NaF >NaCl >NaBr >NaI　　B. NaCl <$MgCl_2$<$AlCl_3$<$SiCl_4$

C. LiF >NaCl >KBr >CsI　　D. Al_2O_3>MgO >CaO >BaO

32. 下列原子轨道中各有一个自旋方向相反的不成对的电子，则沿 x 轴方向可形成 σ 键的是(　　)。

A. 2s-$4d_z{}^2$　　B. $2p_x$-$2p_x$　　C. $2p_y$-$2p_y$　　D. $3d_{xy}$-$3d_{xy}$

33. 水分子与氨基酸分子间存在(　　)。

A. 色散力、诱导力、取向力、氢键　　B. 诱导力、取向力、氢键

C. 色散力、取向力、氢键　　D. 色散力、诱导力、取向力

34. 乙醇和水能互溶是因为(　　)。

A. 乙醇分子质量小　　B. 乙醇分子结构与水相似

C. 乙醇与水反应　　D. 氢键形成

35. 存在于分子之间最普通的力是(　　)。

A. 取向力　　B. 诱导力　　C. 氢键力　　D. 色散力

36. CO_2 分子没有偶极矩表明 CO_2 分子是(　　)。

A. 以共价键相连接的　　B. 以离子键结合

C. 角形对称分子　　D. 线形对称分子

37. 在下列变化中，克服的是同种性质的力的是(　　)。

A. NH_4NO_3 和 HI 分解　　B. H_2O 和 Br_2 的蒸发

C. I_2(s)和干冰的升华　　D. $BaCl_2$ 和 $BeCl_2$ 的熔化

38. HI 分子间存在的分子间力是(　　)。

A. 色散力　　B. 取向力　　C. 诱导力　　D. 前 3 种力

39. 下列分子其空间构型呈三角锥形的是 (　　)。

A. BF_3　　B. CH_3Cl　　C. PCl_5　　D. NH_3

40. 下列为巨型分子的一组物质是 (　　)。

A. Fe 与 He　　B. KCl 与 SiC　　C. MgO 与 H_2O　　D. Co 与 CH_4

41. HgS 的颜色比 HgO 深的现象可用哪个理论解释？(　　)

A. 离子极化　　B. 杂化轨道　　C. 共价键　　D. 配位键

42. 下列分子组中偶极矩 μ 全部等于零的是（　　）。

A. H_2 和 He　　B. H_2O 和 CO_2　　C. HF 和 CH_4　　D. SO_2 和 CS_2

43. NO_3^- 离子的空间构型可预期为（　　）。

A. 直线形　　B. 平面三角形　　C. 三角锥形　　D. T 形

44. 下列化合物中哪组化合物能形成氢键？（　　）

A. C_2H_6　H_2O_2　C_2H_5OH　CH_3CHO　　B. CH_3CHO　H_3BO_3　H_2SO_4　H_2O_2

C. $(CH_3)_2O$　H_2O_2　CH_3CHO　H_2SO_4　　D. H_2O_2　C_2H_5OH　H_3BO_3　H_2SO_4

45. 电子组态为[Ar]$4s^1$ 的元素最容易与原子序数为（　　）元素化合。

A. 18　　B. 16　　C. 17　　D. 20

46. 下列晶体中熔点最低的是（　　），熔化时需克服共价键的是（　　）。

A. Cl_2　　B. CsCl　　C. Ar　　D. SiC

47. 在下列分子或离子中，其空间构型为平面四方形的是（　　），中心离子采用 sp^3 杂化的是（　　）。

A. BI_3　　B. $CHCl_3$　　C. $[Ni(CN)_4]^{2-}$　　D. $[Cd(NH_3)_4]^{2+}$

二、填空题

1. Zn 原子的价电子构型________，Zn^{2+} 的价电子层组态为________，二者的半径大小为________。

2. Li—F，Li—H，Li—Li，Li—S 按键极性由大到小应排列为________。

3. C_2H_2 分子中包含有______个 σ 键，______个 π 键，两个 C 原子采用了______杂化形式，π 键在______原子与______原子间形成。

4. BF_3 是平面三角形，而 NF_3 却是三角锥形，这是________。

5. AgCl、AgBr、AgI 的溶解度依次________，颜色依次________，这是因为________。

6. H_2Te 比 H_2S 的沸点高是因为________，而 H_2O 比 NH_3 的沸点高则因为________。

7. HF、Ag、SiF_4 和 KF 4 种晶体中，熔化时只需克服色散力的是______。

8. 经 sp^3 不等性杂化后成键的分子一定是______分子。

9. 非极性分子的相对分子质量______，分子间作用力就越强。

10. 分子的诱导偶极与______有关。

11. 离子晶体的晶格能______，其熔点、沸点越高，硬度越大。

12. NH_4^+ 的空间构型为______，N 原子采用______杂化轨道成键。

13. 分子晶体的晶格粒子是______，它们之间靠______结合在一起，熔点______，如______和______即为分子晶体。

14. H_2O、H_2S、H_2Se 三物质，分子间取向力按________顺序递增，色散力按________顺序递增，沸点按________顺序递增。

15. NaBr 易溶于水，而 AgBr 几乎不溶于水，其原因是________。

16. 氢键、离子键、共价键、色散力、取向力等作用力中具有饱和性的力有______种。

17. 已知 H_2S 分子为弯曲形，SO_2Cl_2 分子为四面体形，则 H_2S 分子中有______个 σ 键，其中 S 原子以______杂化轨道成键，有______对孤对电子，SO_2Cl_2 分子中有______个 σ 键，其 S 原子以______杂化轨道成键，孤对电子数为______。

18. 下列物质由固态熔化为液态时，需克服什么力？

SiC________________，H_2O________________

CsCl________________，CO_2________________

19. PCl_5 分子构型为________，P 原子采用______杂化与 5 个 Cl 原子形成 5 个________键，PCl_5 极易水解产物为______和______。

20. 根据分子轨道理论，H_2、H_2^-、H_2^+ 的稳定性大小顺序为____________。

21. 常温下，液体 H_2O 分子之间存在的作用力有__________、__________、__________、__________。

22. 填写下表：

物质	BCl_3	NF_3	SF_6
中心原子杂化轨道类型			
空间构型			

23. 水与乙醇分子间的作用力有____________。

24. 根据价层电子对互斥理论，可推得 P_4 分子的空间构型为____________。

25. 根据分子轨道理论，O_2^-、O_2^+、O_2 中最稳定的是____________。

26. 根据价层电子对互斥理论，$HClO_2$ 分子的空间构型是____________。

三、简答题

1. 判断下列各为哪个元素：

(1)O 层比 N 层少 14 个电子，失去最外层的 p 轨道电子以后为 $d^{10}s^2$ 型离子。

(2)M 层比 N 层多 17 个电子，失去最外层的电子以后成为 d^{10} 离子。

2. 写出下列离子的电子组态。

Rb^+，Se^{2-}，Ga^{3+}，Zn^{2+}

3. 下列哪些是不稳定的离子？并解释之。

Rb^{2+}，Se^{2-}，Sn^{4+}，S^{3-}

4. CH_3OH 分子中∠HOC 为 109°，O 的杂化类型是什么？几何构型(以 O 为中心)是什么？

5. PH_4^+ 中 P 杂化类型是什么？离子几何构型是什么？

6. H_3O^+的 Lewis 结构是什么？估计键角∠HOH 多大？NH_2^- 的 Lewis 结构是什么？估计∠HNH 的键角。

7. Cu^+与 Na^+半径相近，但 CuCl 与 NaCl 的溶解度却差异很大，试用离子极化理论说明。

8. 用离子极化的观点解释 AgF 在水中的溶解度大，而 AgCl 在水中的溶解度小。

9. 试用杂化轨道理论说明 PCl_3(键角 101°)分子中的中心原子所采用的杂化轨道类型及其成键情况。

10. 下列说法是否正确？举例说明并解释原因。

(1)非极性分子中只有非极性共价键。

(2)极性分子中的化学键都有极性。

(3)全由共价键结合形成的化合物只能形成分子晶体。

(4)相对分子质量越大，分子间力越大。

11. 在 BCl_3 和 NCl_3 中，中心原子的氧化数和配体数都相同，为什么二者的中心原子采取的杂化类型、分子构型却不同？

12. $NH_3 \cdot H_2O$ 的键角为什么比 CH_4 小？CO_2 的键角为何是 180°？乙烯键角为何大约为 120°？

13. 在甲醇、丙酮、氯仿、乙醚、甲醛、甲烷这些物质中，哪些可以溶于水？哪些不溶于水？试根据分子的结构简单说明。

14. 根据离子极化理论，说明 CdF_2、$CdCl_2$、$CdBr_2$、CdI_2 的熔点高低顺序。

15. 根据杂化轨道理论，简述 H_2S 分子的价键结构。
16. 根据价键理论，简述 CH_3Cl 的价键结构。
17. 用分子轨道理论说明 He_2^+ 能够存在。
18. 比较 $ZnCl_2$ 和 $CaCl_2$ 熔点的大小，并解释原因。

10.4.2　同步练习答案

一、选择题

1. B　2. B　3. A　4. C　5. A　6. C　7. B　8. A　9. D　10. B　11. D　12. A　13. A　14. C　15. D　16. C　17. A　18. C　19. C　20. B　21. C　22. C　23. D　24. C　25. C　26. A　27. C　28. A　29. B　30. C　31. B　32. B　33. A　34. D　35. D　36. D　37. C　38. D　39. D　40. B　41. A　42. A　43. B　44. D　45. C　46. C; D　47. C; B

二、填空题

1. $3d^{10}4s^2$；$3d^{10}$；$r(Zn^{2+})<r(Zn)$
2. Li—F ＞ Li—S ＞ Li—H ＞ Li—Li
3. 5；2；sp；C；C；
4. B 为 sp^2 杂化；N 为 sp^3 不等性杂化
5. 减少；加深；Ag—X 从离子键向共价键过渡
6. H_2Te 分子间力大于 H_2S；H_2O 含有 O—H 氢键，比 N—H 氢键更稳定
7. SiF_4
8. 极性
9. 越大
10. 分子的极化率和外电场强度
11. 越高
12. 四面体；sp^3
13. 极性分子或非极性分子；分子间力；低；NH_3；CO_2
14. H_2Se、H_2S、H_2O；H_2O、H_2S、H_2Se；H_2S、H_2Se、H_2O
15. 离子间相互极化使 AgBr 键型由离子键向共价键过渡
16. 2 种(氢键、共价键)
17. 2；sp^3 不等性；2；4；sp^3；0
18. SiC：共价键；H_2O：氢键和分子间力；CsCl：离子键；CO_2：色散力
19. 三角双锥；sp^3d；σ 键；HCl 和 H_3PO_4
20. H_2 ＞ H_2^+ ＞ H_2^-
21. 氢键；取向力；诱导力；色散力
22.

物质	BCl_3	NF_3	SF_6
中心原子杂化轨道类型	sp^2	sp^3 不等性	sp^3d^2
空间构型	平面三角形	三角锥形	八面体

23. 氢键、取向力、诱导力、色散力
24. 四面体
25. O_2^+

26. 三角锥形

三、简答题

1. (1) Sn　　(2) Cu

2. Rb^+：[Kr]；Se^{2-}：[Kr]；Ga^{3+}：[Ar]$3d^{10}$；Zn^{2+}：[Ar]$3d^{10}$。

3. 由各离子的电子组态为 Rb^{2+}：[Ar]$3d^{10}4s^24p^5$；Se^{2-}：[Kr]；Sn^{4+}：[Kr]$4d^{10}$；S^{3-}：[Ar]$4s^1$。由各离子的电子组态和洪特规则特例可知，Se^{2-}与 Sn^{4+}为稳定离子，Rb^{2+}与 S^{3-}为不稳定离子。

4. 由∠HOC 为 109°可知 O 的杂化类型为 sp^3 不等性杂化，几何构型为角形(或 V 形)。

5. 由价层电子对互斥理论：杂化轨道数等于 4，所以 P 以 sp^3 杂化，离子几何构型为四面体。

6. H_3O^+的 Lewis 结构为三角锥形，∠HOH <109°28′。NH_2^- 的 Lewis 结构为三角形，∠HNH <109°28′。

7. Na^+外层电子结构为 8 电子构型，Cu^+的外层电子结构为 18 电子构型，在电荷相同，半径相近时，离子的电子结构决定了其极化作用。18 电子构型的极化作用大于 8 电子构型，因此，CuCl 因离子极化作用趋向共价型结构，溶解度减小。

8. 阴离子半径 $F^- < Cl^-$，变形性 $F^- < Cl^-$，AgCl 的共价性强于 AgF。

9. P 的外电子层结构为 $3s^23p^3$，在与 Cl 成键时采用 sp^3 不等性杂化，3 个带单电子的杂化轨道与 Cl 形成 σ 键，孤电子对占据 1 个杂化轨道，因此其键角小于 109°28′。

10. (1) 不正确。分子是否有极性不仅由化学键的极性决定，如分子的空间构型对称，极性共价键的偶极矩相互抵消，则分子是非极性的，如 CCl_4、BCl_3 等。

(2) 不正确。极性分子中可能含有非极性共价键，如 H_2O_2 是极性分子，但分子中的过氧链—O—O—的两个氧原子间形成的是非极性共价键。

(3) 不正确。金刚石(C)和石英(SiO_2)是典型的原子晶体，原子间靠共价键结合，形成无限庞大的分子。在金刚石晶体中不存在“分子”的概念，整个晶体为一个巨型分子，在有限原子范围内不存在端原子，因此金刚石不是分子晶体。石英的化学式可写为 SiO_2，但其中 Si 采取 sp^3 杂化，无限连接下去，形成原子晶体，没有端氧原子存在，不能形成分子晶体。

(4) 不正确。分子间力即范德华力，包括色散力、取向力、诱导力，一般色散力最大。分子间作用力越大，化合物的熔点、沸点越高。对于非极性分子，分子间只有色散力，分子的半径越大，色散力越大，而不是仅由相对分子质量大小来决定色散力的大小。如 H_2 相对分子质量比 He 小，但 H_2 的熔点为-259.2 ℃，而 He 的熔点为-272.2 ℃，原因是 H_2 为双原子分子，He 为单原子分子，H_2 的半径比 He 大；同理，H_2S 的相对分子质量小于 HI，而分子间力比 HI 大，主要原因也是分子半径的原因。

11. 中心原子的杂化类型、分子的空间构型是由分子中的中心原子价层电子数、价层轨道数和配体数共同决定的。只从中心原子的化合价和配体数不能决定中心原子采取的杂化类型和分子的几何构型。在 NCl_3 分子中，N 原子价层电子构型为 $2s^22p^3$，4 个轨道中有 5 个电子，因孤对电子占有杂化轨道，每个 N—Cl 键占 1 个杂化轨道，N 只能采取 sp^3 杂化方式，因有一对孤对电子，分子构型为三角锥形。在 BCl_3 分子中，B 原子价层电子构型为 $2s^22p^1$，3 个价电子占有 4 个价电子轨道中的 2 个，因配位数为 3，应形成 3 个 σ 键，用去 3 个杂化轨道，为保证 3 个杂化轨道中都有 1 个可供配对的电子，2s 轨道的 2 个电子先激发 1 个到 p 轨道中。价电子数和配体数(成键轨道数)决定了 B 原子只能采取 sp^2 杂化方式。

12. NH_3、H_2O 的中心原子分别采用不等性 sp^3 杂化，NH_3 中有一对孤对电子占据杂化轨道，其电子云对 N—H 键有较强的挤压力，使键角∠H—N—H 变小为 107°20′，H_2O 中有两对孤对电子占据杂化轨道，其电子云对 O—H 键有更强的挤压力，使键角∠H—O—H 变小为 104°28′，而 CH_4 的中心原子采用等性 sp^3 杂化，其键角∠H—C—H 为 109°28′，因此 H_2O、NH_3 和 CH_4 中∠H—O—H 键键角最大。CO_2 的中心原子 C 采用 sp 杂化，杂化轨道指向直线的两端，键角为 180°。乙烯的中心原子 C 采用 sp^2 杂化，sp^2 杂化轨道指向正三角形的 3 个顶点，由于成键原子不同，键角大约为 120°。

13. 甲醇、丙酮、甲醛可溶于水，它们分子中都具有暴露在分子外，可以与水分子形成氢键的 O，乙醚中虽然也含有 O，但其 V 形结构使 O 与水形成氢键的能力较弱。

14. CdF_2、$CdCl_2$、$CdBr_2$、CdI_2 的熔点依次降低。F^-、Cl^-、Br^-、I^- 的半径逐渐增大，变形性逐渐增大，相应化合物的共价性依次增强，因此熔点逐渐降低。

15. H_2S 分子的中心原子 S 原子价层电子构型为 $3s^23p^4$，4 个轨道中有 6 个电子，杂化后形成 sp^3 杂化，两对孤对电子占据 2 个杂化轨道，每个 H—S 键占 1 个杂化轨道，S 采取不等性 sp^3 杂化方式，分子构型为 V 形。

16. CH_3Cl 分子的中心原子 C 原子价层电子构型为 $2s^22p^2$，为了参加成键，2s 轨道的 1 个电子激发到 2p 轨道，1 个 s 轨道和 3 个 p 轨道进行杂化，形成 sp^3 杂化轨道，每个杂化轨道中容纳 1 个单电子，3 个 H 原子和 1 个 Cl 原子分别有 1 个单电子，成键后形成的分子构型为四面体。

17. 根据分子轨道理论，He_2^+ 的键级为 0.5，因此能够存在。

18. $CaCl_2$ 熔点高于 $ZnCl_2$，因为 Zn^{2+} 为 18 电子构型的离子，Ca^{2+} 为 8 电子构型的离子，18 电子构型的离子极化力大于 8 电子构型的离子。

第11章 配位平衡及配位滴定法

11.1 基本要求

(1)掌握配合物的组成、命名规则。

(2)了解配合物的价键理论。

(3)掌握配合物的性质。

(4)掌握配位离解平衡基本原理和概念。

(5)掌握影响配位离解平衡的因素及其有关计算。

(6)理解配位滴定基本原理。

(7)掌握滴定反应对配位反应的要求。

(8)掌握 EDTA 和金属离子形成配合物的特点。

(9)掌握 EDTA 螯合物的稳定常数及其影响因素。

(10)了解金属指示剂的变色原理，掌握配位滴定曲线和影响突跃范围的因素。

(11)了解 EDTA 配位滴定法的应用。

重点：配合物的命名及根据配合物名称写出相应的化学式；配合物的价键理论及其应用；有关配位反应稳定常数的计算以及配位平衡与其他平衡的耦合反应的计算；EDTA 及其与金属离子形成的配合物的结构与性质；条件稳定常数及有关计算；EDTA 酸效应、酸效应系数、酸效应曲线及应用；金属指示剂的变色原理；影响 EDTA 配合物稳定性的因素；EDTA 滴定曲线、影响突跃范围的因素。

难点：配合物的价键理论及其应用；有关配位反应稳定常数的计算以及配位平衡与其他平衡的耦合反应的计算；提高配位滴定选择性的方法。

11.2 知识体系

11.2.1 配合物的基本概念

11.2.1.1 配合物的组成

$[Cu \quad (NH_3)_4] \quad SO_4$

中心离子 配位体 外界离子

内界(配位单元) 外界

配合物

其中，NH_3 中的 N 为配位原子，$(NH_3)_4$ 中的“4”为配位数。

11.2.1.2 中心离子(原子)及配位体的特点

配合物的定义：由一定数目的含孤电子对的分子或离子，与具有空的价电子轨道的离子(原子)结合成稳定的结构单元称为配合单元，配合单元若带电荷则称为配离子，配离子与带有与其相反电荷的离子组成的化合物称为配合物。

配合物的中心离子(原子)的特点是具有空的价电子轨道。在配合物内界，直接与中心离子或原子配合的离子或分子称为配位体(简称配体)。配体的特点是具有孤对电子。

在配体中，直接和中心离子(原子)配合的原子称为配位原子。只有一个配位原子和中心离子(原子)配合的配体，称为单基配位体，如 F^-、Cl^-、I^-、CN^-、NO_2^-、OH^-、H_2O 等。含有两个或两个以上的配位原子，且同时与一个中心离子(原子)配合的配位体，称为多基配位体，如草酸根($C_2O_4^{2-}$)、乙二胺(en)、EDTA 等。

在配合物的内界，直接与中心离子(原子)配合的配位原子的数目称为该中心离子(原子)的配位数。配离子的电荷数等于组成该配离子的中心离子与配体电荷数的代数和。

11.2.1.3 配合物的命名

配合物的命名服从一般无机化合物的命名原则，一般称为某化某、某酸某。

(1)如果配合物的酸根离子为复杂离子时，称为某酸某；如果配合物的酸根离子为简单离子时，称为某化某。

(2)但由于配合物的内界比较复杂，故又有其一定的特殊命名方法：配体数+配体名称(简单阴离子→复杂阴离子→中性分子)+合+中心离子(原子)名称+氧化数(用罗马字母表示)。

中性分子保留原名，只是 CO 称为羰基，NO 称为亚硝酰基。阴离子配体一律在名称后加“根”字，只是 F^-、Cl^-、OH^-、HS^-、CN^- 称为氟、氯、羟基、巯基、氰，不加“根”字。有些基团如 NH_2^- 称为氨基，NO_2^- 称为硝基，ONO^- 称为亚硝酸根，SCN^- 称为硫氰酸根，NCS^- 称为异硫氰酸根，$C_6H_5^-$ 称为苯基，但它们全被当作阴离子看待。

当配合物内界含有不同配体时，称为混合配合物或多元配合物。命名化学式时要在各配体名之间用“·”隔开。命名的规定是：无机配体在前，有机配体在后。先简单阴离子配体，其次是复杂阴离子配体，最后是中性分子配体。同类配体按配位原子元素符号的英文字母次序排列。若配体的配位原子也相同，原子数少的配体在前。

下面分别举例说明：

$[Co(NH_3)_6]^{3+}$	六氨合钴(Ⅲ)配离子
$[Ag(NH_3)_2]NO_3$	硝酸二氨合银(Ⅰ)
$H_2[PtCl_6]$	六氯合铂(Ⅳ)酸
$[Cd(NH_3)_4](OH)_2$	氢氧化四氨合镉(Ⅱ)
$[Ni(CO)_4]$	四羰基合镍(Ⅱ)
$K[PtCl_3(NH_3)]$	三氯·一氨合铂(Ⅱ)酸钾
$[Pt(NO_2)(NH_3)(NH_2OH)(py)]Cl$	氯化一硝基·一氨·一羟氨·吡啶合铂(Ⅱ)
$K_2[Co(NCS)_4]$	四异硫氰酸根合钴(Ⅱ)酸钾
$[Cu(NH_3)_4]Cl_2$	氯化四氨合铜(Ⅱ)

$[Pt(NH_2)(NO_2)(NH_3)_2]$　　　　　　氨基・硝基・二氨合铂(Ⅱ)

11.2.2　配合物的价键理论

配合物的中心离子(或原子)M，提供与配位数相同的空轨道，来接受配位体L上的孤电子对而形成的共价键称为配位键(L→M)。

有些中心离子是以外层的 ns、np 或 ns、np、nd 组成的杂化轨道成键，此类配合物称为外轨型配合物(高自旋配合物)。

次外层若存在空的 d 轨道，该轨道可接受配位体的孤电子对。因此，中心离子是以 $(n-1)$d、ns、np 组成的杂化轨道成键，此类配合物称为内轨型配合物(低自旋配合物)。

一般认为，配体是 CN^-、NO_2^- 时趋向于形成内轨型配合物。配体是 F^-、H_2O 时则趋向于形成外轨型配合物。NH_3、Cl^-等作为配体时，有时形成内轨型配合物，有时形成外轨型配合物。

根据杂化轨道理论，s、p 轨道和部分空的 d 轨道可组成 sp、sp^2、sp^3、dsp^2、d^2sp^3、sp^3d^2 等杂化轨道，这些杂化轨道具有一定的几何构型，故配合物具有一定的空间构型。

当物质的分子或离子中具有未成对的电子时，它本身即具有磁性。当放在外加磁场时，它会由弱场向强场移动，称为顺磁性。如果物质的分子中没有未成对的电子，在外磁场中由强向弱的部分移动，称为反磁性(或逆磁性)。顺磁性的磁矩 μ 单位为玻尔磁子，简写成 μ_B。

磁矩与未成对电子数 n 的关系是：

$$\mu=\sqrt{n(n+2)} \tag{11-1}$$

同类型的外轨型配合物一般不及内轨型配合物稳定，配合物的空间构型、磁性及稳定性取决于中心离子(原子)成键轨道的杂化类型。

11.2.3　晶体场理论

中心离子 d 轨道在八面体场中会发生分裂，原来能量相等的 5 个 d 轨道分裂成两组：一组为能量较高的 d_{z^2}、$d_{x^2-y^2}$ 轨道，称为 $d_\gamma(e_g)$ 轨道；另一组为能量较低的 d_{xy}、d_{xz}、d_{yz} 轨道，称为 $d_\varepsilon(t_{2g})$ 轨道。其中，d_γ 和 d_ε 是晶体场所用的符号，e_g 和 t_{2g} 是分子轨道理论用的符号。d_γ 和 d_ε 的能量之差称为分裂能(Δ)。

影响分裂能的因素主要是：配体的场强，中心离子的电荷数，中心离子半径。自由金属离子中 5 个 d 轨道能量相等，d 电子将尽可能占据空的 d 轨道且自旋平行，若迫使两个电子处于同一轨道，自旋必须相反，且库仑斥力增加。所以，要花费一定能量才能使两个电子处于同一轨道中，这个能量称为成对能 P。对于八面体配合物，当配体为强场时，分裂能大于成对能，形成低自旋配合物，如$[Fe(CN)_6]^{3-}$。当配体为弱场时，成对能大于分裂能，形成高自旋配合物，如$[FeF_6]^{3-}$。中心离子(原子)电子构型为 d^1～d^3、d^8～d^{10} 时，无论强场配体还是弱场配体，d 电子排布均相同，故无高自旋和低自旋之分。

中心离子(原子)的 d 电子进入能级分裂后的 d 轨道与进入能级未分裂的 d 轨道相比，所降低的总能量称为晶体场稳定化能(CFSE)，能量降低得越多，配合物越稳定。

11.2.4 配位平衡

11.2.4.1 配合物的稳定常数

$$M+nL \rightleftharpoons ML_n$$

式中，M 表示金属离子(原子)；L 表示配体；n 表示配体数。该反应标准平衡常数(稳定常数)表达式为

$$K_f^{\ominus}=\frac{c(ML_n)/c^{\ominus}}{c(M)/c^{\ominus}\cdot[c(L)/c^{\ominus}]^n} \tag{11-2}$$

为书写方便，$K_f^{\ominus}$ 简写为 K_f，则上式可简写为

$$K_f=\frac{[ML_n]}{[M][L]^n} \tag{11-3}$$

稳定常数K_f 值越大，代表配离子的稳定性高。

不稳定常数表达式为

$$K_d=\frac{[M][L]^n}{[ML_n]} \tag{11-4}$$

稳定常数和不稳定常数之间存在下列关系：

$$K_f=\frac{1}{K_d} \tag{11-5}$$

涉及配位平衡常数的题型主要包括：计算配离子溶液中有关离子的浓度；讨论和计算难溶盐转化成配合物而溶解的过程；计算金属与其配离子间的$E^{\ominus}$ 值；判断配位反应进行的方向；pH 对配位平衡的影响等。

11.2.4.2 逐级稳定常数

对于配位数大于 1 的配合物，即 ML_n 型($n>1$)配合物，其配离子的形成一般是逐级分步进行，且每一步都有相应的逐级稳定常数。以 ML_n 为例(为方便表示，式中略去了中心离子和配体的电荷)，其逐级配位反应和平衡常数如下：

$M+L \rightleftharpoons ML$　　第一级稳定常数　　$K_{f_1}=\dfrac{[ML]}{[M][L]}$

$ML+L \rightleftharpoons ML_2$　　第二级稳定常数　　$K_{f_2}=\dfrac{[ML_2]}{[ML][L]}$

⋮　　⋮　　⋮

$ML_{n-1}+L \longrightarrow ML_n$　　第 n 级稳定常数　　$K_{f_n}=\dfrac{[ML_n]}{[ML_{n-1}][L]}$

以上K_{f_1}，K_{f_2}，…，K_{f_n} 分别为配合物的一级、二级到 n 级稳定常数，一般称为逐级稳定常数。

11.2.4.3 累积稳定常数

在配位平衡计算中，将逐级稳定常数依次相乘得到的乘积称为累积稳定常数，以 β 表示。

$M+L \rightleftharpoons ML$　　第一级累积稳定常数　　$\beta_1=K_{f_1}$

$M+2L \rightleftharpoons ML_2$ 第二级累积稳定常数 $\beta_2 = K_{f_1} K_{f_2}$

$\vdots$ $\vdots$ $\vdots$

$M+nL \rightleftharpoons ML_n$ 第 n 级累积稳定常数 $\beta_n = K_{f_1} K_{f_2} \cdots K_{f_n}$

最后一级累积稳定常数又称为总稳定常数，对于 1 ∶ n 型配合物 ML_n 的总稳定常数 $K_{f_总}$ 为

$$K_{f_总} = K_{f_1} K_{f_2} \cdots K_{f_n} = \beta_n = \frac{[ML_n]}{[M][L]^n} \tag{11-6}$$

在化学手册中，通常列出常见配合物的逐级稳定常数 K_{f_i} 或累积稳定常数 β_i，或者是它们的常用对数值，如 $\lg K_{f_i}$、$\lg \beta_i$。

11.2.4.4 配位平衡的移动

(1)配位平衡和酸碱平衡　一些配合物的配体本身为弱酸阴离子或弱碱。在酸性溶液中，配体可能会结合质子而转化为酸，致使配体浓度降低，进而使配位平衡向解离的方向移动。此时，配位平衡、酸碱平衡在溶液中共存，总反应实际上是配位平衡与酸碱平衡的竞争反应。

在配位平衡体系中，由于配体与 H^+ 结合，引起配体浓度下降，使配离子稳定性降低的现象称为配体的酸效应。

(2)配位平衡和沉淀溶解平衡　在配离子溶液中，加入沉淀剂(可以与中心离子反应形成沉淀)，会影响原有的配位平衡，当沉淀剂加入量足够多时，会明显打破原有平衡，配离子发生部分或全部解离。与此相反，在一些金属难溶盐溶液中加入一些配位剂，配位剂可以与难溶盐中金属离子形成配离子，最终会引起沉淀部分或全部溶解。

上述两种情况，在同一溶液中，配位平衡和沉淀溶解平衡共存。此时，溶液中进行的反应实质上是配位剂与沉淀剂争夺金属离子的过程。

(3)配位平衡和氧化还原平衡　在溶液中，氧化态金属离子形成配离子后，其平衡浓度会降低，进而其标准电极电势降低(氧化还原平衡重要结论)，且生成的配离子越稳定，电极电势降低得越多。因此，配位平衡可使氧化还原反应平衡移动，进而影响氧化还原反应的完全程度，甚至改变反应方向。

(4)配合物之间的转化(配位平衡和配位平衡)　在含有配离子的溶液中加入另外一种能与中心离子(原子)生成更稳定配离子的配位剂时，这时即发生了配离子的转化。两种配离子稳定性相差很大时，转化为稳定配离子的反应就接近完全。此外，配离子之间的转化还与配体的浓度有关。

配离子的转化具有普遍性，像金属离子在水溶液中的配位反应，也是配离子之间的转化。另外，配位平衡只是一种相对平衡状态，平衡移动的方向同溶液中的 pH、沉淀反应、氧化还原反应等有着密切的关系。利用这些关系，可实现配离子的形成和离解。

11.2.5 螯合物

$C_2O_4^{2-}$、$H_2N—CH_2—CH_2—NH_2$、$H_2N—CH_2COO^-$ 等可以提供 2 个配位原子同时与中心离子进行配位，像 $N(CH_2COO^-)_3$、EDTA 等可以同时提供 4、6 个配位原子，这些多齿配体

与金属离子进行多点结合，形成闭合的环状时即为螯合物。

螯合物一定具有环状结构，而且中心离子是组成环的一员，称为螯合环。螯合物中存在的最稳定螯合环是五原子或六原子组成的环。如乙二胺分子有 2 个可以配位的 N 原子，与中心离子结合后形成五元螯环。多齿配体螯合时所形成的螯环个数越多，此螯合物也越为稳定。如乙二胺四乙酸(简称 EDTA，简式为 H_4Y)是 6 齿配体，它与中心离子能够形成 5 个五元环，所形成的螯合物具有较强的稳定性。

11. 2. 5. 1　螯合物的形成

螯合物的结构特点是配体与金属离子结合像螃蟹双螯钳住中心离子一样。螯合物可以是带着电荷的配离子，也可以是不带电的中性分子。电中性的螯合物又称内配盐，它们在水中的溶解度一般都很小。

根据螯合物形成的条件，含有 2 个或 2 个以上配位原子且能够同中心离子形成环状结构的配体称为螯合剂。在螯合物中一般不用配位数确定中心离子与螯合剂的分子比，而用螯合比来表示。

11. 2. 5. 2　螯合物的稳定性

螯合物的稳定性与其环状结构(环的大小、多少)有关。一般情况下，五元环、六元环较稳定，四元环、七元环、八元环少见且不稳定。一个配位原子与中心离子形成的五元环或六元环的数目越多，螯合物就越稳定。

11. 2. 6　EDTA 及配位滴定

11. 2. 6. 1　配位滴定反应特点

①反应必须定量进行。

②反应进行要完全，形成的配合物要稳定。

③反应速度要足够快。

④有适当方法确定滴定终点。

11. 2. 6. 2　EDTA

EDTA 是一种无毒、无臭、具有酸味的白色结晶粉末，微溶于水，22 ℃时每 100 mL 水中仅能溶解 0. 02 g。由于 EDTA 在水中的溶解度较小，因此，在配位滴定中通常采用水溶性较好的 EDTA 二钠盐(22 ℃时每 100 mL 水可溶解 11. 1 g)，用 $Na_2H_2Y \cdot 2H_2O$ 表示，习惯上也称作 EDTA。实际工作中，EDTA 一般指的是 $Na_2H_2Y \cdot 2H_2O$。

在水溶液中，EDTA 以 H_6Y^{2+}、H_5Y^+、H_4Y、H_3Y^-、H_2Y^{2-}、HY^{3-} 和 Y^{4-} 7 种型体存在。为书写简便，分别用 Y、HY、…、H_6Y 表示。平衡状态下，EDTA 各型体的物料平衡式为

$$c(Y) = [Y] + [HY] + [H_2Y] + [H_3Y] + [H_4Y] + [H_5Y] + [H_6Y]$$

EDTA 的 7 种型体中只有 Y 才能直接与金属离子发生配位反应，形成稳定配合物。且 pH >10. 3 时，Y 才是主要存在型体。因此，影响 EDTA 与金属离子形成螯合物稳定性的一个重要因素就是溶液的 pH。

11. 2. 6. 3　EDTA 螯合物特点

(1)普遍性　大多数的金属离子均可以与 EDTA 形成螯合物。

(2)简单性　大多数的金属离子均可以与 EDTA 以 1∶1 的配位比形成螯合物。

(3)高稳定性　大多数的金属离子与 EDTA 形成的配合物都相当稳定。

(4)水溶性　EDTA 和金属离子形成的螯合物大多溶于水。

(5)颜色倾向性　无色和有色金属离子分别与 EDTA 形成无色和颜色更深的螯合物。

11.2.7　影响 EDTA 螯合物稳定性的因素

11.2.7.1　酸效应及酸效应系数

当 Y 与 M 进行配位反应时，溶液中的 H^+ 会与 Y 形成相应的共轭酸(HY，H_2Y，…，H_6Y)，溶液中 Y 的平衡浓度降低，不利于 MY 的形成。这种由于 H^+ 的存在使配位体 Y 参加主反应能力降低的现象称为酸效应，也称为 pH 效应或质子化效应。这种副反应系数称为酸效应系数，用 $\alpha_{Y(H)}$ 表示。

酸效应系数 $\alpha_{Y(H)}$ 表示平衡时未与 M 配位的 EDTA 各种存在型体的总浓度[Y′]是游离 Y 离子平衡浓度[Y]的多少倍。

因为[Y′]=[Y]+[HY]+[H_2Y]+…+[H_6Y]，所以

$$\alpha_{Y(H)}=\frac{[Y']}{[Y]}=\frac{[Y]+[HY]+[H_2Y]+\cdots+[H_6Y]}{[Y]}$$

$$=1+\frac{[H^+]}{K_{a_6}}+\frac{[H^+]^2}{K_{a_5}K_{a_6}}+\cdots+\frac{[H^+]^6}{K_{a_1}K_{a_2}\cdots K_{a_6}} \qquad (11\text{-}7)$$

从式(11-7)可以看出，$\alpha_{Y(H)}$ 仅是[H^+]的函数，即溶液的酸度越高(pH 越小)，$\alpha_{Y(H)}$ 值越大，酸效应越严重，越不利于 MY 的形成。若 Y 无酸效应发生，则未与 M 配位的 EDTA 就全部以 Y 型体存在，此时 $\alpha_{Y(H)}=1$，$\lg\alpha_{Y(H)}=0$。

11.2.7.2　配位效应及配位效应系数

当金属离子 M 与 Y 发生配位反应时，如果体系中有别的配位剂 L 存在，L 也能与 M 配位，则会影响主反应的进行。

由于其他配位剂 L 的存在使金属离子 M 参加主反应能力降低的现象称为配位效应。这种副反应系数称为配位效应系数，用 $\alpha_{M(L)}$ 表示。$\alpha_{M(L)}$ 表示溶液中未参加主反应的金属离子各型体的总浓度[M′]是游离金属离子 M 平衡浓度[M]的多少倍。

因为[M′]=[M]+[ML]+[ML_2]+[ML_3]+…+[ML_n]，所以

$$\alpha_{M(L)}=\frac{[M']}{[M]}=\frac{[M]+[ML]+[ML_2]+\cdots+[ML_n]}{[M]}=1+\beta_1[L]+\beta_2[L]^2+\cdots+\beta_n[L]^n \qquad (11\text{-}8)$$

从式(11-8)可以看出，$\alpha_{M(L)}$ 仅是[L]的函数，[L]越大，$\alpha_{M(L)}$ 值也越大，副反应越严重，越不利于 MY 形成。当[L]一定时，$\alpha_{M(L)}$ 为定值。若 M 无配位效应发生，则[M′]=[M]，此时 $\alpha_{M(L)}=1$，$\lg\alpha_{M(L)}=0$。

11.2.7.3　条件稳定常数

当金属离子 M 与配位体 Y 反应生成配合物 MY 时，若无副反应发生，则反应达平衡时，MY 的稳定常数 K_f(MY) 是衡量配位反应进行程度的主要标志，故 K_f 又称绝对稳定常数，它与溶液组分浓度、酸度、其他配位剂或干扰离子的影响无关。但是，配位反应的实际情况十分复杂，在主反应进行的同时，常伴有副反应的发生，致使溶液中 M 和 Y 参加主反应的能

力受到影响。

如果只考虑酸效应和配位效应时，当反应达平衡时，溶液中未与 M 配位的 EDTA 各种型体平衡浓度之和为

$$[Y'] = [Y] + [HY] + [H_2Y] + \cdots + [H_6Y]$$

同样，溶液中未与 Y 配位的金属离子各种型体平衡浓度之和为

$$[M'] = [M] + [ML] + [ML_2] + [ML_3] + \cdots + [ML_n]$$

反应生成的 MY 和发生副反应的 MY 的总浓度为

$$[MY'] = [MY] + [MHY] + [M(OH)Y]$$

则可以得到实际情况下配位反应的平衡常数，称为条件稳定常数，用K'_f表示，其定义为

$$K'_f(MY) = \frac{[MY']}{[M'][Y']} \tag{11-9}$$

在很多情况下，[MHY]和[M(OH)Y]可以忽略不计，所以有

$$K'_f(MY) = \frac{[MY]}{[M'][Y']} \tag{11-10}$$

根据酸效应系数和配位效应系数的定义可得

$$[Y'] = [Y]\alpha_{Y(H)} \qquad [M'] = [M]\alpha_{M(L)}$$

所以

$$K'_f(MY) = \frac{[MY]}{[M]\alpha_{M(L)}\ [Y]\alpha_{Y(H)}} = \frac{K_f(MY)}{\alpha_{M(L)}\ \alpha_{Y(H)}} \tag{11-11}$$

对式(11-11)取对数得 $\lg K'_f = \lg K_f - \lg\alpha_{Y(H)} - \lg\alpha_{M(L)}$

当溶液中只有酸效应而无配位效应时，即$\alpha_{M(L)} = 1$，则 $\lg\alpha_{M(L)} = 0$ 时，此时

$$\lg K'_f = \lg K_f - \lg\alpha_{Y(H)} \tag{11-12}$$

条件稳定常数考虑了溶液中存在的副反应，所以更能准确反映 EDTA 在一定条件下与金属离子形成配合物的稳定性，K'_f越大，配合物 MY 的稳定性越高。因 EDTA 滴定中常存在副反应，所以应用条件稳定常数来衡量 EDTA 配合物的实际稳定性。

11.2.8 配位滴定法的基本原理

11.2.8.1 配位滴定曲线

配位滴定中，若以配位剂为滴定剂，则随着滴定剂的不断加入，溶液中被测金属离子浓度不断降低，在化学计量点附近，pM 值发生突变。利用适当的指示剂可确定滴定终点。滴定过程中金属离子浓度的变化规律可用配位滴定曲线（以加入滴定剂的体积为横坐标，以 pM 值为纵坐标的平面曲线图）表述。考虑到各种副反应影响，必须应用条件稳定常数进行计算。

11.2.8.2 影响配位滴定突跃的因素

影响配位滴定突跃范围大小的主要因素是被滴定金属离子的初始浓度 c(M)和滴定所生成配合物的条件稳定常数K'_f(MY)。c(M)越大，滴定曲线的起点越低，滴定突跃范围越大。而K'_f(MY)越大，滴定突跃就越大。而K'_f(MY)又主要取决于K_f、$\alpha_{M(L)}$和$\alpha_{Y(H)}$的大小，故：

①K_f 越大，K'_f相应增大，滴定突跃就大，反之则小。

②溶液体系的酸度越大，pH 越小，$\alpha_{Y(H)}$ 越大，K'_f越小，滴定突跃也就越小。

③若缓冲体系及其他辅助配位剂的配位作用的存在，使[L]越大，$\alpha_{M(L)}$增大，K_f'减小，从而使滴定突跃变小。

11.2.8.3 直接准确滴定的条件

被滴金属离子浓度为$c(M)$(通常约为10^{-2} mol·L^{-1})时，EDTA可直接准确滴定单一金属离子的判决条件为

$$\lg c(M)K_f'(MY) \geqslant 6 \quad 或 \quad c(M)K_f'(MY) \geqslant 10^6$$

11.2.8.4 酸效应曲线和配位滴定中酸度的控制

从上面的讨论可以看出，当$\lg K_f'(MY) \geqslant 8$时，金属离子M才能被直接准确滴定。若配位反应中只有EDTA的酸效应而无其他副反应时，则有

$$\lg K_f'(MY) = \lg K_f(MY) - \lg\alpha_{Y(H)} \geqslant 8$$

即

$$\lg\alpha_{Y(H)} \leqslant \lg K_f(MY) - 8$$

将不同EDTA配合物的$K_f(MY)$代入上式，计算所得的$\lg\alpha_{Y(H)}$值对应的pH就是EDTA滴定该金属离子的最低pH(最高允许酸度)。若溶液pH低于这一限度，金属离子就不能被准确滴定。

(1)酸效应曲线　可以用上述方法计算出EDTA溶液滴定其他金属离子所允许的最低pH，然后以$\lg\alpha_{Y(H)}$或$\lg K_f(MY)$为横坐标，以pH为纵坐标作图，可得$\lg K_f(MY)$-pH关系曲线，称为酸效应曲线，或称林邦曲线。

酸效应曲线可以解决以下几个问题：

①从酸效应曲线上可以查找出各种金属离子单独被准确滴定时允许的最低pH(最高酸度)。若滴定时溶液的pH小于该值，则$\lg K_f'(MY) < 8$，化学计量点时金属离子配位不完全，不满足滴定分析的要求。

②从酸效应曲线可以判断，对于金属离子混合溶液，在一定pH范围内，哪些离子可被准确滴定，哪些离子对滴定有干扰。

③当溶液中多种金属离子同时存在时，可根据酸效应曲线设计实验方案，利用控制溶液酸度的方法，实现混合金属离子溶液的选择性滴定或连续滴定，以确定各组分含量。

(2)配位滴定的最高pH(最低允许酸度)　为便于金属离子反应更完全，配位滴定实际采用的pH要比允许的最低pH略高一些。但过高的pH又会引起金属离子的水解生成沉淀或羟基效应，使$\lg K_f'(MY)$降低，影响MY的形成，甚至会使滴定无法进行。所以，不同金属离子被滴定时有不同的最高pH(最低允许酸度)。在没有其他配位剂存在时，最高pH就由$M(OH)_n$的溶度积求得。

(3)pH缓冲溶液在配位滴定中的作用　由于EDTA在滴定过程中随着MY的形成会不断释放出H^+($H_2Y+M \longrightarrow MY+2H^+$)，使溶液的pH逐渐减小，增大了酸效应，导致配合物越不稳定，减小了突跃范围，不利于滴定的进行。因此，在配位滴定中，通常需加入缓冲溶液来控制溶液的pH。

11.2.9 金属指示剂

11.2.9.1 金属指示剂变色原理

金属指示剂属于有机配位剂，多为有机多元弱酸。由于在溶液中与金属离子所形成配合

物与游离指示剂本身的颜色显著不同，因而能指示滴定过程金属离子浓度的变化情况。

以 M 表示金属离子，In 表示金属指示剂的阴离子，Y 表示滴定剂 EDTA，则金属指示剂的变色过程可简述如下：

在一定 pH 下用 EDTA 滴定 M 时，在待测溶液中加少量指示剂，有如下反应发生：

$$M+In(\text{甲色}) \rightleftharpoons MIn(\text{乙色})$$

滴定开始至化学计量点前，加入的 EDTA 先与游离的金属离子反应：

$$M+Y \rightleftharpoons MY$$

随着滴定剂的加入，溶液中游离金属离子浓度不断减小。接近计量点时，游离金属离子已消耗至尽。由于 MIn 的稳定性小于 MY 的稳定性，故再加入的 EDTA 就会夺取 MIn 中的 M，从而使指示剂游离出来，溶液颜色由乙色变为甲色，指示滴定终点到达。其反应如下：

$$MIn(\text{乙色})+Y \rightleftharpoons MY+In(\text{甲色})$$

11.2.9.2　金属指示剂应具备的条件

金属离子的显色剂很多，但只有一部分能用作金属指示剂。一般来讲，金属指示剂应具备下列条件：

①在滴定的 pH 范围内，指示剂本身 In 与指示剂配合物 MIn 的颜色应明显不同。

②指示剂配合物 MIn 的稳定性应适当。稳定性太低，会导致终点提前；稳定性过高，会导致终点拖后，甚至没有终点。

③金属指示剂与金属离子的反应必须灵敏、迅速，有良好的变色可逆性。

④指示剂本身及其配合物 MIn 都应易溶于水。

⑤金属指示剂应较稳定，便于贮藏和使用。

11.2.9.3　金属指示剂的选择

合适的金属指示剂能在化学计量点附近发生明显的颜色变化，同时为降低滴定误差，要求指示剂变色点的 pM'_{ep} 应尽量与化学计量点 pM'_{sp} 一致。

虽然金属指示剂的选择可以通过有关常数进行理论计算，但目前金属指示剂的有关常数还不齐全。在实际工作中大多采用实验方法来选择指示剂。

11.2.9.4　金属指示剂的封闭、僵化和氧化变质

(1)指示剂的封闭现象　当配位滴定进行到计量点时，稍过量的滴定剂 EDTA 并不能夺取 MIn 中的金属离子，导致计量点附近没有颜色变化。一般可通过加入适当的掩蔽剂、返滴定或更换指示剂的方式来消除指示剂的封闭现象。

(2)指示剂的僵化现象　有些指示剂本身或其金属离子配合物的水溶性比较差，使到达终点时溶液变色缓慢而导致终点拖长。一般可采用加入适当的有机溶剂增大其溶解度，或加热来消除指示剂的僵化现象。

(3)指示剂的氧化变质现象　多数金属离子指示剂含有不同数量的双键，所以在日光、氧化剂、空气等充足时很容易分解变质。金属指示剂在使用时，通常将其与中性盐按一定比例配成固体混合物。

11.2.9.5 常用的金属指示剂(表 11-1)

表 11-1 常用金属指示剂及其特点

名称	外观	适宜 pH 范围	终点颜色	注意
铬黑 T	黑褐色粉末	7.3~10.6	蓝色	Al^{3+}、Fe^{3+}、Co^{3+}、Ni^{2+}等对铬黑 T 有封闭作用
钙指示剂	紫黑色粉末	12~13	蓝色	Cu^{2+}、Al^{3+}、Fe^{3+}、Co^{3+}等对钙指示剂有封闭作用
二甲酚橙	红棕色粉末	<6.3	黄色	Al^{3+}、Fe^{3+}、Ni^{2+}等对二甲酚橙有封闭作用

11.2.10 提高配位滴定选择性的方法

11.2.10.1 控制溶液的酸度

通过酸效应曲线可知，不同金属离子被 EDTA 滴定时允许的最低 pH 是不同的。若溶液中同时存在两种或两种以上的金属离子，并都符合被 EDTA 滴定的条件 $\lg c\, K'_f \geqslant 6$ 时，若要对共存离子进行分别滴定则应满足 $\lg c(\mathrm{M})K'_f(\mathrm{MY})-\lg c(\mathrm{N})K'_f(\mathrm{NY})\geqslant 5$。这样，滴定时可通过控制溶液的酸度，提高配位滴定的选择性。

如果两种金属离子与 EDTA 所形成的配合物的稳定性很相近时，就不能利用控制酸度的方法来进行分别滴定，可采用其他方法。

11.2.10.2 利用掩蔽和解蔽作用

当不能用控制酸度的方法选择性滴定 M 时，有时可利用加入掩蔽剂来降低干扰离子的浓度，从而达到消除干扰的目的。常用的掩蔽法有配位掩蔽法、沉淀掩蔽法和氧化还原掩蔽法。其中，配位掩蔽法应用最广。

掩蔽某些离子滴定以后，若还要测定被掩蔽离子，可采用适当的方法使掩蔽的离子释放出来，这种方法称为解蔽，所用试剂称为解蔽剂。

11.2.10.3 采用其他配位剂

除 EDTA 外，氨羧配位剂种类很多，许多氨羧配位剂也能与金属离子生成配合物，但其稳定性与 EDTA 配合物的稳定性有时差别很大，故选用其他氨配位剂作为滴定剂，有可能提高滴定某些金属离子的选择性。

(1)EGTA(乙二醇二乙醚二胺四乙酸) EGTA 与 Ca^{2+}、Mg^{2+}形成的配合物稳定性相差较大，故可在 Ca^{2+}、Mg^{2+}共存时，用 EGTA 直接滴定 Ca^{2+}。

(2)EDTP(乙二胺四丙酸) EDTP 与 Cu^{2+}形成的配合物有相当高的稳定性，而与 Zn^{2+}、Cd^{2+}、Mn^{2+}、Mg^{2+}等离子形成的配合物稳定性就相对低得多，故可以在 Zn^{2+}、Cd^{2+}、Mn^{2+}、Mg^{2+}存在下，用 EDTP 直接滴定 Cu^{2+}。

(3)DCTA(环己烷二胺四乙酸) DCTA 也可简称 C_YDTA，它与金属离子形成的配合物一般比相应的 EDTA 配合物更稳定。但 DCTA 与金属离子配位反应速率较慢，使终点拖长，且价格较贵，一般不使用。但它与 Al^{3+}的配位反应速率相当快，用 DCTA 滴定 Al^{3+}，可省去加热等步骤。

在配位滴定中，为消除干扰离子的影响，还可采用化学分离的方法，将干扰离子预先分离，再进行滴定。常见的分离方法有沉淀分离法、溶剂萃取分离法、层析分离法、离子交换分离法等。

11.2.11 配位滴定及配合物的应用

(1)水的总硬度及钙、镁含量的测定(略)。

(2)可溶性硫酸盐中硫酸根离子的测定(略)。

(3)配位化合物的应用(略)。

11.3 典型例题

【例 11.1】下列配合物溶于水以后，加入 $AgNO_3$ 溶液，1 mol 配合物生成多少摩尔 AgCl 沉淀?

$[Co(NH_3)_6]Cl_3$，$[Co(NH_3)_5Cl]Cl_2$，$[Co(NH_3)_4Cl_2]Cl$，$[Co(NH_3)_3Cl_3]$

解: 可以迅速生成 AgCl 沉淀的只有外界 Cl^-，

所以$[Co(NH_3)_6]Cl_3$ 生成 3 mol AgCl

$[Co(NH_3)_5Cl]Cl_2$ 生成 2 mol AgCl

$[Co(NH_3)_4Cl_2]Cl$ 生成 1 mol AgCl

$[Co(NH_3)_3Cl_3]$ 生成 0 mol AgCl

【例 11.2】命名下列配合物。

$[Co(NH_3)_2(en)_2]^{3+}$，$[Co(NH_3)_5Cl]Cl_2$，$[Pt(NH_3)_4(NO_2)Cl]CO_3$，$[Co(NH_3)_6][Cr(CN)_6]$

解: $[Co(NH_3)_2(en)_2]^{3+}$ 二氨·二乙二胺合钴(Ⅲ)配离子

$[Co(NH_3)_5Cl]Cl_2$ 氯化一氯·五氨合钴(Ⅲ)

$[Pt(NH_3)_4(NO_2)Cl]CO_3$ 碳酸一氯·一硝基·四氨合铂(Ⅳ)

$[Co(NH_3)_6][Cr(CN)_6]$ 六氰合铬(Ⅲ)酸六氨合钴(Ⅲ)

【例 11.3】0.05 mol $AgNO_3$ 加到 500 mL 0.50 mol·L^{-1} NH_3 水中，平衡时，Ag^+浓度是多少?

解: 溶液中 Ag^+浓度为 0.05 mol/0.50 L=0.10 mol·L^{-1}，假设完全生成配离子，则 NH_3 浓度为 0.50−2×(0.10)=0.30 mol·L^{-1}，设平衡时$[Ag(NH_3)_2]^+$解离 x mol·L^{-1}，

	Ag^+ +	$2NH_3$ ══	$[Ag(NH_3)_2]^+$
开始浓度/(mol·L^{-1})	0	0.30	0.10
平衡浓度/(mol·L^{-1})	x	0.30+2x	0.10−x

代入稳定常数式，

$$K_f=\frac{0.10\ \text{mol}\cdot\text{L}^{-1}-x}{x\times(0.30\ \text{mol}\cdot\text{L}^{-1}+2x)^2}=1.1\times10^7$$

由于反应进行程度较小，因此，

$$0.10\ \text{mol}\cdot\text{L}^{-1}-x\approx0.10\ \text{mol}\cdot\text{L}^{-1},\ 0.30\ \text{mol}\cdot\text{L}^{-1}+2x\approx0.30\ \text{mol}\cdot\text{L}^{-1}$$

$$\frac{0.10}{x\times0.30^2}=1.1\times10^7$$

$$x=c(Ag^+)=1.01\times10^{-7}\ mol\cdot L^{-1}$$

【例 11.4】1.00 L 0.01 mol·L^{-1} Ag^+加 NH_3 使其 99%转变成$[Ag(NH_3)_2]^+$，需要 NH_3 浓度多少?

解：Ag^+的 99%变成$[Ag(NH_3)_2]^+$，配离子浓度为

$$0.01\ mol\cdot L^{-1}\times0.99=9.90\times10^{-3}\ mol\cdot L^{-1}$$

剩下 Ag^+浓度为 $0.01\ mol\cdot L^{-1}\times0.01=1.0\times10^{-4}\ mol\cdot L^{-1}$，设维持平衡时 NH_3 浓度为 x，

$$Ag^+ \quad + \quad 2NH_3 \rightleftharpoons [Ag(NH_3)_2]^+$$

平衡浓度/(mol·L^{-1})　　1.0×10^{-4}　　x　　9.90×10^{-3}

$$\frac{9.90\times10^{-3}\ mol\cdot L^{-1}}{1.0\times10^{-4}\ mol\cdot L^{-1}\times x^2}=1.1\times10^7$$

$$x=3.0\times10^{-3}\ mol\cdot L^{-1}$$

需要 NH_3 浓度=平衡 NH_3 浓度+消耗 NH_3 浓度

$$=3.0\times10^{-3}\ mol\cdot L^{-1}+9.90\times10^{-3}\ mol\cdot L^{-1}\times2=0.022\ 8\ mol\cdot L^{-1}$$

【例 11.5】在 0.10 mol·L^{-1}$[FeSCN]^{2+}$红色溶液中加入 NaF 固体，需要多大浓度 F^-才能使溶液变成无色的?

解：此反应是 SCN^-与 F^-竞争 Fe^{3+}。

$$Fe^{3+}+SCN^- \rightleftharpoons [FeSCN]^{2+}$$

$$Fe^{3+}+F^- \rightleftharpoons [FeF]^{2+}$$

多重平衡即为$[FeSCN]^{2+}+F^- \rightleftharpoons [FeF]^{2+}+SCN^-$

若将 0.10 mol·L^{-1}$[FeSCN]^{2+}$完全转变为$[FeF]^{2+}$。设维持平衡时 F^-浓度为 x mol·L^{-1}，由多重平衡式可得

$$K_f=\frac{[(FeF)^{2+}][SCN^-]}{[(FeSCN)^{2+}][F^-]}=\frac{K_f(FeF)^{2+}}{K_f(FeSCN)^{2+}}=\frac{1.9\times10^5}{2.2\times10^3}=86.36$$

$$\frac{0.10\ mol\cdot L^{-1}\times0.10\ mol\cdot L^{-1}}{x\cdot x}=86.36$$

$$x=1.1\times10^{-2}\ mol\cdot L^{-1}$$

需要 F^-浓度=平衡 F^-浓度+消耗 F^-浓度

$$=1.1\times10^{-2}\ mol\cdot L^{-1}+0.10\ mol\cdot L^{-1}=0.111\ mol\cdot L^{-1}。$$

在比较不同配合物的相对稳定性时，对于相同类型(配体数相同)的配合物可由$K_f^\ominus$ 直接进行判断。若是不同类型配合物(配体数不相同)时，则需要计算出溶液中剩余金属离子浓度来说明。

【例 11.6】比较下列配离子的稳定性大小。

$[HgCl_4]^{2-}$和$[HgBr_4]^{2-}$，$[CuY]^{2-}$和$[Cu(en)_2]^{2+}$

解：(1)此两个配离子配体数相同，可直接用$K_f^\ominus$ 的大小比较其稳定性。

$$K_f^\ominus([HgCl_4]^{2-})=1.2\times10^{15},K_f^\ominus([HgBr_4]^{2-})=1.0\times10^{21}$$

可见，$K_f^\ominus(HgBr_4^{2-})>K_f^\ominus(HgCl_4^{2-})$，$[HgBr_4]^{2-}$稳定性大于$[HgCl_4]^{2-}$。

(2)$K_f^\ominus([CuY]^{2-})=6.3\times10^{18}$，$K_f^\ominus([Cu(en)_2]^{2+})=4.1\times10^{19}$，只从$K_f^\ominus$ 大小看，似乎

$[Cu(en)_2]^{2+}$比$[CuY]^{2-}$稳定，其实不然。二者是不同类型的配合物，其稳定性要看溶液中离解出 Cu^{2+}浓度的大小。所以，必须计算出平衡时金属离子浓度，首先假设这两种配离子的开始浓度均为 0.10 mol·L^{-1}，

$$Cu^{2+}+Y^{4-} \rightleftharpoons [CuY]^{2-}$$

平衡浓度/(mol·L^{-1})　　x　　x　　$0.10-x$

$$K_f^{\ominus}=\frac{0.10\ \text{mol}\cdot\text{L}^{-1}-x}{x^2}=6.3\times10^{18}\ \text{mol}\cdot\text{L}^{-1}$$

$$0.10\ \text{mol}\cdot\text{L}^{-1}-x\approx0.10\ \text{mol}\cdot\text{L}^{-1},\ x=c(Cu^{2+})=1.3\times10^{-10}\ \text{mol}\cdot\text{L}^{-1}$$

$$Cu^{2+}+2en \rightleftharpoons [Cu(en)_2]^{2+}$$

平衡浓度/(mol·L^{-1})　　y　　$2y$　　$0.10-y$

$$K_f^{\ominus}=\frac{0.10\ \text{mol}\cdot\text{L}^{-1}-y}{y(2y)^2}=4.1\times10^{19}$$

得　　$y=c(Cu^{2+})=8.4\times10^{-8}\ \text{mol}\cdot\text{L}^{-1}$

因为 $y>x$，所以$[CuY]^{2-}$稳定性大于$[Cu(en)_2]^{2+}$。

【例 11.7】100 mL 1.00 mol·L^{-1} $NH_3\cdot H_2O$ 中可溶解 AgBr(s) 多少？

解：此多重平衡

$$AgBr(s)+2NH_3 \rightleftharpoons [Ag(NH_3)_2]^{+}+Br^{-}$$

$$K=\frac{[Ag(NH_3)_2]^{+}[Br^{-}]}{[NH_3]^2}=K_f([Ag(NH_3)_2]^{+})K_{sp}(AgBr)$$

$$=1.1\times10^{7}\times5.35\times10^{-13}=5.89\times10^{-6}$$

设 AgBr 溶解 x mol，即生成$[Ag(NH_3)_2]^{+}$为 x mol·L^{-1}，因此

$$\frac{x\cdot x}{(1.00\ \text{mol}\cdot\text{L}^{-1}-2x)^2}=5.89\times10^{-6}$$

$$1.00-2x\approx1.00,\ x=2.4\times10^{-3}\ \text{mol}\cdot\text{L}^{-1}$$

AgBr 溶解质量为 2.4×10^{-3} mol·L^{-1}×188 g·mol^{-1}×0.1 L=0.45 g。

【例 11.8】将 0.02 g KI 加入 0.40 L 含有 0.10 mol·L^{-1} $[PbCl_3]^{-}$和 1.5 mol·L^{-1}Cl^{-}的溶液中，能否生成 PbI_2 沉淀？

解：由 $Pb^{2+}+3Cl^{-} \rightleftharpoons [PbCl_3]^{-}$　$K_f=1.7\times10^{3}$　可求得 Pb^{2+}浓度，

$$\frac{0.10\ \text{mol}\cdot\text{L}^{-1}}{c(Pb^{2+})\times(1.5\ \text{mol}\cdot\text{L}^{-1})^3}=1.7\times10^{3}$$

$$c(Pb^{2+})=1.7\times10^{-5}\ \text{mol}\cdot\text{L}^{-1}$$

$$c(I^{-})=\frac{0.020\ \text{g}}{166\ \text{g}\cdot\text{mol}^{-1}\times0.40\ \text{L}}=3.0\times10^{-4}\ \text{mol}\cdot\text{L}^{-1}$$

求出离子积　　$Q=1.7\times10^{-5}\times(3.0\times10^{-4})^2=1.5\times10^{-12}$

已知$K_{sp}^{\ominus}(PbI_2)=8.49\times10^{-9}$，而 $Q<K_{sp}^{\ominus}$，

所以不能生成 PbI_2 沉淀。

【例 11.9】求$[Ag(CN)_2]^{-}+e^{-} \rightleftharpoons Ag(s)+2CN^{-}$的$\varphi^{\ominus}$。

解：核心电极为 $Ag^{+}+e^{-}$ ══ $Ag(s)$

$$\varphi(Ag^{+}/Ag)=\varphi^{\ominus}(Ag^{+}/Ag)-0.059\ 2\lg\frac{1}{[Ag^{+}]}$$

由 $Ag^{+}+2CN^{-}$ ══ $[Ag(CN)_2]^{-}$ 得

$$K_f^{\ominus}=\frac{[Ag(CN)_2^{-}]}{[Ag^{+}][CN^{-}]^2}$$

所以，在标准状态下

$$[Ag^{+}]=\frac{[Ag(CN)_2^{-}]}{[CN^{-}]^2K_f^{\ominus}}=\frac{1}{K_f^{\ominus}}$$

$$\varphi(Ag^{+}/Ag)=\varphi^{\ominus}(Ag^{+}/Ag)-0.059\ 2\lg\frac{1}{[Ag^{+}]}=0.799\ 6\ V-0.059\ 2\ \lg K_f^{\ominus}$$

$$=0.799\ 6\ V-1.249\ 9\ V=-0.450\ 3\ V$$

【例 11.10】 电池 Zn | $Zn^{2+}(0.001\ mol\cdot L^{-1})$ ‖ $Ag^{+}(0.1\ mol\cdot L^{-1})$ | Ag 在正负极中分别加入 NH_3 至其浓度为 $1.0\ mol\cdot L^{-1}$ 时，电池电动势是多少？

解：电池反应　　　　$Zn(s)+2Ag^{+}$ ══ $2Ag(s)+Zn^{2+}$

由能斯特方程

$$E=E^{\ominus}-\frac{0.059\ 2}{2}\lg\frac{[Zn^{2+}]}{[Ag^{+}]^2}$$

$$E^{\ominus}=0.799\ 6\ V-(-0.029\ 6\ V)=0.829\ 2\ V$$

正负极中分别加入 NH_3 至其浓度为 $1.0\ mol\cdot L^{-1}$ 时，存在配合平衡，假设 Zn^{2+} 完全生成 $[Zn(NH_3)_4]^{2+}$，平衡时解离出 Zn^{2+} 为 $x\ mol\cdot L^{-1}$，

$$Zn^{2+} \quad + \quad 4NH_3 \quad = \quad [Zn(NH_3)_4]^{2+}$$

$$x \qquad 1.0\ mol\cdot L^{-1} \qquad 0.001\ mol\cdot L^{-1}$$

$$K_f=\frac{[Zn(NH_3)_4^{2+}]}{[Zn^{2+}]\cdot[NH_3]^4}=\frac{0.001\ mol\cdot L^{-1}}{x\times(1.0\ mol\cdot L^{-1})^4}=2.9\times10^9$$

$$[Zn^{2+}]=x=3.45\times10^{-13}\ mol\cdot L^{-1}$$

同样求出 Ag^{+} 浓度　　　$Ag^{+}+2NH_3$ ══ $[Ag(NH_3)_2]^{+}$

$$K_f=\frac{[Ag(NH_3)_2^{+}]}{[Ag^{+}][NH_3]^2}=1.1\times10^7$$

$$\frac{0.1\ mol\cdot L^{-1}}{[Ag^{+}]\times(1.0\ mol\cdot L^{-1})^2}=1.1\times10^7$$

$$[Ag^{+}]=9.1\times10^{-9}\ mol\cdot L^{-1}$$

代入能斯特方程得

$$E=E^{\ominus}-\frac{0.059\ 2}{2}\lg\frac{[Zn^{2+}]}{[Ag^{+}]^2}=0.829\ 2\ V-\frac{0.059\ 2}{2}\lg\frac{3.45\times10^{-13}}{(9.1\times10^{-9})^2}$$

$$=0.829\ 2\ V-0.107\ 1\ V=0.722\ V$$

【例 11.11】1.0 L 1.0 mol·L^{-1} $[Ag(NH_3)_2]^+$溶液中，加入 HNO_3 使配离子 99%离解时，溶液 pH 为多少？

解：配合与酸碱组成的多重平衡为

$$[Ag(NH_3)_2]^+ + 2H^+ \rightleftharpoons Ag^+ + 2NH_4^+$$

$$K^\ominus = \frac{[Ag^+][NH_4^+]^2}{[Ag(NH_3)_2^+][H^+]^2} = \frac{(K_b^\ominus)^2}{K_f^\ominus (K_w^\ominus)^2}$$

$$= \frac{(1.77 \times 10^{-5})^2}{1.1 \times 10^7 \times (1.0 \times 10^{-14})^2} = 2.85 \times 10^{11}$$

当$[Ag(NH_3)_2]^+$离解 99%时，剩下浓度为

$$[Ag(NH_3)_2^+] = 1.0\ mol \cdot L^{-1} - 1.0\ mol \cdot L^{-1} \times 99\% = 1 \times 10^{-2}\ mol \cdot L^{-1}$$

产生出$[Ag^+] = 0.99\ mol \cdot L^{-1}$，$[NH_4^+] = 1.98\ mol \cdot L^{-1}$，因此

$$\frac{0.99\ mol \cdot L^{-1} \times (1.98\ mol \cdot L^{-1})^2}{1 \times 10^{-2}\ mol \cdot L^{-1} \times [H^+]^2} = 2.85 \times 10^{11}$$

$$[H^+] = 3.69 \times 10^{-5}\ mol \cdot L^{-1}$$

$$pH = 4.43$$

【例 11.12】解释$[Fe(H_2O)_6]^{2+}$和$[Fe(CN)_6]^{4-}$的形成，并用轨道图表示。

解：Fe^{2+}离子的 3d 轨道上有 6 个电子，这些 d 电子服从洪特规则。在形成$[Fe(H_2O)_6]^{2+}$离子时，中心离子的电子层不受配体的影响，水中配位原子氧的孤电子对进入由 Fe^{2+}离子的 4s、4p 和 4d 空轨道形成的 sp^3d^2 杂化轨道，空间构型为八面体，为顺磁性，自旋单电子数和自由 Fe^{2+}离子相同，这种状态叫高自旋态，相应的配合物叫高自旋配合物；在形成$[Fe(CN)_6]^{4-}$时，CN^-离子对电子的排斥力特别强，能将 Fe^{2+}离子的 d 电子挤占 3 个 d 轨道，并均成对。使 2 个 d 轨道空出来，来接受配体 CN^-离子中的孤对电子，形成 d^2sp^3 杂化轨道，空间构型也为八面体，为反磁性，这种状态叫低自旋态，相应的配合物叫低自旋配合物。

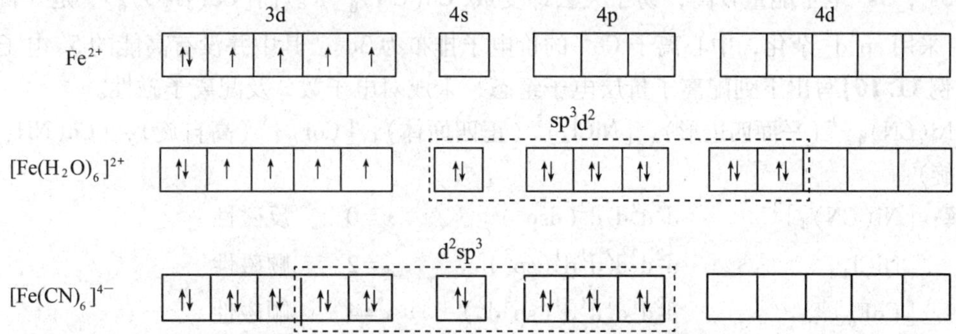

【例 11.13】根据配合物稳定常数和难溶电解质溶度积常数解释：AgBr 沉淀可溶于 KCN 溶液，而 Ag_2S 不溶于 KCN 溶液。

解：查表得$K_{sp}^\ominus(AgBr) = 5.35 \times 10^{-13}$，$K_{sp}^\ominus(Ag_2S) = 1.09 \times 10^{-49}$，$K_{sp}^\ominus[Ag(CN)_2^-] = 1.3 \times 10^{21}$

AgBr 与 KCN 溶液的反应为

$$AgBr + 2CN^- \rightleftharpoons [Ag(CN)_2]^- + Br^-$$

$$K_{总}^{\ominus}=\frac{[Ag(CN)_2^-][Br^-]}{[CN^-]^2}=K_{sp}^{\ominus}K_f^{\ominus}=1.3\times10^{21}\times5.35\times10^{-13}=6.96\times10^8$$

K 很大，说明 $[Ag(CN)_2]^-$ 比 AgBr 更稳定，平衡向右移动，AgBr 沉淀可溶于 KCN 溶液。

Ag_2S 与 KCN 溶液的反应为

$$Ag_2S+4CN^-=\!=\!=2[Ag(CN)_2]^-+S^{2-}$$

$$K_{总}^{\ominus}=\frac{[Ag(CN)_2^-]^2[S^{2-}]}{[CN^-]^4}=K_{sp}^{\ominus}(K_f^{\ominus})^2$$

$$=1.09\times10^{-49}\times(1.3\times10^{21})^2=1.84\times10^{-7}$$

K 很小，说明 Ag_2S 比 $[Ag(CN)_2]^-$ 更稳定，平衡向左移动，Ag_2S 沉淀不溶于 KCN 溶液。

【例 11.14】 试解释在水溶液中，Fe^{3+} 离子可氧化 I^-，而 CN^- 存在时，Fe^{3+} 不能氧化 I^-。

解： $\varphi^{\ominus}(Fe^{3+}/Fe^{2+})=0.771$ V，$\varphi^{\ominus}(I_2/I^-)=0.535$ V，$\varphi^{\ominus}(Fe^{3+}/Fe^{2+})>\varphi^{\ominus}(I_2/I^-)$

没有 CN^- 存在时　　　　$2Fe^{3+}+2I^-=\!=\!=2Fe^{2+}+I_2$

但若溶液中含有 CN^-，由于 $[Fe(CN)_6]^{3-}$ 配离子的生成，使 $\varphi^{\ominus}([Fe(CN)_6]^{3-}/Fe^{2+})<\varphi^{\ominus}(I_2/I^-)$，此时 I_2 反而将 Fe^{2+} 离子氧化。

$$2Fe^{2+}+I_2+12CN^-=\!=\!=2[Fe(CN)_6]^{3-}+2I^-$$

配位反应可影响氧化还原反应的完成程度，甚至可影响氧化还原反应的方向。氧化还原反应也明显影响配合反应的进行，如利用生成 $[Co(NCS)_4]^{2-}$ 蓝色配合物定性鉴定 Co^{2+} 离子时，为防止生成红色 $[Fe(NCS)_6]^{3-}$ 对反应的干扰，可先加入 $SnCl_2$ 将 Fe^{3+} 还原为 Fe^{2+}。

【例 11.15】 为什么 $[Co(CN)_6]^{4-}$ 很不稳定，在空气中即被氧化成为 $[Co(CN)_6]^{3-}$，而 $[Co(H_2O)_6]^{2+}$ 却很稳定。

解： 因为 $[Co(CN)_6]^{4-}$ 是内轨型配合物，采用 d^2sp^3 杂化，中心离子 Co^{2+} 的价电子排布为 $3d^65s^1$，$5s^1$ 电子能量较高，易于失去即变成 $[Co(CN)_6]^{3-}$。而 $[Co(H_2O)_6]^{2+}$ 是外轨型配合物，采用 sp^3d^2 杂化，中心离子 Co^{2+} 的价电子排布为 $3d^7$，其中并没有高能的 5s 电子。

【例 11.16】 写出下列配离子价层电子组态，未成对电子数 x 及配离子磁性。

$[Ni(CN)_4]^{2-}$（平面四边形），$[NiCl_4]^{2-}$（正四面体），$[CoF_6]^{3-}$（高自旋），$[Co(NH_3)_6]^{3+}$（低自旋）

解：

$[Ni(CN)_4]^{2-}$	$d^2d^2d^2d^2(dsp^2)$	$x=0$	反磁性
$[NiCl_4]^{2-}$	$d^2d^2d^2d^1d^1(sp^3)$	$x=2$	顺磁性
$[CoF_6]^{3-}$	$d^2d^1d^1d^1d^1(sp^3d^2)$	$x=4$	顺磁性
$[Co(NH_3)_6]^{3+}$	$d^2d^2d^2(d^2sp^3)$	$x=0$	反磁性

【例 11.17】 由实验测得下列配离子磁矩，写出它们价层电子组态、杂化类型和几何构型。

$[Fe(CN)_6]^{4-}$ $\mu=0$，$[Fe(CN)_6]^{3-}$ $\mu=2.4$，$[FeF_6]^{3-}$ $\mu=5.9$，$[MnCl_4]^{2-}$ $\mu=5.9$，$[Ni(Cl)_4]^{2-}$ $\mu=3.2$

解：$[Fe(CN)_6]^{4-}$　　$d^2d^2d^2(d^2sp^3)$　　正八面体

$[Fe(CN)_6]^{3-}$　　$d^2d^2d^1(d^2sp^3)$　　正八面体

$[FeF_6]^{3-}$　　$d^1d^1d^1d^1d^1(sp^3d^2)$　　正八面体

$[MnCl_4]^{2-}$　　$d^1d^1d^1d^1d^1(sp^3)$　　正四面体

$[Ni(Cl)_4]^{2-}$　　$d^2d^2d^1d^1d^1(sp^3)$　　正四面体

【例 11.18】写出$[Co(NH_3)_6]^{3+}$在晶体场中强场和弱场两种可能的电子组态。实验测得$\mu=0$，证明哪个组态是正确的？若将其还原为$[Co(NH_3)_6]^{2+}$，电子组态是什么？

解：强场$(t_{2g})^6(e_g)^0$，弱场$(t_{2g})^4(e_g)^2$，实验测得$\mu=0$表明前者正确，电子均已成对。$[Co(NH_3)_6]^{2+}$的组态为$(t_{2g})^6(e_g)^1$，是不稳定的，易于失去高能的$(e_g)^1$电子。

【例 11.19】为何大多数过渡元素的配离子是有色的，而大多数 Zn(Ⅱ)的配离子为无色？

解：大多数过渡元素的离子 d 轨道没有充满，吸收了一定的光能后，就可以产生 d-d 轨道的电子跃迁。配离子的颜色是由于 d-d 跃迁选择性吸收一定波长的可见光而产生的。

一种配离子能显色必须具备两个条件：①轨道的 d 电子未填满；②分裂能值在可见光范围内。Zn^{2+}的配离子没有颜色，正是由于Zn^{2+}离子的 d 轨道已填满电子的缘故。

11.4　同步练习及答案

11.4.1　同步练习

一、选择题

1. $[Cr(Py)_2(H_2O)Cl_3]$的名称是(　　)。

A. 三氯化一水·二吡啶合铬(Ⅲ)　　B. 一水合三氯化二吡啶合铬(Ⅲ)

C. 三氯·一水·二吡啶合铬(Ⅲ)　　D. 吡啶合一水·三氯化铬(Ⅲ)

2. 已知原子序数 24 Cr、27 Co、30 Zn、47 Ag 具有顺磁性的配离子是(　　)。

A. $[Zn(NH_3)_4]^{2+}$　　B. $[Co(CN)_6]^{3-}$

C. $[Ag(NH_3)_2]^+$　　D. $[Cr(NH_3)_6]^{3+}$

3. 1 mol $CoCl_3\cdot 4NH_3$ 溶于水，用过量 $AgNO_3$ 处理时可得 1 mol AgCl。此化合物是(　　)。

A. $[Co(NH_3)_4]Cl_3$　　B. $[Co(NH_3)_6]Cl_3$

C. $[Co(NH_3)_4Cl]Cl_2$　　D. $[Co(NH_3)_4Cl_2]Cl$

4. 1 mL 含有 4.1 mg Ni(Ar=59)的镍盐溶液，加入 2 mL 1 $mol\cdot L^{-1}$KCN，则 Ni 的浓度为(　　)。已知$K_f([Ni(CN)_4^{2-}])=2.0\times10^{31}$。

A. $4.6\times10^{-7}\ mol\cdot L^{-1}$　　B. $1.0\times10^{-32}\ mol\cdot L^{-1}$

C. $1.7\times10^{-14}\ mol\cdot L^{-1}$　　D. $7.6\times10^{-6}\ mol\cdot L^{-1}$

5. 往 0.1 $mol\cdot L^{-1}$$[Ag(CN)_2]^-$中加入 KCl 固体使 Cl^- 浓度为 0.1 $mol\cdot L^{-1}$，则会发生下列哪种现象？(　　)已知$K_{sp}^{\ominus}(AgCl)=1.77\times10^{-10}$，$K_f^{\ominus}([Ag(CN)_2^-])=1.3\times10^{21}$。

A. 生成沉淀　　B. 无沉淀生成　　C. 有气体放出　　D. 先有沉淀后消失

6. Cu^{2+}能与下列哪种配体形成稳定的五元环螯合物？(　　)

A. 碳酸根　　B. 乙二胺　　C. 丁二酸根　　D. 氨

7. $Au^+ + e^- = Au$ $\varphi^\ominus = 1.692$ V，则 $Au(CN)_2^- + e^- = Au + 2CN^-$ $\varphi^\ominus$ 为(　　)。已知$K_f^\ominus([Au(CN)_2^-]) = 2.0\times10^{38}$。

A. −0.85 V　　B. −5.08 V　　C. −0.58 V　　D. −8.05 V

8. NH_4SCN 与少量 Fe^{3+} 在溶液中达成平衡，加入 NH_4F 使 $c(F^-) = c(SCN^-) = 1.0\ mol \cdot L^{-1}$。此时 $[FeF_6]^{3-}$ 与 $[Fe(SCN)_3]$ 的浓度比为(　　)。已知$K_f^\ominus([Fe(SCN)_3]) = 2.0\times10^3$，$K_f^\ominus([FeF_6^{3-}]) = 1.0\times10^{16}$。

A. 5×10^{-2}　　B. 6×10^5　　C. 5×10^{12}　　D. 7×10^{21}

9. 下列配合物中，中心离子杂化轨道属于外轨型的是(　　)。

A. d^2sp^3　　B. dsp^2　　C. dsp^3　　D. sp^3d^2

10. 假设$[Pd(Cl_2)(OH)_2]^{2-}$有两种不同构型，成键电子所占据的杂化轨道可能是(　　)。

A. sp^3　　B. d^2sp^3　　C. sp^3 和 dsp^2　　D. dsp^2

11. 下列分子或离子能作螯合剂的是(　　)。

A. $H_2N—NH_2$　　B. CH_3COO^-　　C. HO—OH　　D. $H_2NCH_2CH_2NH_2$

12. 下列试剂中能溶解 $Zn(OH)_2$、AgBr、$Cr(OH)_3$、$Fe(OH)_3$ 4 种沉淀的是(　　)。

A. 氨水　　B. 氰化钾溶液　　C. 硝酸　　D. 盐酸

13. $K_3[FeF_6]$　$\mu = 5.9\ \mu_B$，$K_3[Fe(CN)_6]$　$\mu = 2.4\ \mu_B$，这是由于(　　)。已知 $Z(Fe) = 26$。

A. Fe 有不同的氧化数　　B. CN^-是强场配体，F^-是弱场配体

C. F 比 C 和 N 活泼　　D. CN^-比 F^-占据的空间大

14. 某金属离子在八面体弱场中磁矩为 4.9 μ_B 而在八面体强场中磁矩为 0。此金属离子为(　　)。

A. Cr(Ⅲ)　　B. Mn(Ⅱ)　　C. Fe(Ⅱ)　　D. Co(Ⅱ)

15. 利用生成配合物而使难溶电解质溶解时，下面哪一种情况最有利于沉淀的溶解？(　　)

A. K_f 越大，K_{sp} 越小　　B. K_f 越小，K_{sp} 越大

C. K_f 越大，K_{sp} 也越大　　D. $K_f \geq K_{sp}$

16. 已知 H_2O 和 Cl^-作配体时，Ni^{2+}的八面体配合物水溶液难导电，该配合物的化学式为(　　)。

A. $[NiCl_2(H_2O)_4]$　　B. $[Ni(H_2O)_4] \cdot Cl_2$

C. $[NiCl(H_2O)_5]Cl$　　D. $[NiCl_2(H_2O)_2]$

17. 加下列哪种物质能增加 AgCl 在水中的溶解度？(　　)

A. NaCl　　B. $AgNO_3$　　C. $NH_3 \cdot H_2O$　　D. $CaCl_2$

18. 在照相技术中，用 $Na_2S_2O_3$ 作定影剂洗去溴胶版上未曝光的 AgBr，再用 Na_2S 回收洗出的银，涉及的两种反应分别是(　　)。

A. 氧化还原、沉淀　　B. 氧化还原、配位　　C. 配位、沉淀　　D. 配位、氧化还原

19. 若用 NH_4CNS 测定 Co^{2+}时，为了防止 Fe^{3+}干扰，最好是加(　　)。

A. NaF　　B. NaBr　　C. NaCl　　D. NaI

20. Fe^{3+}在形成内轨型配合物时，价电子层中有多少单电子？(　　)

A. 3　　B. 4　　C. 1　　D. 5

21. 外轨型和内轨型配合物性质差别是(　　)。

A. 外轨型配合物稳定，磁矩大　　B. 内轨型配合物稳定，磁矩小

C. 外轨型配合物不稳定，磁矩小　　D. 内轨型配合物不稳定，磁矩大

22. 下列各电对中，电对的电极电势最小的是(　　)。

A. $\varphi^\ominus(Cu^{2+}/Cu)$　　B. $\varphi^\ominus[Cu(NH_3)_4^{2+}/Cu]$ ($K_f = 2.1\times10^{13}$)

C. $\varphi^\ominus[Cu(en)_2^{2+}/Cu]$ ($K_f = 4.1\times10^{19}$)　　D. $\varphi^\ominus[Cu(CN)_4^{2-}/Cu]$ ($K_f = 2.0\times10^{30}$)

23. 在$[Co(C_2O_4)_2(en)]^-$中，中心离子的配位数为(　　)。

A. 2　　B. 4　　C. 5　　D. 6

24. 下列物质在水溶液中最稳定的是(　　)。

A. $Co(NH_3)_6^{3+}$　　B. $Co(NH_3)_3^{3+}$　　C. $Co(NH_3)_6^{2+}$　　D. $Co(CN)_6^{3-}$

25. 下列物质中不能作配位体的是(　　)。

A. H_2O　　B. CN^-　　C. NH_4^+　　D. CH_3NH_2

26. 当 1 mol 分子式为 $CoCl_3 \cdot 4NH_3$ 的化合物与足量的 $AgNO_3(aq)$ 反应，沉淀出 1 mol AgCl。有多少氯原子直接与钴成键？(　　)

A. 0　　B. 1　　C. 2　　D. 3

27. 下列化合物中最稳定的是(　　)。

A. $Co(NO_3)_3$　　B. $[Co(NH_3)_6](NO_3)_3$

C. $[Co(NH_3)_6]Cl_3$　　D. $[Co(en)_3]Cl_3$

28. 下列各物质能在强酸性介质中稳定存在的是(　　)。

A. $[HgI_4]^{2-}$　　B. $[Zn(NH_3)_4]^{2+}$

C. $[Fe(C_2O_4)_3]^{3-}$　　D. $[Ag(S_2O_3)_2]^{3-}$

二、判断题

1. 中心原子的配位数在数值上等于配体数。(　　)

2. 决定配合物空间构型的主要因素是中心原子轨道的杂化类型。(　　)

3. 已知$[HgI_4]^{2-}$的$K_f = K_1^\ominus$，$[HgCl_4]^{2-}$的$K_f = K_2^\ominus$，则反应$[HgCl_4]^{2-} + 4I^- \rightleftharpoons [HgI_4]^{2-} + 4Cl^-$的平衡常数为$K_1^\ominus + K_2^\ominus$。(　　)

4. sp^3d^2 和 d^2sp^3 都能形成外轨型配合物的杂化轨道。(　　)

5. 在所有的配合物中，强场情况下总是 Δ>P，中心原子取低自旋状态；弱场情况下总是 Δ<P，而取低自旋状态。(　　)

6. 在配合物中，内界和外界之间靠离子键结合，因此在水溶液中配合物像强电解质一样，内界和外界是完全解离的。(　　)

7. 配合物的稳定常数较大者，其稳定性必然较强。(　　)

8. 所有过渡金属离子在八面体配合物中都既有高自旋又有低自旋的形式。(　　)

9. $[Co(NH_3)_6]Cl_3$ 与 CH_3Cl_3 的摩尔电导率相接近。(　　)

10. $[Ni(CO)_4]$的命名为四一氧化碳合镍(Ⅱ)。(　　)

三、填空题

1. 氯化二氯·三氨·水合钴(Ⅲ)的化学式为________，配体是________，配位原子是________，配位数是______。

2. 氨水装在铜制容器中，发生配位反应，生成了________，使容器溶解。

3. 实验测得$[Fe(CN)_6]^{3-}$配离子的磁矩为 1.7 μ_B，则中心离子 Fe^{3+} 采用了________杂化形式，是________轨型配合物。

4. 在 $FeCl_3$ 溶液中滴加 KSCN 混合试剂，其现象是________，在 $FeCl_3$ 和 KSCN 的混合溶液中，加入 NaF 的现象是________。

5. $[Co(NH_3)_5Cl]^{2+}Cl_2$ 分子中，氨之所以能作为配位体形成配合物，是由于________的缘故。在$[Co(NH_3)_5Cl]^{2+}$(内轨型)中，配位数为________，配位原子________，该配合物的空间构型为________，中心离子的________杂化轨道同配位原子键合。中心离子价层电子排布为________。

6. 已知$[Ni(CN)_4]^{2-}$的磁矩等于零，$[Ni(NH_3)_4]^{2+}$的磁矩大于零，则前者的空间构型是________，

杂化方式是__________，是_______磁性(填顺或反)，后者的空间构型是__________，杂化方式是_______，是_______磁性(填顺或反)。

7. 已知 $K_f([Co(NH_3)_6]^{3+}) > K_f([Co(NH_3)_6]^{2+})$，则配离子 $[Co(NH_3)_6]^{3+}$ 在水溶液中比 $[Co(NH_3)_6]^{2+}$_______，则$\varphi^{\ominus}([Co(NH_3)_6]^{3+}/[Co(NH_3)_6]^{2+})$_______$\varphi^{\ominus}(Co^{3+}/Co^{2+})$。

8. 螯合物比一般配合物稳定，是由于体系__________。

9. 在 $ZnCl_2$ 溶液中加过量 NaOH 溶液后，生成_________。

10. $[Co(en)_2ONO]Cl$ 的系统命名为______________________________。

11. 常用螯合剂 EDTA 有_______个配位原子，乙二胺(en)有________个配位原子。

12. 一些配位剂能增大难溶金属盐的溶解度的原因是____________________。

四、简答题

1. 配合物和复盐的区别是什么？

2. 简述内轨型配合物和外轨型配合物的区别和联系。

3. 向$[Cu(NH_3)_4]SO_4$ 溶液中，分别加入少量下列物质，问下述平衡怎样移动？

$$[Cu(NH_3)_4]SO_4 \rightleftharpoons Cu^{2+}+4NH_3+SO_4^{2-}$$

(1)氨水　(2)硝酸　(3)K_2S　(4)NaOH

4. 用六氰合铁(Ⅱ)酸钾在白纸上写字或画图，干燥后，喷射氯化铁溶液，会出现蓝色字画。解释原因并写出相应的化学方程式。

5. 根据配合物的价键理论，说明在 $Mn^{2+}(3d^5)$、$Zn^{2+}(3d^{10})$、$Cr^{3+}(3d^3)$、$Ni^{2+}(3d^8)$离子中，哪种既能形成高自旋又能形成低自旋的八面体配离子？

6. CH_4 与$[Zn(NH_3)_4]^{2-}$的空间构型是否相同？两者在形成时有何异同之处？

五、计算题

1. 0.30 $mol \cdot L^{-1}$ $AgNO_3$ 溶液中加 NH_3 使 85%Ag^+变成$[Ag(NH_3)_2]^+$，计算此时自由 NH_3 浓度多少？

2. 过量固体 $AgIO_3(K_{sp}^{\ominus}=3.0\times10^{-8})$在 0.50 $mol \cdot L^{-1}$ NH_3 溶液中摇荡。计算：(1)达成平衡时 1.0 L 中溶解 $AgIO_3$ 质量为多少？(2)平衡时 NH_3 浓度多大？已知$K_f([Ag(NH_3)_2]^+)=1.1\times10^7$。

3. 一溶液含 0.200 $mol \cdot L^{-1}$ NH_3，0.200 $mol \cdot L^{-1}$ NaCN 和 0.020 0 $mol \cdot L^{-1}$ $AgNO_3$。已知 $K_f([Ag(CN)_2]^-)=1.3\times10^{21}$，$K_f([Ag(NH_3)_2]^+)=1.1\times10^7$，计算：(1)反应平衡常数多少？(2)平衡时 NH_3 与 CN^-浓度比为多少？

4. 0.01 $mol \cdot L^{-1}$ $Zn(NO_3)_2$ 在 pH>1.0 时用 H_2S 饱和生成 ZnS 沉淀。若同时有 1.0 $mol \cdot L^{-1}$ KCN 时 ZnS 不沉淀。只有 pH>9.0 时才有沉淀生成。不用其他数据求$[Zn(CN)_4]^{2-}$的K_f。

5. 水溶液中 Co^{3+} 可以氧化水，而$[Co(NH_3)_6]^{3+}$ 在 1.0 $mol \cdot L^{-1}$ 氨水中却不能氧化水，计算 $\varphi^{\ominus}([Co(NH_3)_6]^{3+}/[Co(NH_3)_6]^{2+})$ 和 $\varphi(O_2/H_2O)$电动势以说明其原因。已知$K_f([Co(NH_3)_6]^{3+})=2\times10^{35}$，$K_f([Co(NH_3)_6]^{2+})=1.3\times10^5$，$\varphi^{\ominus}(Co^{3+}/Co^{2+})=1.83$ V，$\varphi^{\ominus}(O_2/H_2O)=1.229$ V，$K_b(NH_3 \cdot H_2O)=1.77\times10^{-5}$。

6. 计算下列半反应$\varphi^{\ominus}$。已知$\varphi^{\ominus}(Hg^{2+}/Hg)=0.851$ V，$\varphi^{\ominus}(Fe^{3+}/Fe^{2+})=0.771$ V，$K_f([Hg(SCN)_4]^{2-})=1.7\times10^{21}$，$K_f([Fe(SCN)_6]^{3-})=1\times10^{42}$，$K_f([Fe(SCN)_6]^{4-})=1\times10^{35}$。

(1)$[Hg(SCN)_4]^{2-}+2e^- \rightleftharpoons Hg+4SCN^-$

(2)$[Fe(SCN)_6]^{3-}+e^- \rightleftharpoons [Fe(SCN)_6]^{4-}$

7. 已知下列半反应的标准电极电势，求其配离子的 $K_f^{\ominus}$。已知 $\varphi^{\ominus}(Cu^+/Cu)=+0.522$ V，$\varphi^{\ominus}(Cu^{2+}/Cu^+)=+0.153$ V。

(1) $[Cu(CN)_2]^- + e^- \rightleftharpoons Cu + 2CN^-$　　　$\varphi^\ominus = -0.896\ V$

(2) $Cu^{2+} + 2Br^- + e^- \rightleftharpoons [CuBr_2]^-$　　　$\varphi^\ominus = 0.508\ V$

8. 电池 Zn ｜ $Zn^{2+}(0.001\ mol \cdot L^{-1})$ ‖ $Cu^{2+}(0.001\ mol \cdot L^{-1})$ ｜ Cu　$E^\ominus = 1.10\ V$，求下列条件下 E 值。(1)在 Zn 极加入 NH_3 至浓度为 $1.0\ mol \cdot L^{-1}$。(2)在 Cu 极加入 NH_3 至浓度为 $1.0\ mol \cdot L^{-1}$。(3)两极同时加 NH_3 至浓度为 $1.0\ mol \cdot L^{-1}$。

9. 计算下列反应的平衡常数：

$$[Co(NH_3)_6]^{3+} + 6H^+ \rightleftharpoons Co^{3+} + 6NH_4^+$$

若 $[Co(NH_3)_6]^{3+}$ 和 H^+ 开始浓度分别为 $0.10\ mol \cdot L^{-1}$ 和 $1.0\ mol \cdot L^{-1}$，求平衡时 $[CO(NH_3)_6]^{3+}$ 的浓度。已知 $K_b^\ominus(NH_3) = 1.77 \times 10^{-5}$，$K_f([Co(NH_3)_6]^{3+}) = 2 \times 10^{35}$。

10. 0.1 mol $[Ag(NH_3)_2]^+$ 溶解于 1.0 L 水溶液时，pH 为多少？若在溶液中加酸至 pH = 4.0，$[Ag(NH_3)_2]^+$ 的浓度为多少？说明什么问题？已知 $K_b^\ominus(NH_3) = 1.77 \times 10^{-5}$，$K_f([Ag(NH_3)_2^+]) = 1.1 \times 10^7$。

11. 用价键理论写出下列反磁性配离子的中心离子价层电子组态，并指出几何构型。

$[AuCl_2]^-$，$[ZnCl_4]^{2-}$，$[BeCl_4]^{2-}$

12. V^{2+}、V^{3+}、V^{4+}、V^{5+}、Cr^{3+}、Cr^{2+}、Mn^{2+}、Fe^{2+}、Co^{3+}、Co^{2+} d 电子的组态是什么？在八面体强场和弱场中有多少未成对电子？

11.4.2　同步练习答案

一、选择题

1. C　2. D　3. D　4. B　5. A　6. B　7. C　8. C　9. D　10. C　11. D　12. B　13. B　14. C　15. C　16. A　17. C　18. C　19. A　20. C　21. B　22. D　23. D　24. D　25. C　26. C　27. D　28. A

二、判断题

1. ×　2. √　3. ×　4. ×　5. ×　6. √　7. ×　8. ×　9. ×　10. ×

三、填空题

1. $[Co(NH_3)_3(H_2O)Cl_2]Cl$；NH_3、H_2O、Cl^-；N、O、Cl；6

2. $[Cu(NH_3)_4]^{2+}$

3. d^2sp^3；内

4. 生成血红色溶液；血红色溶液消失变为无色

5. N 有孤对电子；6；N、Cl；八面体；d^2sp^3；$d^2d^2d^2$

6. 平面正方形；dsp^2；反；四面体；sp^3；顺

7. 稳定；<

8. 熵增加

9. $[Zn(OH)_4]^{2-}$

10. 氯化亚硝酸根・二乙二胺合钴(Ⅱ)

11. 6；2

12. 形成的可溶性配合物更稳定，使沉淀平衡向溶解方向移动

四、简答题

1. 由中心原子(离子)和配体以配位键相结合而形成的复杂离子或分子称为配离子或配合物。复盐是由两种或两种以上同种晶型的简单盐类所组成的化合物。从化学式上没有明显区别，但配合物的水溶液中存在比较稳定的结构单元，而复盐的水溶液则以简单离子存在。

2. 在形成外轨型配合物时，中心离子的电子排布不受配体的影响，保持其原有的价电子构型，成键时

中心离子以 ns、np、nd 轨道参加杂化组成 sp^3d^2 轨道；在形成内轨型配合物时，中心离子的电子排布受配体的影响而发生重排，其原有的价电子构型发生变化，成键时中心离子以 $(n-1)d$、ns、np 轨道参加杂化组成 d^2sp^3 杂化轨道、dsp^2 杂化轨道，未成对电子数可能减少到最小。外轨型配合物在形成时用的是外层的 d 轨道，因此外轨型配合物不如内轨型配合物稳定。

3. (1)加入氨水后，NH_3 浓度增大，平衡向左移动。

(2)加硝酸后，硝酸解离出的 H^+ 与 NH_3 形成 NH_4^+，使 NH_3 的浓度降低，上述平衡向右移动。

(3)加入 K_2S 后，S^{2-} 与 Cu^{2+} 生成 CuS 沉淀，使 Cu^{2+} 浓度降低，上述平衡向右移动。

(4)加入 NaOH 后，OH^- 与 Cu^{2+} 生成 $Cu(OH)_2$ 沉淀，Cu^{2+} 浓度大大降低，上述平衡向右移动。

4. 黄血盐六氰合铁(Ⅱ)酸钾会和 Fe^{3+} 生成普鲁士蓝，$3[Fe(CN)_6]^{4-}+4Fe^{3+} \xlongequal{} Fe_4[Fe(CN)_6]_3$。

5. $Mn^{2+}(3d^5)$、$Ni^{2+}(3d^8)$。

6. 相同，都为正四面体。

CH_4 形成时，中心原子 C 原子的 1 个 s 轨道和 3 个 p 轨道进行杂化，形成能量完全相同的 4 个 sp^3 杂化轨道，4 个 sp^3 杂化轨道分别有 1 个单电子和 4 个 H 原子(每个 H 原子有 1 个单电子)形成 4 个共价键；$[Zn(NH_3)_4]^{2+}$ 中 Zn^{2+} 的空的 4s 和 4p 轨道进行杂化，形成能量完全相同的 4 个 sp^3 杂化轨道，容纳配体 NH_3 的 N 原子提供的孤对电子，形成 4 个配位键。

五、计算题

1. 解：已知 $K_f([Ag(NH_3)_2]^+)=1.1\times10^7$，设配合达平衡时溶液中 $c(NH_3)$ 的浓度为 x mol·L^{-1}，

$$Ag^+ \quad + \quad 2NH_3 \ \xlongequal{}\ [Ag(NH_3)_2]^+$$

开始浓度/(mol·L^{-1})　0.30

平衡浡度/(mol·L^{-1})　0.30×15%　　x　　0.300×85%

则 $K_f=\dfrac{[Ag(NH_3)_2^+]}{[Ag^+][NH_3]^2}=\dfrac{0.30\times85\%}{0.30\times15\%\times x^2}=1.1\times10^7$

$x=7.18\times10^{-4}$ mol·L^{-1}

2. 解：已知 $K_{sp}^\ominus(AgIO_3)=3.0\times10^{-8}$，$K_f^\ominus([Ag(NH_3)_2]^+)=1.1\times10^7$

(1)设平衡时溶液中 IO_3^- 为 x mol·L^{-1}，

$$AgIO_3 \quad + \quad 2NH_3 \xlongequal{} [Ag(NH_3)_2]^+ \quad + \quad IO_3^-$$

开始浓度/(mol·L^{-1})　0.50

平衡浓度/(mol·L^{-1})　0.50−2x　　x　　x

$K_{总}^\ominus=\dfrac{[Ag(NH_3)_2^+][IO_3^-]}{[NH_3]^2}=K_{sp}^\ominus K_f^\ominus=\dfrac{x^2}{(0.50-2x)^2}=3.0\times10^{-8}\times1.1\times10^7=0.33$

$x=0.134$ mol·L^{-1}

1.0 L 中 $AgIO_3$ 溶解质量 $m(AgIO_3)=0.134\times(107.9+126.9+16\times3)=37.9$ g

(2)平衡时 NH_3 浓度为 $c=0.50-2x=0.50-0.134\times2=0.23$ mol·L^{-1}

3. 解：(1) $Ag^++2NH_3 \rightleftharpoons [Ag(NH_3)_2]^+$

$Ag^++2CN^- \rightleftharpoons [Ag(CN)_2]^-$

两个平衡竞争为 $[Ag(NH_3)_2]^+ \ + \ 2CN^- \rightleftharpoons [Ag(CN)_2]^- \ + \ 2NH_3$

$$\frac{[Ag(CN)_2^-][NH_3]^2}{[Ag(NH_3)_2^+][CN^-]^2}=\frac{K_f([Ag(CN)_2]^-)}{K_f([Ag(NH_3)_2]^+)}=\frac{1.3\times10^{21}}{1.1\times10^7}=1.18\times10^{14}$$

可以看出，优先生成更稳定的 $[Ag(CN)_2]^-$。

则平衡时$[Ag(CN)_2^-]\approx 0.02\ mol\cdot L^{-1}$，$[NH_3]\approx 0.2\ mol\cdot L^{-1}$，$[CN^-]\approx 0.2-0.02\times 2=0.16\ mol\cdot L^{-1}$

(2)平衡时 NH_3 与 CN^-浓度比为 0.2∶0.16＝1.25。

4. 解：pH>1.0 时，有 ZnS 沉淀生成，则有

$$K_{sp}^{\ominus}(ZnS)=[Zn^{2+}][S^{2-}]$$

$$=0.01\times\frac{K_{a_1}^{\ominus}K_{a_2}^{\ominus}[H_2S]}{[H^+]^2}=0.01\times\frac{K_{a_1}^{\ominus}K_{a_2}^{\ominus}[H_2S]}{(0.1)^2}=K_{a_1}^{\ominus}K_{a_2}^{\ominus}[H_2S] \quad ①$$

有 1.0 $mol\cdot L^{-1}$ KCN 时，只有 pH>9.0 时才有沉淀生成。则体系中 $c(CN^-)$的浓度为 0.96 $mol\cdot L^{-1}$，$c[Zn(CN)_4]^{2-}$的浓度为 0.01 $mol\cdot L^{-1}$，$c(H^+)$的浓度为 10^{-9} $mol\cdot L^{-1}$，

$$K_f=\frac{[Zn(CN)_4^{2-}]}{[Zn^{2+}][CN^-]^4}$$

则$$[Zn^{2+}]=\frac{[Zn(CN)_4^{2-}]}{K_f\cdot[CN^-]^4}$$

又有

$$K_{sp}(ZnS)=[Zn^{2+}][S^{2-}]=\frac{[Zn(CN)_4^{2-}]}{K_f\cdot[CN^-]^4}\cdot\frac{K_{a_1}^{\ominus}K_{a_2}^{\ominus}[H_2S]}{[H^+]^2}=0.01\times\frac{K_{a_1}^{\ominus}K_{a_2}^{\ominus}[H_2S]}{(10^{-9})^2} \quad ②$$

①＝②

$$K_{a_1}^{\ominus}K_{a_2}^{\ominus}[H_2S]=\frac{0.01}{K_f^{\ominus}\times 0.96^4}\cdot\frac{K_{a_1}^{\ominus}K_{a_2}^{\ominus}[H_2S]}{10^{-18}}$$

所以$$K_f=\frac{0.01}{0.96^4\times 10^{-18}}=1.177\times 10^{16}$$

5. 解：已知$\varphi^{\ominus}(Co^{3+}/Co^{2+})=1.83\ V$，$\varphi^{\ominus}(O_2/H_2O)=1.229\ V$

因为$\varphi^{\ominus}(Co^{3+}/Co^{2+})>E^{\ominus}(O_2/H_2O)$，所以水溶液中 Co^{3+}可以氧化水为 O_2。

$[Co(NH_3)_6]^{3+}+e^-\rightleftharpoons[Co(NH_3)_6]^{2+}$核心电极为 $Co^{3+}+e^-\rightleftharpoons Co^{2+}$

$$\varphi^{\ominus}([Co(NH_3)_6]^{3+}/[Co(NH_3)_6]^{2+})=\varphi^{\ominus}(Co^{3+}/Co^{2+})-0.0592\lg(Co^{2+}/Co^{3+})$$

$$K_f([Co(NH_3)_6]^{3+})=\frac{[Co(NH_3)_6]^{3+}}{[Co^{3+}][NH_3]^6}$$

$$K_f([Co(NH_3)_6]^{2+})=\frac{[Co(NH_3)_6]^{2+}}{[Co^{2+}][NH_3]^6}$$

$$\varphi^{\ominus}([Co(NH_3)_6]^{3+}/[Co(NH_3)_6]^{2+})=\varphi^{\ominus}(Co^{3+}/Co^{2+})-0.0592\lg K_f([Co(NH_3)_6]^{3+})/K_f([Co(NH_3)_6]^{2+})$$

$$=1.83-0.0592\lg(2\times 10^{35}/1.3\times 10^5)=0.043\ V$$

在 1.0 $mol\cdot L^{-1}$ 氨水中，

$$[H^+]=\frac{K_w^{\ominus}}{[OH^-]}=\frac{K_w^{\ominus}}{\sqrt{K_b^{\ominus}c}}=\frac{10^{-14}}{\sqrt{1.77\times 10^{-5}\times 1}}=2.38\times 10^{-12}\ mol\cdot L^{-1}$$

$$O_2+4H^++4e^-\rightleftharpoons 2H_2O$$

$$\varphi(O_2/H_2O)=\varphi^{\ominus}(O_2/H_2O)-\frac{0.0592}{4}\lg\frac{1}{[H^+]^4}$$

$$=1.229-\frac{0.0592}{4}\lg\frac{1}{(2.38\times 10^{-12})^4}=0.541\ V$$

$\varphi^{\ominus}([Co(NH_3)_6]^{3+}/[Co(NH_3)_6]^{2+})<\varphi^{\ominus}(O_2/H_2O)$，所以$[Co(NH_3)_6]^{3+}$在 1.0 $mol\cdot L^{-1}$ 氨水中不能氧化水。

6. 解：(1)求$\varphi^\ominus([Hg(SCN)_4]^{2-}/Hg)$实际上是求$Hg^{2+}+2e^- \rightleftharpoons Hg$的电极电势$\varphi(Hg^{2+}/Hg)$

已知$\varphi^\ominus(Hg^{2+}/Hg)=0.851\ V$，$K_f([Hg(SCN)_4]^{2-})=1.7\times10^{21}$，

根据能斯特方程

$$\varphi^\ominus([Hg(SCN)_4]^{2-}/Hg)=\varphi^\ominus(Hg^{2+}/Hg)-\frac{0.059\ 2}{2}\lg\frac{1}{[Hg^{2+}]}$$

因为$K_f=\dfrac{[Hg(SCN)_4^{2-}]}{[Hg^{2+}][SCN^-]^4}$

所以$\varphi^\ominus([Hg(SCN)_4]^{2-}/Hg)=\varphi^\ominus(Hg^{2+}/Hg)-\dfrac{0.059\ 2}{2}\lg K_f$

$$=0.851-\frac{0.059\ 2}{2}\lg1.70\times10^{21}=0.223\ V$$

(2)求$\varphi^\ominus([Fe(SCN)_6]^{3-}/[Fe(SCN)_6]^{4-})$实际上是求$Fe^{3+}+e^- \rightleftharpoons Fe^{2+}$的电极电势$\varphi(Fe^{3+}/Fe^{2+})$

已知$\varphi^\ominus(Fe^{3+}/Fe^{2+})=0.771\ V$，$K_f([Fe(SCN)_6]^{3-})=1\times10^{42}$，$K_f([Fe(SCN)_6]^{4-})=1\times10^{35}$

$$\varphi^\ominus([Fe(SCN)_6]^{3-}/[Fe(SCN)_6]^{4-})=\varphi^\ominus(Fe^{3+}/Fe^{2+})-\frac{0.059\ 2}{1}\lg\frac{[Fe^{2+}]}{[Fe^{3+}]}$$

因为$K_f([Fe(SCN)_6]^{3-})=\dfrac{[Fe(SCN)_6^{3-}]}{[Fe^{3+}][SCN^-]^6}$，$K_f([Fe(SCN)_6]^{4-})=\dfrac{[Fe(SCN)_6^{4-}]}{[Fe^{2+}][SCN^-]^6}$

所以$\varphi^\ominus([Fe(SCN)_6]^{3-}/[Fe(SCN)_6]^{4-})=\varphi^\ominus(Fe^{3+}/Fe^{2+})-\dfrac{0.059\ 2}{1}\lg\dfrac{K_f([Fe(SCN)_6]^{3-})}{K_f([Fe(SCN)_6]^{4-})}$

$$=0.771-\frac{0.059\ 2}{1}\lg\frac{1\times10^{42}}{1\times10^{35}}=0.357\ V$$

7. 解：(1)$\varphi^\ominus([Cu(CN)_2]^-/Cu)$实际上是$Cu^++e^- \rightleftharpoons Cu$的电极电势$\varphi(Cu^+/Cu)$

$$\varphi^\ominus([Cu(CN)_2]^-/Cu)=\varphi^\ominus(Cu^+/Cu)-0.059\ 2\lg\frac{1}{[Cu^+]}=\varphi^\ominus(Cu^+/Cu)-0.059\ 2\lg K_f([Cu(CN)_2]^-)$$

代入已知条件$\varphi^\ominus=-0.896\ V$，$\varphi^\ominus(Cu^+/Cu)=+0.522\ V$

$-0.896=0.522-0.059\ 2\lg K_f([Cu(CN)_2]^-)$

$K_f([Cu(CN)_2]^-)=8.97\times10^{23}$

(2)$\varphi^\ominus(Cu^{2+}/[Cu(Br)_2]^-)$实际上是$Cu^{2+}+e^- \rightleftharpoons Cu^+$的电极电势$\varphi(Cu^{2+}/Cu^+)$

$$\varphi^\ominus(Cu^{2+}/[Cu(Br)_2]^-)=\varphi^\ominus(Cu^{2+}/Cu^+)-0.059\ 2\lg\frac{[Cu^+]}{[Cu^{2+}]}$$

$$K_f([CuBr_2]^-)=\frac{[CuBr_2^-]}{[Cu^+][Br^-]^2}$$

$$\varphi^\ominus(Cu^{2+}/[Cu(Br)_2]^-=\varphi^\ominus(Cu^{2+}/Cu^+)-0.059\ 2\lg\frac{1}{K_f([CuBr_2]^-)}$$

代入已知条件$\varphi^\ominus=0.508\ V$，$\varphi^\ominus(Cu^{2+}/Cu^+)=+0.153\ V$

$$0.508=0.153-0.059\ 2\lg\frac{1}{K_f([CuBr_2]^-)}$$

$K_f([CuBr_2]^-)=9.9\times10^5$

8. 解：(1)$Zn+Cu^{2+} \rightleftharpoons Zn^{2+}+Cu$

根据能斯特方程

$$E=E^\ominus-\frac{0.059\ 2}{2}\lg\frac{[Zn^{2+}]}{[Cu^{2+}]}$$

设平衡时 Zn^{2+} 的浓度为 x mol·L^{-1},

$$Zn^{2+} + 4NH_3 \rightleftharpoons [Zn(NH_3)_4]^{2+}$$

平衡时/(mol·L^{-1})　　x　　1.0　　(0.001−x)

$0.001-x \approx 0.001$

$$K_f = \frac{0.001-x}{x\times 1^4} = 2.9\times 10^9$$

$x = 3.45\times 10^{-13}$ mol·L^{-1}

$$E = E^{\ominus} - \frac{0.0592}{2}\lg\frac{[Zn^{2+}]}{[Cu^{2+}]} = 1.10 - \frac{0.0592}{2}\lg\frac{3.45\times 10^{-13}}{0.001} = 1.38\ \text{V}$$

(2) 设平衡时 Cu^{2+} 的浓度为 y mol·L^{-1}

$$Cu^{2+} + 4NH_3 \rightleftharpoons [Cu(NH_3)_4]^{2+}$$

平衡时/(mol·L^{-1})　　y　　1.0　　0.001−y

$$[Cu^{2+}] = \frac{[Cu(NH_3)^{2+}]}{K_f([Cu(NH_3)_4]^{2+})[NH_3]^4} = \frac{0.001-y}{2.1\times 10^{13}\times 1.0^4}$$

$y = 4.76\times 10^{-17}$ mol·L^{-1}

$$E = E^{\ominus} - \frac{0.0592}{2}\lg\frac{[Zn^{2+}]}{[Cu^{2+}]} = 1.10 - \frac{0.0592}{2}\lg\frac{0.001}{4.76\times 10^{-17}} = 0.71\ \text{V}$$

(3) $E = E^{\ominus} - \frac{0.0592}{2}\lg\frac{[Zn^{2+}]}{[Cu^{2+}]} = 1.10 - \frac{0.0592}{2}\lg\frac{3.45\times 10^{-13}}{4.76\times 10^{-17}} = 0.99\ \text{V}$

9. 解：已知 $K_b^{\ominus}(NH_3\cdot H_2O) = 1.77\times 10^{-5}$，$K_f^{\ominus}([CoNH_3)_6]^{3+}) = 2\times 10^{35}$，$K_w^{\ominus} = 10^{-14}$，

(1)

$$[Co(NH_3)_6]^{3+} + 6H^+ \rightleftharpoons Co^{3+} + 6NH_4^+$$

$$K_{总}^{\ominus} = \frac{[Co^{3+}][NH_4^+]^6}{[Co(NH_3)_6^{3+}][H^+]^6} = \frac{1}{K_f^{\ominus}\left(\frac{K_w^{\ominus}}{K_b^{\ominus}}\right)^6} = \frac{1}{2\times 10^{35}\times\left(\frac{10^{-14}}{1.77\times 10^{-5}}\right)^6} = 1.54\times 10^{20}$$

(2) 假设平衡时 $[Co(NH_3)_6]^{3+}$ 的浓度为 x mol·L^{-1},

$$[Co(NH_3)_6]^{3+} + 6H^+ \rightleftharpoons Co^{3+} + 6NH_4^+$$

开始浓度/(mol·L^{-1})　　0.1

平衡浓度/(mol·L^{-1})　　x　　1−6(0.1−x)　　0.1−x　　6(0.1−x)

$0.1-x \approx 0.1$　　$1-6(0.1-x) \approx 0.4$

$$\frac{0.1\times(0.6)^6}{x\times(0.4)^6} = 1.54\times 10^{20}$$

$x = 7.4\times 10^{-21}$ mol·L^{-1}

10. 解：已知 $K_b^{\ominus}(NH_3\cdot H_2O) = 1.77\times 10^{-5}$，$K_f^{\ominus}([Ag(NH_3)_2]^+) = 1.1\times 10^7$，

假设平衡时 $[Ag(NH_3)_2]^+$ 分解 x mol·L^{-1},

$$[Ag(NH_3)_2]^+ + 2H_2O \rightleftharpoons Ag^+ + 2NH_4^+ + 2OH^-$$

开始/(mol·L^{-1})　　0.1

平衡/(mol·L^{-1})　　0.1−x　　x　　$2x$　　$2x$

$$K_{总}^{\ominus} = \frac{[Ag^+][NH_4^+]^2[OH^-]^2}{[Ag(NH_3)_2]^+} = \frac{(K_b^{\ominus})^2}{K_f^{\ominus}} = \frac{(1.77\times 10^{-5})^2}{1.1\times 10^7} = 2.85\times 10^{-17}$$

$$\frac{(2x)^4 x}{0.1} = 2.85\times 10^{-17}$$

$x=1.78\times10^{-4}\ mol\cdot L^{-1}$　　　pOH=3.75　　　pH=10.25

pH=4 时，体系呈酸性，$[OH^-]=10^{-10}\ mol\cdot L^{-1}$，假设$[Ag(NH_3)_2]^+$的浓度为 $x\ mol\cdot L^{-1}$，

$$[Ag(NH_3)_2]^+ + 2H_2O \rightleftharpoons Ag^+ + 2NH_4^+ + 2OH^-$$

开始/$(mol\cdot L^{-1})$　　0.1　　1

变化/$(mol\cdot L^{-1})$　　$0.1-x$

平衡/$(mol\cdot L^{-1})$　　x　　　　$0.1-x$　$2(0.1-x)$　10^{-10}

　　　　　　　　　　　　　　≈0.1　≈0.2

$$\frac{(10^{-10})^2\times0.2^2\times0.1}{x}=2.85\times10^{-17}$$

$x=1.4\times10^{-6}\ mol\cdot L^{-1}$，说明$[Ag(NH_3)_2]^+$在酸性介质中分解。

11. 解：$[AuCl_2]^-$　$5d^{10}$　直线形，采用 sp 杂化。

$[ZnCl_4]^{2-}$　$3d^{10}$　正四面体，采用 sp^3 杂化。

$[BeCl_4]^{2-}$　$1s^2$　正四面体，采用 sp^3 杂化。

12. 解：V^{2+}，$3d^3$ 强场中 $n_单=3$，弱场中 $n_单=3$

V^{3+}，$3d^2$ 强场中 $n_单=2$，弱场中 $n_单=2$

V^{4+}，$3d^1$ 强场中 $n_单=1$，弱场中 $n_单=1$

Cr^{3+}，$3d^3$ 强场中 $n_单=3$，弱场中 $n_单=3$

Cr^{2+}，$3d^4$ 强场中 $n_单=2$，弱场中 $n_单=4$

Mn^{2+}，$3d^5$ 强场中 $n_单=1$，弱场中 $n_单=5$

Fe^{2+}，$3d^6$ 强场中 $n_单=0$，弱场中 $n_单=4$

Co^{3+}，$3d^6$ 强场中 $n_单=0$，弱场中 $n_单=4$

Co^{2+}，$3d^7$ 强场中 $n_单=1$，弱场中 $n_单=3$

第12章 吸光光度法

12.1 基本要求

(1)掌握分光光度分析的基本原理，光的基本性质及可见光与溶液的颜色，吸收光谱曲线及其应用。

(2)熟练掌握光吸收定律及其有关计算，了解吸光系数的物理化学意义，掌握光度分析的测定方法，分光光度计的基本结构及作用原理。

(3)了解显色反应及对显色反应的要求，显色反应的条件优化和消除干扰的方法。

(4)熟练掌握光度测量的误差及测量条件的选择，了解吸光光度法的应用。

重点：光吸收定律及其有关计算；分光光度计的基本结构；标准曲线法；光度测量误差及光度测量条件的选择方法。

难点：光度测量误差及光度测量条件的选择方法。

12.2 知识体系

12.2.1 吸光光度法基础

12.2.1.1 光的基本性质

光是一种电磁波，按照波长分为 X 射线、紫外光区、可见光区、红外光区、微波、无线电波。具有波粒二象性。

光的波动性：用波长 λ、频率 ν、光速 c 等参数来描述，$\lambda\nu=c$。

光的粒子性：用能量来描述，$E=h\nu$。

12.2.1.2 光的互补与溶液的颜色

可见光：人眼能感觉到的光，波长在 400～750 nm。可见光是一种复合光，由赤、橙、黄、绿、青、蓝、紫等各种单色光按照一定的比例混合而成。

不同颜色的单色光，其波长范围也不同。

物质的颜色正是由于物质对不同波长的光具有选择性吸收作用而产生的。

白光可由两种单色光按一定比例混合而成。两种能混合成白光的单色光称为互补色光。

12.2.1.3 光吸收曲线

定义：测量某种物质对不同波长单色光的吸收程度，以波长为横坐标，吸光度为纵坐标作图得到的曲线，称为光吸收曲线。

光吸收曲线的讨论：

①不同物质吸收曲线的形状和最大吸收波长均不相同。光吸收曲线与物质特性有关，故据此可作为物质定性分析的依据。

②同一种物质对不同波长光的吸光度不同。

③同一物质不同浓度的溶液，吸收曲线形状相同，最大吸收波长相同，在一定波长处吸光度随溶液浓度的增加而增大。这个特性可作为物质定量分析的依据。

④测定时，只有在 λ_{max} 处测定吸光度，灵敏度最高，因此光吸收曲线是吸光光度法中选择波长的依据。

12.2.2 光吸收基本定律

12.2.2.1 朗伯-比耳定律

(1)定义引入　透光度是指透过光的强度 I 与入射光强度 I_0 之比，用 T 表示；吸光度是指透光度倒数的对数，用 A 表示。二者之间的关系式如下：

$$A = \lg \frac{1}{T} = \lg \frac{I_0}{I} \tag{12-1}$$

(2)定义　单色光经过吸收介质时，光强度的减弱与入射光强度及光路中有色物质的质点数成正比。其数学表达式如下：

$$A = \lg \frac{1}{T} = Kbc \tag{12-2}$$

(3)定律的适用范围　①朗伯-比耳定律不仅适用于有色溶液，也可适用于其他均匀非散射的吸光物质(包括液体、气体和固体)。②该定律应用于单色光，既适用于可见光，也适用于红外光和紫外光，是各类吸光光度法的定量依据。③吸光度具有加和性，是指溶液的总吸光度等于各吸光物质的吸光度之和。

12.2.2.2 吸光系数和摩尔吸光系数

式(12-2)中的比例常数 K 值随 c、b 所用单位不同而不同。如果液层厚度 b 的单位为 cm，浓度 c 的单位为 $g \cdot L^{-1}$，则 K 用 a 表示，a 称为吸光系数，其单位是 $L \cdot g^{-1} \cdot cm^{-1}$。则式(12-2)写为 $A=abc$。如果液层厚度 b 的单位仍为 cm，但浓度 c 的单位为 $mol \cdot L^{-1}$，则常数 K 用 ε 表示，ε 称为摩尔吸光系数，其单位是 $L \cdot mol^{-1} \cdot cm^{-1}$。此时式(12-2)写为 $A=\varepsilon bc$。

吸光系数和摩尔吸光系数是吸光物质在一定波长、温度和溶剂条件下的特征常数，不随待测物浓度 c 和光程长度 b 的改变而改变，可作为定性鉴定的参数。

同一吸收物质在不同波长下的 ε 值不同。在最大吸收波长处的摩尔吸光系数，常以 ε_{max} 表示。ε_{max} 表明了该吸收物质最大限度的吸光能力，也反映了光度法测定该物质可能达到的最大灵敏度。

ε 在数值上等于浓度为 1 $mol \cdot L^{-1}$，液层厚度为 1 cm 时有色溶液在某一波长下的吸光度。

12. 2. 2. 3　偏离朗伯-比耳定律的原因

根据朗伯-比耳定律，以一系列标准溶液的吸光度为纵坐标，对应的浓度为横坐标作图，可得一条通过原点的直线，称为标准曲线或工作曲线。但在实际工作中，经常出现标准曲线发生弯曲的现象。

偏离朗伯-比耳定律的原因主要是仪器或溶液的实际条件与朗伯-比耳定律所要求的理想条件不一致。引起偏离的因素包括物理性因素和化学性因素。

(1)物理性因素　①单色光不纯。朗伯-比耳定律的前提条件之一是入射光为单色光。分光光度计只能获得近乎单色光的狭窄光带。复合光可导致对朗伯-比耳定律的正或负偏离。②介质不均匀。朗伯-比耳定律的另一基本假设是吸光物质的溶液是均匀的、非散射的。若被测溶液为胶体溶液、悬浊液或乳浊液等不均匀介质时，当入射光通过溶液时，有一部分被吸收，还有一部分因散射现象而损失，使所测吸光度增加，标准曲线产生正偏离。

(2)化学性因素　朗伯-比耳定律假定所有的吸光质点之间不发生相互作用。此假定只适用于稀溶液($c<10^{-2}\ mol\cdot L^{-1}$)，当溶液浓度 $c>10^{-2}\ mol\cdot L^{-1}$ 时，吸光质点间可能发生解离、缔合、溶剂化等相互作用，直接影响有色溶液对光的吸收，从而影响吸光度。用吸光光度法进行分析测定时，要控制溶液的条件，使被测组分以一种形式存在，以克服化学因素引起的偏离。

12. 2. 3　光度测定方法及其仪器

12. 2. 3. 1　目视比色法

(1)定义　用眼睛辨别颜色深浅来确定待测组分含量的方法。

(2)方法　一般采用标准系列法。在同种材料、形状大小相同的比色管中配制一系列浓度不同的标准溶液，并按相同方法配制待测溶液，显色反应后，比较待测液与标准溶液颜色的深浅。若待测液与某一标准溶液颜色系列相同，则表明二者浓度相等。若其颜色介于某相邻两标准溶液间，则待测试样的含量可取两标准溶液浓度的平均值。

(3)优缺点　利用自然光、无需特殊仪器、方法简便、成本低廉。然而准确度低、不可分辨多组分。

12. 2. 3. 2　光度测定方法

(1)原理　借助分光光度计测定溶液的吸光度，根据朗伯-比耳定律确定物质溶液的浓度。

(2)方法

①比较法：先配制与被测试液浓度相近的标准溶液 c_s 和被测试液 c_x，在相同条件下显色后，测其相应的吸光度，分别为 A_s 和 A_x，根据朗伯-比耳定律，

$$A_x=\varepsilon bc_x;\ A_s=\varepsilon bc_s$$

两式相比得

$$\frac{A_s}{A_x}=\frac{\varepsilon bc_s}{\varepsilon bc_x}$$

进而得到被测试液浓度

$$c_x=\frac{A_x}{A_s}c_s$$

只有当 c_s 与 c_x 相近，此方法得到的计算结果才可靠，否则将产生较大误差。

②标准曲线法：配制系列标准溶液→测其吸光度→作吸光度对浓度直线图→绘制标准曲线→根据被测试液的吸光度，从曲线上找到被测物质的浓度。测试样品较多时，利用标准曲线法比较方便，误差较小。

12.2.3.3　分光光度计及其基本部分

分光光度计一般按工作波长范围分类，紫外-可见分光光度计主要应用于无机物和有机物含量的测定，红外分光光度计主要用于结构分析。分光光度计有各种型号，但仪器的基本结构是相似的，通常由光源、单色器、样品室、检测器和显示系统 5 个基本部件组成。

(1)光源　在整个紫外光区或可见光谱区可以发射连续光谱，具有足够的辐射强度、较好的稳定性、较长的使用寿命。紫外-可见分光光度计一般采用钨灯(320~800 nm，可见光用)和氘灯(190~400 nm，紫外光用)作为光源。

(2)单色器　将光源发射的复合光分解成单色光并可从中选出任一波长单色光的光学系统。关键部分是色散元件，有两种基本形式：棱镜和光栅。

(3)样品室　放置各种类型的吸收池(比色皿)和相应的池架附件。吸收池主要有石英池和玻璃池两种。在紫外区需采用石英池，可见区一般用玻璃池。

(4)检测器　利用光电效应将透过吸收池的光信号变成可测的电信号，常用的有光电池、光电管或光电倍增管。

(5)显示系统　检流计、数字显示、微机进行仪器自动控制和结果处理。

12.2.4　显色反应与反应条件

12.2.4.1　显色反应

(1)定义　使弱吸收物质发生化学反应生成一种新的具有强吸收性质的吸光物质，以提高光度测量的准确性和分析方法的灵敏度的反应。

(2)显色反应的选择　①选择灵敏高，即摩尔吸光系数大的反应。②有色化合物的组成恒定，符合一定的化学式。③有色化合物的化学性质足够稳定。④有色化合物与显色剂的关系差别要大，即显色剂对光的吸收与络合物的吸收有明显区别，一般要求两者的吸收峰波长之差 $\Delta\lambda > 60$ nm。

(3)显色剂　①无机显色剂：硫氰酸盐、钼酸铵、过氧化氢等几种。②有机显色剂：种类多，如偶氮类的偶氮胂Ⅲ、PAR 等，以及三苯甲烷类的铬天青 S、二甲酚橙等。

12.2.4.2　显色反应条件的选择

(1)反应体系的酸度　在相同实验条件下，分别测定不同 pH 条件下显色溶液的吸光度。选择曲线中吸光度较大且恒定的平坦区所对应的 pH 范围。

(2)显色剂用量　为了使显色反应进行完全，一般需加入过量的显色剂。但显色剂不是越多越好。对于有些显色反应，显色剂加入太多，反而会引起副反应，对测定不利。在实际工作中，通常根据实验结果来确定显色剂的用量。

(3)显色时间与温度　实验确定。

(4)溶剂　一般采用与水混溶的有机溶剂。

(5)干扰及其消除方法　试样中存在干扰物质会影响被测组分的测定。例如，干扰物质本身有颜色或与显色剂反应，在测量条件下也有吸收；干扰物质与被测组分反应或与显色剂反应，使显色反应不完全，也会造成干扰；干扰物质在测量条件下从溶液中析出，使溶液变混浊，无法准确测定溶液的吸光度。为消除以上原因引起的干扰，可采取以下几种方法：①加入掩蔽剂。②利用氧化还原反应改变价态。③利用参比溶液消除显色剂和共存有色离子的干扰。④控制酸度。⑤选择合适的波长。⑥增加显色剂量。⑦分离干扰离子。

12.2.5 仪器测量误差和测量条件的选择

12.2.5.1 吸光度测量的误差

吸光光度法分析中，仪器测量不准确是误差的主要来源。其中，透光度与吸光度的读数误差是衡量测定结果的主要因素，也是衡量仪器精度的主要指标之一。

透光度或吸光度的读数误差与浓度测量的相对误差的关系推证如下

$$-\lg T=\varepsilon bc$$

求微分

$$-\mathrm{d}\lg T=-0.434\mathrm{d}\ln T=-0.434\frac{\mathrm{d}T}{T}=\varepsilon b\mathrm{d}c$$

两式相除得

$$\frac{\mathrm{d}c}{c}=\frac{0.434}{T\lg T}\mathrm{d}T$$

$$\frac{\Delta c}{c}=\frac{0.434\Delta T}{T\lg T} \tag{12-3}$$

式(12-3)表明浓度测量值的相对误差不仅与透光度 T 有关，而且与仪器的透光度读数误差 ΔT 值也有关。

在实际测定时，只有使待测溶液的透光度 T 在 15%~65%，或使吸光度 A 在 0.2~0.8，才能保证浓度测量的相对误差较小（$|E_r|<4\%$）。当透光度 $T=36.8\%$ 或 $A=0.434$ 时，浓度测量的相对误差最小。

12.2.5.2 测量条件的选择

（1）选择适当的入射波长　一般应该选择 λ_{max} 为入射光波长，如果 λ_{max} 处有共存组分干扰时，则应考虑选择灵敏度稍低但能避免干扰的入射光波长。

（2）选择合适的参比溶液　①如果仅待测物与显色剂的反应产物有吸收，可用纯溶剂作参比溶液，称为“溶剂空白”。一般用蒸馏水作参比溶液。②当样品溶液无色，而显色剂及试剂有色时，可用不加样品的显色剂、试剂的溶液作参比溶液，称为“试剂空白”。③当样品溶液中其他离子有色，而试剂、显色剂无色时，应采用不加显色剂的样品溶液作参比溶液，称为“样品空白”。④当显色剂和试液在测定波长处都有吸收，或显色剂与试液中共存组分的反应产物有吸收，可在一份试液中先加入适当的掩蔽剂将被测组分掩蔽起来，再按相同的操作方法加入显色剂和其他试剂，以此作为参比溶液进行测定。

（3）控制适宜的吸光度（读数范围）　$A=0.2\sim0.8$。

12.3 典型例题

【例 12.1】某有色配合物在一定波长下用 2.0 cm 比色皿测定时，其 $T=0.60$，若在相同条件下改用 1.0 cm 比色皿测定，吸光度 A 为多少？用 3.0 cm 比色皿测定，T 为多少？

解：(1)0.111。计算过程 $A_s=-\lg T=-\lg 0.60=0.222$，$\frac{A_{x_1}}{A_s}=\frac{1}{2}$，$A_{x_1}=0.111$。

(2)0.465。计算过程$\frac{A_{x_2}}{A_s}=\frac{3}{2}$，$A_{x_2}=0.333$，$T=10^{-0.333}=0.465$。

【例 12.2】什么是工作曲线？工作曲线是否都是通过原点的直线？

解：配制一系列浓度递增的待测组分的标准溶液，显色后在一定条件(入射光波长、液层厚度等)下，测定其吸光度。以吸光度为纵坐标，溶液浓度为横坐标作图($A-c$)，所得直线称为标准曲线或工作曲线。根据朗伯-比耳定律，应为通过原点的直线。实际工作中，由于入射光并非单色光以及溶液本身的化学物理因素等引起工作曲线弯曲。特别是当溶液浓度较高时，偏离直线的情况更明显。另外，参比溶液选择不当或少量被测离子与溶液中的掩蔽剂或缓冲剂配位，使工作曲线不通过原点。

【例 12.3】光度分析的误差来源主要有哪几方面？

解：光度分析中产生误差的原因很多，如有色化合物的离解、聚合，干扰离子的存在等化学因素能产生较大的误差，这类误差通常可以采用适当的方法(控制反应条件、掩蔽或分离等)减小或消除；另一类由于仪器光源改变、噪声等引起的测量误差，虽可采用适当的方法减小，但它们的积累仍可使透光率的读数产生 0.002~0.01 的误差。透光率测量的读数误差是光度法误差的主要来源。而且由它引起的浓度测量的相对误差与被测溶液的浓度有关。

【例 12.4】称取 0.500 g 钢样，溶于酸后，使其中的 Mn 氧化成 MnO_4^-，在容量瓶中将溶液稀释至 100 mL。稀释后的溶液用 2.0 cm 比色皿在波长 520 nm 处测得 $A=0.620$，MnO_4^- 在此波长处的 $\varepsilon=2\,235\ \text{L}\cdot\text{mol}^{-1}\cdot\text{cm}^{-1}$，计算钢样中 Mn 的质量分数。

解：查得 $M(\text{Mn})=54.9\ \text{g}\cdot\text{mol}^{-1}$

$$c=\frac{A}{\varepsilon b}=\frac{0.620}{2\,235\ \text{L}\cdot\text{mol}^{-1}\cdot\text{cm}^{-1}\times 2.0\ \text{cm}}=1.4\times10^{-4}\ \text{mol}\cdot\text{L}^{-1}$$

$$\omega=\frac{m}{m_s}=\frac{1.4\times10^{-4}\ \text{mol}\cdot\text{L}^{-1}\times0.1\ \text{L}\times54.9\ \text{g}\cdot\text{mol}^{-1}}{0.500\ \text{g}}\times100\%=0.15\%$$

【例 12.5】某钢样含镍为 0.12%，用丁二酮肟显色，$\varepsilon=1.3\times10^4\ \text{L}\cdot\text{cm}^{-1}\cdot\text{mol}^{-1}$。若钢样溶解显色后，其溶液体积为 100 mL，在波长 470 nm 处用 1.0 cm 比色皿测定，希望测量误差最小，应称取试样多少克？

解：查得 $M(\text{Ni})=58.69\ \text{g}\cdot\text{mol}^{-1}$

$$c=\frac{A}{\varepsilon b}=\frac{0.434}{1.3\times10^4\ \text{L}\cdot\text{mol}^{-1}\cdot\text{cm}^{-1}\times1.0\ \text{cm}}=3.3\times10^{-5}\ \text{mol}\cdot\text{L}^{-1}$$

$$m(\text{Ni})=58.69\ \text{g}\cdot\text{mol}^{-1}\times3.3\times10^{-5}\ \text{mol}\cdot\text{L}^{-1}\times100\times10^{-3}\ \text{mL}=1.9\times10^{-4}\ \text{g}$$

$$称试样质量\ m_s=\frac{m(\text{Ni})}{\omega}=\frac{1.9\times10^{-4}\ \text{g}}{0.001\,2}=0.16\ \text{g}$$

【例 12.6】有一浓度为 $2.0\times10^{-4}\ \text{mol}\cdot\text{L}^{-1}$ 金属离子溶液，若比色皿厚度 $b_1=3.0$ cm，测得吸光度 $A_1=0.120$，将其稀释 1 倍后改用 $b_2=5.0$ cm 的比色皿，测得 $A_2=0.200$。问是否符合朗伯-比耳定律。

解：计算两种情况下的 ε

当 $c_1=2.0\times10^{-4}\ mol\cdot L^{-1}$，$b_1=3.0\ cm$，$A_1=0.120$

$$\varepsilon_1=\frac{A_1}{b_1c_1}=\frac{0.120}{3.0\ cm\times2.0\times10^{-4}\ mol\cdot L^{-1}}=2.0\times10^2\ L\cdot mol^{-1}\cdot cm^{-1}$$

稀释1倍 $c_1=1.0\times10^{-4}\ mol\cdot L^{-1}$，$b_2=5.0\ cm$，$A_2=0.200$

$$\varepsilon_1=\frac{A_2}{b_2c_2}=\frac{0.200}{5.0\ cm\times1.0\times10^{-4}\ mol\cdot L^{-1}}=4.0\times10^2\ L\cdot mol^{-1}\cdot cm^{-1}$$

在一个显色体系内，若符合朗伯-比耳定律则 $\varepsilon_1=\varepsilon_2$，但本题 $\varepsilon_1\neq\varepsilon_2$，故不符合朗伯-比耳定律。

12.4 同步练习及答案

12.4.1 同步练习

一、选择题

1. 在吸光光度法中，透射光强度与入射光强度之比称为(　　)。

A. 吸光度　　B. 消光度　　C. 透光度　　D. 光密度

2. 有色溶液的摩尔吸光系数 ε 与下列哪种因素有关？(　　)

A. 入射光波长　　B. 比色皿厚度　　C. 有色物质浓度　　D. 有色物质稳定性

3. 透光度与吸光度的关系是(　　)。

A. $1/T=A$　　B. $\lg1/T=A$　　C. $\lg T=A$　　D. $T=\lg1/A$

4. 若测得某溶液在 λ_{max} 时 $A>0.8$，可以采取下列哪些措施？(　　)

A. 增大光源亮度　　B. 改变入射光波长　　C. 稀释溶液　　D. 换小的比色皿

5. 在可见分光光度分析中，假设试剂或显色剂有颜色，而试液无色时，参比溶液为(　　)。

A. 样品空白　　B. 试剂空白　　C. 蒸馏水空白　　D. 溶剂空白

6. 分光光度法测定钴盐中微量Mn，方法是加入无色氧化剂将 Mn^{2+} 氧化为 MnO_4^-，测定中应选(　　)。

A. 试剂空白　　B. 蒸馏水空白

C. 溶剂空白　　D. 不加氧化剂的样品空白

7. 一有色溶液，测得 $A=0.701$，其 $T\%$ 为(　　)。

A. 10.7　　B. 15.8　　C. 19.9　　D. 25.2

8. $KMnO_4$ 溶液吸收白光中的(　　)。

A. 紫光　　B. 红光　　C. 蓝光　　D. 绿光

9. 符合朗伯-比耳定律的有色溶液，当其浓度增大后(　　)。

A. λ_{max} 不变　　B. T 增大　　C. A 减小　　D. ε 增大

10. 有A、B两份有色物质溶液，A溶液用1.0 cm比色皿，B溶液用2.0 cm比色皿，在同一波长下测得的吸光度值相等，则它们的浓度关系为(　　)。

A. $c_A=1/2c_B$　　B. $2c_A=c_B$　　C. $c_A=2c_B$　　D. $c_A=4c_B$

二、判断题

1. 吸光度 A 与透光度 T 成反比。(　　)

2. 朗伯-比耳定律只适用于单色光。(　　)

3. 同一物质与不同显色剂反应，生成不同的有色化合物时具有相同的 ε 值。(　　)

4. 若显色剂用量多，则显色反应完成程度高，故显色剂用量越多越好。 （ ）

5. 一般来说，加入有机溶剂，可以提高显色反应的灵敏度。 （ ）

6. 浓度相对误差仅与仪器读数误差相关。 （ ）

7. 浓度较高时测量相对误差大，浓度较低时，测量相对误差小。 （ ）

8. 符合朗伯-比耳定律的某有色溶液稀释时，其最大吸收峰的波长 λ_{max} 的位置向长波方向移动。 （ ）

9. 某物质的摩尔吸光系数 ε 很大，说明该物质对某波长的光吸收能力强。 （ ）

10. 有色溶液的吸光度随溶液浓度增大而增大，所以吸光度与浓度成正比。 （ ）

11. 在光度分析中，溶液浓度越大，吸光度越大，测量结果越准确。 （ ）

三、填空题

1. 朗伯-比耳定律数学表达式 $A=Kbc$，式中 A 代表________，b 代表________，c 代表________，K 代表________。当 c 的单位用 $mol\cdot L^{-1}$ 表示时，K 以符号________表示，称为________。

2. 光度计的种类和型号繁多，但都主要由________、________、________、________、________五大部件组成。

3. 为了降低测量误差，吸光光度分析中比较适宜的吸光度范围是________，吸光度为________时，测量误差最小。

4. 用分光光度法测定水中微量铁，取 3.0 $\mu g\cdot mL^{-1}$ 的铁标准液 10.0 mL，显色后稀释至 50 mL，测得吸光度 $A_s=0.460$。另取水样 25.0 mL，显色后也稀释至 50 mL，测得吸光度 $A_x=0.410$，则水样中的铁含量为________$\mu g\cdot mL^{-1}$。

5. 苯酚在水溶液中摩尔吸光系数为 $6.17\times10^3\ L\cdot cm^{-1}\cdot mol^{-1}$，若要求使用 1.0 cm 比色皿，透光率在 0.15~0.65，则苯酚的浓度应控制在________。

6. 某显色剂 R 分别与金属离子 M 和 N 形成有色配合物 MR 和 NR，在某一波长下分别测得 MR 和 NR 的吸光度为 0.250 和 0.150，则在此波长下 MR 和 NR 的总吸光度为________。

四、简答题

1. 什么是物质的光吸收曲线？有何实际意义？

2. 在吸光光度法中，如何选择入射光波长？

3. 什么是透光率、吸光度？二者有何关系？

4. 什么是摩尔吸光系数？它对光度分析有何实际意义？

五、计算题

1. 有一 $KMnO_4$ 溶液，盛于 1 cm 比色皿中，在 560 nm 波长的单色光下测得透光度为 60%，如将其浓度增大 1 倍，其他条件不变，吸光度是多少？

2. Fe^{2+} 用邻二氮菲显色，当 $\rho=0.76\ \mu g\cdot mL^{-1}$，于波长 510 nm 处用 2.0 cm 比色皿测得透光度为 50.2%，求该显色反应的摩尔吸光系数。

3. 当用纯溶剂作参比时，浓度为 c 的溶液的吸光度为 0.434 3，假定光度读数误差为±0.20%，其浓度 c 的相对误差应为多少？

4. 已知 $KMnO_4$ 的 $\varepsilon_{545}=2.23\times10^3\ L\cdot cm^{-1}\cdot mol^{-1}$。某溶液 100 mL 含 $KMnO_4$ 8.0×10^3 g，用 1 cm 比色皿测定，其吸光度和透光率各为多少？

12.4.2 同步练习答案

一、选择题

1. C 2. A 3. B 4. C 5. B 6. D 7. C 8. D 9. A 10. C

二、判断题

1. × 2. √ 3. × 4. × 5. √ 6. × 7. × 8. × 9. √ 10. √ 11. ×

三、填空题

1. 吸光度；液层厚度；溶液浓度；吸光系数；ε；摩尔吸光系数

2. 光源；单色器；样品室；检测器；显示系统

3. 0.2~0.8；0.434

4. 1.06

5. $3.1\times10^{-5}\sim1.3\times10^{-4}$ mol · L^{-1}

6. 0.400

四、简答题

1. 将不同波长的光依次通过某一固定浓度的有色溶液，测量每一波长下有色溶液对光的吸收程度(吸光度A)，以波长λ为横坐标，吸光度A为纵坐标作图，所得曲线称为该物质溶液的光吸收曲线。由于不同物质吸收曲线形状和最大吸收波长λ_{max}不同，可以作为物质定性分析的依据；不同浓度的同一物质溶液，吸收曲线形状和λ_{max}不变，吸光度随浓度增加而增大，这是定量分析的依据。

2. 无干扰离子存在时，根据吸收曲线选择λ_{max}为入射光波长。有干扰离子存在时，选择吸收最大干扰最小的波长为入射光波长。

3. 透光率T是透射光强度与入射光强度之比。吸光度是入射光强度与透射光强度比值的对数。两者的关系为$A=-\lg T$。

4. 当朗伯-比耳定律数学表达式$A=Kbc$中的浓度c以物质的量浓度表示，液层厚度b以厘米表示时，比例系数K用符号ε代替，ε称为摩尔吸光系数。一定温度下，它是吸光物质在特定波长和特定溶剂时的特征常数，数值上等于通过液层厚度1.0 cm，浓度为1.0 mol · L^{-1}溶液时的吸光度，是物质对此波长光的吸收能力的量度。ε值大，表示该物质对该波长的光吸收能力强，该显色反应用于定量测定时灵敏度高，ε是吸光光度法必不可少的参数。

五、计算题

1. 解：$b_1=1$ cm，$A_1=-\lg T_1=-\lg0.60=0.22$

$$A_2=\frac{A_1c_2}{c_1}=\frac{0.22\times2.0}{1.0}=0.44$$

2. 解：$M(\text{Fe})=55.85\ \text{g}\cdot\text{mol}^{-1}$，$\rho=7.6\times10^{-4}\ \text{g}\cdot\text{L}^{-1}$，

$c=7.6\times10^{-4}\div55.85=1.36\times10^{-5}\ \text{mol}\cdot\text{L}^{-1}$

$A=-\lg T=-\lg50.2\%=0.299$

$$\varepsilon=\frac{A}{bc}=\frac{0.299}{2.0\times1.36\times10^{-5}}=1.1\times10^{4}\ \text{L}\cdot\text{mol}^{-1}\cdot\text{cm}^{-1}$$

3. 解：$A=-\lg T$，$A=0.434\,3$，所以 $T=0.368$

$$\frac{\Delta c}{c}=\frac{0.434}{T\lg T}\Delta T=\frac{0.434\times(\pm0.002\,0)}{0.368\times\lg0.368}=\pm0.005\,4=\pm0.54\%$$

4. 解：查得 $M(\text{KMnO}_4)=158.03\ \text{g}\cdot\text{mol}^{-1}$

$c(\text{KMnO}_4)=8.0\times10^{-3}\div(100\times10^{-3}\times158.03)=5.1\times10^{-4}\ \text{mol}\cdot\text{L}^{-1}$

$A=\varepsilon bc=2.23\times10^{3}\times1\times5.1\times10^{-4}=1.13$

$T=0.074=7.4\%$

第13章 电势分析法

13.1 基本要求

(1)理解和掌握电势分析法、参比电极、指示电极、直接电势法和电势滴定法等基本概念和原理。

(2)掌握能斯特方程的相关计算。

(3)掌握参比电极和指示电极的电极符号、电极反应和电极电势的表达形式，以及两种电极的种类及其应用。

(4)掌握直接电势法的分类及应用。

(5)理解电势滴定法终点确定的方法和应用。

重点：电势分析法的基本原理和分类；甘汞电极、金属类电极和离子选择性电极等电极结构和电极电势的有关计算；直接电势法测定溶液 pH 和离子活度(浓度)的方法和原理；电势滴定法终点确定的方法和应用。

难点：能斯特方程的相关计算；参比电极和指示电极的电极反应、电极电势等方面的有关计算；玻璃电极测定溶液 pH 时，膜电势、电极电势的计算；直接电势法测定离子活度(浓度)中标准比较法、标准曲线法和标准加入法的有关计算。

13.2 知识体系

13.2.1 电势分析法的基本原理

电极电位和物质活度的关系遵从能斯特方程：

$$\varphi(M^{n+}/M)=\varphi^{\ominus}(M^{n+}/M)+\frac{RT}{nF}\ln a(M^{n+}) \tag{13-1}$$

式中，$a(M^{n+})$为 M^{n+}的活度，溶液浓度很低时，可以用 M^{n+}的浓度代替活度，即

$$\varphi(M^{n+}/M)=\varphi^{\ominus}(M^{n+}/M)+\frac{RT}{nF}\ln c(M^{n+}) \tag{13-2}$$

如果测得该电极的电极电势，就可以根据能斯特方程求出该离子的活度或浓度。

由于单个电极的电极电位无法测量，在电位分析法中，必须设计一个原电池，通常选用

一个电极电位能随溶液中被测离子活度的改变而变化的电极(称为指示电极)和一个在一定条件下电极电位恒定的电极(称为参比电级)，与待测溶液组成工作电池：

$$\text{参比电极} \parallel M^{n+} \mid M$$

参比电极可作正极，也可作负极，视两个电极的电位高低而定。原电池的电池电动势为

$$\begin{aligned} E &= \varphi(+) - \varphi(-) = \varphi(M^{n+}/M) - \varphi(\text{参比}) \\ &= \varphi^{\ominus}(M^{n+}/M) + \frac{RT}{nF}\ln a(M^{n+}) - \varphi(\text{参比}) \\ &= K + \frac{RT}{nF}\ln a(M^{n+}) \end{aligned} \tag{13-3}$$

式中，E 为电池电动势；$\varphi(+)$为正极的电极电位，其电极电位较高；$\varphi(-)$为负极的电极电位，其电极电位较低；$\varphi(\text{参比})$为参比电极的电极电位，其值已知。$\varphi^{\ominus}(M^{n+}/M)$和$\varphi(\text{参比})$在温度一定时，都是常数，只要测出电池电动势 E 就可求得 $a(M^{n+})$，这种方法就是直接电位法。

若 M^{n+}是被滴定的离子，在滴定过程中，电极电位 $\varphi(M^{n+}/M)$ 将随 $a(M^{n+})$ 的变化而变化，E 也随之不断变化。在计量点附近，$a(M^{n+})$ 将发生突变，相应的 E 也有较大的变化，通过测量 E 的变化就可以确定滴定终点，这种方法就是电位滴定法。

13.2.2 参比电极

参比电极是测量电池电动势、计算电极电位的基准。要求其电极电位已知且稳定，不受试液组成变化的影响，重现性好，容易制备。标准氢电极是最重要、最准确的参比电极，它是各种参比电极的一级标准。但是标准氢电极制作麻烦，所用铂黑容易中毒，使用很不方便，一般不用氢电极作为参比电极。实际工作中，最常用的参比电极是甘汞电极和银-氯化银电极。

13.2.2.1 甘汞电极

甘汞电极是由金属汞和它的饱和难溶汞盐——甘汞(Hg_2Cl_2)以及氯化钾溶液组成的。

电极组成：$Hg, Hg_2Cl_2 \mid KCl$

电极反应：$Hg_2Cl_2 + 2e^- \rightleftharpoons 2Hg + 2Cl^-$

电极电位(25 ℃时)：

$$\varphi(Hg_2Cl_2/Hg) = \varphi^{\ominus}(Hg_2Cl_2/Hg) - \frac{0.059\ 2}{2}\lg a^2(Cl^-) \tag{13-4}$$

由式(13-4)可知，当温度一定时，甘汞电极的电极电位主要决定于 $a(Cl^-)$，当 $a(Cl^-)$ 一定时，其电极电位是一个定值。

13.2.2.2 银-氯化银电极

银丝表面镀上一薄层氯化银后，浸入浓度一定的 KCl 溶液中，即构成银-氯化银电极。

电极组成：$Ag, AgCl \mid KCl$

电极反应：$AgCl + e^- \rightleftharpoons Ag + Cl^-$

电极电位：

$$\varphi(AgCl/Ag) = \varphi^{\ominus}(AgCl/Ag) - 0.059\ 2\lg a(Cl^-) \tag{13-5}$$

可以看出，当温度一定时，银-氯化银电极电势也取决于$a(Cl^-)$的大小。

13.2.3 离子选择性电极

离子选择性电极又称膜电极，其膜电位是通过敏感膜选择性地进行离子交换和扩散而产生的。离子选择性电极有多种，这里只介绍 pH 玻璃电极和氟离子选择性电极。

13.2.3.1 pH 玻璃电极

pH 玻璃电极的电极电位的产生依赖于玻璃膜的材料与结构的特殊性。实际测定时，玻璃膜两边与内外溶液的两个相界发生H^+的扩散，破坏了界面附近电荷分布的均匀性，从而建立起两个界面双电层，产生两个相界电位。膜电位主要由两个相界电位的差值决定，其大小与试液中H^+活度的关系为

$$\varphi(\text{膜}) = K + \frac{RT}{F}\ln a(H^+)$$

25 ℃时，

$$\varphi(\text{膜}) = K + 0.059\,2\lg a(H^+) = K - 0.059\,2\text{pH} \tag{13-6}$$

pH 玻璃电极的电极电位φ(玻璃)为

$$\varphi(\text{玻璃}) = \varphi(AgCl/Ag) + \varphi(\text{膜}) = K - 0.059\,2\text{pH} \tag{13-7}$$

13.2.3.2 氟离子选择性电极

氟离子选择性电极的敏感膜由LaF_3单晶切片经过表面抛光后制成，其膜电位与溶液中$a(F^-)$的关系遵守能斯特方程。

$$\varphi(\text{膜}) = K + \frac{RT}{F}\ln\frac{1}{a(F^-)}$$

25 ℃时，

$$\varphi(\text{膜}) = K - 0.059\,2\lg a(F^-) = K + 0.059\,2\text{pF} \tag{13-8}$$

当 pH 太高时，在电极表面发生如下交换反应：

$$LaF_3 + 3OH^- \rightleftharpoons La(OH)_3 + 3F^-$$

电极表面形成的$La(OH)_3$层干扰F^-的测定，反应生成的F^-为电极本身所响应，引起正误差。当 pH 较低时，由于H^+与部分F^-形成 HF 或HF_2^-，而使F^-活度降低，造成负误差。实验证明，氟电极适宜测定的 pH 范围为 5~7。此外，溶液中能与F^-生成稳定配合物或难溶化合物的离子(如Al^{3+}、Fe^{3+}、Ca^{2+}、Mg^{2+}等)也干扰测定，通常加掩蔽剂来消除干扰。

13.2.3.3 选择性及选择性系数

离子选择性电极的选择性用K_{ij}表示，称为选择性系数。K_{ij}的意义为，在实验条件相同时，产生相同电位的待测离子活度a_i与干扰离子活度a_j的比值，即$K_{ij} = \frac{a_i}{a_j}$。选择性系数小，表明电极对被测离子选择性高，即干扰离子的影响小。

若被测离子i的电荷是n，干扰离子j的电荷是m，则

$$\varphi(\text{膜}) = K \pm \frac{2.303RT}{nF}\lg[a_i + K_{ij}(a_j)^{\frac{n}{m}}] \tag{13-9}$$

13.2.3.4　测定的相对误差

K_{ij} 是一个实验值，并不是一个严格的常数，它随着溶液中的离子活度的测量方法的不同而异，因此不能利用选择性系数来校正因干扰离子的存在而引起的误差，但利用 K_{ij} 可以判断电极对各种离子的选择性能，并可粗略地估算在某种干扰离子 j 存在下测定 i 离子所造成的误差，帮助分析者预先估算出不会产生严重影响时干扰离子的最大允许量。

设 a_i 为待测离子的活度，a_j 为干扰离子的活度，a'为有干扰离子存在下测得的 i 离子的活度，则

$$a_i' = a_i + K_{ij}(a_j)^{\frac{n}{m}} \tag{13-10}$$

$$\text{相对误差} = \frac{(a_i' - a_i)}{a_i} = \frac{K_{ij}(a_j)^{\frac{n}{m}}}{a_i} \tag{13-11}$$

13.2.4　溶液 pH 的测定

13.2.4.1　测定的基本原理

测定溶液的 pH 常用玻璃电极作指示电极，甘汞电极作参比电极，与待测溶液组成工作电池，其电池可用下式表示：

$$(-)\mathrm{Ag}\cdot\mathrm{AgCl}\,|\,\mathrm{HCl}\,|\,\text{玻璃膜}\,|\,\text{试液}[\alpha(\mathrm{H^+})]\,\|\,\mathrm{KCl}(\text{饱和})\,|\,\mathrm{Hg_2Cl_2}\cdot\mathrm{Hg}(+)$$

25 ℃时，上述电池的电动势为

$$\begin{aligned} E &= \varphi(\mathrm{Hg_2Cl_2/Hg}) - \varphi(\text{玻璃}) \\ &= \varphi(\mathrm{Hg_2Cl_2/Hg}) - (K - 0.059\,2\ \mathrm{pH}_{\text{试}}) \\ &= K' + 0.059\,2\mathrm{pH}_{\text{试}} \end{aligned} \tag{13-12}$$

由式(13-12)可知电池电动势与溶液的 pH 呈直线关系，这就是测定 pH 的理论依据。

公式中的 K'除包括内参比电极和外参比电极的电极电位等常数外，还包括难以测量与计算的液接电位和不对称电位等，因此需要以已知 pH 的标准缓冲溶液为基准，比较包括待测溶液和标准缓冲溶液的两个工作电池的电动势来求得待测溶液的 pH。

一般地，测量溶液 pH 的工作电池为

$$(-)\text{玻璃电极}\,|\,\text{标准溶液 s 或未知液 } x\,|\,\text{参比电极}(+)$$

式中，x 为待测液；s 为标准溶液；pH 分别为 pH_x 和 $\mathrm{pH_s}$，则

$$E_\mathrm{s} = K_\mathrm{s}' + \frac{2.303RT}{F}\mathrm{pH_s} \tag{13-13a}$$

$$E_x = K_x' + \frac{2.303RT}{F}\mathrm{pH}_x \tag{13-13b}$$

若测量 E_s 和 E_x 时测量条件不变，则 $K_x' = K_\mathrm{s}'$，上列两式相减得

$$\mathrm{pH}_x = \mathrm{pH_s} + \frac{E_x - E_\mathrm{s}}{2.303RT/F} \tag{13-14}$$

式中，$\mathrm{pH_s}$ 为已确定的数值，通过测量 E_s 和 E_x 的值就可得出 pH_x，也就是说以标准缓冲溶液的 $\mathrm{pH_s}$ 为基准，通过比较 E_s 和 E_x 的大小就可求出 pH_x，国际纯粹与应用化学联合会(IUPAC)建议将此式为作为 pH 的实用定义，通常也称为 pH 标度。

13.2.4.2 电极系数

由 $pH_x = pH_s + \dfrac{E_x - E_s}{2.303RT/F}$ 可以看出，E_s 和 E_x 的差值与 pH_s 和 pH_x 的差值呈线性关系，直线的斜率 $\dfrac{2.303RT}{F}$ 是温度的函数。

一般地，令 $S = \dfrac{2.303RT}{nF}$，通常把 S 称为电极系数，也称为电极斜率。

为了检测电极系数理论值与实测相符的程度，通常用两种或两种以上标准缓冲溶液，在 25 ℃条件下测定相应的电动势，以求得实测 S 的大小。对于玻璃电极，如果实测斜率 S 的数值在 57~61 mV/pH，接近能斯特方程的计算值，则该电极性能较好，如果电极的实测斜率超出此范围，说明该电极性能差，不宜使用。

13.2.5 离子活(浓)度的基本原理

测定离子活度时，是将离子选择性电极浸入待测溶液，与参比电极组成工作电池，测量其电动势，以求得待测离子的活度或浓度。

电池电动势与离子活度之间关系的一般公式如下：

$$E = K' \pm \frac{2.303RT}{nF}\lg a_i \tag{13-15}$$

若离子选择性电极作正极，则对阳离子响应的电极，公式取“+”号，对阴离子响应的电极，公式取“-”号，若离子选择性电极作为负极，则正好相反。

在化学分析中一般要求测定的是浓度，根据 $a = \gamma c$，γ 为活度系数，γ 取决于溶液中的离子强度，因而在标准溶液和待测溶液中加入离子强度较高的溶液（离子强度调节剂），使这些溶液中的离子强度固定且基本相同，从而使 γ 不变，此时离子选择性电极的膜电位与溶液的浓度呈线性关系，即

$$E = K' \pm \frac{2.303RT}{nF}\lg \gamma(\mathrm{B})c(\mathrm{B}) = K \pm \frac{2.303RT}{nF}\lg c(\mathrm{B}) \tag{13-16}$$

13.2.6 测定离子浓度的方法

13.2.6.1 标准曲线法

将一系列已知浓度的标准溶液，用指示电极和参比电极构成工作电池测得其电动势，然后以测得的 E 值对相应的 $\lg c_i$ 值绘制标准曲线，在同样条件下测出待测溶液的 E 值，即可从标准曲线上查出被测溶液的离子浓度。

制作标准曲线要求标准溶液和待测溶液具有恒定的离子强度，即需加入离子强度调节剂。离子强度调节剂所用电解质不应对测定有干扰，需维持在适宜 pH 范围内，且常加入适宜的配位剂或其他试剂以消除干扰离子的影响。

用氟电极测定 F^- 浓度时，使用总离子强度缓冲调节液（简称 TISAB），TISAB 组成为：1 mol·L^{-1} NaCl、0.251 mol·L^{-1} HAc、0.751 mol·L^{-1} NaAc、0.001 1 mol·L^{-1} 柠檬酸钠，它的作用除固定离子强度外，还起缓冲溶液的 pH 和掩蔽干扰离子的作用。

13.2.6.2　标准加入法

当待测溶液的成份比较复杂，离子强度比较大时，就难以使它的活度系数同标准溶液一致，采用标准加入法则可在一定程度上减免这一误差。

设某一待测试液的待测阳离子浓度为 c_x，体积 V_x，测得工作电池电动势为 E，然后在试液中准确加入一小体积为 $V_s(V_s \ll V_x)$，浓度为 $c_s(c_s \gg c_x)$ 的待测离子的标准溶液，其工作电池电动势为 E'，则

$$c_x = \Delta c(10^{\Delta E/S} - 1)^{-1} \tag{13-17}$$

式中，$\Delta c = \dfrac{V_s c_s}{V_x + V_s} \approx \dfrac{V_s c_s}{V_x}$，为浓度增加量；$\Delta E$ 为电动势改变量。

13.2.7　电势滴定法

向待测溶液中滴加与待测物质起反应的滴定剂，在滴定过程中监测指示电极的电极电位变化，反应到达化学计量点时，由于待测物质浓度的突变引起电极电位突跃，以此来确定滴定终点，这样的方法称为电势滴定法，其确定终点的方法有 E-V 曲线法、$\dfrac{\Delta E}{\Delta V}$-$V$ 曲线法和二级微商法等。

电势滴定法可以应用于酸碱、沉淀、配位、氧化还原及非水溶液等各种滴定分析。

目前，已生产出自动电势滴定仪，用计算机处理数据，测定简便快捷，适用于大量样品的常规分析。

13.3　典型例题

【例 13.1】已知 Hg_2Cl_2 的溶度积为 2.0×10^{-18}，$\varphi^{\ominus}(Hg_2^{2+}/Hg) = 0.799$ V，KCl 的溶解度为 4.37 $mol \cdot L^{-1}$，试计算饱和甘汞电极的电极电位。

解：饱和甘汞电极(SCE)的电极反应为

$$Hg_2Cl_2 + 2e^- = 2Hg + 2Cl^-$$

其实质是 Hg 与 Hg_2^{2+} 建立电极反应平衡

$$Hg_2^{2+} + 2e^- \rightleftharpoons 2Hg$$

所以
$$\varphi(SCE) = \varphi^{\ominus}(Hg_2^{2+}/Hg) + \frac{0.059\ 2}{2}\lg c(Hg_2^{2+})$$

溶液中 Cl^- 与 Hg_2^{2+} 建立了沉淀-溶解平衡

$$Hg_2^{2+} + 2Cl^- \rightleftharpoons Hg_2Cl_2 \downarrow$$

$$K_{sp}^{\ominus} = 2.0\times10^{-18}$$

所以
$$c(Hg_2^{2+}) = \frac{K_{sp}^{\ominus}}{c^2(Cl^-)}$$

故 $\varphi(SCE) = \varphi^{\ominus}(Hg_2^{2+}/Hg) + \dfrac{0.059\ 2}{2}\lg \dfrac{K_{sp}^{\ominus}}{c^2(Cl^-)}$

$$=\left(0.799+\frac{0.0592}{2}\lg\frac{2.0\times10^{-18}}{4.37^2}\right)\text{V}$$

$$=0.237\ \text{V}$$

【例 13.2】已知 25 ℃时，标准甘汞电极的电极电位为 0.282 8 V，$p(H_2)=10^5$ Pa。用标准甘汞电极作正极，氢电极作负极与待测的 HCl 溶液组成电池，在 25 ℃时，测得 $E=0.342$ V，当待测溶液为 NaOH 溶液时，测得 $E=1.050$ V，取此 NaOH 溶液 25.00 mL，需上述 HCl 溶液多少 mL 时才能完全中和？

解：对氢电极 $H_2-2e^-\rightleftharpoons 2H^+$

$$\varphi(H^+/H_2)=\varphi^{\ominus}(H^+/H_2)+\frac{0.0592}{2}\lg\frac{c^2(H^+)}{p(H_2)/p^{\ominus}}=0.0592\lg c(H^+)$$

所以该电池的电动势为

$$E=\varphi(+)-\varphi(-)=\varphi(Hg_2Cl_2/Hg)-\varphi(H^+/H_2)$$

$$=[0.2828-0.0592\lg c(H^+)]\ \text{V}$$

用 HCl 组成电池时，

$$0.342\ \text{V}=[0.2828-0.0592\lg c(H^+)]\ \text{V}$$

解得 $c(H^+)=0.100\ \text{mol}\cdot\text{L}^{-1}$

用 NaOH 组成电池时

$$1.050\ \text{V}=[0.2828-0.0592\lg c(H^+)]\ \text{V}$$

解得 $c(H^+)=1.00\times10^{-13}\ \text{mol}\cdot\text{L}^{-1}$，$c(OH^-)=0.100\ \text{mol}\cdot\text{L}^{-1}$

所以完全中和，需 HCl 的体积为

$$V(\text{HCl})=\frac{c(\text{NaOH})V(\text{NaOH})}{c(\text{HCl})}=\frac{0.100\times25.00}{0.100}\ \text{mL}=25.00\ \text{mL}$$

【例 13.3】下列电池（25 ℃）

（-）玻璃电极｜标准溶液或未知液‖饱和甘汞电极（+）

当标准缓冲溶液的 pH=4.00 时电动势为 0.209 V，当缓冲溶液由未知溶液代替时，测得下列电动势值(1)0.088 V；(2)0.312 V。求未知溶液的 pH。

解： 根据 $E=K'+0.0592\text{pH}$

对标准溶液

$$0.209=K'+0.0592\times4.00 \quad ①$$

(1)对未知溶液

$$0.088=K'+0.0592\text{pH} \quad ②$$

式①②联立，解得

$$\text{pH}=1.96$$

(2)对未知溶液

$$0.312=K'+0.0592\text{pH} \quad ③$$

式①③联立，解得

$$\text{pH}=5.74$$

【例 13.4】25 ℃时下列电池的电动势为 0.518 V(忽略液接电位)，

$$Pt \mid H_2(10^5\ Pa),\ HA(0.01\ mol \cdot L^{-1}),\ A^-(0.01\ mol \cdot L^{-1}) \parallel SCE$$

计算弱酸 HA 的 $K_a^{\ominus}$ 值。

解：对氢电极

$$H_2 - 2e^- \rightleftharpoons 2H^+$$

$$\varphi(H^+/H_2) = \varphi^{\ominus}(H^+/H_2) + \frac{0.059\ 2}{2}\lg\frac{c^2(H^+)}{p(H_2)/p^{\ominus}} = 0.059\ 2\lg c(H^+)$$

$$E = \varphi(+) - \varphi(-) = \varphi(NCE) - \varphi(H^+/H_2) = [0.243\ 8 - 0.059\ 2\lg c(H^+)]$$

所以
$$0.518\ V = [0.243\ 8 - 0.059\ 2\lg c(H^+)]$$

解得
$$\lg c(H^+) = -4.63$$

由
$$HA \rightleftharpoons A^- + H^+$$

$$K_a^{\ominus} = \frac{c(A^-)c(H^+)}{c(HA)} = c(H^+) = 2.25 \times 10^{-5}$$

【例 13.5】测定 3.3×10^{-4} mol·L^{-1} $CaCl_2$ 溶液的活度，若溶液中存在 0.20 mol·L^{-1} NaCl，计算：(1)由于 NaCl 的存在所引起的相对误差是多少？已知 $K(Ca^{2+}, Na^+) = 1.6\times10^{-3}$。(2)若要使误差减少到 2%，允许 NaCl 的最高浓度是多少？

解：(1)相对误差 $= \frac{K(Ca^{2+}, Na^+)\cdot c^2(Na^+)}{c(Ca^{2+})} \times 100\% = \frac{1.6\times10^{-3}\times0.20^2}{3.3\times10^{-4}} \times 100\% = 19.4\%$

(2)根据相对误差公式，有

$$\frac{1.6\times10^{-3}\times c^2(Na^+)}{3.3\times10^{-4}} \times 100\% = 2\%$$

解得
$$c(Na^+) = 0.064\ mol \cdot L^{-1}$$

即允许的 NaCl 的最高浓度为 0.064 mol·L^{-1}。

【例 13.6】25 ℃时，用 F^- 电极测定水中 F^-，取 25.00 mL 水样，加入 10 mL TISAB，定容至 50.00 mL，测得电极电位为 0.137 0 V，加入 1.00×10^{-3} mol·L^{-1} 标准 F^- 溶液 1.0 mL 后，测得电极电位为 0.117 0 V，计算水样中 F^- 含量。

解：氟电极电位与膜外溶液中离子浓度的关系为

$$\varphi(F^-) = K - 0.059\ 2\lg c(F^-)$$

根据题意，有

$$0.137\ 0\ V = \left[K - 0.059\ 2\lg\frac{25.00\times c(F^-)}{50.00}\right] V \qquad ①$$

$$0.117\ 0\ V = \left[K - 0.059\ 2\lg\frac{25.00\times c(F^-) + 1.00\times1.00\times10^{-3}}{50.00+1.0}\right] V \qquad ②$$

式①②相减，解得

$$c(F^-) = 3.22\times10^{-5}\ mol \cdot L^{-1}$$

【例 13.7】某 pH 计的读数每改变一个 pH 单位，其电位值改变 60 mV，若以响应斜率 50 mV/pH 的玻璃电极来测定 pH＝5.0 的溶液，采用 pH＝2.00 的标准溶液定位，测定结果的绝对误差为多大？而采用 pH=4.01 的标准溶液来定位，其测定结果的绝对误差又为多大？由此说明什么问题？

解： 试液和标准溶液 pH 之差所引起的电位变化为

$$\Delta E=[50\times(5.00-2.00)]\ \mathrm{mV}=150\ \mathrm{mV}$$

ΔE 相当于 pH 的变化为

$$\Delta \mathrm{pH}=\frac{150}{60}\mathrm{pH}=2.50\mathrm{pH}$$

实际测量的 pH 为

$$(2.00+2.50)\mathrm{pH}=4.50\mathrm{pH}$$

故绝对误差为 $$(4.50-5.00)\mathrm{pH}=-0.50\mathrm{pH}$$

若以 pH=4.01 的标准溶液定位，同上可知：

$$\Delta E=[50\times(5.00-4.01)]\ \mathrm{mV}=49.5\ \mathrm{mV}$$

$$\Delta \mathrm{pH}=\frac{49.5}{60}\mathrm{pH}=0.83\mathrm{pH}$$

实际测量到的 pH 为

$$(4.01+0.83)\ \mathrm{pH}=4.84\ \mathrm{pH}$$

故绝对误差为 $$(4.84-5.00)\ \mathrm{pH}=-0.16\ \mathrm{pH}$$

由此说明，选用不同 pH 的标准溶液定位时，其绝对误差不同，为了得到准确结果，应选用与试液 pH 相近的标准溶液定位。

【例 13.8】 25 ℃时，吸取 50.00 mL K^+试液，用 K^+选择性电极和饱和甘汞电极以及试液组成工作电池，测得 E =80 mV，然后加入 0.100 mol·L^{-1} KCl 溶液 0.20 mL，测得 E= 98 mV，若 K^+离子选择性电极的电极系数符合理论值，计算试液中 K^+离子浓度。

解： 因为 $$\Delta E=(98-80)\mathrm{mV}=18\ \mathrm{mV},\ S=59\ \mathrm{mV/pH}$$

$$\Delta c\approx\frac{0.20\times0.100}{50}\mathrm{mol\cdot L^{-1}}=4\times10^{-4}\mathrm{mol\cdot L^{-1}}$$

所以 $$\begin{aligned}c(K^+)&=\Delta c(10^{\Delta E/S}-1)\\&=[4\times10^{-4}\times(10^{18/59}-1)^{-1}]\mathrm{mol\cdot L^{-1}}\\&=3.93\times10^{-4}\ \mathrm{mol\cdot L^{-1}}\end{aligned}$$

【例 13.9】 以银电极为指示电极，与饱和甘汞电极组成测量电池。用 0.100 mol·L^{-1} $AgNO_3$ 溶液滴定 100 mL 0.020 0 mol·L^{-1} NaI 溶液。试计算：(1)化学计量点时银电极的电极电位。(2)化学计量点后 1.00 mL 时的电池电动势。

解： (1)化学计量点时

$$c(\mathrm{Ag^+})=c(\mathrm{I^-})=\sqrt{K_{sp}^{\ominus}(\mathrm{AgI})}=\sqrt{8.3\times10^{-17}}\ \mathrm{mol\cdot L^{-1}}=9.1\times10^{-9}\mathrm{mol\cdot L^{-1}}$$

银电极的电极电位为

$$\begin{aligned}\varphi(\mathrm{Ag^+/Ag})&=\varphi^{\ominus}(\mathrm{Ag^+/Ag})+0.059\ 2\lg c(\mathrm{Ag^+})\\&=[0.799+0.059\ 2\lg(9.1\times10^{-9})]\ \mathrm{V}\\&=0.325\ \mathrm{V}\end{aligned}$$

(2)化学计量点后，过量 Ag^+的浓度为

$$c(Ag^+, 过量)=\frac{1.00\times0.100}{100+20.00+1.00}\ mol\cdot L^{-1}$$
$$=8.26\times10^{-4}\ mol\cdot L^{-1}$$

溶液中 Ag^+的总浓度为

$$c(Ag^+, 总)=c(Ag^+, 过量)+c(I^-)$$

由于 $$c(I^-)\ll c(Ag^+, 过量)$$

所以 $$c(Ag^+, 总)\approx c(Ag^+, 过量)=8.26\times10^{-4}\ mol\cdot L^{-1}$$

此时 $$\varphi(Ag^+/Ag)=\varphi^{\ominus}(Ag^+/Ag)+0.059\ 2\lg c(Ag^+, 总)$$
$$=[0.799+0.059\ 2\lg(8.26\times10^{-4})]\ V$$
$$=0.617\ V$$

电池电动势为

$$E=\varphi(Ag^+/Ag)-\varphi(Hg_2Cl_2/Hg)=(0.617-0.245)\ V=0.372\ V$$

【例 13.10】20 mL 未知浓度的强酸 HA 溶液，稀释至 100 mL，以 0.100 $mol\cdot L^{-1}$ NaOH 溶液进行电位滴定，所用电极为饱和甘汞-氢电极对，当一半酸被中和时，电动势读数为 0.524 V，滴定终点时电动势读数为 0.749 V，已知饱和甘汞电极的电势为 0.243 8 V，求：(1)该酸的离解系数。(2)终点时溶液的 pH。(3)终点时消耗 NaOH 溶液的体积。(4)弱酸 HA 的原始浓度。

解：(1) $$HA+NaOH \rightleftharpoons NaA+H_2O$$

一半酸被中和时， $$c(HA)=c(A^-)$$

$$pH=pK_a^{\ominus}+\lg\frac{c(A^-)}{c(HA)}=pK_a^{\ominus}$$

对工作电池：

$$E=\varphi(Hg_2Cl_2/Hg)-\varphi(H^+/H_2)=[0.243\ 8-0.059\ 2\lg c(H^+)]V$$

HA 被中和一半时，

$$0.524\ V=[0.243\ 8-0.059\ 2\lg c(H^+)]\ V$$
$$\lg c(H^+)=-4.75 \qquad pK_a^{\ominus}=4.75$$

所以 $$K_a^{\ominus}=1.8\times10^{-5}$$

(2)终点时，$E=0.749$ V

$$0.749\ V=[0.243\ 8-0.059\ 2\lg c(H^+)]\ V$$
$$\lg c(H^+)=-8.56 \quad pH=8.56$$

(3)终点时， $$A^-+H_2O \rightleftharpoons HA+OH^-$$
$$pOH=14-8.56=5.44$$
$$c(OH^-)=3.6\times10^{-6}\ mol\cdot L^{-1}$$
$$K_b^{\ominus}=\frac{c(HA)c(OH^-)}{c(A^-)}=\frac{c^2(OH^-)}{c(A^-)}=\frac{K_w^{\ominus}}{K_a^{\ominus}}$$

所以

$$c(A^-)=\frac{K_a^\Theta c^2(OH^-)}{K_w^\Theta}=\frac{1.8\times10^{-5}\times(3.6\times10^{-6})^2}{10^{-14}}\text{mol}\cdot\text{L}^{-1}=0.023\ \text{mol}\cdot\text{L}^{-1}$$

$$0.10\ \text{V}=[0.023\times(V+100)]\ \text{V}$$

$$V=30\ \text{mL}$$

(4) $$c(HA)=\frac{0.10\times30}{20}\ \text{mol}\cdot\text{L}^{-1}=0.15\ \text{mol}\cdot\text{L}^{-1}$$

【例 13.11】电池 Hg，$Hg_2Cl_2(s)$ | KCl(aq) ‖ $c(S^{2-})=1.00\times10^{-3}\ \text{mol}\cdot\text{L}^{-1}$ | S^{2-}选择电极测得电动势为 0.315 V。用含 S^{2-}试液代替后测得电动势为 0.248 V。试计算含 S^{2-}试液的浓度。

解：对比 S^{2-}试液代替前后电动势变化

$$0.315\ \text{V}=K'-\frac{0.0592}{2}\lg(1.00\times10^{-3})$$

$$0.248\ \text{V}=K'-\frac{0.0592}{2}\lg c(S^{2-})$$

可得 $c(S^{2-})=0.186\ \text{mol}\cdot\text{L}^{-1}$，即含 S^{2-}试液的浓度为 0.186 $\text{mol}\cdot\text{L}^{-1}$。

【例 13.12】将钙离子选择电极和饱和甘汞电极插入 100.00 mL 水样中，用直接电位法测定水样中的 Ca^{2+}。25 ℃时，测得钙离子电极电位为−0.061 9 V(对饱和甘汞电极)，加入 0.073 1 mol · L^{-1} $Ca(NO_3)_2$ 标准溶液 1.00 mL。搅拌平衡后，测得钙离子电极电位为 −0.048 3 V(对饱和甘汞电极)。试计算原水样中 Ca^{2+}的浓度。

解：由标准加入法计算公式

$$S=0.0592/2$$

$$\Delta c=(V_s c_s)/V_o=1.00\times0.0731/100$$

$$\Delta E=-0.0483-(-0.0619)=0.0619-0.0483=0.0136\ \text{V}$$

所以 $$c_x=\Delta c(10^{\Delta E/S}-1)^{-1}=7.31\times10^{-4}(10^{0.461}-1)^{-1}$$

$$=7.31\times10^{-4}\times0.529=3.87\times10^{-4}\ \text{mol}\cdot\text{L}^{-1}$$

即原水样中 Ca^{2+}的浓度为 $3.87\times10^{-4}\ \text{mol}\cdot\text{L}^{-1}$。

13.4 同步练习及答案

13.4.1 同步练习

一、选择题

1. 在电位分析法中，作为指示电极，其电极电位应与被测离子的浓度(　　)。

A. 无关　　B. 成正比

C. 对数成正比　　D. 符合能斯特方程的形式

2. 在电位分析法中，作为参比电极，其要求之一是(　　)。

A. 电极电位应等于零

B. 电极电位与温度无关

C. 电极电位在一定条件下为定值

D. 电极电位随试液中被测离子活度变化而变化

3. pH玻璃电极的响应机理与膜电位的产生是由于(　　)。

A. H^+在玻璃膜表面还原而传递电子

B. H^+进入玻璃膜的晶格缺陷而形成双电层结构

C. H^+穿透玻璃膜使膜内外H^+产生浓差而形成双电层结构

D. H^+在玻璃膜表面进行离子交换和扩散而形成双电层结构

4. 普遍玻璃电极不宜测定pH>9的溶液的pH，主要原因是(　　)。

A. Na^+在电极上有响应　　B. OH^-在电极上有响应

C. 玻璃被碱腐蚀　　D. 玻璃电极内阻太大

5. 关于离子选择性电极，不正确的说法是(　　)。

A. 不一定有内参比电极和内参比溶液　　B. 不一定有晶体敏感膜

C. 不一定有离子穿过膜相　　D. 只能用于正负离子的测量

6. 玻璃膜电极使用的内参比电极一般是(　　)。

A. 甘汞电极　　B. 标准氢电极　　C. Ag-AgCl电极　　D. 氟电极

7. 下列哪一种说法是正确的？氟离子选择性电极的电势(　　)。

A. 随试液中氟离子浓度的增高向正方向变化

B. 随试液中氟离子活度的增高向正方向变化

C. 与试液中氢氧根离子的浓度无关

D. 上述三种说法都不对

8. 晶体膜离子选择性电极的灵敏度取决于(　　)。

A. 响应离子在溶液中的迁移速度　　B. 膜物质在水中的溶解度

C. 响应离子的活度系数　　D. 晶体膜的厚度

9. 晶体膜电极的选择性取决于(　　)。

A. 被测离子与共存离子的迁移速度

B. 被测离子与共存离子的电荷数

C. 共存离子在电极上参与响应的敏感程度

D. 共存离子与晶体膜中的晶格离子形成微溶性盐的溶解度或络合物的稳定性

10. 离子选择性电极在使用时，每次测量前都要将其电位清洗至一定的值，即固定电极的预处理条件，这样做的目的是(　　)。

A. 避免存储效应(迟滞效应或记忆效应)　　B. 消除电位势不稳定性

C. 清洗电极　　D. 提高灵敏度

11. 离子选择性电极的电位选择性系数可用于(　　)。

A. 估计电极的检测限　　B. 估计共存离子的干扰程度

C. 校正方法误差　　D. 估计电极的线性响应范围

12. 对于离子选择性电极，其选择性系数(　　)。

A. 越大，其选择性越好　　B. 恒等于1.0

C. 越小，其选择性越好　　D. 总小于0.5

13. 某钠敏感电极的选择性系数为20，如果用这种电极测定pNa=2的Na^+溶液，并要求测定误差小于2%，则溶液的pH必须大于(　　)。

A. 4　　B. 5　　C. 6　　D. 3

14. 玻璃膜钠离子电极对K^+的电位势选择性系数为0.001，这意味着电极对Na^+的敏感为对K^+的

(　　)。

A. 0.001 倍　　B. 1 000 倍　　C. 100 倍　　D. 10 倍

15. 用二次测量法测溶液的 pH，在 25 ℃时，用 pH = 4.00 的缓冲溶液组成工作电池，测得 $E = 0.209$ V，若用未知液时，$E = 0.255$ V，则溶液的 pH 为(　　)。

A. 4.78　　B. 1.98　　C. 3.22　　D. 5.00

16. 离子选择性电极响应斜率的理论值为(　　)。

A. $\frac{RT}{nF}$　　B. $\frac{2.303RT}{F}$　　C. $\frac{2.303RT}{nF}$　　D. $\frac{2.303\times10^3 RT}{nF}$

17. 测 F^- 浓度时，加入总离子强度调节液(TISAB)，在 TISAB 的下列作用中，其中表达错误的是(　　)。

A. 使参比电极电势恒定　　B. 固定溶液的离子强度

C. 掩蔽干扰离子　　D. 调节溶液的 pH

18. 用玻璃电极测量溶液的 pH 时，采用定量分析方法称为(　　)。

A. 校正曲线法　　B. 直接比较法　　C. 一次加入标准法　　D. 增量法

19. 用离子选择性电极以校正曲线法进行定量分析时，应要求(　　)。

A. 试样溶液与标准系列溶液的离子强度相一致

B. 试样溶液与标准系列溶液的离子强度大于 1

C. 试样溶液与标准系列溶液中待测的离子活度相一致

D. 试样溶液与标准系列溶液中待测离子的离子强度相一致

20. 电位法测定水中 F^- 浓度时，应采用的缓冲体系是(　　)。

A. $NH_4^+-NH_3$　　B. $Na_2HPO_4-NaH_2PO_4$

C. HAc-NaAc　　D. $H_2CO_3-NaHCO_3$

21. 用氟离子选择电极测 F^- 时，需加入 TISAB。下列组分中不属于 TISAB 组成的是(　　)。

A. NaCl　　B. HAc-NaAc　　C. 三乙醇胺　　D. 柠檬酸胺

22. 在电位滴定法中，以 $E-V$ 作图绘制滴定曲线，滴定终点为(　　)。

A. 曲线的最大斜率点　　B. 曲线的最小斜率点

C. E 为最大正值的点　　D. E 为最大负值的点

23. 在电位滴定法中，以 $\frac{\Delta E}{\Delta V}-V$ 作图绘制滴定曲线，滴定终点为(　　)。

A. 曲线突跃的转折点　　B. 曲线的最大斜率点

C. 曲线的最小斜率点　　D. 曲线的斜率为零时的点

二、判断题

1. 电位分析中的指示电极，其电极电位与被测离子的浓度成正比。(　　)

2. 电位分析中的参比电极，其要求之一是电极电位应等于零。(　　)

3. pH 玻璃电极的响应机理与膜电位的产生是由于 H^+ 穿透玻璃膜，使膜内外 H^+ 产生浓差而形成的双电层结构。(　　)

4. 普通玻璃电极能测所有溶液的 pH。(　　)

5. 晶体膜离子选择性电极的灵敏度取决于响应离子在溶液中的迁移速率。(　　)

6. 氟离子选择性电极的电位随试液中的氟离子浓度的增高向正方向变化。(　　)

7. 晶体膜电极的选择性取决于共存离子在电极上参与响应的敏感程度。(　　)

8. 离子选择性电极的选择性系数可用于估计共存离子的干扰程度。(　　)

三、填空题

1. 指示电极是指____。它必须符合以下要求____________、____________、____________。

2. 直接电位法测溶液的 pH 时，常用________电极作正极，称为________电极，用________电极作负极，称为________电极。

3. 电势法测定离子活度中三个基本测定方法是________、________、________。电势滴定法中三种确定终点的方法是________、________、________。

4. 离子选择性电极测定离子活（浓）度时，要加入总离子强度调节缓冲液（TISAB），原因是________________。

四、计算题

1. 用 pH 玻璃电极测定 pH=5.0 的溶液，其电极电位为 43.5 mV，测定另一未知溶液时，其电极电位为 14.5 mV，若该电极的响应斜率 S 为 58.0 mV/pH，试求未知溶液的 pH。

2. 以饱和甘汞电极作正极，氟离子选择性电极作负极，放入 0.001 $mol \cdot L^{-1}$ 氟离子溶液中，测得 $E=-0.159$ V，换用含氟离子试液，测得 $E=-0.212$ V。计算溶液中氟离子浓度。

3. 在 25 ℃时用标准加入法测定 Cu^{2+} 浓度，于 100 mL 铜盐溶液中添加 0.1 $mol \cdot L^{-1}$ $Cu(NO_3)_2$ 溶液 1.0 mL，电动势增加 10 mV，求原溶液的总离子浓度。（设电极系数符合理论值）

4. 用铅离子选择性电极测定某低度白酒中 Pb^{2+}，取酒样 25.0 mL，加入一定量 5%三乙烯四胺和 5 $mol \cdot L^{-1}$ 高氧酸钠，用高氯酸溶液调节 pH=5.5，如果电动势的测量误差为 1 mV，试求单次测量所引起的相对误差。

5. 用离子选择性电极测定海水中 Ca^{2+}，由于大量 Mg^{2+} 存在，会引起测量误差，若海水中含有 Mg^{2+} 为 1 150 $\mu g \cdot g^{-1}$，含有的 Ca^{2+} 为 450 $\mu g \cdot g^{-1}$，钙离子选择性电极对镁离子的电位选择性系数为 1.4×10^{-2}，计算用电位分析法测定海水中 Ca^{2+} 浓度时，其方法的误差为多大？

6. 称取土壤样品 6.00 g，用 pH=7 的 1 $mol \cdot L^{-1}$ 乙酸铵提取，离心，转移含钙的澄清液于 100 mL 容量瓶中，并稀释至刻度。取 50.00 mL 该溶液在 25 ℃时用钙离子选择性电极和饱和甘汞电极测得电动势为 20.0 mV，加入 0.010 0 $mol \cdot L^{-1}$ 标准钙溶液 1.0 mL，测得电动势 32.0 mV，电极实测斜率为 29.0 mV，计算土壤样品中 Ca^{2+} 的质量分数。

13.4.2　同步练习答案

一、选择题

1. D　2. C　3. D　4. A　5. D　6. C　7. A　8. B　9. D　10. A　11. B　12. C　13. B　14. B　15. A　16. C　17. A　18. B　19. A　20. C　21. C　22. A　23. D

二、判断题

1. ×　2. ×　3. ×　4. ×　5. ×　6. √　7. ×　8. √

三、填空题

1. 电极电位随待测离子活度不同而变化的电极；电极电位与有关离子活度之间的关系应符合能斯特方程；对离子活度变化响应快而且能够重视；使用方便

2. 甘汞；参比；玻璃；指示

3. 标准比较法，标准曲线法，标准加入法；E–V 曲线法，$\frac{\Delta E}{\Delta V}$–$V$ 曲线法，$\frac{\Delta^2 E}{\Delta V^2}$–$V$ 曲线法

4. 使活度系数恒定

四、计算题

1. 解：玻璃电极的电极电位与试液 pH 有如下关系

$\varphi(玻)=K-S\cdot \mathrm{pH}$

已知溶液的 pH 和未知溶液的 pH 与电极电位的关系为

$0.0435=K-5.0S$

$0.0145=K-S\cdot \mathrm{pH}$

解得

$$\mathrm{pH}=5.0-\frac{0.0145-0.0435}{0.058}=5.5$$

2. 解：因 $\varphi(F^-)=K-0.0592\lg c(F^-)$

$E=\varphi(SCE)-\varphi(F^-)=K'+0.0592\lg c(F^-)$

所以

$-0.159=K'+0.0592\lg 0.001$ ①

$-0.212=K'+0.0592\lg c(F^-)$ ②

式①②联立，解得 $c(F^-)=1.3\times10^{-4}\ \mathrm{mol\cdot L^{-1}}$

3. 解：$\Delta E=10\ \mathrm{mV}$，$S=29.5\ \mathrm{mV/pH}$

$$\Delta c\approx\frac{0.1\times1.0}{100}=1.0\times10^{-3}\ \mathrm{mol\cdot L^{-1}}$$

根据 $c=\Delta c(10^{\Delta E/S}-1)^{-1}$，得

$c(Cu^{2+})=1.0\times10^{-3}\times(10^{10/29.5}-1)^{-1}=8.5\times10^{-4}\ \mathrm{mol\cdot L^{-1}}$

4. 解：电池电动势可表示为

$$E=K-\frac{0.0592}{2}\lg a(Pb^{2+})$$

即 $\lg a(Pb^{2+})=\dfrac{(K-E)\times2}{0.0592}$

微分上式，得

$$\frac{\mathrm{d}a(Pb^{2+})}{a(Pb^{2+})}=\frac{\mathrm{d}E}{0.013}$$

以有限增值 $\Delta a(Pb^{2+})$、ΔE 代替 $\mathrm{d}a(Pb^{2+})$、$\mathrm{d}E$，得

$$\frac{\Delta a(Pb^{2+})}{a(Pb^{2+})}=76.92\Delta E=76.92\times0.001=0.0769$$

浓度测定的相对误差为

$$\frac{\Delta a(Pb^{2+})}{a(Pb^{2+})}\times100\%=0.0769\times100\%=7.69\%$$

5. 解：

$$c(Ca^{2+})=\frac{450\times10^{-6}\times1000}{40.08}=1.12\times10^{-2}\ \mathrm{mol\cdot L^{-1}}$$

$$c(Mg^{2+})=\frac{1150\times10^{-6}\times1000}{24.30}=4.73\times10^{-2}\ \mathrm{mol\cdot L^{-1}}$$

测得 Ca^{2+} 的相对误差为

$$相对误差=\frac{K(Ca^{2+},Mg^{2+})\cdot c(Mg^{2+})}{c(Ca^{2+})}\times100\%=\frac{1.4\times10^{-2}\times4.73\times10^{-2}}{1.12\times10^{-2}}\times100\%=5.91\%$$

6. 解：因 $\Delta E=32.0-20.0=12.0\ \mathrm{mV}$，$S=29.0\ \mathrm{mV}$

$$\Delta c \approx \frac{1.0 \times 0.01}{50.00} = 2.00 \times 10^{-4}\ \text{mol} \cdot \text{L}^{-1}$$

所以 $c(\text{Ca}^{2+}) = \Delta c(10^{\Delta E/S} - 1)^{-1} = 2.00 \times 10^{-4} \times (10^{12.0/29.0} - 1)^{-1} = 1.26 \times 10^{-4}\ \text{mol} \cdot \text{L}^{-1}$

$$\omega(\text{Ca}^{2+}) = \frac{1.26 \times 10^{-4} \times 100 \times 10^{-3} \times 40.0}{6.00} \times 100\% = 0.008\,4\%$$

第14章 元素选述

14.1 基本要求

(1)了解和掌握元素氢化物、氧化物及氢氧化物的酸碱性规律。

(2)了解含氧酸根的结构，掌握含氧酸盐氧化还原能力规律。

(3)掌握含氧酸盐热稳定性规律。

(4)熟悉镧系元素电子结构特征、镧系收缩概念及对元素性质的影响。

(5)了解惰性电子对效应概念及其对离子性质的影响。

重点：掌握氢化物、氢氧化物的酸碱性变化规律；掌握含氧酸盐热稳定性规律；过渡后元素的惰性电子对效应。

难点：用离子极化理论解释碳酸盐分解规律；含氧酸根的结构。

14.2 知识体系

对于元素和化合物性质及反应事实的叙述通常称为描述化学。其中，使人感兴趣的是这些化学事实间所存在的规律性联系和理论上的解释。这些一般的化学规律对处理实际问题是非常有用的。

14.2.1 元素氢化物、氧化物和氢氧化物的酸碱性

碱金属和碱土金属氢化物是离子型的，其中含有 H^-离子，如 LiH、NaH、MgH_2。在水溶液中 H^-会发生水解而呈碱性，同时放出 $H_2(g)$。

$$H^- + H_2O \longrightarrow H_2(g) + OH^-$$

野外制氢气即用 $CaH_2(s)$。在元素周期表中间的元素的氢化物，其酸碱性不明显。例如，CH_4 既非酸性又非碱性，NH_3 在结构上有一对孤对电子可以接受质子而呈碱性。具有明显酸性的氢化物是氧族元素和卤素，它们的水溶液称为氢酸。在同一族内氢酸的酸性随原子半径增大而增强。由于 H_2O 和 HF 能够形成分子间氢键，使它们的酸性在同族内突出地变弱。

氧化物和氢氧化物的酸碱性有以下的规律：

①同一周期元素最高氧化态的氧化物和氢氧化物由左向右酸性增大。

②同一族元素相同氧化态的氧化物和氢氧化物自上而下酸性减小。

③同一元素的氧化态越高，其氧化物和氢氧化物的酸性越大。

④介于周期或族中间的元素的氧化物和氢氧化物是两性氧化物和氢氧化物。如 Al_2O_3（居周期的中间）、Cr_2O_3（氧化态居中间）、Sb_2O_3（居族的中间），它们与酸碱的反应为

$$Al_2O_3(s)+6H^+ \longrightarrow 2Al^{3+} + 3H_2O(l)$$

$$Al_2O_3(s)+2OH^-+3H_2O \longrightarrow 2Al(OH)_4^-$$

$$Cr_2O_3(s)+6H^+ \longrightarrow 2Cr^{3+}+3H_2O(l)$$

$$Cr_2O_3(s)+2OH^-+3H_2O \longrightarrow 2Cr(OH)_4^-$$

非金属的氢氧化物即含氧酸，用 $RO_m(OH)_n$ 通式表示。在含氧酸的结构中含有非羟基氧的数目越多（即 m 越大），其酸性即越强，如

H_3AlO_3　　H_4SiO_4　　H_3PO_4　　H_2SO_4　　$HClO_4$

可以写成：$Al(OH)_3$　　$Si(OH)_4$　　$PO(OH)_3$　　$SO_2(OH)_2$　　$ClO_3(OH)$

$\xrightarrow{\text{酸性增强}}$

值得注意的是亚磷酸（H_3PO_3）和次磷酸（H_3PO_2）。它们的结构中均有氢原子直接与磷原子相连，这种氢是不电离的，所以，H_3PO_3 是二元酸，H_3PO_2 是一元酸。

14.2.2　含氧酸及其酸根的结构

非金属和某些金属元素形成含氧酸时，它们的中心原子可以与氧原子（即非羟基氧）间形成 π 键而带有双键性。第二周期元素的最高价含氧酸中心原子采用 sp^2 杂化，价层电子分布为平面三角形。第三、四周期元素的中心原子多用 sp^3 杂化，价层电子分布为四面体。第五周期元素的原子半径比较大，它们常取 sp^3d^2 杂化轨道而成为八面体的结构。如 H_5IO_6、H_6TeO_6 全是八面体的含氧酸。注意，第三周期以下的元素价层可以有 5~6 对电子。

要求会写出含氧酸的 Lewis 结构。虽然某些含氧酸是不稳定存在的，但它们的盐却是很常见的。例如，碳酸只存在于溶液中，而碳酸盐却广泛地存在于矿物岩石中。

同一周期元素的含氧酸结构是相似的，并且随着中心原子的半径减小，所连的非羟基氧增多。在同一族中则随着中心原子的半径增大所连的羟基数目增多。前面已提到 H_3PO_3 和 H_3PO_2 是特殊的结构，它们的 Lewis 结构为

```
     O              O
     ‖              ‖
 H—P—OH        H—P—OH
     |              |
     OH             H
```

对于多酸可以看作是多个含氧酸分子通过分子间失去水分子且用氧桥连接的。非金属的二酸常称为焦某酸，如焦磷酸（$H_4P_2O_7$）、焦硫酸（$H_2S_2O_7$）。

```
      O      O               O      O
      ‖      ‖               ‖      ‖
 HO—P—O—P—OH        HO—S—O—S—OH
      |      |               ‖      ‖
      OH     OH              O      O
```

金属的二酸称为重某酸，如重铬酸（$H_2Cr_2O_7$）。

$$\begin{array}{c} \quad\ O \qquad\quad O \\ \quad\ \| \qquad\quad \| \\ HO-Cr-O-Cr-OH \\ \quad\ \| \qquad\quad \| \\ \quad\ O \qquad\quad O \end{array}$$

含—O—O—的称为过某酸，含—S—S—的称为连硫酸。

$$\begin{array}{c} \quad O \qquad\qquad O \\ \quad \| \qquad\qquad \| \\ HO-S-O-O-S-OH \\ \quad \| \qquad\qquad \| \\ \quad O \qquad\qquad O \end{array}$$

$H_2S_2O_8$过二硫酸

$$\begin{array}{c} \quad O \qquad\qquad O \\ \quad \| \qquad\qquad \| \\ HO-S-S-S-S-OH \\ \quad \| \qquad\qquad \| \\ \quad O \qquad\qquad O \end{array}$$

$H_2S_4O_6$连四硫酸

14.2.3 含氧酸盐的热分解

含氧酸盐加热时会分解，一般具有下列规律：

(1)多原子阴离子组成的化合物在加热后，多数情况分解成酸酐和金属氧化物，含氧酸盐越稳定，分解所需温度高。

对于相同的金属离子，不同的含氧酸根组成的盐的稳定性不同。

磷酸盐、硅酸盐>硫酸盐>碳酸盐 > 卤酸盐>硝酸盐> 亚硝酸盐

正盐>酸式盐

碳酸盐 >酸式碳酸盐

(2)含氧酸盐的稳定性除与阴离子有关外，还与阳离子的极化能力有关。阳离子的极化力越强，它越容易使含氧阴离子变形达到分解的程度。

碳酸盐的稳定性：碱金属碳酸盐>碱土金属碳酸盐>过渡元素碳酸盐。例如，K_2CO_3、Na_2CO_3的稳定性大于 Ag_2CO_3。

在常见的含氧酸盐中，硅酸盐最稳定，其次是磷酸盐、硫酸盐、碳酸盐、硝酸盐。正盐比酸式盐稳定。

14.2.4 过渡后元素的惰性电子对效应

过渡后元素(过渡元素后面的 p 区元素)的价电子组态为 $ns^2np^{1\sim5}$。在每一族中自上而下 ns^2 电子难于成键，这一对电子即为惰性电子对。因此，每一族上边的元素是高氧化数稳定，而下边的是低氧化数稳定。

例如，$GeO_2 \longrightarrow GeO \qquad \varphi^{\ominus}(Ge^{4+}/Ge^{2+}) = -0.12\ V$

$Sn^{4+} \longrightarrow Sn^{2+} \qquad \varphi^{\ominus}(Sn^{4+}/Sn^{2+}) = 0.15\ V$

$PbO_2 \longrightarrow Pb^{2+} \qquad \varphi^{\ominus}(Pb^{4+}/Pb^{2+}) = 1.46\ V$

可见 PbO_2 最不稳定，是一个强氧化剂。

14.2.5 含氧酸及其盐的氧化性

含氧酸及其盐的氧化能力越强，其本身的稳定性就越低。同一元素不同氧化态的含氧酸，通常是高氧化态的氧化能力弱。

$$ClO^- \quad ClO_2^- \quad ClO_3^- \quad ClO_4^-$$
$$\xrightarrow{\text{氧化能力减小，稳定性增加}}$$

在同一周期内最高氧化数的含氧酸，其氧化性自左向右增大。在同一族内最高氧化数的含氧酸，其氧化性自上而下增大。

$$\xrightarrow[\text{氧化性增大}]{H_4SiO_4 \quad H_3PO_4 \quad H_2SO_4 \quad HClO_4}$$

$$\xrightarrow[\text{氧化性减小}]{CrO_4^{2-}(Cr_2O_7^{2-}) \quad MoO_4^{2-} \quad WO_4^{2-}}$$

此外，溶液的 pH、含氧酸的浓度也会影响它们的氧化性。

14.2.6　对角线相似性

第二周期元素的许多性质与本族元素不同，而类似于右下对角的第三周期元素。例如，Li 不像 Na 而像 Mg，Be 不像 Mg 而像 Al。这种特性称为对角线相似。这是由于 Li(Ⅰ)、Be(Ⅱ)的离子半径小，分别与半径较大而电荷较多的 Mg(Ⅱ)、Al(Ⅲ)具有相似的电场强度。所以，它们的离子极化力大小相似，所形成的化合物也有相似的共价键成分。

14.3　典型例题

【例 14.1】写出下面氧化物分别与酸、碱和水的反应。

Li_2O，BeO，B_2O_3

解：Li_2O 是碱性氧化物，可以与水和酸作用：

$$Li_2O(s)+H_2O \longrightarrow 2Li^++2OH^-$$

$$Li_2O(s)+2H^+ \longrightarrow 2Li^++2H_2O$$

BeO 是两性氧化物，可以与酸碱反应：

$$BeO(s)+2H^+ \longrightarrow Be^{2+}+H_2O$$

$$BeO(s)+2OH^-+H_2O \longrightarrow Be(OH)_4^{2-}(\text{或 } BeO_2^-)$$

B_2O_3 是酸性氧化物，可以与碱作用：

$$B_2O_3(s,\text{无定形})+3H_2O \longrightarrow 2B(OH)_3(\text{或 } H_3BO_3)$$

$$B_2O_3(s)+2OH^-+3H_2O \longrightarrow 2B(OH)_4^-(\text{或 } BeO_2^-)$$

【例 14.2】用离子半径解释下列氢氧化物的酸碱性：(1) $Cr(OH)_2$ 是碱性，$Cr(OH)_3$ 为两性，H_2CrO_4 是酸性。(2) HClO 和 $HClO_2$ 是弱酸，$HClO_3$ 和 $HClO_4$ 是强酸。

解：(1)在氢氧化物中 M—O—H 的 M 正电荷增加和 M 离子半径的减小均有利于加强 M—O 键的强度，从而易于 O—H 键断裂，即酸性加大。

	$Cr(OH)_2$	$Cr(OH)_3$	H_2CrO_4
M 氧化数	+2	+3	+6
离子半径/pm	83	63	52

$$\xrightarrow[\text{酸性增强}]{\qquad\qquad\qquad}$$

(2)同一元素不同氧化态的含氧酸，中心原子的氧化数越高，半径越小，与它相结合的氧原子的电子密度越低，O—H 键越弱，因此酸性越强。

	$HClO$	$HClO_2$	$HClO_3$	$HClO_4$
M 氧化态	+1	+3	+5	+7

离子半径减小 →

酸性增强 →

【例 14.3】命名下列含氧酸或含氧酸根，写出 Lewis 结构并判断其几何形状。

S_3^{2-}，SO_3^{2-}，SO_4^{2-}，$S_2O_8^{2-}$，$S_2O_3^{2-}$，$S_4O_6^{2-}$，$S_2O_7^{2-}$

解：

S_3^{2-}：多硫离子　结构：$\left[\begin{array}{c} S \\ / \quad \backslash \\ S \qquad S \end{array}\right]^{2-}$　V 形

SO_3^{2-}：亚硫酸根　结构：$\left[\begin{array}{c} O \\ \| \\ S \\ / \quad \backslash \\ O \qquad O \end{array}\right]^{2-}$　平面三角形

SO_4^{2-}：硫酸根　结构：$\left[\begin{array}{c} O \\ \| \\ O-S-O \\ \| \\ O \end{array}\right]^{2-}$　四面体

$S_2O_8^{2-}$：过硫酸根　结构：$\left[\begin{array}{c} O \qquad\qquad\quad O \\ \| \qquad\qquad\quad \| \\ O-S-O-O-S-O \\ \| \qquad\qquad\quad \| \\ O \qquad\qquad\quad O \end{array}\right]^{2-}$　连角双四面体

$S_2O_3^{2-}$：硫代硫酸根　结构：$\left[\begin{array}{c} S \\ \| \\ O-S-O \\ \| \\ O \end{array}\right]^{2-}$　四面体

$S_4O_6^{2-}$：连四硫酸根　结构：$\left[\begin{array}{c} O \qquad\qquad\qquad O \\ \| \qquad\qquad\qquad \| \\ O-S-S-S-S-O \\ \| \qquad\qquad\qquad \| \\ O \qquad\qquad\qquad O \end{array}\right]^{2-}$　连角双四面体

$S_2O_7^{2-}$：焦硫酸根　结构：$\left[\begin{array}{c} O \qquad\quad O \\ \| \qquad\quad \| \\ O-S-O-S-O \\ \| \qquad\quad \| \\ O \qquad\quad O \end{array}\right]^{2-}$　共角双四面体

【例 14.4】过渡元素的同族元素的氧化性大小次序如 $CrO_4^{2-}>MoO_4^{2-}>WO_4^{2-}$，而主族元素的同族元素正好相反，其还原性大小如 $GeCl_2>SnCl_2>PbCl_2$。试解释此现象。

解：过渡元素的同族元素的半径是自上而下增大，高氧化态也是自上而下稳定。所以，Cr(Ⅵ)不稳定易于被还原为 Cr(Ⅲ)，CrO_4^{2-} 即表现为同族中最强的氧化性。而主族元素的同族元素由于惰性电子对效应，高氧化态自上而下不稳定。所以，Ge(Ⅱ)易于氧化成 Ge(Ⅳ)，$GeCl_2$ 即表现为同族中最强的还原剂。

【例 14.5】解释 $BeCl_2$ 的下列性质类似于 $AlCl_3$：(1)溶于水呈弱酸性。(2)沸点是 520 ℃而 $MgCl_2$ 是 1 412 ℃。(3)熔化时是不良的导体。(4)气体 $BeCl_2$ 相对分子质量>80。

解：由于 Be^{2+} 的极化作用比 Mg^{2+} 大而近于 Al^{3+}，所以 $BeCl_2$ 的共价性也与 $AlCl_3$ 接近。表现为：

(1) Be^{2+} 可以水解而呈弱酸性。

$$Be(H_2O)_6^{2+} \rightleftharpoons Be(H_2O)_5(OH)^+ + H^+$$

(2) Be—Cl 带共价性，$BeCl_2$ 具有共价分子性质，所以沸点不太高。而 $MgCl_2$ 是离子型分子，有高的沸点。

(3) $BeCl_2$ 是共价性分子，熔化时不导电。

(4) $BeCl_2$ 与 $AlCl_3$ 相似，气态下是二聚分子。

【例 14.6】为什么 Ti^{3+} 是紫红色而 Ti^{4+} 无色？Cu^{2+} 是淡蓝色而 Cu^+ 无色？

解：Ti 基态电子组态为 $[Ar]3d^24s^2$，生成 Ti^{3+} 时即为 $[Ar]3d^1$，可以发生 d-d 跃迁而带色。Ti^{4+} 则为 $[Ar]3d^0$ 轨道全空，所以不带颜色。

Cu 基态电子组态为 $[Ar]3d^{10}4s^1$，生成 Cu^{2+} 时为 $[Ar]3d^9$，可以发生 d-d 跃迁而带色，Cu^+ 则为 $[Ar]3d^{10}$，d 轨道全充满也不显颜色。

14.4　同步练习及答案

14.4.1　同步练习

一、选择题

1. 野外制氢的方便方法是加水于(　　)。

A. CaC_2　　B. SiH_4　　C. CaH_2　　D. PH_3

2. 下列分子为直线形的是(　　)。

A. OF_2　　B. SF_6　　C. O_3　　D. NO_2^+

3. 下列物质的几何构型是不同的为(　　)。

A. CH_4，NH_4^+　　B. OF_2，H_2S　　C. H_3O^+，PH_3　　D. CF_4，PF_4

4. 下列分子的中心原子在三角锥的锥顶的是(　　)。

A. H_2SO_3　　B. H_3PO_3　　C. H_2CO_3　　D. HNO_3

5. NO_2 分子中∠ONO 应是(　　)。

A. >120°　　B. =120°　　C. <120°但>109°　　D. =109°

6. 属于 V 形分子的是(　　)。

A. $BeCl_2$　　B. $SnBr_2$　　C. CO_2　　D. CS_2

7. 属于三角锥分子的是(　　)。

A. BF_3　　B. CO_3^{2-}　　C. NH_3　　D. $AlCl_3$

8. 属于八面体分子的是(　　)。

A. SO_4^{2-}　　B. ClO_4^-　　C. AlF_6^{3-}　　D. Al_2Cl_6

9. 加热能生成 Cl_2 的是(　　)。

A. $NaCl+H_2SO_4$　　B. $NaCl+Mn_2O_3$　　C. $HCl+Br_2$　　D. $HCl+KMnO_4$

10. 漂白粉在潮湿空气中失效是由于 $ClO^- + H_2CO_3 \rightleftharpoons HClO + HCO_3^-$ 已知 $K_{a_1}^{\ominus}(H_2CO_3) = 4.30\times10^{-7}$，$K^{\ominus}(HClO^-) = 2.95\times10^{-8}$。则此平衡常数是(　　)。

A. 1.45　　B. 5.41　　C. 14.5　　D. 145

11. $ClO_4^- \xrightarrow{1.19} ClO_3^- \xrightarrow{1.45} Cl^-$ 则歧化反应平衡常数为(　　)。

A. 2.51×10^{62}　　B. 5.21×10^{26}　　C. 2.25×10^{26}　　D. 1.25×10^{12}

12. 下列盐的氧化能力最强的是(　　)。

A. 硫酸盐　　B. 硫代硫酸盐　　C. 过硫酸盐　　D. 连硫酸盐

13. 下列既为氧化剂又为还原剂的是(　　)。

A. HNO_2　　B. H_3PO_4　　C. H_2SeO_4　　D. $HClO_4$

14. 下列为二元酸的是(　　)。

A. H_3PO_3　　B. H_3PO_2　　C. H_3PO_4　　D. $H_4P_2O_7$

15. 下列氢化物沸点最低的是(　　)。

A. AsH_3　　B. PH_3　　C. NH_3　　D. SbH_3

16. 下列氯化物不水解的是(　　)。

A. CCl_4　　B. $SiCl_4$　　C. $SnCl_4$　　D. $GeCl_4$

17. 对热不稳定的碳酸盐是(　　)。

A. $CaCO_3$　　B. $PbCO_3$　　C. Na_2CO_3　　D. K_2CO_3

18. 下列的热稳定性次序正确的是(　　)。

A. $NaHCO_3 < Na_2CO_3 < BaCO_3$　　B. $Na_2CO_3 < NaHCO_3 < BaCO_3$

C. $BaCO_3 < NaHCO_3 < Na_2CO_3$　　D. $NaHCO_3 < BaCO_3 < Na_2CO_3$

19. 配制 $SnCl_2$ 溶液时必须加入(　　)。

A. 足够的水　　B. HCl　　C. 碱　　D. Cl_2

20. 可溶于有机溶剂的氯化物是(　　)。

A. NaCl　　B. $MgCl_2$　　C. $AlCl_3$　　D. $CaCl_2$

21. 下列离子中按酸碱质子理论既是酸又是碱的为(　　)。

A. NO_2^-　　B. Ac^-　　C. CO_3^{2-}　　D. $H_2PO_4^-$

22. 平衡体系 $2HSO_4^- + HPO_4^{2-} \rightleftharpoons 2SO_4^{2-} + H_3PO_4$ 中，若不考虑 H_2SO_4、H_3O^+ 和 OH^- 存在，共轭酸碱对共有(　　)。

A. 2 对　　B. 3 对　　C. 4 对　　D. 5 对

23. 下列反应不是 Lewis 酸碱反应的是(　　)。

A. $Ag^+ + 2NH_3 \longrightarrow [Ag(NH_3)_2]^+$　　B. $BF_3 + NH_3 \longrightarrow H_3NBF_3$

C. $AlCl_3 + Cl^- \longrightarrow AlCl_4^-$　　D. $Zn + 2H^+ \longrightarrow Zn^{2+} + H_2$

24. 下列离子在水溶液中颜色正确的是(　　)。

A. Ni^{2+} 紫色　　B. Fe^{2+} 绿色　　C. Cu^+ 蓝色　　D. Co^{2+} 粉红色

25. H_3AsO_3 稀溶液中通入过量 H_2S，得到 As_2S_3 溶胶，其胶团结构为(　　)。

A. $[(As_2S_3)_m \cdot nHS^-]^{n-} \cdot nH^+$　　B. $[(As_2S_3)_m \cdot nH^+]^{n+} \cdot nHS^-$

C. $[(As_2S_3)_m \cdot nHS^-(n-x)H^+]^{x-} \cdot xH^+$　　D. $[(As_2S_3)_m \cdot nH^+ \cdot (n-x)HS^-]^{x+} \cdot xHS^-$

26. 氢在元素周期表中的位置是(　　)。

A. ⅠA 族　　B. ⅦA 族　　C. ⅣA 族　　D. 特殊的位置

27. 下列有关说明 PbO_2 具有强氧化性的叙述中，正确的是(　　)。

A. Pb^{4+}的半径比 Pb^{2+}大　　　　B. Pb(Ⅳ)存在惰性电子对

C. Pb^{2+}离子易形成配离子　　　　D. Pb(Ⅱ)盐溶解度小

28. 下列各组物质能用铜质容器盛放的是(　　)。

A. 氨水　　　　B. 浓盐酸

C. $KClO_3$ 与稀 H_2SO_4 混合液　　　　D. 硫酸锌

二、简答题

1. 将下列含氧酸盐按热稳定性大小排列出来。

KNO_3，K_2CO_3，$KHCO_3$，K_2SO_4，K_2SiO_3

2. 为什么制取 $CaCO_3$(s)时用 CO_2 通入 $Ca(OH)_2$ 溶液而不用 $CaCl_2$ 溶液？

3. 写出下列分子的 Lewis 结构，当它们溶于水时如何形成氨键？

NH_3，NH_2OH，H_3COH，CH_2O

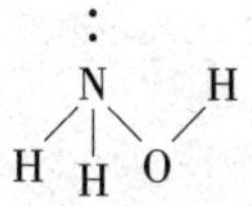

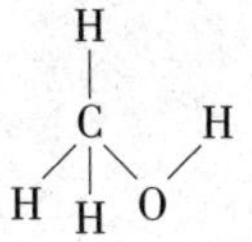

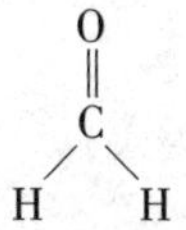

4. 说明碱土金属碳酸盐的热稳定性变化规律并加以解释。

5. 非金属氢化物水溶液的酸碱性有何变化规律？解释之。

14.4.2　同步练习答案

一、选择题

1. C　2. D　3. D　4. A　5. A　6. B　7. C　8. C　9. D　10. C　11. C　12. C　13. A　14. A　15. B　16. A　17. B　18. D　19. B　20. C　21. D　22. C　23. D　24. B　25. C　26. A　27. B　28. D

二、简答题

1. $K_2SiO_3 > K_2SO_4 > K_2CO_3 > KNO_3 > KHCO_3$

2. 用 CO_2 通入 $Ca(OH)_2$ 溶液后，产生 H_2CO_3，易于发生酸碱反应而得到 $CaCO_3$。

3.

```
           :
NH3        N            O
          /|\          / \
         H H H        H   H……NH3

           :
NH2OH      N     H
          /|\   /
         H H O

           H
           |
H3COH      C     H
          /|\   /
         H H O

           O
           ‖
CH2O       C
          / \
         H   H
```

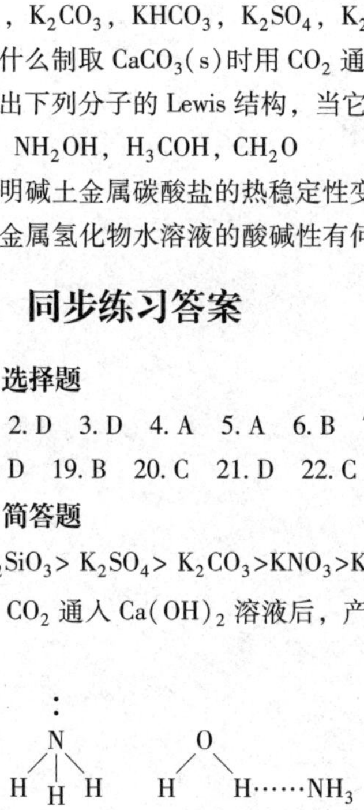

4. 碱土金属碳酸盐的热稳定性变化规律是：$BeCO_3 < MgCO_3 < CaCO_3 < SrCO_3 < BaCO_3$。这是因为碱土金属离子的半径变化以 $Be^{2+} < Mg^{2+} < Ca^{2+} < Si^{2+} < Ba^{2+}$的顺序递增，其极化力依次减小，其分子中C—O键的变形性依次减小，键能依次增大，分解时需要的能量依次增大，故热稳定性依次增强。

5. 非金属氢化物水溶液的酸碱性规律是：同周期元素的非金属氢化物水溶液的酸性从左至右依次增强(原因是非金属的电负性从左至右依次增大，键的极性也依次增大，故在水中的电离程度增大，酸性依次增强)。同族元素非金属氢化物水溶液的酸性从上至下依次增强(原因是非金属的元素原子半径从上至下依次增大，键的变形性增大和键能减小，故在水的极化作用下，电离程度增大，酸性依次增强)。

参考文献

北京农业大学，1999. 普通化学[M]. 北京：中国农业出版社.

傅献彩，1999. 大学化学(上、下)[M]. 北京：高等教育出版社.

南京大学，2002. 无机及分析化学[M]. 2 版. 北京：高等教育出版社.

翟仁通，1994. 普通化学[M]. 北京：中国农业出版社.

张永安，1998. 无机化学[M]. 北京：北京师范大学出版社.

赵士铎，2000. 普通化学[M]. 北京：中国农业大学出版社.

附 录

附录Ⅰ 中国法定计量单位

Ⅰ-1 SI 单位制的词头

因数	词头名称	词头符号	表示数	词头名称	词头符号
10^{18}	艾[可萨]	E(exa)	10^{-1}	分	d(deci)
10^{15}	拍[它]	P(peta)	10^{-2}	厘	c(centi)
10^{12}	太[拉]	T(tera)	10^{-3}	毫	m(milli)
10^{9}	吉[咖]	G(giga)	10^{-6}	微	μ(micro)
10^{6}	兆	M(mega)	10^{-9}	纳[诺]	n(nano)
10^{3}	千	k(kilo)	10^{-12}	皮[可]	p(pico)
10^{2}	百	h(hecto)	10^{-15}	飞[母托]	f(femto)
10^{1}	十	da(deca)	10^{-18}	阿[托]	a(atto)

Ⅰ-2 SI 基本单位和物理量

基本物理量	量的符号	单位名称	单位符号
长度	l	米	m
质量	m	千克	kg
时间	t	秒	s
电流	I	安[培]	A
热力学温度	T	开[尔文]	K
物质的量	n	摩[尔]	mol
发光强度	I_v	坎[德拉]	cd

Ⅰ-3 与 SI 并用的单位

物理量	单位名称	单位符号	单位表示值
时间	年	a	$1\ a=3.16\times10^{7}\ s$
	日	d	$1\ d=8.64\times10^{4}\ s$
	时	h	1 h=3 600 s
	分	min	1 min=60 s
体积	升	L(l)	$1\ L=1\ dm^{3}=10^{-3}\ m^{3}$
	毫升	mL	$1\ mL=1\ cm^{3}$
质量	吨	t	$1\ t=10^{3}\ kg$
	原子质量单位	u	$1\ u=1.660\ 540\ 2\times10^{-27}\ kg$
能量	电子伏	eV	$1\ eV=1.602\ 177\ 33\times10^{-19}\ J$
压力	巴	bar	$1\ bar=10^{2}\ kPa$

附录Ⅱ　基本常数

物理量	符号	值
阿伏伽德罗常数	L, N_A	$6.022\ 136\ 7(36)\times10^{23}\ mol^{-1}$
玻尔(Bohr)半径	a_o	$5.291\ 772\ 49(24)\times10^{-11}\ m$
玻尔兹曼(Boltzmann)常数	k	$1.380\ 658\ 9(12)\times10^{-23}\ J\cdot K^{-1}$
元电荷	e	$1.602\ 177\ 33(9)\times10^{-19}\ C$
电子[静]质量	m_e	$9.109\ 389\ 7(54)\times10^{-31}\ kg$
中子[静]质量	m_n	$1.674\ 928\ 6(10)\times10^{-27}\ kg$
质子[静]质量	m_p	$1.672\ 623\ 1(10)\times10^{-27}\ kg$
法拉第(Faraday)常数	F	$9.648\ 530\ 9(29)\times10^{4}\ C\cdot mol^{-1}$
摩尔气体常数	R	$8.314\ 510(70)\ J\cdot K^{-1}\cdot mol^{-1}$
理想气体摩尔体积	V_m	$(0.022\ 414\ 10\pm0.000\ 000\ 191)\ m^3\cdot mol^{-1}$
普朗克(Planck)常量	h	$6.626\ 075\ 5(40)\times10^{-34}\ J\cdot s$
水的沸点	$T_b(H_2O)$	99.975 ℃
真空中光速	c_0	$2.997\ 924\ 58\times10^{8}\ m\cdot s^{-1}$
玻尔(Bohr)磁子	μ_B	$9.274\ 015\ 4(31)\times10^{-24}\ J\cdot T^{-1}$
零摄氏度	T(0 ℃)	273.15 K

附录Ⅲ　常用酸、碱的密度、百分比浓度

试剂	密度/($g\cdot mL^{-1}$)	质量分数/%	摩尔浓度/($mol\cdot L^{-1}$)
浓 H_2SO_4	1.84	95~96	18
稀 H_2SO_4	—	9	1
浓 HCl	1.19	38	12
稀 HCl	—	7	2
浓 HNO_3	1.4	65	14
稀 HNO_3	—	32	6
稀 HNO_3	—	12	2
浓 H_3PO_4	1.7	85	15
稀 H_3PO_4	—	9	1
浓氢氟酸	1.13	40	23
氢溴酸	1.38	40	7
氢碘酸	1.70	57	7.5
冰乙酸	1.05	99~100	17.5
浓乙酸	1.04	33	5
稀乙酸	—	12	2
浓 NaOH	1.36	33	11
稀 NaOH	—	3	2
浓氨水	0.88	35	18
浓氨水	0.91	25	13.5
稀氨水	—	3.5	2

附录Ⅳ 常见物质的热力学数据(298 K，101.3 kPa)

物质	$\Delta_f H_m^\Theta$/(kJ·mol^{-1})	$\Delta_f G_m^\Theta$/(kJ·mol^{-1})	S_m^Θ/(J·mol^{-1}·K^{-1})
Ag(s)	0.0	0.0	42.55
Ag^+(aq)	105.58	77.12	72.68
$Ag(NH_3)_2^+$(aq)	−111.3	−17.2	245
AgCl(s)	−127.07	−109.80	96.2
AgBr(s)	−100.4	−96.9	107.1
Ag_2CrO_4(s)	−731.74	−641.83	218
AgI(s)	−61.84	−66.19	115
Ag_2O(s)	−31.1	−11.2	121
Ag_2S(s，α)	−32.59	−40.67	144.0
$AgNO_3$(s)	−124.4	−33.47	140.9
Al(s)	0.0	0.0	28.33
Al^{3+}(aq)	−531	−485	−322
α−Al_2O_3(s)	−1 676	−1 582	50.92
$AlCl_3$(s)	−704.2	−628.9	110.7
B(s，β)	0.0	0.0	5.86
B_2O_3(s)	−1 272.8	−1 193.7	53.97
BCl_3(l)	−427.2	−387.4	206
BCl_3(g)	−404	−388.7	290.0
B_2H_6(g)	35.6	86.6	232.0
Ba(s)	0.0	0.0	62.8
Ba^{2+}(aq)	−537.64	−560.74	9.6
$BaCl_2$(s)	−858.6	−810.4	123.7
BaO(s)	−548.10	−520.41	72.09
$Ba(OH)_2$(s)	−944.7	—	—
$BaCO_3$(s)	−1 216	−1 138	112
$BaSO_4$(s)	−1 473	−1 362	132
Br^-(aq)	−121.5	−104.0	82.4
Br_2(g)	30.91	3.14	245.35
Br_2(l)	0.0	0.0	152.23
HBr(g)	−36.40	−53.43	198.59
HBr(aq)	−121.5	−104.0	82.4
Ca(s)	0.0	0.0	41.2
Ca^{2+}(aq)	−542.83	−553.54	−53.1

（续）

物质	$\Delta_f H_m^\ominus/(kJ \cdot mol^{-1})$	$\Delta_f G_m^\ominus/(kJ \cdot mol^{-1})$	$S_m^\ominus/(J \cdot mol^{-1} \cdot K^{-1})$
CaF_2(s)	-1 220	-1 167	68.87
$CaCl_2$(s)	-795.8	-748.1	105
CaO(s)	-635.09	-604.04	39.75
$Ca(OH)_2$(s)	-986.09	-898.56	83.39
$CaCO_3$(s，方解石)	-1 206.9	-1 128.8	92.9
$CaSO_4$(s，无水石膏)	-1 434.1	-1 321.9	107
C(石墨)	0.0	0.0	5.74
C(金刚石)	1.987	2.900	2.38
CO(g)	-110.52	-137.15	197.56
CO_2(g)	-393.51	-394.36	213.6
C(g)	716.68	671.21	157.99
HCOOH(l)	-409.2	-346.0	128.95
HCOOH(aq)	-410.0	-356.1	164
H_2CO_3(aq，非电离)	-699.65	-623.16	187
HCO_3^-(aq)	-691.99	-586.85	91.2
CO_3^{2-}(aq)	-667.14	-527.90	-56.9
CO_2(aq)	-413.8	-386.0	118
CCl_4(l)	-135.4	-65.2	216.4
CH_3COOH(l)	-484.5	-390	160
CH_3COOH(aq，非电离)	-485.76	-396.6	179
CH_3COO^-(aq)	-486.01	-369.4	86.6
CH_3OH(l)	-238.7	-166.4	127
C_2H_5OH(l)	-277.7	-174.9	161
CH_3CHO(l)	-192.3	-128.2	160
CH_4(g)	-74.81	-50.75	186.15
C_2H_2(g)	226.75	209.20	200.82
C_2H_4(g)	52.26	68.12	219.5
C_4H_6(g，1,2-丁二烯)	-84.68	-32.89	229.5
C_3H_8(g)	-103.85	-23.49	269.9
C_4H_6(g)	165.5	201.7	293.0
C_4H_8(g，1-丁烯)	1.17	72.04	307.4
n-C_4H_{10}(g)	-124.73	-15.71	310.0
C_6H_6(g)	82.93	129.66	269.2
C_6H_6(l)	49.03	124.50	172.80
Cl_2(g)	0.0	0.0	222.96

（续）

物质	$\Delta_f H_m^\ominus$/(kJ·mol^{-1})	$\Delta_f G_m^\ominus$/(kJ·mol^{-1})	$S_m^\ominus$/(J·mol^{-1}·K^{-1})
Cl^-(aq)	-167.16	-131.26	56.5
HCl(g)	-92.31	-95.30	186.80
ClO_3^-(aq)	-99.2	-3.3	162
Co(s)(α，六方)	0.0	0.0	30.04
$Co(OH)_2$(s，桃红)	-539.7	-454.4	79
Cr(s)	0.0	0.0	23.8
Cr_2O_3(s)	-1 140	-1 058	81.2
$Cr_2O_7^{2-}$(aq)	-1 490	-1 301	262
CrO_4^{2-}(aq)	-881.2	-727.9	50.2
Cu(s)	0.0	0.0	33.15
Cu^+(aq)	71.67	50.00	41
Cu^{2+}(aq)	64.77	65.52	-99.6
$CuSO_4$(s)	-771.36	-661.9	109
$CuSO_4 \cdot 5H_2O$(s)	-2 279.7	-1 880.06	300
$Cu(NH_3)_4^{2+}$(aq)	-348.5	-111.3	274
Cu_2O(s)	-169	-146	93.14
CuO(s)	-157	-130	42.63
Cu_2S(s，α)	-79.5	-86.2	121
CuS(s)	-53.1	-53.6	66.5
F_2(g)	0.0	0.0	202.7
F^-(aq)	-332.6	-278.8	-14
F(g)	78.99	61.92	158.64
Fe(s)	0.0	0.0	27.3
Fe^{2+}(aq)	-89.1	-78.87	-138
Fe^{3+}(aq)	-48.5	-4.6	-316
Fe_2O_3(s，赤铁矿)	-824.2	-742.2	87.40
Fe_3O_4(s，磁铁矿)	-1 120.9	-1 015.46	146.44
H_2(g)	0.0	0.0	130.57
H^+(aq)	0.0	0.0	0.0
Hg(g)	61.32	31.85	174.8
HgO(s，红)	-90.83	-58.56	70.29
HgS(s，红)	-58.2	-50.6	82.4
$HgCl_2$(s)	-224	-179	146
Hg_2Cl_2(s)	-265.2	-210.78	192
I_2(s)	0.0	0.0	116.14

（续）

物质	$\Delta_f H_m^\ominus/(kJ \cdot mol^{-1})$	$\Delta_f G_m^\ominus/(kJ \cdot mol^{-1})$	$S_m^\ominus/(J \cdot mol^{-1} \cdot K^{-1})$
$I_2(g)$	62.438	19.36	260.6
$I^-(aq)$	-55.19	-51.59	111
$HI(g)$	25.9	1.30	206.48
$K(s)$	0.0	0.0	64.18
$K^+(aq)$	-252.4	-283.3	103
$KCl(s)$	-436.75	-409.2	82.59
$KOH(s)$	-424.76	-379.1	78.87
$KI(s)$	-327.90	-324.89	106.32
$KClO_3(s)$	-397.7	-296.3	143
$KMnO_4(s)$	-837.2	-737.6	171.7
$Mg(s)$	0.0	0.0	32.68
$Mg^{2+}(aq)$	-466.85	-454.8	-138.0
$MgCl_2(s)$	-641.32	-591.83	89.62
$MgCl_2 \cdot 6H_2O(s)$	-2 499.0	-2 215.0	366
MgO(s，方镁石)	-601.70	-569.44	26.9
$Mg(OH)_2(s)$	-924.54	-833.58	63.18
$MgCO_3$(s，菱镁石)	-1 096	-1 012	65.7
$MgSO_4(s)$	-1 285	-1 171	91.6
$Mn(s, \alpha)$	0.0	0.0	32.0
$Mn^{2+}(aq)$	-220.7	-228.0	-73.6
$MnO_2(s)$	-520.03	-465.18	53.05
$MnO_4^-(aq)$	-518.4	-425.1	189.9
$MnCl_2(s)$	-481.29	-440.53	118.2
$Na(s)$	0.0	0.0	51.21
$Na^+(aq)$	-240.2	-261.89	59.0
$NaCl(s)$	-411.15	-384.15	72.13
$Na_2O(s)$	-414.2	-375.5	75.06
$NaOH(s)$	-425.61	-379.53	64.45
$Na_2CO_3(s)$	-1 130.7	-1 044.5	135.0
$NaI(s)$	-287.8	-286.1	98.53
$Na_2O_2(s)$	-510.87	-447.69	94.98
$HNO_3(l)$	-174.1	-80.79	155.6
$NO_3^-(aq)$	-207.4	-111.3	146
$NH_3(g)$	-46.11	-16.5	192.3
$NH_3 \cdot H_2O$(aq，非电离)	-366.12	-263.8	181

（续）

物质	$\Delta_f H_m^\ominus$/(kJ·mol^{-1})	$\Delta_f G_m^\ominus$/(kJ·mol^{-1})	$S_m^\ominus$/(J·mol^{-1}·K^{-1})
NH_4^+(aq)	-132.5	-79.37	113
NH_4Cl(s)	-314.4	-203.0	94.56
NH_4NO_3(s)	-365.6	-184.0	151.1
$(NH_4)_2SO_4$(s)	-901.90	—	187.5
N_2(g)	0.0	0.0	191.5
NO(g)	90.25	86.57	210.65
NOBr(g)	82.17	82.42	273.5
NO_2(g)	33.2	51.30	240.0
N_2O(g)	82.05	104.2	219.7
N_2O_4(g)	9.16	97.82	304.2
N_2H_4(g)	95.40	159.3	238.4
N_2H_4(l)	50.63	149.2	121.2
NiO(s)	-240	-212	38.0
O_2(g)	0	0	205.03
O_3(g)	143	163	238.8
OH^-(aq)	-229.99	-157.29	-10.8
H_2O(g)	-241.82	-228.59	188.72
H_2O(l)	-285.84	-237.19	69.94
H_2O_2(l)	-187.8	-120.4	—
H_2O_2(aq)	-191.2	-134.1	144
P(s，白磷)	0.0	0.0	41.09
P(红磷)(s，三斜)	-17.6	-12.1	22.8
PCl_3(g)	-287	-268.0	311.7
PCl_5(s)	-443.5	—	—
Pb(s)	0.0	0.0	64.81
Pb^{2+}(aq)	-1.7	-24.4	10
PbO(s，黄)	-215.33	-187.90	68.70
PbO_2(s)	-277.40	-217.36	68.62
Pb_3O_4(s)	-718.39	-601.24	211.29
H_2S(g)	-20.6	-33.6	205.7
H_2S(aq)	-40	-27.9	121
HS^-(aq)	-17.7	12.0	63
S^{2-}(aq)	33.2	85.9	-14.6
H_2SO_4(l)	-813.99	-690.10	156.90
HSO_4^-(aq)	-887.34	-756.00	132

（续）

物质	$\Delta_f H_m^\ominus/(kJ \cdot mol^{-1})$	$\Delta_f G_m^\ominus/(kJ \cdot mol^{-1})$	$S_m^\ominus/(J \cdot mol^{-1} \cdot K^{-1})$
SO_4^{2-}(aq)	−909.27	−744.63	20
SO_2(g)	−296.83	−300.19	248.1
SO_3(g)	−395.7	−371.1	256.6
Si(s)	0.0	0.0	18.8
SiO_2(s，石英)	−910.94	−856.67	41.84
SiF_4(g)	−1 614.9	−1 572.7	282.4
$SiCl_4$(l)	−687.0	−619.90	240
$SiCl_4$(g)	−657.01	−617.01	330.6
Sn(s，灰锡)	−2.1	0.13	44.14
Sn(s，白锡)	0.0	0.0	51.55
SnO(s)	−286	−257	56.5
SnO_2(s)	−580.7	−519.7	52.3
$SnCl_2$(s)	−325	—	—
$SnCl_4$(s)	−511.3	−440.2	259
Zn(s)	0.0	0.0	41.6
Zn^{2+}(aq)	−153.9	−147.0	−112
ZnO(s)	−348.3	−318.3	43.64
$ZnCl_2$(aq)	−488.19	−409.5	0.8
ZnS(s，闪锌矿)	−206.0	−201.3	57.7

注：摘自 Robert C. West，*CRC Handbook of Chemistry and Physics*，69 ed，1988—1989。已换算成 SI 单位。物质的状态符号为：g 表示气态，l 表示液态，s 表示固态，aq 表示水溶液，不同晶型直接注明。

附录Ⅴ　弱酸、弱碱的电离常数

弱酸	温度/℃	$K_{a_1}^\ominus$	$pK_{a_1}^\ominus$	$K_{a_2}^\ominus$	$pK_{a_2}^\ominus$	$K_{a_3}^\ominus$	$pK_{a_3}^\ominus$
H_3AsO_4	18	5.62×10^{-3}	2.25	1.70×10^{-7}	6.77	3.95×10^{-12}	11.40
HIO_3	25	1.69×10^{-1}	0.77	—	—	—	—
H_3BO_3	20	7.3×10^{-10}	9.14	—	—	—	—
H_2CO_3	25	4.30×10^{-7}	6.37	5.61×10^{-11}	10.25	—	—
H_2CrO_4	25	1.8×10^{-1}	0.74	3.20×10^{-7}	6.49	—	—
HCN	25	4.93×10^{-10}	9.31	—	—	—	—
HF	25	3.53×10^{-4}	3.45	—	—	—	—
H_2S	18	1.3×10^{-7}	6.89	7.1×10^{-15}	14.15	—	—
HIO	25	2.3×10^{-11}	10.64	—	—	—	—
HClO	18	2.95×10^{-5}	4.53	—	—	—	—
HBrO	25	2.06×10^{-9}	8.69	—	—	—	—

（续）

弱酸	温度/℃	$K_{a_1}^\ominus$	$pK_{a_1}^\ominus$	$K_{a_2}^\ominus$	$pK_{a_2}^\ominus$	$K_{a_3}^\ominus$	$pK_{a_3}^\ominus$
HNO_2	12.5	4.6×10^{-4}	3.34	—	—	—	—
H_3PO_4	25	7.52×10^{-3}	2.12	6.23×10^{-8}	7.21	2.2×10^{-13}	12.66
NH_4^+	25	5.64×10^{-10}	9.25	—	—	—	—
H_2SO_4	25	—	—	1.2×10^{-2}	1.92	—	—
H_2SO_3	18	1.54×10^{-2}	1.81	1.02×10^{-7}	6.99	—	—
HCOOH	25	1.77×10^{-4}	3.75	—	—	—	—
CH_3COOH	25	1.76×10^{-5}	4.75	—	—	—	—
$H_2C_2O_4$	25	5.9×10^{-2}	1.23	6.40×10^{-5}	4.19	—	—
H_2O_2	25	2.4×10^{-12}	11.62	—	—	—	—
$H_3C_6H_5O_7$（柠檬酸）	20	7.1×10^{-4}	3.15	1.68×10^{-5}	4.77	4.1×10^{-7}	6.39
弱碱	温度/℃	$K_{b_1}^\ominus$	$pK_{b_1}^\ominus$	$K_{b_2}^\ominus$	$pK_{b_2}^\ominus$		
$NH_3\cdot H_2O$	25	1.77×10^{-5}	4.75	—	—		
AgOH	25	1×10^{-2}	2	—	—		
$Al(OH)_3$	25	5×10^{-9}	8.30	2×10^{-10}	9.70		
$Be(OH)_2$	25	1.78×10^{-6}	5.75	2.5×10^{-9}	8.60		
$Ca(OH)_2$	25	—	—	6×10^{-2}	1.22		
$Zn(OH)_2$	25	8×10^{-7}	6.10	—	—		

注：摘自 Robert C. West，*CRC Handbook of Chemistry and Physics*，69 ed，1988—1989。

附录Ⅵ 难溶化合物的溶度积（$K_{sp}^\ominus$）（18~25 ℃）

化合物	$K_{sp}^\ominus$	化合物	$K_{sp}^\ominus$
AgCl	1.77×10^{-10}	$CaC_2O_4\cdot H_2O$	2.34×10^{-9}
AgBr	5.35×10^{-13}	CaF_2	1.46×10^{-10}
AgI	8.51×10^{-17}	$Ca_3(PO_4)_2$	2.07×10^{-33}
Ag_2CO_3	8.45×10^{-12}	$CaSO_4$	7.10×10^{-5}
Ag_2CrO_4	1.12×10^{-12}	$Cd(OH)_2$	5.27×10^{-15}
Ag_2SO_4	1.20×10^{-5}	CdS	1.40×10^{-29}
$Ag_2S(\alpha)$	6.69×10^{-50}	$Co(OH)_2$（桃红）	1.09×10^{-15}
$Ag_2S(\beta)$	1.09×10^{-49}	$Co(OH)_2$（蓝）	5.92×10^{-15}
$Al(OH)_3$	2×10^{-33}	$CoS(\alpha)$	4.0×10^{-21}
$BaCO_3$	2.58×10^{-9}	$CoS(\beta)$	2.0×10^{-25}
$BaSO_4$	1.07×10^{-10}	$Cr(OH)_3$	7.0×10^{-31}
$BaCrO_4$	1.17×10^{-10}	CuI	1.27×10^{-12}
$CaCO_3$	4.96×10^{-9}	CuS	1.27×10^{-36}

（续）

化合物	$K_{sp}^{\ominus}$	化合物	$K_{sp}^{\ominus}$
$Fe(OH)_3$	2.64×10^{-39}	$PbCrO_4$	1.77×10^{-14}
$Fe(OH)_2$	4.87×10^{-17}	PbF_2	7.12×10^{-7}
FeS	1.59×10^{-19}	$PbSO_4$	1.82×10^{-8}
Hg_2Cl_2	1.45×10^{-18}	PbS	9.04×10^{-29}
HgS(黑)	6.44×10^{-53}	PbI_2	8.49×10^{-9}
$MgCO_3$	6.82×10^{-6}	$Pb(OH)_2$	1.42×10^{-20}
$Mg(OH)_2$	5.61×10^{-12}	$SrCO_3$	5.60×10^{-10}
$Mn(OH)_2$	2.06×10^{-13}	$SrSO_4$	3.44×10^{-7}
MnS	4.65×10^{-14}	$ZnCO_3$	1.19×10^{-10}
$Ni(OH)_2$	5.47×10^{-16}	$Zn(OH)_2(\gamma)$	6.68×10^{-17}
NiS	1.07×10^{-21}	$Zn(OH)_2(\beta)$	7.71×10^{-17}
$PbCl_2$	1.17×10^{-5}	$Zn(OH)_2(\varepsilon)$	4.12×10^{-17}
$PbCO_3$	1.46×10^{-13}	ZnS	2.93×10^{-25}

注：摘自 Robert C. West，*CRC Handbook of Chemistry and Physics*，69 ed，1988—1989。

附录Ⅶ　不同温度水的饱和蒸气压

Pa

温度/℃	0.0	0.2	0.4	0.6	0.8
0	601.5	619.5	628.6	637.9	647.3
1	656.8	666.3	675.9	685.8	695.8
2	705.8	715.9	726.2	736.6	747.3
3	757.9	768.7	779.7	790.7	801.9
4	813.4	824.9	836.5	848.3	860.3
5	872.3	884.6	897.0	909.5	922.2
6	935.0	948.1	961.1	974.5	988.1
7	1 001.7	1 015.5	1 029.5	1 043.6	1 058.0
8	1 072.6	1 087.2	1 102.2	1 117.2	1 132.4
9	1 147.8	1 163.5	1 179.2	1 195.2	1 211.4
10	1 227.8	1 244.3	1 261.0	1 277.9	1 295.1
11	1 312.4	1 330.0	1 347.8	1 365.8	1 383.9
12	1 402.3	1 421.0	1 439.7	1 458.7	1 477.6
13	1 497.3	1 517.1	1 536.9	1 557.2	1 577.6
14	1 598.1	1 619.1	1 640.1	1 661.5	1 683.1
15	1 704.9	1 726.9	1 749.3	1 771.9	1 794.7
16	1 817.7	1 841.1	1 864.8	1 888.6	1 912.8
17	1 937.2	1 961.8	1 986.9	2 012.1	2 037.7
18	2 063.4	2 089.6	2 116.0	2 142.6	2 169.4

（续）

温度/℃	0.0	0.2	0.4	0.6	0.8
19	2 196.8	2 224.5	2 252.3	2 380.5	2 309.0
20	2 337.8	2 366.9	2 396.3	2 426.1	2 456.1
21	2 486.5	2 517.1	2 550.5	2 579.7	2 611.4
22	2 643.4	2 675.8	2 708.6	2 741.8	2 775.1
23	2 808.8	2 843.8	2 877.5	2 913.6	2 947.8
24	2 983.4	3 019.5	3 056.0	3 092.8	3 129.9
25	3 167.2	3 204.9	3 243.2	3 282.0	3 321.3
26	3 360.9	3 400.9	3 441.3	3 482.0	3 523.2
27	3 564.9	3 607.0	3 646.0	3 692.5	3 735.8
28	3 779.6	3 823.7	3 858.3	3 913.5	3 959.3
29	4 005.4	4 051.9	4 099.0	4 146.6	4 194.5
30	4 242.9	4 286.1	4 314.1	4 390.3	4 441.2
31	4 492.3	4 543.9	4 595.8	4 648.2	4 701.0
32	4 754.7	4 808.9	4 863.2	4 918.4	4 974.0
33	5 030.1	5 086.9	5 144.1	5 202.0	5 260.5
34	5 319.2	5 378.8	5 439.0	5 499.7	5 560.9
35	5 622.9	5 685.4	5 748.5	5 812.2	5 876.6
36	5 941.2	6 006.7	6 072.7	6 139.5	6 207.0
37	6 275.1	6 343.7	6 413.1	6 483.1	6 553.7
38	6 625.1	6 696.9	6 769.3	6 842.5	6 916.6
39	6 991.7	7 067.3	7 143.4	7 220.2	7 297.7
40	7 375.9	7 454.1	7 534.0	7 614.0	7 695.4
41	7 778.0	7 860.7	7 943.3	8 028.7	8 114.0
42	8 199.3	8 284.7	8 372.6	8 460.6	8 548.6
43	8 639.3	8 729.9	8 820.6	8 913.9	9 007.3
44	9 100.6	9 195.2	9 291.2	9 387.2	9 484.6
45	9 583.2	9 681.9	9 780.5	9 881.9	9 983.2
46	10 086	10 190	10 293	10 399	10 506
47	10 612	10 720	10 830	10 939	11 048
48	11 160	11 274	11 388	11 503	11 618
49	11 735	11 852	11 971	12 091	12 211
50	12 334	12 466	12 586	12 706	12 839
60	19 916	—	—	—	—
70	31 157	—	—	—	—
80	47 343	—	—	—	—
90	70 096	—	—	—	—
100	101 325	—	—	—	—

附录Ⅷ　标准电极电势 $\varphi^{\ominus}$(298 K)

1. 在酸性溶液内($\varphi_A^{\ominus}$)

元素	电极反应	$\varphi^{\ominus}$/V
Ag	$Ag^+ + e^- = Ag$	+0.799 6
	$AgBr + e^- = Ag + Br^-$	+0.071 33
	$AgCl + e^- = Ag + Cl^-$	+0.222 3
	$Ag_2CrO_4 + 2e^- = 2Ag + CrO_4^{2-}$	+0.447 0
	$AgI + e^- = Ag + I^-$	−0.152 2
Al	$Al^{3+} + 3e^- = Al$	−1.662
As	$HAsO_2 + 3H^+ + 3e^- = As + 2H_2O$	+0.248
	$H_3AsO_4 + 2H^+ + 2e^- = HAsO_2 + 2H_2O$	+0.560
Au	$Au^+ + e^- = Au$	+1.692
	$Au^{3+} + 2e^- = Au^+$	+1.401
	$Au^{3+} + 3e^- = Au$	+1.498
Bi	$BiOCl + 2H^+ + 3e^- = Bi + H_2O + Cl^-$	+0.158 3
	$BiO^+ + 2H^+ + 3e^- = Bi + H_2O$	+0.320
Br	$Br_2 + 2e^- = 2Br^-$	+1.066
	$BrO_3^- + 6H^+ + 5e^- = 1/2Br_2 + 3H_2O$	+1.482
Ca	$Ca^{2+} + 2e^- = Ca$	−2.868
Cd	$Cd^{2+} + 2e^- = Cd$	−0.403
Cl	$ClO_4^- + 2H^+ + 2e^- = ClO_3^- + H_2O$	+1.189
	$Cl_2 + 2e^- = 2Cl^-$	+1.358 27
	$ClO_3^- + 6H^+ + 6e^- = Cl^- + 3H_2O$	+1.451
	$ClO_3^- + 6H^+ + 5e^- = 1/2Cl_2 + 3H_2O$	+1.47
	$HClO + H^+ + e^- = 1/2Cl_2 + H_2O$	+1.611
	$ClO_3^- + 3H^+ + 2e^- = HClO_2 + H_2O$	+1.214
	$ClO_2 + H^+ + e^- = HClO_2$	+1.277
	$HClO_2 + 2H^+ + 2e^- = HClO + H_2O$	+1.645
Co	$Co^{3+} + e^- = Co^{2+}$	+1.83
Cr	$Cr_2O_7^{2-} + 14H^+ + 6e^- = 2Cr^{3+} + 7H_2O$	+1.232
Cu	$Cu^{2+} + e^- = Cu^+$	+0.158
	$Cu^{2+} + 2e^- = Cu$	+0.341 9

（续）

元素	电极反应	$\varphi^{\ominus}/V$
	$Cu^{+} + e^{-} = Cu$	+0.522
Fe	$Fe^{3+} + 3e^{-} = Fe$	−0.036
	$Fe^{2+} + 2e^{-} = Fe$	−0.447
	$Fe(CN)_6^{3-} + e^{-} = Fe(CN)_6^{4-}$	+0.358
	$Fe^{3+} + e^{-} = Fe^{2+}$	+0.771
H	$2H^{+} + e^{-} = H_2$	0.000 00
Hg	$Hg_2Cl_2 + 2e^{-} = 2Hg + 2Cl^{-}$	+0.281
	$Hg_2^{2+} + 2e^{-} = 2Hg$	+0.797 3
	$Hg^{2+} + 2e^{-} = Hg$	+0.851
	$2Hg^{2+} + 2e^{-} = Hg_2^{2+}$	+0.920
I	$I_2 + 2e^{-} = 2I^{-}$	+0.535 5
	$I_3^{-} + 2e^{-} = 3I^{-}$	+0.536
	$IO_3^{-} + 6H^{+} + 5e^{-} = 1/2I_2 + 3H_2O$	+1.195
	$HIO + H^{+} + e^{-} = 1/2I_2 + H_2O$	+1.439
K	$K^{+} + e^{-} = K$	−2.931
Mg	$Mg^{2+} + 2e^{-} = Mg$	−2.372
Mn	$Mn^{2+} + 2e^{-} = Mn$	−1.185
	$MnO_4^{-} + e^{-} = MnO_4^{2-}$	+0.558
	$MnO_2 + 4H^{+} + 2e^{-} = Mn^{2+} + 2H_2O$	+1.224
	$MnO_4^{-} + 8H^{+} + 5e^{-} = Mn^{2+} + 4H_2O$	+1.507
	$MnO_4^{-} + 4H^{+} + 3e^{-} = MnO_2 + 2H_2O$	+1.679
Na	$Na^{+} + e^{-} = Na$	−2.71
N	$NO_3^{-} + 4H^{+} + 3e^{-} = NO + 2H_2O$	+0.957
	$2NO_3^{-} + 4H^{+} + 2e^{-} = N_2O_4 + 2H_2O$	+0.803
	$HNO_2 + H^{+} + e^{-} = NO + H_2O$	+0.983
	$N_2O_4 + 4H^{+} + 4e^{-} = 2NO + 2H_2O$	+1.035
	$NO_3^{-} + 3H^{+} + 2e^{-} = HNO_2 + H_2O$	+0.934
	$N_2O_4 + 2H^{+} + 2e^{-} = 2HNO_2$	+1.065
O	$O_2 + 2H^{+} + 2e^{-} = H_2O_2$	+0.695
	$H_2O_2 + 2H^{+} + 2e^{-} = 2H_2O$	+1.776
	$O_2 + 4H^{+} + 4e^{-} = 2H_2O$	+1.229

（续）

元素	电极反应	$\varphi^{\ominus}$/V
P	$H_3PO_4 + 2H^+ + 2e^- \rightleftharpoons H_3PO_3 + H_2O$	−0. 276
Pb	$PbI_2 + 2e^- \rightleftharpoons Pb + 2I^-$	−0. 365
	$PbSO_4 + 2e^- \rightleftharpoons Pb + SO_4^{2-}$	−0. 358 8
	$PbCl_2 + 2e^- \rightleftharpoons Pb + 2Cl^-$	−0. 267 5
	$Pb^{2+} + 2e^- \rightleftharpoons Pb$	−0. 126 2
	$PbO_2 + 4H^+ + 2e^- \rightleftharpoons Pb^{2+} + 2H_2O$	+ 1. 455
	$PbO_2 + SO_4^{2-} + 4H^+ + 2e^- \rightleftharpoons PbSO_4 + 2H_2O$	+ 1. 691 3
S	$H_2SO_3 + 4H^+ + 4e^- \rightleftharpoons S + 3H_2O$	+ 0. 449
	$S + 2H^+ + 2e^- \rightleftharpoons H_2S$	+ 0. 142
	$SO_4^{2-} + 4H^+ + 2e^- \rightleftharpoons H_2SO_3 + H_2O$	+ 0. 172
	$S_4O_6^{2-} + 2e^- \rightleftharpoons 2S_2O_3^{2-}$	+ 0. 08
	$S_2O_8^{2-} + 2e^- \rightleftharpoons 2SO_4^{2-}$	+ 2. 010
Sb	$Sb_2O_3 + 6H^+ + 6e^- \rightleftharpoons 2Sb + 3H_2O$	+ 0. 152
	$Sb_2O_5 + 6H^+ + 4e^- \rightleftharpoons 2SbO^+ + 3H_2O$	+ 0. 581
Sn	$Sn^{4+} + 2e^- \rightleftharpoons Sn^{2+}$	+ 0. 151
	$Sn^{2+} + 2e^- \rightleftharpoons Sn$	−0. 136 4
V	$V(OH)_4^+ + 4H^+ + 5e^- \rightleftharpoons V + 4H_2O$	−0. 254
	$VO^{2+} + 2H^+ + e^- \rightleftharpoons V^{3+} + H_2O$	+ 0. 337
	$V(OH)_4^+ + 2H^+ + e^- \rightleftharpoons VO^{2+} + 3H_2O$	+ 1. 00
Zn	$Zn^{2+} + 2e^- \rightleftharpoons Zn$	−0. 761 8

2. 在碱性溶液内（$\varphi_B^{\ominus}$）

元素	电极反应	$\varphi^{\ominus}$/V
Ag	$Ag_2O + H_2O + 2e^- \rightleftharpoons 2Ag + 2OH^-$	+ 0. 342
	$Ag_2S + 2e^- \rightleftharpoons 2Ag + S^{2-}$	−0. 691
Al	$H_2AlO_3^- + H_2O + 3e^- \rightleftharpoons Al + 4OH^-$	−2. 33
As	$AsO_4^{3-} + 2H_2O + 2e^- \rightleftharpoons AsO_2^- + 4OH^-$	−0. 71
	$AsO_2^- + 2H_2O + 3e^- \rightleftharpoons As + 4OH^-$	−0. 68
Br	$BrO_3^- + 3H_2O + 6e^- \rightleftharpoons Br^- + 6OH^-$	+ 0. 61
	$BrO^- + H_2O + 2e^- \rightleftharpoons Br^- + 2OH^-$	+ 0. 761
Cl	$ClO_3^- + H_2O + 2e^- \rightleftharpoons ClO_2^- + 2OH^-$	+ 0. 33
	$ClO_4^- + H_2O + 2e^- \rightleftharpoons ClO_3^- + 2OH^-$	+ 0. 36

（续）

元素	电极反应	$\varphi^{\ominus}$/V
	$ClO_2^- + H_2O + 2e^- = ClO^- + 2OH^-$	+0.66
	$ClO^- + H_2O + 2e^- = Cl^- + 2OH^-$	+0.81
Co	$Co(OH)_2 + 2e^- = Co + 2OH^-$	−0.73
	$Co(NH_3)_6^{3+} + e^- = Co(NH_3)_6^{2+}$	+0.108
	$Co(OH)_3 + e^- = Co(OH)_2 + OH^-$	+0.17
Cr	$Cr(OH)_3 + 3e^- = Cr + 3OH^-$	−1.48
	$CrO_2^- + 2H_2O + 3e^- = Cr + 4OH^-$	−1.2
	$CrO_4^{2-} + 4H_2O + 3e^- = Cr(OH)_3 + 5OH^-$	−0.13
Cu	$Cu_2O + H_2O + 2e^- = 2Cu + 2OH^-$	−0.360
Fe	$Fe(OH)_3 + e^- = Fe(OH)_2 + OH^-$	−0.56
H	$2H_2O + 2e^- = H_2 + 2OH^-$	−0.827 7
Hg	$HgO + H_2O + 2e^- = Hg + 2OH^-$	+0.097 7
I	$IO_3^- + 3H_2O + 6e^- = I^- + 6OH^-$	+0.26
	$IO^- + H_2O + 2e^- = I^- + 2OH^-$	+0.485
Mg	$Mg(OH)_2 + 2e^- = Mg + 2OH^-$	−2.703 0
Mn	$Mn(OH)_2 + 2e^- = Mn + 2OH^-$	−1.56
	$MnO_4^- + 2H_2O + 3e^- = MnO_2 + 4OH^-$	+0.595
	$MnO_4^{2-} + 2H_2O + 2e^- = MnO_2 + 4OH^-$	+0.60
N	$NO_3^- + H_2O + 2e^- = NO_2^- + 2OH^-$	+0.01
O	$O_2 + 2H_2O + 4e^- = 4OH^-$	+0.401
S	$S + 2e^- = S^{2-}$	−0.476 27
	$SO_4^{2-} + H_2O + 2e^- = SO_3^{2-} + 2OH^-$	−0.93
	$2SO_3^{2-} + 3H_2O + 4e^- = S_2O_3^{2-} + 6OH^-$	−0.571
	$S_4O_6^{2-} + 2e^- = 2S_2O_3^{2-}$	+0.08
Sb	$SbO_2^- + 2H_2O + 3e^- = Sb + 4OH^-$	−0.66
Sn	$Sn(OH)_6^{2-} + 2e^- = HSnO_2^- + H_2O + 3OH^-$	−0.93
	$HSnO_2^- + H_2O + 2e^- = Sn + 3OH^-$	−0.909

注：摘自 Robert C. West，*CRC Handbook of Chemistry and Physics*，69 ed，1988—1989。

附录Ⅸ 常见配合物的稳定常数(25 ℃)

配离子	$K_f^\ominus$	配离子	$K_f^\ominus$
$[Ag(CN)_2]^-$	1.3×10^{21}	$[Cu(en)]^{2+}$	4.1×10^{19}
$[Ag(NH_3)_2]^+$	1.1×10^{7}	$[Fe(CN)_6]^{4-}$	1.0×10^{35}
$[Ag(SCN)_2]^-$	3.7×10^{7}	$[Fe(CN)_6]^{3-}$	1.0×10^{42}
$[Ag(S_2O_3)_2]^{3-}$	2.9×10^{13}	$[Fe(C_2O_4)_3]^{3-}$	2×10^{20}
$[Al(C_2O_4)_3]^{3-}$	2.0×10^{16}	$[Fe(SCN)]^{2+}$	2.2×10^{3}
$[AlF_6]^{3-}$	6.9×10^{19}	$[FeF_3]$	1.13×10^{12}
$[Cd(CN)_4]^{2-}$	6.0×10^{18}	$[HgCl_4]^{2-}$	1.2×10^{15}
$[CdCl_4]^{2-}$	6.3×10^{2}	$[Hg(CN)_4]^{2-}$	2.5×10^{41}
$[CdI_4]^{2-}$	7.2×10^{29}	$[HgI_4]^{2-}$	6.8×10^{29}
$[Cd(NH_3)_4]^{2+}$	1.3×10^{7}	$[Hg(NH_3)_4]^{2+}$	1.9×10^{19}
$[Cd(SCN)_4]^{2-}$	4.0×10^{3}	$[Ni(CN)_4]^{2-}$	2.0×10^{31}
$[Co(NH_3)_6]^{2+}$	1.3×10^{5}	$[Ni(NH_3)_4]^{2+}$	9.1×10^{7}
$[Co(NH_3)_6]^{3+}$	2×10^{35}	$[Pb(CH_3COO)_4]^{2-}$	3×10^{8}
$[Co(NCS)_4]^{2-}$	1.0×10^{3}	$[Pb(OH)_3]^-$	8.0×10^{13}
$[Cu(CN)_2]^-$	1.0×10^{24}	$[Pb(CN)_4]^{2-}$	1.0×10^{11}
$[Cu(CN)_4]^{2-}$	2.0×10^{30}	$[Zn(CN)_4]^{2-}$	5×10^{16}
$[Cu(NH_3)_2]^+$	7.2×10^{10}	$[Zn(C_2O_4)_2]^{2-}$	4.0×10^{7}
$[Cu(NH_3)_4]^{2+}$	2.1×10^{13}	$[Zn(OH)_4]^{2-}$	4.6×10^{17}
$[CuY]^{2-}$	6.3×10^{18}	$[Zn(NH_3)_4]^{2+}$	2.9×10^{9}

注：摘自 *Lange's Handbook of Chemistry*，13 ed，1985。